BIBLIOTHÈQUE DES ACTUALITÉS INDUSTRIELLES Nº 109

FORMULAIRE GÉNÉRAL

DES

Réactions

et Réactifs

Chimiques et Microscopiques

COMPRENANT :

Réactions *et* Réactifs *usités en analyse.* Papiers *réactifs et* indicateurs.
Procédés microscopiques de coloration simple, double *ou* triple
des coupes ou préparations. Formules de solutions microbiologiques fixantes
clarifiantes, antiseptiques, décalcifiantes, désagrégeantes, *etc.*
Formules de masses d'injection, *d'inclusion, de* montage, de ciments
pour préparations, etc., etc.

PAR

Raoul ROCHE

CHIMISTE-ANALYSTE

PARIS

Librairie Bernard TIGNOL

PUBLICATIONS DE LA
LIBRAIRIE do l'ÉCOLE CENTRALE des ARTS et MANUFACTURES
53 *bis*, quai des Grands-Augustins

FORMULAIRE GÉNÉRAL

DES

Réactions

et Réactifs

Chimiques et Microscopiques

BIBLIOTHÈQUE DES ACTUALITÉS INDUSTRIELLES N° 109

FORMULAIRE GÉNÉRAL

DES

Réactions

et Réactifs

Chimiques et Microscopiques

COMPRENANT :

Réactions *et* Réactifs *usités en analyse.* Papiers *réactifs et* indicateurs.
Procédés microscopiques de coloration simple, double *ou* triple
des coupes ou préparations. Formules de solutions microbiologiques fixantes
clarifiantes, antiseptiques, décalcifiantes, désagrégeantes, *etc.*
Formules de masses d'injection, *d'*inclusion, *de* montage, de ciments
pour préparations, etc., etc.

PAR

Raoul ROCHE

CHIMISTE-ANALYSTE

———

PARIS

Librairie Bernard TIGNOL

PUBLICATIONS DE LA
LIBRAIRIE de l'ÉCOLE CENTRALE des ARTS et MANUFACTURES
53 *bis*, quai des Grands-Augustins

AVANT-PROPOS

« The next best thing to knowing a thing
is to know were it can be found, when wanted ».
Le plus important à savoir d'une chose,
c'est l'endroit où cette chose peut être trouvée
quand on la cherche.
HERBERT SPENCER.

En compilant le présent ouvrage sur le modèle des ouvrages analogues publiés antérieurement, nous nous sommes proposé d'atteindre un but essentiellement *utile* et *pratique : Faciliter aux chimistes et aux bactériologistes les travaux du laboratoire en leur évitant des recherches bibliographiques fastidieuses et compliquées.*

Le besoin d'un recueil des Réactions s'est fait sentir il y a plus de vingt ans déjà en raison des progrès incessants de la chimie analytique et de la dissémination dans la littérature chimique des procédés publiés par les auteurs sous leurs noms propres. De là l'apparition des petites brochures de ALTSCHUL, puis SCHNEIDER, puis WILDER (qui ont rendu des services mais qui, fort incomplètes, sont devenues rapidement caduques). Mais le développement de l'analyse et de la bactériologie n'a cessé de devenir plus grand d'année en année et il a amené avec lui l'apparition d'ouvrages plus complets qui sont ceux de MM. FERDINAND JEAN et MERCIER en France (1), ALFRED I. COHN aux Etats-Unis (2) et MERCK en Allemagne (3).

Le succès qu'ont rencontré ces ouvrages dans leurs pays respectifs

1. *Répertoire des Réactifs spéciaux.* Paris, 1896.
2. *Tests and Reagents.* New-York, janvier 1903.
3. *Merck's Reagentien Verzeichnis.* Berlin, juillet 1903.

nous a engagé à publier à notre tour ce *Formulaire*, espérant qu'il compléterait heureusement le *Répertoire* de MM. JEAN et MERCIER et qu'il rendrait, ici, les mêmes services que ceux-là rendent dans les pays de langue germanique et anglaise. Outre un très grand nombre de réactions déjà citées dans les ouvrages ci-dessus nous y avons introduit toutes celles que nous avons pu recueillir dans les travaux scientifiques *français* publiés depuis environ dix ans.

Il est à peine besoin d'insister encore sur l'utilité quotidienne d'un ouvrage de cette nature. Chacun s'est rendu compte qu'il est matériellement impossible au praticien, chimiste, pharmacien, bactériologiste, d'encombrer sa mémoire des détails opératoires précis de chacune des réactions si nombreuses aujourd'hui, ou des formules de préparation des liqueurs d'usage courant. Un nom d'auteur cité dans un travail scientifique n'éveille bien souvent aucune idée précise de ce qu'est le réactif ou la réaction et il faut se résigner à passer outre ou perdre un temps précieux en recherches. Notre but a été de répondre, d'une manière *très pratique* à ce besoin bien constaté, en élaguant tout ce qui n'est pas essentiel et ce à quoi les connaissances générales du lecteur peuvent suppléer aisément.

A la fin du volume nous avons classé succinctement les réactions selon un ordre différent, c'est-à-dire par *corps recherchés* ou *nature de réactifs*, de sorte qu'en très peu de temps il est facile d'explorer par cette table le contenu entier de l'ouvrage pour en extraire tel ou tel renseignement utile. Il se présente ainsi comme une table à double entrée rendant très rapides les recherches.

Nous avons cru pouvoir alléger le texte en écartant délibérément certaines réactions désuètes, manifestement inusitées ou douteuses. Nous nous sommes en général abstenu de la critique technique des réactions citées sauf dans quelques cas, pour certaines que nous avons spécialement eu l'occasion d'expérimenter et de contrôler et au sujet desquelles nous avons cru pouvoir, sous réserves, formuler les réflexions que la pratique a pu nous suggérer.

Il nous reste à remercier ici MM. FERDINAND JEAN et MERCIER, et M. MERCK pour l'aimable autorisation qu'ils ont bien voulu nous donner d'emprunter, en les citant, à leurs ouvrages respectifs; et particulièrement M. ALFRED I. COHN, auteur de *Tests and Reagents*, qui, avec la meilleure confraternité, nous a permis de puiser librement dans son excellent ouvrage. Nous lui sommes redevable d'une portion importante et très intéressante de ce modeste travail, surtout dans la partie microscopique qu'il a traitée avec la plus grande compétence dans son œuvre.

Qu'il veuille bien accepter à nouveau l'assurance de notre gratitude.

Ayant rencontré au cours de notre travail, un certain nombre de textes altérés ou incomplets, nous avons également écrit à quelques-uns des auteurs de réactions ou formules qui tous ont bien voulu se charger de rédiger spécialement, d'une manière concise et claire les procédés exacts qu'ils ont préconisés. Citons parmi eux en les remerciant MM. le Pʳ JOLLES (Vienne), MILLAU (Marseille), JACQUEMIN (Malzéville), TAMBON (Lorient), etc., etc.

En résumé, en puisant aux sources autorisées de nos devanciers, en consultant une abondante littérature et avec la précieuse collaboration de quelques auteurs distingués nous nous sommes efforcé de réunir dans le présent ouvrage la plus grande partie des documents pouvant concourir au but que nous nous étions proposé. Nous aurons atteint ce but si nous avons pu réussir à rendre quelques services à nos collègues qui voudront bien le consulter.

RAOUL ROCHE.

Paris, septembre 1905.

INTRODUCTION

Une Réaction est une équation chimique. Connaissant certains termes de cette équation, l'analyste se propose d'en dégager l'inconnue, le corps cherché. Il suffit donc que tous les corps qui participent à une réaction soient connus à l'exception d'un seul pour que le sens négatif ou positif de la réaction prouve l'absence ou la présence du corps cherché. Dans un cas l'équation est inexacte, dans l'autre elle est exacte. Ainsi le *sulfocyanure de potassium* en solution acide donne une coloration *rouge-sang* avec les *sels ferriques*. La production de la dite coloration rouge prouve, dans tous les cas, la réunion simultanée de ces trois conditions : *sulfocyanure, sel ferrique, acidité*; et deux de ces termes étant connus, le troisième se trouve vérifié par ce fait même.

Ceci fait partie de l'alphabet chimique; si nous l'énonçons, c'est seulement pour rappeler que toutes les réactions chimiques sont rétroversibles : nous avons étiqueté la plupart de celles qui composent ce recueil d'après l'utilisation originale qu'en ont faite leurs Auteurs, ou d'après leur emploi le plus fréquent, mais il est évident que tel réactif composé d'HCl et de Phénol (R. D'ALESSANDRI-GUACÉNI) qui sert à déceler l'acide nitrique peut servir inversement à reconnaître le phénol par une modification compréhensible (R. D'ALLEN).

Une réaction, dans le sens analytique de ce mot, est, disons-nous, une véritable équation; c'est aussi, et surtout, un phénomène complexe, à la fois physique et chimique, qui emprunte son existence à plusieurs corps dans des conditions bien déterminées de milieu, de température, etc., et qui se manifeste aux sens de l'observateur d'une façon tangible ou visible par un précipité, une coloration, une fluorescence, un échauffement, etc. Toutes nos connaissances en chimie, toutes sans exception, dérivent de la Réaction. Elle est le guide unique qui conduit l'expérimentateur vers la vérité, qu'il s'agisse de champs inexplorés, ou d'analyse courante. Elle est la pierre d'assise de la chimie expérimentale.

La logique chimique nous fait concevoir toutes les réactions, — les plus complexes en les décomposant en réactions primaires, — d'une façon très simple. Elle envisage d'un coup d'œil les causes (causes relatives), la nature et les fins du phénomène. Mais ceci est du domaine théorique. Dans la pratique il faut en rabattre, largement, et nous sommes souvent réduits à utiliser des réactions que nous ne comprenons pas parce que nous avons sur les yeux un épais bandeau dont un coin seulement est soulevé. Nos moyens d'investigation étant parfois grossiers, il est logique que nos conclusions en souffrent — et, à la vérité, il est plus rare qu'on ne le croit généralement, qu'elles aient le droit d'être formelles.

Ainsi donc les réactions employées en chimie ne sont pas toutes aussi claires, aussi compréhensibles, aussi théoriques les unes que les autres. S'il en est de très nettes, au sein desquelles nous savons exactement ce qui se passe, il en est aussi de très confuses, de très douteuses, dont le critérium par conséquent n'est pas toujours certain. Beaucoup de réactions colorées et de réactions empiriques se rangent parmi ces dernières ; et il faut bien avouer qu'un grand nombre figurent dans ce recueil, dont le but est surtout de les énoncer, sinon de les apprécier. L'expérimentateur dont la sagacité et l'attention ne doivent jamais s'engourdir, doit s'en défier toujours. Toutes les réactions qui donnent naissance à des colorations bâtardes, faibles, indécises, celles dans lesquelles les réactifs mis en œuvre, au lieu d'être des individus chimiques sont des corps complexes, à composition mal définie et variable, en font partie. Fort heureusement ces réactions, par les progrès incessants de la science, disparaissent peu à peu de la pratique et tombent en désuétude ; si l'on est contraint de s'en servir, par l'absence de tout autre critérium, il convient d'apporter à leur égard plus de soins encore que vis-à-vis de toute autre, nous dirions plus de défiance ; et de faire concurremment et simultanément plusieurs essais comparatifs, à la fois sur la substance suspecte, et sur des substances analogues d'origine indiscutable, mélangées s'il est utile des impuretés que l'on soupçonne. Cette méthode de comparaison prudente est la plus sage, si elle est la plus longue.

Toutes les colorations non franches, les colorations sales, indécises, ou qui se différencient peu de celles que l'on obtiendrait par le simple mélange des corps (en l'absence supposée de phénomène chimique) sont à suspecter. Il en va de même des phénomènes généraux qui ne présentent pas en eux-mêmes un caractère suffisant d'originalité — l'échauffement, la mousse par exemple —. Ces phénomènes ne sont de bons indicateurs — pas toujours — que dans la main de ceux qui les pratiquent journellement. L'analyste qui débute avec ces réactions doit — tout en suivant exactement les indications de l'auteur, parfois si incomplètes, — s'efforcer de les effectuer avec intelligence et savoir-faire ; il doit pratiquer autant d'essais à blanc qu'il est utile et cela, dans des conditions variables ; en un mot se faire la main et le jugement à leur endroit.

Nous savons tout cela — et nous nous faisons un devoir de le dire — cependant, dans ce recueil on trouvera bon nombre de réactions auxquelles nous n'accordons qu'une confiance limitée et d'autres très élémentaires, d'autres enfin parfaitement connues. Si nous avons fait grâce aux unes, et réédité les autres, c'est que nous croyons indispensable de mettre à sa place alphabétique le renseignement, quelle que soit sa valeur, que le lecteur pourrait être appelé à y chercher. En outre, quelles que soient les bonnes raisons qu'on en ait ou croit en avoir, il est toujours lourd d'assumer la responsabilité de jeter bas ce qu'un autre, avant soi a édifié. D'autres réactions très vieilles ont été conservées sous les noms de leurs auteurs en quelque sorte à titre historique, comme une curiosité et un hommage rendu aux ancêtres chimistes. Telles sont celles de BERZÉLIUS pour l'albumine, l'arsenic, les bromures, de FOURCROY pour l'acide phosphorique, etc., qui sont oubliées sous leur nom d'auteur, et que l'on emploie cependant chaque jour.

En ce qui concerne le « jugement », c'est-à-dire la conclusion qui doit être le fruit de l'essai, l'analyste devra toujours se rappeler qu'il a le devoir d'être un juge avisé et sévère. Il ne faut jamais conclure à la présence de tel corps sur une seule preuve ; le « *testis unus, testis nullus* » est presque aussi exact en Chimie qu'en Droit. Il faut donc toujours réunir un faisceau de preuves qui, lui, a infiniment moins de chances de laisser passer l'erreur. Et pour tout dire, si nous sommes de ceux qui aiment à conclure fermement le cas échéant, nous pensons cependant qu'en analyse comme en mainte autre occurrence, une certaine défiance que dans la vie on appelle le pessimisme doit toujours être présente à notre esprit. A l'encontre d'un expert chimico-légal qui s'est cloué au pilori en faisant condamner un innocent accusé d'empoisonnement et qui s'écria « *on conclut toujours, la conclusion c'est toute l'analyse* ! » nous dirons, nous, croyant être plus sage, et plus probe, qu'on doit s'entourer de toutes les précautions, opérer avec loyauté, envisager le faisceau des résultats de bon aloi obtenus, et ne pas conclure toujours.

RAOUL ROCHE

A

Abram (*Plomb dans l'urine*). — Ajouter à l'urine de l'oxalate d'ammoniaque au 1/100° et quelques fragments de fil de magnésium. Le plomb se précipite sur le métal et peut être caractérisé par ses réactions ordinaires.

Acquisto (*Conservation des corpuscules sanguins*). — On prépare une sol. en mélangeant 10 cc. d'ac. chromique à 0,5 0/0, 10 cc. d'ac. picrique et 10 cc. de sublimé et ajoutant 10 cc. de sol. d'ac. acétique à 30 0/0 dans l'alcool ; on filtre et on ajoute un volume égal d'eau.

Adam (*Dosage du beurre dans le lait*). — Le réactif dissolvant qui s'emploie avec l'appareil spécial imaginé par cet auteur se prépare avec :

$$
\begin{array}{ll}
\text{Alcool à 96 0/0.} & \text{. . .} \quad \text{833 cc.} \\
\text{NH}^3 \ (D = 0,925). & \text{. . .} \quad \text{30 cc.} \\
\text{Eau.} & \text{. . . . . . .} \quad \text{Q. s. p. faire un litre.}
\end{array}
$$

Ajouter ensuite :

$$
\text{Éther lavé à l'eau} \quad \text{. . .} \quad \text{1100 cc.}
$$

Adamkievicz (*Coloration du système nerveux*). — Pour appliquer cette méthode, les coupes doivent avoir été durcies pendant 1 à 3 mois dans la solution de **Müller** ; on les lave d'abord à l'eau, puis à l'eau acidulée par NO^3H, enfin on les colore avec une sol. conc. de safranine. Enlever l'excès de colorant, laver et clarifier avec de l'alcool et de l'essence de girofle, puis avec de l'eau, puis avec de l'eau acidulée par l'ac. acétique et colorer à nouveau, cette fois par le bleu de méthylène. Laver et clarifier comme ci-dessus. La myéline est colorée en rouge ; les noyaux en violet.

Adamkiewicz (*Albuminoïdes*). — Les substances albuminoïdes dissoutes dans l'acide acétique sont colorées en violet par SO^4H^2 conc, avec une légère fluorescence verdâtre. Même réaction en traitant ces substances par un mélange de 1 vol. SO^4H^2 conc. et 2 vol. d'ac. acétique crist. La sol. examinée au spectroscope donne un spectre avec bandes d'absorption entre les lignes B et F de FRAUENHOFER.

On active la réaction en chauffant et, suivant WURSTER également en ajoutant quelques petits fragments de chlorure de sodium. Celui-ci met en liberté de l'HCl ce qui nous replace dans le cas de la réaction de LIEBERMANN ou de WURSTER Voyez ces auteurs.

Enfin, tout récemment, DUPOUY a constaté qu'en opérant avec un mélange de 2 p. d'ac. acétique crist. et 1 p. d'ac. sulfurique conc. et en ajoutant une goutte de sol. de formol au millième on obtenait une coloration et une fluorescence plus nettes.

Adams (*Dos. du beurre dans le lait*). — Sécher une quantité connue de lait sur un tampon de papier exempt de mat. grasses. Extraire ensuite à l'appareil de SOXHLET.

Adrian (*Essai du gaïacol*). — 1° En chauffer 100 gr. avec 10 cc. d'eau pendant une heure en faisant passer un courant de HBr gazeux ; reprendre le résidu par l'éther, évaporer la solution, reprendre à nouveau par le benzène, évaporer et peser le pyrocatechol ainsi obtenu d'où l'on calcule le pour cent de gaïacol. — 2° Faire une solution de gaïacol : 5 gr. dans un peu d'eau et 10 cc. d'alcool ; compléter un litre. Prélever 20 cc. dans un tube, ajouter 1 cc. de NO^3H dil. (1 : 200) : Il se produit une coloration brun-rougeâtre caractéristique dont on compare l'intensité au bout de 10 minutes avec celle d'une solution type.

Adrian (*Différenciation du salicylate de méthyle naturel et artificiel*). — Superposer avec précaution une couche de salicylate de méthyle à quelques cc. d'SO^4H^2 conc. ; le produit artificiel développe une légère chaleur et une faible coloration rose ; l'essence naturelle s'échauffe beaucoup plus, donne du rose, puis du rouge, puis finalement du brun-rouge.

Agostini (*Glucose*). — Mélanger parties égales d'urine et de solution de chlorure d'or à 0,5 0/0 ; ajouter un excès de potasse à 10 0/0 et chauffer doucement : coloration rouge en présence de glucose.

Agrestini (*Alloxane*). — A 2 cc. d'alloxane ajouter une gouttelette de pyrrol et faire bouillir : on obtient une coloration bleu azur qui par refroidissement dans l'eau courante devient rougeâtre ; en alcalinisant par la soude caustique on obtient une color. verte qui passe peu à peu au bleu intense.

Alessi (*Méthode de coloration du bacille de* Koch *dans le lait*). — La difficulté dans ce cas réside dans la présence des globules de beurre qui s'opposent à la color. du bacille. A une goutte de lait l'auteur ajoute 3 gouttes de carbonate de soude à 1 0/0, puis chauffe et évapore à sec. Sur le résidu on fait la coloration par une des méthodes usuelles.

Alfraise (*iode, iodures*). — 1 goutte HCl dans 10 cc. d'empois d'amidon renfermant 1 0/0 d'amidon et 1 0/0 de NO^3K. 1 goutte de ce réactif donne une coloration bleue en présence d'iode ou d'iodures.

Alikiza (*Cystine*). — Le sulfate acide de mercure ppte directement la cystine en solution légèrement sulfurique. Cette réaction est très sensible.

Alleger (*Procédé de montage à la gélatine*). — Préparer une solution de gélatine à 0,5 — 1 0/0 ; y ajouter qq. gouttes de formol par cc. Faire le montage avec ce liquide.

Allen (*Dosage de l'azote dans l'urine*) — C'est un procédé approximatif qui est une modification de celui de Knopp et de celui de Hufner. Prélever 25 cc. d'urine, 10 cc. SO^4H^2 très conc. et chauffer dans une caps. de porcelaine jusqu'à fumées blanches. Faire passer dans un ballon de Kjeldahl, ajouter 5 gr. de sulfate de potasse et chauffer jusqu'à coloration jaune pâle. Refroidir, neutraliser par NaOH conc. faire 100 cc. Prélever 10 cc. et doser l'azote par la méthode à l'hypobromite usitée pour le dosage de l'urée. 1 cc. d'azote = 0 gr. 0012 d'urée à $+ 15°$ c. et 760 de pression atm.

Allen (*Phénol*). — 1 ou 2 gouttes de liquide suspect, qq. gouttes HCl et 1 goutte NO^3H donnent une coloration pourpre cramoisie s'il y a du phénol présent.

Allen (*Strychnine*). — Isoler et purifier la substance par extraction à l'éther ; le résidu traité par SO^4H^2 et le MnO^2 donne une color. violette.

Allen (*graisses végétales*). — Agiter volumes égaux de graisse et d'NO^3H (D. = 1,4) pendant 1/2 min. ; laisser agir 15 min. Les graisses végétales (spécialement l'huile de graines de coton) provoquent une color. brun café.

Allen (*Modification à la réaction de* Felhing). — Faire bouillir 7 à 8 cc.

d'urine, ajouter 5 cc. de solution de sulfate de cuivre de Felhing, refroidir, ajouter 1 ou 2 cc. de solution saturée d'acétate de soude, lég. acide, filtrer, ajouter 5 cc. de solution alcaline de tartrate de potasse de Felhing et faire bouillir (*On sait que la liqueur de* Felhing *est constituée par le mélange des deux solutions ci-dessus. Cette modification qui opère la réaction en deux temps, en présence d'acétate de soude rend surtout des services dans les cas de réduction douteuse où elle est spécialement recommandable*).

Allen-Tollens (*Pentoses*). — Le R. est une sol. d'Orcine à 0,5 0/0 dans l'ac. chlorhydrique ; chauffé avec les pentoses il se colore en rouge ou en violet en donnant un ppté floconneux sol. dans l'alcool.

Allessandri-Guaceni (*Acide nitrique ; nitrates*). — Le réactif est une solution obtenue en chauffant au B. M. pendant 12 heures quelques gr. de phénol dans l'HCl. Le liquide suspect est évaporé au B. M. doucement, puis on ajoute quelques gouttes du réactif : les nitrates ou l'acide nitrique donnent une coloration violette qui passe au vert émeraude par l'NH^3 (c'est la réaction d'Allen pour le phénol).

Almen (*Sang*). — Agiter le liquide suspect avec un mélange de parties égales de térébenthine et de teinture de gaïac : en présence de sang il se produit une oxydation du gaïac qui se traduit par une coloration bleue. Cette coloration ne disparaît pas en chauffant.

Almen (*Ac. phénique et ac. salicylique*). — Le réactif se prépare en dissolvant du mercure dans NO^3H conc. et diluant avec deux fois son volume d'eau. A 20 cc. de liq. on ajoute 5 à 10 gouttes de R. : Ppté jaune, soluble dans NO^3H en donnant une col. rouge. Sensib. : 1 : 400.000 (2 milligr. 5 dans 1 litre).

Almen (*Albumine*). — Cet auteur a indiqué deux réactifs : 1° une solution de 4 gr. de tanin, de 8 cc. d'ac. acétique à 25 0/0 et de 190 cc. d'alcool à 40-50 0/0. Ce réactif précipite également les nucléoalbumines ; 2° solution de tanin dans l'alcool dilué. On obtient dans l'urine un trouble avec l'*albumine brightique*.

Almen (*Ac. cyanhydrique*). — Rendre alcaline la sol. avec de la soude, ajouter du polysulfure d'ammonium, évaporer à sec, reprendre par l'eau et HCl, dil. et ajouter une goutte de perchlorure de fer étendu. Coloration variant du rouge sang de bœuf au rose, suivant la concentration. R. excessivement sensible 1 : 4.000.000.

Almen (*Glucose*). — Le réactif se prépare en faisant digérer à chaud ensemble 100 cc. de potasse caustique D = 1.33, 2 gr. de sous-nitrate de bismuth et 4 gr. de tartrate neutre de potasse ; laisser refroidir et déposer puis *décanter* la solution limpide. Pour l'essai, on prend 1 ou 2 cc. de R. et 10 cc. d'urine, on fait bouillir, en insistant si la réaction n'a pas lieu immédiatement : le glucose produit un précipité brun, qui devient bientôt noir (*sous oxyde de bismuth*).

Cette réaction est très sensible et meilleure que celle de Fehling pour les très petites quantités de glucose ; il faut avoir soin de laisser reposer le tube et d'observer la nature et la couleur du précipité qui s'y dépose.

Egalement connue sous le nom de BŒTTGER-ALMEN. Elle diffère de la R. de NYLANDER par l'emploi de la potasse au lieu de la soude.

Almen-Nylander (*Glucose*). — Voyez séparément chacun de ces deux auteurs.

Aloy (*Uranium-eau oxygénée*). — L'eau oxygénée en présence de carbonate de potasse et d'un sel d'uranium, de préférence le nitrate, donne une belle coloration rouge. On peut précipiter la mat. color. rouge par l'alcool.

Alt (*Coloration des nerfs*). — Le R. est constitué par une solution de rouge congo dans l'alc. absolu. Voir aussi SQUIRE.

Altmann (*Méthode de désagrégation*). — On injecte le tissu d'huile d'olive puis on le plonge, découpé en lames minces dans une sol. à 1 0/0 d'ac. osmique pendant un jour ; on continue la désagrégation à l'aide de l'eau de Javelle, jusqu'à attaque complète ; on sèche entre des doubles de papier filtre, et on monte à la glycérine.

Altmann (*Méthode d'imprégnation*). — Immerger de petites portions de tissu frais dans un mél. de 2 vol. d'huile d'olive, d'un vol. d'éther et un vol. alcool abs. pendant 8 jours. Au bout de ce temps immerger le tissu dans l'eau qui précipite la matière grasse au sein des cellules, durcir à l'ac. osmique, désagréger à l'hypochlorite de potasse et monter à la glycérine.

Autre méthode : Faire l'imprégnation avec un mélange de 2 vol. d'huile de ricin et 1. vol. d'alcool. Opérer ensuite comme ci-dessus.

Altmann (*Solution picrique*). — On prépare une sol. alcoolique conc. d'ac. picrique ; 50 cc. de cette sol. sont dilués pour l'emploi avec 100 cc. d'eau. Employée à divers usages.

Altmann (*Solution fixante*). — Se prépare avec part. ég. de bichromate de potasse à 5 0/0 et d'ac. osmique à 2 0/0.

Autre solution fixante : NO^3H à 3 0/0 (D = 1.025).

Altmann (*Coloration des bactéries*). — Solution de fuchsine à 20 0/0 dans l'eau saturée d'aniline.

Alvarez-Jean (*Composés sulfureux : sulfures, hyposulfites et sulfites des métaux alcalins*). — Sulfures : coloration violette par le nitro-prussiate de sodium ; hyposulfites : en sol. dil. ppté brun-jaunâtre avec une sol. conc. de sous-nitrate de bismuth et de nitrate de potasse *très légèrement* acidifié par NO^3H (un excès même léger d'NO^3H (précipiterait du soufre libre). Sulfites : pptent par le même réactif en excès.

Amann (*Fuchsine phénolée*). — On dissout 5 p. de phénol dans 100 cc. d'eau et on ajoute 1 p. de fuchsine.

Amann (*Réactifs au chloral, à l'ac. lactique et au phénol*). — Cet auteur a indiqué de nombreuses formules combinées avec ces trois corps. *Chloralphénol* : on fond 2 p. d'hydrate de chloral crist. et 1 part. de phénol anhydre crist. Le liquide ainsi obtenu possède une certaine réfringence et cristallise à partir de + 10° c. On l'emploie comme milieu de montage et comme clarifiant. *Chlorallactophénol* : S'obtient en ajoutant avant de fondre 1 partie d'ac. lactique au mélange précédent.

Amthor (*Caramel*). — Le caramel est précipité au moyen de l'alcool absolu et de la paraldéhyde. Au bout de 24 heures on décante, on lave le précipité par décantation, sous la forme d'un dépôt foncé, avec de l'alcool, on le reprend par l'eau, on concentre à un petit volume et on compare colorimétriquement avec des solutions titrées de caramel ; le réactif suivant précipite le caramel : chlorhydrate de phénylhydrazine, 2 parties ; Acétate de soude, 3 ; Eau distillée, 20.

André (*Alcaloïdes*). — Le réact. est une sol. de bichromate de potasse qui fournit avec un certain nombre d'alcaloïdes des pptés cristallins, notamment avec la brucine, cocaïne, codéine, etc.

André (*Quinine*). — Par l'action du chlore et de NH^3 sur la quinine il se produit une coloration verte, passant au bleu par un acide. Un excès d'ac. fait passer au violet ou rouge brillant mais NH^3 ajoutée à nouveau redonne du vert.

Andréasch (*Fer*). — Une solution de fer additionnée d'un peu d'NH^3 et de qq. gouttes d'acide sulfoglycolique donne une col. rouge pourpre foncée ; la couleur est fugace, mais, par oxydation et agitation à l'air elle réapparaît.

Andreasch (*Cystéine ou acide sulfolactique*). — Qq. gouttes de perchlorure de fer étendu puis de l'HN³, ajoutées à une solution de cystéine acidulée par HCl développent une magnifique couleur rouge qui par agitation et exposition au contact de l'air prend une teinte plus foncée.

Andrés (*Acétone*). — L'orthonitrobenzaldéhyde constitue un excellent réactif de l'acétone. On opère en solution alcaline ; l'acétone donne une belle coloration bleue due à la formation d'indigo.

Anony (*Tanin*). — Les sels d'or donnent avec le tanin un ppté en sol. concentrées et en sol. diluées une color. rougeâtre. Cette réact. est très sensible en sol. neutre ou très faiblement acide.

Anony (*Essai du papier-filtre*). — Un bon papier-filtre pour l'usage du laboratoire doit présenter les caractères suivants :

1º n'abandonner aucune mat. soluble à l'eau distillée ;

2º ne doit pas se colorer par une sol. d'ac. salicylique (*fer*) ;

3º ne doit pas noircir ni brunir par le sulfhydrate d'ammoniaque ;

4º ne doit pas bleuir par l'eau iodée ;

5º ne doit pas céder de chaux, baryte ou magnésie aux acides étendus ;

6º ne doit pas céder de mat. grasses aux alcalis (ppté par addition subséquente d'acide) ;

7º après ébullition avec de l'eau distillée celle-ci ne doit pas ppter par le nitrate d'argent.

Les défauts 2, 3, 4 et 7 sont les plus fréquemment observés.

Anstie (*Alcool dans l'urine*). — Le réactif est une solution de bichromate de potasse 1 : 300, dans l'SO⁴H² conc. On ajoute une goutte du réactif à l'urine : S'il y a réduction et production d'une col. verte cela indique la présence d'alcool en proportion sensible. Ne pas oublier que ce réactif peut être réduit par un grand nombre d'autres corps.

Apathy (*Solution d'hématéine*). — 1º On prépare une sol. d'hématoxyline à 1 0/0 dans l'alcool à 70 0/0 et on l'expose à la lumière pendant au moins 2 mois avant l'emploi ; 2º 10 cc. de la sol. précédente, 0 gr. 90 d'alun, 0 gr. 3 d'ac. acétique, 10 cc. d'eau, 0 gr. 01 d'ac. salicylique et 10 gr. de glycérine.

Apathy (*Coloration à l'hématoxyline*). — Colorer les préparations dans une solution à 1 0/0 d'hématoxyline dans l'alcool à 70-80 0/0 et laver dans

une sol. à 1 0/0 de bichromate de potasse dans l'alcool également à 70-
80 0/0. Cette dernière solution se prépare en mélangeant de la solution
aqueuse à 5 0/0 avec de l'alcool plus conc. Elle s'altère assez vite (*Tests a.
Reag.*, p. 6).

Apathy (*Coloration au bleu de Méthylène*). — Laver la préparation teintée dans une sol. forte de bleu de méthylène, avec une sol. de sel marin
à 0.75 0/0, puis la faire tremper pendant une heure au moins dans une
sol. fraîchement préparée renfermant 1 à 2 0/0 de carbonate neutre
d'NH^3 et saturée de picrate. Dans le cas où la col. est très faible on peut
supprimer le traitement au sel. Plonger ensuite la préparation dans une
sol. saturée de picrate d'ammoniaque dans de la glycérine à 50 0/0, puis
dans une sol. de picrate dans 2 parties de glycérine à 50 0/0, 1 partie de
solution de sucre de canne saturée à froid et une partie de solution de
gomme arabique saturée à froid également. Lorsque la masse est intimement imprégnée de ce liquide, monter la préparation avec le milieu
D'APATHY (*Tets and Reag.*, p. 6).

Apathy (*Milieu pour montage*). — Ce liquide se prépare avec gomme
arabique 50 gr.; sucre de canne 50 gr.; eau dist. 50 gr.; dissoudre au
bain-marie et ajouter 0,05 de thymol. Il devient très dur et peut être
employé pour monter les préparations à la glycérine.

Apéry (*Aloès*). — Une goutte de perchlorure de fer dans une sol.
d'aloès donne une belle color. brun-marron. Pour rechercher l'aloès dans
les pilules ou les préparations pharmaceutiques on épuise par l'alcool fort,
on évapore, on reprend par l'eau, on décolore par le noir animal et on
filtre. On fait ensuite la réaction ci-dessus dont la sensibilité n'est pas très
grande à la vérité mais reste cependant suffisante étant donné que l'aloès
ne s'emploie guère à doses infinitésimales.

Arata (*Colorants organiques dans les vins*). — On fait bouillir le vin
avec de la laine blanche qui fixe la matière colorante; on peut ensuite
faire les réactions distinctives sur la fibre.

Arcangeli (*Carmin boriqué*). — On fait bouillir 100 gr. d'eau, 8 gr.
d'ac. borique et 1 gr. de carmin; on filtre chaud. *Carmalun-boriqué* :
s'emploie comme colorant des noyaux ; on fait bouillir 8 gr. d'ac. borique,
1 gr. de carmin, et 60 gr. d'alun dans 400 cc. d'eau. On filtre à chaud.

Archbutt (*Pyramidon*). — Une solution aqueuse de pyramidon se
colore en bleu violet, passant au violet puis au rouge, au rose et finale-

ment au jaune par le persulfate de soude. L'eau de brome et l'eau iodée donne les mêmes teintes par oxydation. Enfin le R. de MANDELIN (solution de vanadate d'ammoniaque dans l'ac. sulfurique) donne une color. bleue puis verte.

Archetti (*Caféine, ac. urique*). — Le réactif se prépare en faisant bouillir une sol. de ferrocyanure de potassium avec la moitié de son volume d'NO³H puis diluant avec de l'eau. Ce réactif donne un précipité couleur bleu de Prusse avec la caféine et avec l'acide urique.

Armittage (*Morphine*). — Une sol. fraîche, à 1 0/0, de ferricyanure de potassium mélangée à une sol. à 1 0/0 de perchlorure de fer donne immédiatement du bleu de berlin au contact de la morphine, par réduction. Voir la R. de KIEFFER.

Arnaude-Couratte (*Recherche du bacille de Koch dans les crachats*). — On mélange 10 cc. de crachats, 100 cc. d'eau et 10 gouttes de soude ; on fait bouillir en agitant ; on prélève 20 cc., on y ajoute 4 gouttes d'ac. acétique et 4 cc. d'éther ; on agite jusqu'à formation d'une émulsion et il se forme un ppté qui monte à la surface ; on redissout ce ppté dans la soude et on agite à nouveau après avoir rajouté de l'éther en excès ; on laisse reposer ; il se forme assez rapidement un anneau à la zone de contact des deux liquides séparés ; c'est dans cet anneau que se trouve la presque totalité des bacilles ; on laisse évaporer l'éther qui met à nu ainsi une mince pellicule dont on prélève des fragments ; on les étale sur une lamelle et on les colore par la méthode de ZIEHL. Les bacilles ainsi séparés prennent très bien la coloration. Ce procédé permet, d'après l'auteur, de retrouver des bacilles tuberculeux dans des crachats où l'examen habituel ne peut les déceler.

Arndt (*Dosage du sucre dans l'urine au moyen d'un saccharimètre à fermentation*). — Appareil dans lequel on mesure le volume de gaz carbonique dégagé. Un grand nombre d'auteurs ont proposé des appareils analogues : EINHORN et ARNDT sont parmi les premiers.

Arnold (*Colchicine*). — Chauffer la substance avec qq. gouttes SO⁴H² conc. et ajouter goutte à goutte un excès de KOH en sol. à 30-40 0/0 alcoolique ou aqueuse : color. jaune sale, puis jaune citron en présence de colchicine. La codéine ne donne rien.

Arnold (*Alcaloïdes, réactions générales*). — 1. — Quelques alcaloïdes donnent par échauffement au B. M. avec de l'ac. phosphorique conc. (obtenu par dissol. d'ac. métaphosphorique ou d'anhydride dans l'ac.

phosphorique officinal, à 25 0/0) des réactions colorées caractéristiques :
Aconitine : violet ; Nicotine : jaune ; Conine : vert.

2. — Beaucoup d'alcaloïdes broyés, avec SO^4H^2 conc. puis traités par
la potasse conc. dissoute dans l'alcool fournissent également des col. carac
téristiques. Dans quelques cas il faut employer la potasse en sol. aqueuse.

3. — *Modification par Vitali* (Voyez ARNOLD-VITALI).

Arnold (*Narcéine*). — Chauffer la substance avec une trace de phénol
et de l'SO^4H^2 conc. : coloration rouge.

Arnold (*Ac. acéto-acétique dans l'urine*). —Le réactif, assez complexe,
se prépare en deux solutions : 1° 1 gr. de para-amido-acétophénone dans
80 à 100 cc. d'eau ; ajouter HCl goutte à goutte d'abord pour aider à dissoudre puis exactement jusqu'à décoloration. ; 2° 1 gr. de nitrite de
soude dans 100 cc. d'eau. Immédiatement avant de l'employer on mélange
2 parties de la première solution et 1 partie de la seconde, on ajoute un
égal volume d'urine, et 2 ou 3 gouttes NH^3 : une coloration brun rouge
très foncée se développe avec toutes les urines. Si maintenant on verse
une partie de ce liquide fortement coloré dans un excès (12 parties) d'HCl
conc. une col. violet pourpre magnifique se développe si l'acide acéto-acétique est présent. Il est bon de décolorer préalablement au noir animal
les urines fortement colorées.

Arnold-Mentzel (*Papier réactif pour l'Ozone*). — Un grand nombre
de réactions indiquées pour l'Ozone ne sont pas caractéristiques et se
produisent avec d'autres oxydants. En trempant un papier dans une sol.
de benzidine (diamidodiphényle) dans l'alcool on obtient un papier réactif très sensible et caractéristique de l'ozone qui le colore en brun tandis
que le bioxyde d'azote, le brome donnent du bleu, et le chlore du bleu
fugace passant au rouge brunâtre.

Arnold-Mentzel (*Formol dans les matières alimentaires*). — L'aldéhyde-
formique agissant en sol. alcoolique sur du chlorhydrate de phénylhydrazine en présence de traces d'un sel ferrique donne naissance à une
belle color. rouge sensible au 1/50.000 (20 milligr. par litre). Plusieurs
aldéhydes donnent aussi ce'te color. Le procédé s'applique aux mat.
alimentaires, qu'il faut extraire par l'alcool si elles sont solides, ou
mélanger d'un volume égal de ce dissolvant si elles sont liquides. On opère
sur la liqueur alcoolique filtrée.

Arnold-Mentzel (*Lait non bouilli*). — En ajoutant au lait non bouilli
qq. gouttes de paraphénylène diamine on obtient une coloration bleue.

Arnold-Vitali (*Alcaloïdes, réactions générales*). — Une parcelle d'alcaloïde est broyée avec un peu d'SO^4H^2 conc. et une trace de nitrate de soude. On ajoute alors de la potasse à 40 0/0 suivant la méthode d'ARNOLD. Divers alcaloïdes donnent des changements de col. caractéristiques. Ainsi l'atropine et l'homatropine donnent une col. jaune orange qui passe au rouge violet par la potasse, puis bientôt pâlit et devient rose.

Arnstein (*Color. au bleu de méthylène*). — Sol. de 3 gr. de bleu de méthylène dans 100 cc. d'eau ou 100 cc. de sol. de NaCl à 0,6 0/0. S'emploie pour la color. des fibres nerveuses, des cylindres et des organismes inférieurs. On peut mélanger cette solution avec vol. égaux de glycérine et de sol. de picrate d'ammoniaque.

Aronsohn (*Vert de méthyle — Fuchsine-Orangé*). — 1° 100 cc. de sol. saturée de fuchsine ; 100 cc. de sol. sat. d'orangé G ; 200 cc. d'eau ; 2° sol. saturée de vert de méthyle, 30 gr. ; eau 100 gr. ; alcool 24 gr. Mélanger les deux sol. et laisser reposer 15 jours. Filtrer. Pour l'emploi on verse 5 gouttes de solution dans 100 cc. d'eau (1).

Arthaud-Butte (*Acide urique*). — C'est un procédé de dosage reposant sur la pptation de l'ac. urique sous forme d'urate de cuivre, Le réact. pptant se prépare en dissolvant 1.484 gr. de sulfate de cuivre, 20 gr. d'hyposulfite de soude, et 40 gr. de sel de *Seignette* dans un litre d'eau. 1 cc. de ce réactif ppte 1 milligr. d'ac. urique. BABO a indiqué le premier cette réaction.

Arzberger (*Essence de menthe*). — Chauffer 1 goutte d'essence avec 5 cc. de formol. : col. rose rouge que ne donnent ni le menthol ni le menthène. Ajouter ac. acétique conc. : une col. rouge se développe, passant rapidement au violet et finalement au brun sale. Les essences de menthe japonaises ne donnent pas cette dernière réaction, et suivant l'origine les colorations peuvent être différentes.

Arzberger (*Naphtol-alpha et Naphtol-béta*). — Le naphtol-alpha étant beaucoup plus toxique que son homologue il y a un grand intérêt à s'assurer de la pureté de ce dernier pour l'usage pharmaceutique. On traite 30 centigr. de naphtol par 3 cc. d'alcool, on ajoute 15 cc. d'eau et au bout d'1/4 d'h. on filtre ; on alcalinise le filtrat par 10 gouttes de soude à 10 0/0 et on ajoute 3 gouttes d'iode ioduré (1 p. d'iode, 2 p. de KI, 60 p.

(1) Merck's *Reagentien Verzeichnis* p. 4.

d'eau). En présence de traces de naphtol-alpha on obtient une color. violette.

Astolfi (*Santonine*). — Pulvériser 1 gr. de substance, extraire par 10 cc. d'alcool absolu, bouillir et filtrer ; ajouter un petit fragment de KOH : la santonine se révèle par une coloration rouge nette.

Ashby (*Acides minéraux dans le vinaigre*). — Faire une infusion de bois de campêche dans l'eau. En placer qq. gouttes sur une capsule de porcelaine, ajouter 1 ou 2 gouttes de vinaigre et évaporer à sec. En présence de vinaigre pur coloration du résidu jaune brillante ; rouge dans le cas d'acides minéraux.

Astruc-Cambe (*Sirop de tolu*). — Pour caractériser le sirop de tolu préparé *par digestion*, c'est-à-dire selon les prescriptions du Codex français on prend 5 cc. de sirop, on y ajoute 2 cc. d'iodure de K et un peu d'empois : s'il se produit une color. bleue c'est que le sirop a été préparé par digestion. Dans le cas contraire on prélève à nouveau 5 cc. et on y ajoute 2 cc. de potasse, s'il se produit une color. verdâtre c'est que le sirop a été préparé par pptation de la teinture ; enfin, s'il ne se produit aucune coloration c'est qu'il a été *préparé* par distillation.

Austen-Chamberlain (*Ac. nitrique*). — Le réactif est constitué une solution de 20 gr. de sulfate ferreux ammoniacal dans 100 cc. d'eau et 2 cc. SO^4H^2. Coloration rougeâtre par NO^3H *à froid*.

Austerwill (*Eau oxygénée*). — Le sulfate de titane donne avec l'eau oxygénée une color. jaune d'autant plus foncée qu'il y a plus de péroxyde d'hydrogène. La color. est très stable et encore visible dans les sol. au 1/1.000.000 (1 milligr. par litre). Le sulfate de cerium ammoniacal est également un excellent réactif, mais moins sensible que le précédent.

Autenrieth (*Indicateur*). — Le lutéol, oxychlorodiphényle-quinoxaline donne avec les alcalis une coloration jaune que les acides décolorent.

Autenrieth Hinsberg (*Phénacétine*). — Ajouter à la substance pulvérisée de l'ac. nitrique à 10 12 0/0 et faire bouillir ; il se dépose des aiguilles jaunes cristallines.

Axenfeld (*Propeptones*). — Une sol. fraîchement préparée d'ac. pyrogallique donne avec les propeptones un ppté à froid, soluble en chauffant. Cette réaction est beaucoup plus sensible que celle de l'acide nitrique d'après l'auteur. (Les propeptones sont aussi appelées albumoses).

Axenfeld (*Albumine*). — On emploie une solution de chlorure d'or à 0,1 0/0. En présence de formaldéhyde, l'albumine réduit ce réactif à l'ébullition. On prend 10 cc. d'urine, 1 goutte de réactif, 1 goutte de formol et on fait bouillir. La réduction du chlorure se traduit par les colorations ordinaires de l'or réduit : rosé, rouge, bleuâtre, bleu foncé. Cette dernière col. est également produite par le glucose, l'amidon, la tyrosine, la leucine, etc., mais la col. pourpre est caractéristique de l'albumine.

Aymonier (*α-Naphtol*). — La solution à 15 0/0 de l'α-naphtol dans l'alcool se colore en violet par addition simultanée de sucre de canne et de 2 vol. SO^4H^2. En ajoutant quelques gouttes du mélange suivant : bichromate de potasse 1, Eau 10, Ac. nitrique conc. 1, on obtient un précipité noir. Le β-naphtol ne donne pas ces deux réactions.

Azoulay (*Méthode à l'ac. osmique*). — Faire durcir les coupes minces dans la solution de MULLER, puis les placer pendant 5 à 15 min. dans une sol. d'ac. osmique (1 : 500 ou 1 : 1000) ; rincer à l'eau et plonger dans une sol. de tanin tiède à 5 ou 10 0/0 pendant 2 à 5 min. — Après lavage à l'eau, faire une double color. au carmin ou à l'éosine et monter au baume.

B

Babés (*Solutions colorantes à la safranine*). — L'Auteur a indiqué trois formules : 1° Mélange de part. égales de sol. conc. de safranine dans l'eau et dans l'alcool. — 2° Solution conc. sursaturée préparée à chaud. — 3° Sol. préparée en mélangeant. Eau 100, aniline 2, safranine en excès. Chauffer à 60°-80° C. et filtrer sur filtre humide.

Babo (*Ac. urique*). — Emploi du R. de Fehling dilué qui précipite de l'ox. cuivreux par ébullition avec un urate. Si l'ac. urique libre existe il peut aussi se former un ppté d'urate de cuivre qui se décompose ensuite.

Bach (*Huiles*). — On mélange volumes égaux d'huile et d'ac. nitrique, on agite fortement et on chauffe pendant 5 min. au B. M. bouillant. On observe les color. produites. Mais la réact. a l'inconvénient d'être beaucoup trop rapide.

Bach (*Cuivre*). — Mélanger des poids moléculairement égaux de formaldéhyde en sol. à 20 0/0 avec du chlorhydate d'hydroxylamine. On obtient, par réaction, du formaldoxime. Qq. gouttes de cette solution de formaldoxyme, en présence de potasse caustique étendue donnent dans les sol. de cuivre même très étendues une col. violet intense.

Bach (*Beurre*). — Le beurre est soluble dans 20 parties du mélange suivant : Ether, 3 vol. ; Alcool à 95°, 1 vol. ; à la température de 19 à 21° C. Les graisses étrangères lard, suif, etc., sont insol. ou très faiblement à cette température.

Baemes (*Tanin*). — Une solution de 1 gr. de tungstate de soude et 2 gr. d'acétate de soude dans 10 cc. d'eau précipite le tanin de ses solutions alcalines ou neutres sous la forme d'un ppté jaune-paille insoluble dans l'eau.

Baeyer (*Glucose*). — Chauffer la solution suspecte avec un excès de soude et d'acide nitrophénylepropiolique : il se produit une color. bleue par formation d'indigo.

Baeyer (*Eosine*). — Agiter la solution aqueuse avec de l'amalgame de sodium, chauffer doucement, diluer, et ajouter une goutte de permanganate : il apparaît une col. vert opaque à la lumière réfléchie.

Baeyer-Williger (*Acétone*). — La réaction doit s'effectuer à la temp. de 0° dans un mélange refrigérant ; on mélange de l'eau oxygénée à 5 0/0 avec un vol. triple d'ac. sulfurique et l'on refroidit. En présence d'acétone il se forme un ppté cristallin de peroxyde d'acétone.

Bailey (*Soufre*). — En chauffant avec du carbonate de potasse au rouge, dissolvant et ajoutant du nitroprussiate de soude, col. rouge sang.

Ball (*Hydroxylamine*). — On fait bouillir la solut. d'hydroxylamine avec 2 gouttes de sulfure d'ammonium jaune, puis on alcalinise fortement par l'ammoniaque et on ajoute de l'alcool à 90 0/0 : il se produit une color. rouge pourpre qui possède un spectre d'absorption caractéristique : bandes d'absorption dans le jaune, l'orangé et une partie du vert. Dans les sol. concentrées l'absorption est beaucoup plus complète et seuls les rayons rouges ne sont pas arrêtés. La limite extrème de sensibilité est 1/500.000 (**2 mill.** par litre).

Balmer-Fraentzel (*Coloration du bacille de Koch*). — Immerger les coupes dans une sol. fraîche de **2 gr.** de violet gentiane dans 100 cc d'eau d'aniline. Laisser **24** heures en contact et traiter ensuite par la méthode d'EHRLICH.

Banfi (*Santonine*). — En présence des alcalis en fusion, la santonine donne une col. rouge intense qui se détruit par surchauffe, en donnant une masse noire et un dégagement de gaz inflammables.

Barbier (*Alcool dans les huiles essentielles*). — Il se forme une sol. dense et épaisse en distillant un dixième du liquide et en ajoutant au distillatum un excès d'acétate de potasse sec. Voir R. de BERNOUILLY.

Barff (*Solution préservative p. bactériologie*). — C'est une sol. saturée d'ac. borique dans la glycérine préparée en chauffant pendant 4 à 5 heures modérément (boroglycéride). Pour l'usage on dissout une partie du produit solide dans 40 p. d'eau.

Barfœd (*Glucose*). — Le réactif est une solution d'acétate de cuivre crist. acidulée par l'ac. acétique. La formule la plus récente de l'auteur est la suivante : 0,5 gr. acétate de cuivre, 100 cc. d'eau et 1 cc. d'ac. acétique. Le glucose réduit cette solution à froid et plus rapidement à chaud ; la dextrine, le sucre de canne, le lactose ne la réduisent pas. On peut l'employer pour différencier la lactose du glucose dans l'urine.

Barfœd (*Acide silicique*). — Chauffer doucement une partie de la substance, 2 parties de cryolithe et 4 à 6 parties d'SO^4H^2 et tenir près de la surface de la masse un fil de platine mince et recourbé retenant une goutte d'eau : une pellicule blanche d'hydrate de silice doit se former sur la goutte d'eau.

Barfœd (*Acide cyanhydrique, distinction d'avec l'ac. ferro-cyanhydrique*). — Acidifier la sol. avec SO^4H^2 ou ac. tartrique et extraire par agitation avec de l'éther : ce dernier dissout l'ac. cyanhydrique mais ne dissout pas l'ac. ferro-cyanhydrique. On peut faire les réactions d'identité sur le résidu de l'évaporation.

Barillot (*Colchicine*). — En chauffant au bain d'huile pendant une heure à 120°, un mélange de colchicine, d'ac. oxalique et d'ac. sulfurique en vase clos, et reprenant par l'eau, on obtient une liqueur jaune qui se colore en rouge par les alcalis, en jaune par les acides. Le chloroforme extrait une mat. jaune résineuse qui se colore en violet rouge par l'ac. nitrique conc. et subséquemment en rouge framboise par l'ac. sulfurique.

Barraja (*Cryogénine*). — La cryogénine ou métabenzaminocarbazide peut se rechercher dans l'urine en ajoutant à froid qq. cc. de sulfate de cuivre à 10 0/0 : on obtient une color. rouge qui, par addition de soude passe au vert. La cryogénine en outre réduit le FEHLING, le chlorure d'or et le nitrate d'argent, d'après LUMIÈRE.

Barral (*Albumine et pigments biliaires*). — Superposer une couche d'urine à une solution à 20 0/0 d'ac. sozolique : s'il se développe un anneau blanc à la zone de contact : albumine ; un anneau vert : pigments biliaires.

Barral (*Abrastol*). — L'abrastol ou asaprol donne avec le R. de BERG une color. bleue devenant jaune à l'ébullition ; Le R. de FUCHNDE, une col.

jaune-brun à froid ; le persulfate de soude, une color. jaune, virant au brun verdâtre puis au brun orangé. Le R. sulfomolybdique (sol. sulfurique d'ac. molybdique) donne à chaud une col. jaune verdâtre, virant au bleu sale, puis au bleu foncé au bout de qq. temps.

Barralet (*Eau oxygénée*). — Le précipité bleu pâle fraichement préparé de ferrocyanure ferreux obtenu en précipitant un sel ferreux par le ferrocyanure est immédiatement transformé en bleu de Prusse par l'eau oxygénée. Très sensible.

Barreswil (*Glucose*). — La liqueur de BARRESWIL est très analogue à celle de FEHLING et s'emploie de même. On la prépare avec : 1º Potasse : 60 gr., Tartrate de potasse, 40 gr. Eau, 200 cc. 2º Sulfate de cuivre, 65 gr. Eau, 560 cc. — Mélanger les deux solutions préparées séparément.

Barry (*Acide cyanhydrique*). — Acidifier s'il est nécessaire le liquide légèrement par l'ac. acétique, en placer 2 ou 3 gouttes sur un verre de montre et recouvrir celui-ci avec un verre de montre de même diamètre au fond duquel on place 2 gouttes de nitrate d'argent à 1 0/0. En présence d'ac. cyanhydrique le nitrate d'argent se trouble en blanc.

Barthe (*Sang humain*). — Méthode de UHLENHUTH. L'auteur a constaté que les cobayes qui ont été proposés pour remplacer les lapins succombent très facilement aux injections intrapéritoniales de sérum humain. Pour prendre du sang au lapin injecté il coupe le bout de l'oreille de l'animal et sans le sacrifier peut ainsi recueillir 7 à 8 cc. de liquide, suffisants pour faire une réaction. Etant donné qu'il n'est pas toujours facile de se procurer du sérum humain, il a essayé de réduire la dose indiquée par WASSERMANN-SCHUTZE (50 cc.) à 35 cc. avec un plein succès. En outre, une seconde saignée de l'animal injecté, 15 jours après la première donne encore du sérum à propriété spécifique. On peut aussi entretenir assez longtemps l'animal en état spécifique en l'injectant de temps à autre avec 5 cc. de sérum humain.

Enfin les taches de sang menstruel se comportent à la réaction comme les taches de sang normal. On doit opérer la pptation à une température oscillant entre 32 et 37º C. et non pas exclusivement à 37º comme cela a été indiqué par le créateur de la méthode.

La présence du sang étant démontrée par la production des cristaux d'hémine et au besoin par l'examen microscopique, la réaction d'UHLENHUTH est le principal élément d'appréciation permettant à l'expert de se prononcer sur l'origine de ce sang. Seule, cette réaction ne suffirait pas à affirmer la présence du sang (Il ne faut pas oublier en effet que d'autres causes — d'ordre chimique — peuvent provoquer une pptation). Elle prend place d'après M. Barthe avant l'examen microscopique des hématies et surtout avant leur mensuration.

Basoletto (*Huile de sésame*). — C'est une modification de la R. de Baudouin. Un mélange de parties égales d'huile de sésame et d'une solution de 2 0/0 de sucre de canne dans HCl D = 1.124 se colore à froid en rouge, plus rapidement en chauffant. Avec un mélange de glucose et de lactose la coloration se produit seulement après chauffage et refroidissement complet. Voir Baudouin.

Bastelaer (*Phosphore dans les tissus ou vomissements*). — Extraire par dissolution et agitation le phosphore par l'éther ; évaporer, ajouter de l'eau à la fin de l'opération, chauffer à 50°-60°C., laver avec de l'NH³ conc. puis avec SO⁴H² dil., et enfin avec de l'eau. Le résidu est constitué par du phosphore qu'on peut caractériser par ses propriétés.

Bates (*Color. du bacille lépreux*). — Colorer avec une sol. de chlorhydrate de rosaniline dans l'eau d'aniline, décolorer dans une sol. d'HCl à 33 0/0 et faire une double coloration au bleu de méthylène.

Bates (*Color. du bacille virgule de Koch*). — Placer les préparations pendant 24 h. dans la fuchsine aqueuse, puis laver à l'eau dist. légèrement acidulée par ac. acétique, ou dans une solution de sublimé (1 : 1.000). Ensuite passer rapidement la préparation dans un bain d'alcool et d'essence de girofle, sécher avec du papier filtre et monter au baume.

Bates (*Solution de safranine*). — Solution saturée de safranine dans un mélange d'eau 90 cc. et 3 cc. aniline, chauffé à 60° c. puis filtré.

Battandier (*Chélidonine*). — On triture une goutte de gaïacol, qq. gouttes d'ac. sulfurique et une trace de chelidonine en poudre : on obtient au début des stries rouges puis une color. carmin.

Bau (*Bière pasteurisée*). — La bière non-pasteurisée renferme naturellement de la sucrase, enzyme qui s'est diffusé des cellules de bière pendant la fabrication ; à 57° cet enzyme est détruit. On prend 20 cc. de bière à essayer et 20 cc. de saccharose à 20 0/0 ; on laisse digérer pendant 24 h. à la temp. ambiante et on fait simultanément un essai comparatif avec de la bière non pasteurisée. On décolore par 0,5 cc. d'acétate de plomb, on filtre et on polarise : s'il y a une différence importante entre les deux lectures c'est que la bière à essayer a été pasteurisée.

Baudin (*Huile de résine dans l'essence de térébenthine*). — On place une goutte de l'essence suspecte sur l'angle d'une feuille de papier à cigarettes ; on fixe cette feuille verticalement par une épingle et on l'abandonne à l'évaporation spontanée ; si l'essence est pure en une heure ou deux elle s'évapore sans laisser de tache huileuse ; au contraire on a une tache sensible avec 5 et même 2 0/0 d'huile de résine.

Baudouin (*Huile de sésame*). — Le R. est une solution de 0 gr. 10 de sucre de canne dans 10 cc. HCl D = 1.18. Une partie de R. est agitée avec 2 parties de l'huile à essayer. S'il y a de l'huile de sésame en présence l'huile prend après séparation une coloration rouge cerise. Voir les modifications de LEWIN, de MILLIAU, de VILLAVECCHIA et FABRI ; voir aussi les réactions de CARLINFANTI et de GASSEND.

Baudouin (*Bile*). — Le R. est une sol. aqueuse de fuchsine à 0 gr. 50 pour 100 cc. On place 15 cc. d'urine dans un tube et 15 cc. d'eau dans un tube semblable ; on ajoute dans chacun 2 gouttes de R. : si l'urine contient de la bile la teinte rouge violacée de la fuchsine passe au jaune orangé. Le tube à eau sert de comparaison. Cette réaction est due à la bilirubine et peut être effectuée avec le résidu de l'extraction de l'urine par le chloroforme.

Bauer (*Solanine*). — Le réactif est une sol. d'acide tellurique dans SO^4H^2 dil. On en ajoute qq. gouttes dans un verre de montre à la sol. suspecte et on chauffe doucement au B. M. : une color. rouge framboise se développe et persiste 2 ou 3 heures. C'est une réaction très sensible que ne donnent ni l'atropine, ni la morphine, ni la quinine, etc.

Baumann (*Alcools polyatomiques, hydrates de carbone et diamines*). — Le chlorure de benzoyle ajouté à la solution aqueuse alcalinisée par la soude d'un alcool polyatomique ou d'une amine produit un éther benzoylique insoluble. Cette réaction peut servir pour la recherche de la glycérine et de plusieurs substances d'origine bactérienne dans l'urine. Peut servir à doser la glycérine : 0 gr. 385 du ppté sec = 0 gr. 1 de glycérine.

Baumann (*Amidon de maïs dans la farine de blé*). — Procédé basé sur l'action de la potasse à 1.8 0/0. On agite 0 gr. 10 de farine à essayer avec 10 cc. de cette solution ; après 2 min. on ajoute 4 à 5 gouttes d'HCl à 25 0/0 qui doivent laisser le liquide encore légèrement alcalin : examiné au microscope l'amidon de maïs n'est pas gonflé, celui de blé se gonfle complètement. On peut par ce procédé reconnaitre 1 à 2 0/0 d'amidon de maïs. La farine de seigle se gonfle plus encore que celle de blé.

Baumann-Preusse (*Hydroquinone*). — On chauffe la substance dans un tube à essai : fumées violettes se condensant en bleu indigo.

Baumgarten (*Coloration au bleu de Lyon*). — Placer les coupes préalablement teintées au Borax-Carmin dans une solution de bleu de Lyon à 0,2 0/0 dans l'alcool absolu et laisser en contact 12 heures. Laver à fond pendant 6 heures avant de monter au baume (*Tests and Reagents*).

Baumgarten (*Coloration à la fuchsine et au bleu de méthylène*). — Immerger pendant 24 h. dans un verre de montre plein d'eau additionnée de 10 gouttes de fuchsine en sol. alcoolique conc. les préparations durcies préalablement à l'ac. chromique. Rincer à l'alcool, teindre pendant 4 à 5 minutes dans une sol. conc. de bleu de méthylène, laver à fond à l'alcool en 5 ou 10 minutes, et éclaircir avec de l'essence de girofle. Les noyaux sont teints en rouge et les tissus en bleu.

Baumgarten (*Méthode pour le bacille de Koch*). — Colorer les coupes dans un verre de montre d'eau dist. contenant 4 à 5 gouttes de sol. alcool. conc. de méthyl. violet. Laver à l'eau, plonger pendant 5 min. dans une sol. assez concentrée si nécessaire de carbonate de potasse et décolorer dans l'alcool absolu en 5 à 10 min. Passer dans l'essence de girofle, monter avec un mélange de part. égales de baume de Canada (exempt de $CHCl^3$) et d'essence de girofle, placer les coupes dans l'alcool pendant 5 min. et enfin dans une sol. conc. de brun Bismarck dans l'ac. acétique à 1 0/0.

Autre méthode : Plonger les lamelles des préparations dans un verre de montre d'eau distillée contenant 1 ou 2 gouttes de KOH à 33 0/0, presser, et examiner sans colorer. Si des bacilles de la putréfaction sont présents, teindre au violet gentiane ou à la fuchsine aqueuse pour les distinguer du bacille tuberculeux qui reste incolore (*Tests and Reagents*).

Baumgarten (*Color. du bacille de la lèpre*). — Tremper pendant 6 ou 7 min. dans une sol. dil. de fuchsine dans l'alcool et décolorer pendant 15 secondes dans l'alcool acidulé (NO^3H : 1, alcool : 10) ; rincer à l'eau et faire une double col. dans le bleu de méthylène aqueux. Le bacille lépreux se teint en rouge sur bleu foncé ; le bacille tuberculeux n'est pas coloré dans cet espace de temps (*Tests and Reag.*).

Bavovesco (*Réaction colorée de la fonction OH*). — La fonction OH si richement représentée en chimie organique appartient à 2 classes de corps très importants, les phénols et les alcools, suivant qu'elle est attachée à une chaine ouverte ou fermée. Le R. de BAVOVESCO est une solution d'acide molybdique à 15 0/0 dans l'ac. sulfurique conc. Il doit être fraichement préparé et fait à la temp. de 80 à 85° C. au B. M. En superposant à une couche de ce réactif une couche d'un alcool ou d'un phénol on obtient une zone bleu-violet intense très belle. La réaction apparaît immédiatement avec les sol. aqueuses, moins bien avec les substances mêmes.

Très sensible pour l'alcool éthylique, méthylique et les phénols en général, la réaction retarde et diminue d'intensité au fur et à mesure que les molécules augmentent (alcools propylique, amylique, menthol, etc.), que le nombre des fonctions se multiplient (glycol, glycérine) ou que ces fonctions deviennent complexes (Exhose, ac. tartrique, citrique, morphine, etc.).

Bayerl (*Liquide décalcifiant*). — Se compose de parties égales de solutions à 3 0/0 d'ac. chromique et à 1 0/0 d'ac. chlorhydrique.

Bayer (*Indol*). — Les sol. d'indol donnent une col. rouge ou un ppté par addition d'ac. nitrique et d'une sol. diluée de nitrite de potasse.

Bayer (*Acétone dans l'urine*). — Mélanger l'urine ou son distillat. avec son volume d'une solution aqueuse de nitrobenzaldéhyde ajouter ensuite, de la soude pour alcaliniser : formation d'indigo bleu. Sensibilité : 0 gr. 400 dans un litre = 1/2.500. Voir réactions de DREWSEN et PENZOLDT.

Bayerl (*Col. aux deux carmins*). — On dissout séparément : 1° 1 p. de carmin et 4 p. de borax dans 60 p. d'eau ; 2° 4 p. de carmin d'indigo et 4 p. de borax dans 60 p. d'eau. Au moment de l'emploi on mélange parties égales de ces solutions et on filtre. Ce colorant s'emploie pour les préparations de tissus osseux.

Bayrac (*Ac. urique dans l'urine*). — Evaporer à sec, au B. M. 50 cc. d'urine, traiter le résidu par l'ac. chlorhydrique, le laver avec de l'alcool, dissoudre dans 20 gouttes de sol. de soude chauffée à 90-100 C. et décomposer dans un uréomètre. Chaque cc. d'azote dégagé à la température ordinaire correspond à 0,00357 d'acide urique.

Bayley (*Camphre artificiel*). — Une goutte de sol. alcoolique du camphre à examiner est évaporée sur une lamelle. On examine à la lumière polarisée : les cristaux de camphre artificiel restent obscurs, ceux du camphre naturel se colorent brillamment.

Beale (*Carmin à la glycérine*). — Dissoudre 0 gr. 350 de carmin dans 5 gouttes d'ammoniaque et un peu d'eau, et ajouter 16 gr. de glycérine ;

puis graduellement 16 autres gr. de glycérine contenant 8 ou 10 gouttes d'ac. acétique ou chlorhydrique ; s'il est nécessaire ajouter plus d'acide pour produire une acidité nette. Finalement ajouter encore 16 gr. de glycérine, 8 gr. d'alcool et 25 gr. d'eau (*Tests and Reag.*).

Beale (*Carmin ammoniacal*). — Il existe deux formules. 1° Carmin 1 gr. ; sol. conc. d'NH³, 30 gouttes ; glycérine 60 gr. Alcool 180 gr. Ce liquide est spécialement approprié pour colorer par injection. 2° Carmin 0 gr. 65 ; sol. conc. NH³ 30 gouttes ; Eau distillée 60 gr. ; Alcool 120 gr. ; Glycérine 60 gr. Dissoudre le carmin dans l'alcali avec l'aide de la chaleur, faire bouillir qq. instants et refroidir. Ensuite laisser s'évaporer l'excès d'NH³, ajouter les autres substances et filtrer. Si un peu de carmin se dépose, ajouter 1 ou 2 gouttes d'ammoniaque pour le redissoudre (*Tests and Reag.*).

Beale (*Mixture au bleu de prusse glycériné-acide*). — *a* : Ferrocyanure de potassium 0,200 gr. ; Glycérine 30 gr. ; *b* : Solution de chlorure ferrique 0,65 gr. ; Glycérine 30 gr. ; Ajouter *b* à *a* graduellement, puis ajouter de l'eau 30 gr., et de l'acide chlorhydrique conc. 3 gouttes. Si on le désire on peut aussi ajouter de l'alcool (*Tests and Reag.*).

Beale (*Mixture au bleu de prusse glycériné*). — *a*.. Ferrocyanure de potassium 0,80 gr. ; Glycérine 15 gr. ; Eau 15 gr. ; *b*. Sol. de chlorure ferrique 4 gr. Glycérine 16 gr. Eau 16 gr. Mélanger *b* à *a* graduellement en agitant bien après chaque addition ; puis ajouter de l'alcool 30 gr. et de l'eau 90 gr. Le mélange doit être agité avant l'emploi. Les spécimens injectés doivent être préservés dans la glycérine acidulée (*Tests and Reag.*).

Beale (*Solution à la créosote pour montage*). — Dissoudre 11 gr. de créosote dans 180 gr. d'alcool méthylique et ajouter une quantité suffisante de craie pulvérisée pour faire une pâte épaisse ; ajouter alors 1920 gr. d'eau en agitant sans relâche, puis quelques fragments de camphre. On laisse reposer quelques semaines et on filtre (*Tests and Reag.*).

Beale (*Gelée à la glycérine*). — Mettre à tremper de la gélatine ou de la colle de poisson pendant 2 ou 3 heures dans l'eau froide puis la fondre. Laisser refroidir, et lorsque la solution est encore fluide y ajouter un peu de blanc d'œuf, agiter et chauffer à nouveau jusqu'à l'ébullition. Filtrer à travers une flanelle fine et finalement ajouter au filtratum un volume égal de glycérine (*Tests and Reag.*).

Béchamp (*Sulfures alcalins*). — Le R. est une sol. de nitroprussiate de soude à 0,5 0/0. Il donne avec les sulfures alcalins en sol. étendues une belle color. rouge pourpre. Sensibilité 1 : 15.000 (60 milligr. de K^2S dans un litre).

Béchamps (*Nitrobenzène*). — L'essence d'amandes amères adultérée avec du nitrobenzène donne une coloration bleue par distillation avec de l'acétate ferrique et addition de chlorure de chaux au distillatum.

Bechi (*Huile de graines de coton*). — Chauffée avec une solution de nitrate d'argent alcoolo-éthérée, l'huile de graines de coton (l'huile de colza également) produit une col. brun-rougeâtre ; l'huile d'olive et les autres huiles restent incolores.

Bechi-Hehner (*Huile de coton*). — Le R. se prépare en dissolvant dans 200 cc. d'alcool, 1 gr. de NO^3Ag, 40 gr. d'éther et 0,1 d'ac. nitrique. On agite 10 cc. d'huile avec 5 cc. de R. en tenant le mélange au B. M. Suivant la teneur en huile de coton le mélange se colore plus ou moins du rouge-brun au noir. Le saindoux, l'huile d'olive, l'huile de sésame pures ne donnent rien. Cette R. a été adoptée par la Société des chimistes analystes suisses en 1895. Comparer avec le R. de MILLIAU.

Beckmann (*Vératrine*). — On évapore, à sec au B. M. un mélange de vératrine et d'ac. nitrique fumant ; le résidu, coloré en jaune, donne par la lessive alcoolique de potasse une coloration rouge-orangé.

Beckurts (*Alcaloïdes*). — Le R. de BECKURTS est une sol. décinormale de permanganate de potasse. Certains alcaloïdes, aconitine, brucine, quinine, cinchonidine, codéine, colchicine, thébaïne, etc., réduisent immédiatement le réactif ; d'autres donnent une coloration rose affaiblie et une réduction lente : Atropine, Berberine, Pilocarpine, Strychnine, etc. La morphine donne un ppté blanc d'oxydimorphine ; l'apomorphine se colore en vert. La cocaïne, la narcéine, la narcotine, et la papavérine en sol. conc. donnent des pptés cristallins de permanganates (*Merck's Reag. Verzeich.*, p. 9).

Becquerel (*Glucose*). — Modification à la liqueur de FEHLING.

Bedot (*Fixation des animaux pélagiques marins*). — On sait combien sont délicats les organes de ces petits animaux. Ajouter une large quantité de sol. de sulfate de cuivre à 15 ou 20 0/0 à l'eau de mer contenant les animaux et dès qu'ils sont fixés ajouter quelques gouttes d'ac. nitrique. Attendre 4 ou 5 heures. Durcir en ajoutant 2 vol. de solution de FLEMMING forte pour chaque volume de solution de cuivre, attendre 24 h. ; ajouter alors qq. gouttes d'alcool et pendant les 15 jours suivants ajouter graduellement de plus en plus d'alcool jusqu'à ce que le degré de 75 0/0 soit atteint. Employer l'alcool à 90 0/0 pour la conservation définitive.

Bedson (*Apomorphine*). — Les solutions de morphine renfermant de l'apomorphine, bouillies avec la potasse, donnent une color. brune.

Beer (*Réactif colorant*). — Mélanger une sol. alcoolique de perchlorure de fer à 25 0/0 d'alcool avec son vol. de dinitrorésorcine en sol. dans l'alcool à 70 0/0.

Behren (*Huiles*). — En traitant les huiles par un mélange de part. égales d'SO^4H^2 $D = 1.835$ à 1.840 et d'NO^3H, $D = 1.3$, on obtient différentes réactions : l'huile de sésame donne une color. verte ; l'huile d'olive une color. jaune.

Behrend (*Pâte de bois dans le papier*). — La réaction est basée sur la color. jaune-brun que prend la fibre de bois au contact de l'ac. nitrique $D = 1.3$.

Behrens (*Milieu de montage*). Mélange fluide de parties égales de camphre et d'hydrate de choral. Employé pour l'immersion.

Behrens (*Phénols ; méthode complète de différenciation et d'analyse*). — L'auteur a posé les principes d'une méthode très complète qui divise les phénols en groupes et arrive par dichotomie à reconnaître et séparer les mélanges. Consulter l'article original dans *Zeitsch. f. analyt. Chemic* 1903, p. 141, ou la trad. française dans *Annales de chimie analytique* 1903, p. 348.

Beilstein (*Halogènes*) — Le chlore, le brome et l'iode peuvent être reconnus dans les substances organiques par la production d'une color. verte ou bleue sur une perle d'oxyde de cuivre dans la flamme réductrice du chalumeau.

Beissenhirtz (*Aniline*). — Une sol. conc. d'aniline dans SO^4H^2 prend sous l'influence du bichromate de potasse une color. d'abord rouge, puis bleue ; puis cette color. disparaît.

Bela von Bitto (*Aldéhydes et Cétones*). — 1° En présence d'une sol. fraîche et faible de nitroprussiate alcalin, puis d'un excès de soude on obtient des colorations variées avec les différentes substances de ces groupes (du jaune au violet). 2° Le métadinitrobenzol, en présence de soude, donne une color. bleue, passant au violet par l'ac. acétique. 3° Une fluorescence verdâtre fine est produite en qq. min. en ajoutant à la solution à essayer quelques cc. d'une sol. aqueuse à 0,5-1 0/0 d'un sel de méta-diamine. La fluorescence disparait sous l'influence des alcalis et réapparait sous celle des acides.

Bela-Haller (*Mélange pour macération*). — Ac. acétique glacial, 1 ; glycérine, 1. Eau, 2. Les cellules du système nerveux central des mollusques prennent moins de rétrécissement dans ce mélange, après 30 ou 40 min. de macération que dans les autres.

Belar (*Mat. colorantes de la houille dans le vin*). — Le procédé repose sur ce principe que ces mat. sont solubles dans le nitrobenzol tandis que les colorants naturels du vin ou les col. végétaux y sont absolument insolubles. La chlorophylle y est soluble.

Bell (*Curcuma*). — Le R. se prépare en dissolvant 1 gr. de diphénylamine dans 20 cc. d'alcool à 90 0/0 et 25 cc. SO^4H^2 pur. Il est spécialement approprié à la recherche du curcuma dans les drogues pharmaceutiques et permet d'en reconnaître 1/200 dans la Rhubarbe et 1/1000 dans la moutarde. On dépose une goutte de R. sur une lamelle et une pet. quant. de la poudre et on exam. au microscope : les grains de curcuma se colorent en rouge pourpre et le nombre de taches observées peut servir jusqu'à un certain point à apprécier grossièrement la teneur en curcuma. SAUL a trouvé que la diphénylamine n'est pas nécessaire pour obtenir la color.

Bell-Carter (*Alun dans les farines ou le pain*). — Le réactif est une solution fraîche de bois de campêche à 5 0/0 dans l'alcool dénaturé. Humecter 10 gr. de farine avec de l'eau, ajouter 1 cc. de teinture et 1 cc. de sol. saturée de carbonate d'ammoniaque. La farine pure donne une color. rosâtre fonçant graduellement jusqu'au chamois et au brun. S'il y a de l'alun, au contraire, il se produit une color. bleu-lavande qui devient plus intense par dessication.

Bellier (*Dulcine ou Sucrol*). — On évapore le liquide suspect à consistance sirupeuse en présence d'un peu de carbonate de plomb et on l'extrait par l'éther acétique. On évapore l'extrait, on reprend par l'SO^4H^2 pur et conc. et on ajoute qq. gouttes de formol à 40 0/0 : il se forme un ppté floconneux blanchâtre caractéristique d'après l'auteur. Controler par les R. de MORPURGO et de JORISSEN.

Bellier (*Huile d'arachide*). Dans un tube assez gros mélanger 1 cc. d'huile avec 5 cc. de potasse alcoolique à 85 gr. par litre ; chauffer jusqu'à saponification totale, ajouter 1 cc. 5 d'ac. acétique dilué à un titre tel que les 5 cc. de potasse soient exactement saturés ; faire refroidir rapidement au dessous de 20° C. En très peu de temps, grâce à la présence de l'acétate de potasse les acides gras se précipitent ; ajouter ensuite, après un assez long repos, 50 cc. d'alcool à 70 0/0 renfermant 1 0/0 d'HCl conc. en volume, agiter doucement et plonger dans l'eau à 17-19° C :

Lorsque l'huile renferme *plus* de 10 0/0 d'huile d'arachide, l'alcool laisse un ppté d'ac. arachidique indissous, plus ou moins abondant ; *au-dessous* de 10 0/0 le liquide devient limpide ou à peu près, mais après 1/2 heure on observe en regardant perpendiculairement selon l'axe du tube un nuage léger. Avec les huiles pures on n'observe aucun nuage. Lorsque l'huile contient plus de 10 0/0 d'huile d'arachide, 5 minutes suffisent à la pptation.

Cette méthode à la fois rapide, précise et simple, est une variante et une amélioration des procédés de Schuztemberger, Cloez et Renard.

Bellier (*Huile d'olives*). — Mélanger volumes égaux d'huile à essayer et de sol. sat. de résorcine dans le benzol et l'ac. nitrique (D = 1.38) (exempt d'ac. nitreux) : si l'huile d'olives est pure il n'y a production d'aucune coloration ou seulement très faible ; la présence des huiles de sésame, d'arachide, de coton, d'œillette, de noix, de lin, d'amande, de noyaux de pêche, de ricin, donne lieu à des colorat. violettes intenses mais fugaces. Voir la R. de Kreis.

Bellonci (*Méthode neurologique*). — Traiter la substance avec une sol. d'ac. osmique à 0,5-1 0/0 ; durcir pendant seulement 12 à 24 heures ; faire les coupes et les traiter avec de l'alcool à 80 0/0 puis avec de l'ammoniaque.

Benario (*Formaldéhyde à l'alcool*). — Sol. alcoolique à 8 0/0 renferm
ment 1 pour cent de formol à 40 0/0.

Benda (1) (*Coloration au fer-hématoxyline*). — Mordancer les coupes pendant 24 h. dans la sol. suivante diluée de 1 ou 2 vol. d'eau : sulfate ferreux 80, Eau 40, Ac. sulfurique 15, Ac. nitrique 18. Laver bien à fond, immerger dans une solution à 1 0/0 d'hématoxyline aqueuse jusqu'à color. complètement noire, laver à nouveau et traiter avec une sol. d'ac. acétique à 30 0/0.

Benda (1) (*Coloration double*). — Colorer les coupes pendant 24 h. dans une solution de safranine dans l'eau d'aniline, puis pendant 1/2 min. dans une sol. de 0,5 de vert lumière F. S. ou de violet acide (Gubler) dans 200 cc. d'alcool. Déshydrater et monter au baume.

Benda (1) (*Coloration au cuivre-hématoxyline*). — Durcir la substance

(1) *Tests and Reagents.*

avec l'ac. chromique ou le liquide de FLEMMING, abandonner les coupes pendant 24 h. dans une sol. à 5 0/0 d'acétate neutre de cuivre à env. 40° C., laver complètement à l'eau dist. et colorer au gris foncé ou noirâtre dans une sol. saturée aqueuse d'hématoxyline. Décolorer les coupes jusqu'à jaune clair dans l'ac. chlorhydrique à 0,2 0/0, les placer dans la sol. de cuivre jusqu'à gris-bleuâtre, laver, déshydrater, clarifier et monter au baume.

Benysek (*Recherche du bacille de Koch dans les crachats*). — Presser les crachats entre deux couvre-objets stérilisés et exposer à l'air de préférence sous une cloche pour les sécher. Eviter le chauffage qui empêche la coloration de prendre nettement. Puis humecter les crachats secs avec le mélange suivant : sol. alcoolique conc. de fuchsine 4, ac. phénique 5, eau 45. Chauffer doucement sur la lampe à alcool jusqu'à émission de valeurs, ensuite laver à l'eau puis colorer avec une solution de bleu de méthylène acidifiée par 10 0/0 SO^4H^2. Après 4 à 6 min. de contact, laver et sécher. Les bacilles tuberculeux sont colorés en rouge foncé, le fond est bleu clair. Les autres bactéries ne prennent pas la couleur par ce procédé.

Bérenger (*Antipyrine*). — L'antipyrine traitée par l'hypochlorite de soude dégage une odeur d'essence d'amandes amères et fait disparaître l'odeur de chlore. Par l'eau de chlore, l'odeur disparait de même, et on obtient un ppté blanc.

Bérenger (*Salophène*). — Le salophène, après ébullition avec de la soude et addition d'hypochlorite de soude donne une color. verte, passant ensuite à la teinte acajou ; en acidifiant par SO^4H^2 on obtient ensuite une color. rouge vif, puis rouge-orangé.

Bergmann (*Acides minéraux*). — Si le vin ou le vinaigre renferment des acides minéraux, l'oxalate de chaux n'y est pas précipité en y ajoutant 5 gouttes d'oxalate d'ammonium puis 5 gouttes de sulfate de chaux en solution.

Berkley (*Coloration par la méthode de WEIGERT modifiée*). — Durcir les coupes qui ne doivent pas avoir moins de 2 mm. 5 pendant 24 à 30 h. dans la sol. de FLEMMING à 25° C. Les plonger ensuite dans l'alcool absolu, changé deux fois dans les 24 h. Lorsque le durcissement est suffisant, les plonger dans la celloïdine et couper. Laver à l'eau les coupes, les immerger une nuit dans une sol. saturée d'acétate de cuivre froide (ou chaude à 35-40° C. pendant 1/2 heure); laver à nouveau et colorer pendant 15 à

20 minutes dans un mélange de 2 cc. de sol. saturée de carbonate de lithine,
5 cc. d'eau bouillante et 1,5 à 2 cc. de sol. d'hématoxyline à 10 0/0.
Chauffer la sol. colorante à 40° C. ; quand les coupes sont refroidies,
différencier pendant 1 à 3 minutes dans la solution de ferricyanure de
WEIGERT, diluée s'il est nécessaire avec 1/3 d'eau. Finalement traiter à
l'eau, à l'alcool, à l'essence de bergamote et monter au baume xylol.

Bernbeck (*Matières goudronneusés dans l'ammoniaque du commerce*). —
On superpose l'ammoniaque à essayer à une couche d'ac. nitrique pur :
en présence de goudrons on obtient un anneau rouge (ce genre d'impuretés est assez fréquent même dans les ammoniaques parfaitement incolores vendues comme pures. Par saturation avec de l'HCl ou SO^4H^2, on
obtient également une légère color. rose).

Bernède (*Matières colorantes dans le vin*). — On agite 20 cc. de vin
avec 10 cc. d'une sol. éthérée à 20 0/0 de phénol : la couche d'éther s'empare de la fuchsine et du violet gentiane. La réaction est sensible à
1/10.000 pour la première, à 1/1.000 seulement pour le second.

Bernouilly (*Alcool*). — Les huiles essentielles falsifiées avec de l'alcool forment, directement ou par distillation, des solutions denses en
ajoutant de l'acétate de potasse. Voir R. de BARBIER.

Berthelot (*Oxyde de carbone*). — Une sol. aqueuse étendue de nitrate
d'argent est additionnée d'ammoniaque jusqu'à redissolution *exacte* du
ppté d'oxyde. A froid l'ox. de carbone colore ce réact. en brun puis
ppte ; à chaud la pptation en noir a lieu immédiatement. Ce réactif est
très sensible. Voir la R. de JEAN.

Berthelot (*Alcool*). — Agiter la solution diluée d'alcool avec quelques
gouttes de chlorure de benzoyle et de soude jusqu'à ce que l'odeur du
chlorure de benzoyle disparaisse : l'odeur caractéristique du benzoate
d'éthyle se manifeste.

Berthelot (*Ac. phénique*). — Ajouter un peu d'hypochlorite de soude
ou de solution de chlorure de chaux au liquide suspect rendu faiblement
ammoniacal : une color. bleue nette se manifeste s'il y a du phénol présent. Les acides font passer au rouge cette coloration, mais les alcalis la
restaure. V. les R. de BODDE, de JACQUEMIN, de LEE, de SALKOWSKY.

Bertoni-Raymondi (*Acide nitreux dans le sang*). — Dyaliser, évaporer à sec le dyalisum, reprendre par l'alcool chaud et ajouter de l'empois

d'amidon ioduré : color. bleue par l'acide nitreux. (Il est bon de se souvenir que tous les oxydants développent cette coloration).

Bertrand (*Arsenic*). — La méthode de BERTRAND est un perfectionnement de celle de MARSH. Elle consiste essentiellement en certaines précautions et dispositions d'appareil : 1° réduire au plus petit volume la liqueur renfermant l'arsenic, 30 cc. au plus ; 2° purger d'air entièrement l'appareil au moyen d'un *courant de* CO^2 avant d'introduire la liqueur suspecte ; 3° employer qq. cc. de sol. de $PtCl^2$ pour faciliter l'attaque du zinc ; 4° employer des tubes de très petit diamètre très finement étirés, n'ayant pas plus de 1 millim. de diamètre intérieur si l'on recherche des quantités d'arsenic de l'ordre de grandeur de 1 centième de milligramme ; l'extrémité doit être située à 10 ou 15 centimètres de l'endroit chauffé où se forme la tache d'arsenic ; ces tubes doivent être rigoureusement propres et pour cela lavés à l'ac. sulfurique chaud, à l'eau régale, puis à l'eau et à l'alcool ou à l'éther ; 5° ne chauffer qu'au rouge naissant sur une petite longueur, au plus 20 centimètres, avec une petite rampe ; 6° dessécher le couchant d'hydrogène sur une colonne d'ouate préalablement chauffée à l'étuve à 120° C. ; 7° pour favoriser la condensation de l'arsenic en un seul point employer un petit réfrigérant très simplement constitué par une bande de papier filtré d'un demi-centimètre de large enroulée autour d'un tube et recevant goutte à goutte de l'eau d'un petit réservoir placé au-dessus. Avec cette précaution un enduit de 1/1000 de milligr. forme un anneau noir nettement visible ; 8° employer pour l'attaque la méthode de GAUTIER à l'acide nitrique.

Avec ces précautions on retrouve aisément un millième de milligramme d'arsenic. Voir la méthode de GAUTIER.

Bertrand (*Alcaloïdes*). — L'acide silicotungstique ou les solutions à 5 0/0 de ses sels donnent avec les alcaloïdes des précipités. La réaction est très sensible. Plusieurs de ces précipités donnent avec les oxydants des réactions colorées caractéristiques.

Bertrand (*Dosage de l'ac. urique*). — Ajouter à l'urine du nitrate d'argent en présence d'un carbonate alcalin (? celui d'ammoniaque seul nous paraît approprié) ; recueillir le ppté d'argent, le laver avec NH^3 et peser l'argent métallique résiduaire (? par calcination sans doute.) 0 gr.001 d'ac. urique correspond à 0,001235 d'argent.

Berzélius (*Albumine*). — Les solutions conc. et fraîchement préparées d'ac. métaphosphorique précipitent *toutes* les substances album inoïdes, excepté les peptones.

Bethe (*Méthode au bleu de méthylène*). — Colorer les tissus des vertébrés et les rincer dans une solution de sel, puis les placer pendant 2 à 5 h. suivant leur dimension dans une solut. de molybdate d'ammoniaque 1 gr., Eau 10 gr., Eau oxygénée 1 gr. (Pour les invertébrés employer la solution suivante : molybdate d'ammoniaque 1 gr. Eau 10 cc. Eau oxygénée 0,5 cc.). Ces solutions ne doivent pas avoir plus de 8 jours de date et doivent être refroidies à 0° C. Ensuite laver dans l'eau pendant 1/2 à 2 h., déshydrater dans l'alcool à 0° C., clarifier dans l'essence de girofle ou le xylène et préparer dans la paraffine ou la celloïdine à la manière habituelle.

Bethe (*Méthode de coloration pour la chitine*). — Placer des séries de coupes montées dans des rainures dans une solution de chlorhydrate d'aniline fraîche à 10 0/0 contenant une goutte de HCl par chaque 10 cc. Laisser agir pendant 3 à 4 minutes, rincer à l'eau puis immerger dans une sol. de bichromate de potasse à 10 0/0. Si la color. n'était pas assez intense, recommencer l'opération entière. Il est indispensable de bien rincer les coupes entre chaque traitement.

Bettink Wefers (*Cobalt en présence de fer et de nickel*). — Le nickel ne gêne pas la réaction de RUSTING, mais en présence du fer il faut opérer comme suit : après avoir ajouté un excès de sulfocyanure on chauffe légèrement et on ajoute de l'hyposulfite de soude jusqu'à décoloration ; on filtre et on superpose un mélange éthéro-alcoolique ; en présence de cobalt, au moins 1 milligr., il se produit immédiatement un anneau bleu intense. Le fer même à dose massive, le nickel, ni le chrome ne gênent la réaction dans ces conditions.

Betz (*Carmin à l'ammoniaque*). — Faire un sirop épais en dissolvant par trituration du carmin commercial dans l'eau et l'ammoniaque. Ajouter ensuite une grande quantité d'eau, filtrer et exposer au soleil dans un flacon non bouché, en verre vert, jusqu'à ce que le précipité soit déposé. Exposer à nouveau, filtrer, et répéter l'opération une troisième fois. Lorsqu'il ne se produit plus de dépôt le réactif est bon à employer.

Betz (*Mélange durcissant*). — Mélanger part. égales d'éther sulfurique et d'alcool. Employé pour durcir le cerveau des insectes avant d'en faire des coupes.

Bial (*Pentoses, acide glycuronique dans l'urine*). — Le réactif se prépare avec 1 à 1.5 gr. d'orcine, 500 gr. HCl fumant, et 25 à 30 gouttes de solutiou de perchlorure de fer à 1 0/0. En chauffant l'urine avec le réactif jusqu'à commencement d'ébullition une légère color. verte se développe indiquant la présence de Pentoses. L'acide glycuronique donne également cette col. mais nécessite beaucoup plus de perchlorure de fer.

Bianco-Lo (*Solution conservatrice*). — L'auteur a indiqué plusieurs formules à base d'ac. chromique, d'alcool, d'iode, d'ac. osmique, de sublimé, etc. (Voir *Merck's Réagentien Verzeichnis*, p. 12).

Bianco (*Mixture narcotique pour actinies, etc.*). — Glycérine, 20 ; alcool à 70 0/0, 40 ; Eau de mer, 40. A placer avec précaution sur la surface de l'eau contenant les animaux pour que la diffusion se fasse lentement.

Bickfalri (*Liquide pour digestion*). — Mélanger un gr. de suc gastrique sec avec 20 cc. HCl dil. (0.5 0/0) et porter à l'étuve-incubateur pendant 3 ou 4 h. Filtrer. On fait macérer les tissus à digérer dans ce liquide pendant 1/2 à 1 heure.

Bieber (*Huiles*). — 5 volumes d'huiles sont mélangés avec 1 vol. d'un mélange par part. égales d'ac. sulfurique conc. d'ac. nitrique fumant et d'eau. On obtient des réactions colorées variant avec la nature des huiles.

Bieber (*Huile de noyaux de pêches et essence d'amandes amères*). — Avec le R. du même auteur pour les huiles (voir ci-dessus), l'huile de noyaux de pêches donne une color. orange foncé, tandis que l'essence vraie d'amandes amères donne une zône jaunàtre.

Biehring-Busch (*Ortho et para-toluidine*). — En faisant bouillir une sol. chlorhydrique de ces bases avec du perchlorure de fer on obtient des flocons bleus dans le cas de la para-Toluidine et une col. rouge dans l'autre cas (ortho).

Biel (*Benzène et Benzine*). — Il y a entre ces deux corps des différences de densité, de coloration par l'iode en solution, de solubilité de l'alcool et de l'asphalte, et d'action de l'ac. nitrique (nitrobenzène) qui permettent de les distinguer.

Biel (*Cocaïne, essai*). — Chauffer la solution de 0,1 gr. d'un sel de cocaïne dans 1 cc. SO^4H^2 conc. pendant qq. min au B. M. puis ajouter qq. cc. d'eau. Il doit se former un ppté blanc cristallin d'ac. benzoïque.

Bignami (*Solution fixante*). — Dissoudre dans 100 gr. d'eau, 1 p. de NaCl, 1 gr. de sublimé et 1 gr. d'ac. acétique.

Bill (*Bromures*). — Un mélange de 1 goutte HCl et 1 goutte sol. de chlorure d'or avec une sol. de bromure donne une color. qui varie du jaune au rouge-orange foncé.

Billon (*Cannelle de Ceylan. Distinction d'avec la Cannelle de Chine*). — Le R. est une sol. étendue d'arsénite alcalin qui donne une coloration avec l'eau distillée de cannelle de Ceylan ou avec l'eau agitée avec l'essence et filtrée. Cette coloration est d'un vert jaunâtre très net. La cannelle de Chine ne donne pas cette réaction.

Bill-Seligsohn (*Cinchonine*). — Les sels acides de cinchonine même dans l'urine, donnent un ppté amorphe avec le ferrocyanure de potassium, soluble en chauffant mais se reprécipitant par refroidissement en petits prismes.

Billmann (*Sels de potasse*). — Le nitrite double de cobalt et de soude en sol. à 25 0/0 ppte les sels de potassium en sol. neutre ou légèrement acide.

Biltz (*Carbonate de soude dans le bicarbonate*). — Une solution aqueuse pure de bicarbonate de soude 1 : 15 donne un précipité blanc nuageux avec un sixième de son volume de solution aqueuse de bichlorure de mercure 1 : 20. La présence du carbonate neutre produit un ppté brun-rouge.

Binder (*Acide nitrique dans les eaux*). — On transforme les nitrates en nitrites en agitant 50 cc. d'eau avec un peu de zinc pur en poudre et 2 gouttes d'SO^4H^2. On recherche ensuite les nitrites par l'empois d'amidon ioduré.

Binz (*Oxyde de carbone*). — Le réactif est une solution saturée et chaude à 40 ° C. d'acide tannique.

Binz (*quinine dans l'urine*). — Le réactif consiste en 2 parties d'iode, 1 partie d'iodure de potassium et 40 parties d'eau. Sensibilité 0 gr. 020 dans un litre = 1 : 50.000.

Biondi-Haidenhein (*Mélange colorant triacide*). — Mélange de sol. saturées de fuchsine, 2 part., d'orangé G. 10 part., et de vert de méthyle, 5 part. Voir Ehrlich-Biondi.

Bird (*Composé sulfureux dans le pétrole*). — Préparer une solution de plombate de soude en dissolvant 1,5 gr. de soude caustique dans l'eau distillée pour faire un volume de 30 cc., chauffant à l'ébullition et ajoutant de la litharge à saturation. Décanter le liquide clair. Agiter soigneusement 4 cc. de pétrole blanc à examiner avec 30 gouttes d'alcool absolu, ajouter 2 gouttes de R. et laisser reposer 1/2 h. Suivant la quantité de soufre présent le mélange prend une teinte variant de l'orange foncé (beaucoup de soufre) au jaune orange et au jaune très pâle (traces).

Bischoff (*Acides biliaires*). — Chauffer avec de l'SO^4H^2 dil. et du sucre de canne ; color. rouge. Voir les R. de Pettenkofer et de Strassburg.

Bishop (*Huile de sésame*). — L'ac. chlorhydrique conc. n'agit pas tout d'abord sur l'huile de sésame par agitation. Mais au bout de qq. jours, sous l'action de l'air et de la lumière on obtient une color. verte qui augmente de plus en plus d'intensité. Au bout de très long temps, on a une séparation de flocons violet. Cette réact. a été modifiée et étudiée par Kreis.

Bishop-Kreis (*Huile de sésame et autres*). — Modification à la réact. ci-dessus consistant à traiter l'huile par une sol. chlorhydrique très faible de résorcine. L'huile de sésame et certaines huiles donnent une très belle color. rouge ou violette. Voir Kreis.

Bitto (*Alcools monoatomiques*). — Violet de méthyle 0 gr. 50, eau 1 litre. Agiter 1 ou 2 cc. du R. avec 5 à 10 cc. du liquide à essayer et 0,5 à 1 cc. de sol. de sulfure de potassium. La présence d'un alcool monoatomique se manifeste par une coloration allant du rouge cerise au violet-rouge. S'il n'y a pas d'alcools présents le mélange devient bleu-verdâtre, précipite des flocons rougeâtres et finalement vire au jaune. Les alcools diatomiques et polyatomiques, les hydrates de carbone, les acides, les composés aromatiques et les phénols ne donnent pas la réaction.

Bitto (Von) (*Aldéhydes et cétones*). — Voir R. de Bela-von Bitto.

Bizzari-Bruno (*Glucose*). — Des bandes de laine blanche sont trempées dans une sol. aqueuse à 10 0/0 de chlorure stanneux et séchées. Verser qq. gouttes d'urine sur ces tampons de laine et chauffer à l'étuve : il apparaît des taches noires très nettes dans le cas de glucose. On a institué un procédé de dosage approximatif d'après cette réaction.

Bizzozero (*Color. des noyaux de cellules*). — On dissout 1 gr. de carmin dans 6 cc. d'ammoniaque ; on ajoute 100 cc. d'eau et 100 de sol. d'ac. picrique à 1 0/0. On concentre au B. M. à 100 cc. env. et on ajoute 25 cc. d'alcool fort.

Bizzozero (*Méthode de coloration au violet gentiane*). — Colorer les préparations pendant 5 ou 10 min. ou plus, dans la solution de violet de gentiane D'EHRLICH ; laver dans l'alcool pendant 5 secondes ; dans la sol. de GRAM (iode) pendant 2 minutes ; puis dans l'alcool 20 secondes, dans une solut. d'ac. chromique à 0,1 0/0 30 secondes ; dans l'alcool 15 secondes ; dans l'ac. chromique à nouveau 30 secondes et finalement dans l'alcool 30 secondes. Après avoir décoloré complètement par plusieurs traitements à l'essence de girofle monter à la gomme dammar (*Tests and Reag.*).   .

Bjorklund (*Beurre de cacao*). — 3 p. de beurre de cacao doivent former une sol. claire avec 6 gr. d'éther à + 18° C. — Sinon cela indique la présence de cire. Plonger le tube à essai dans un bain d'eau à 0° C. ; un trouble nuageux qui se produit en 10 ou 15 minutes indique la présence de graisses étrangères.

Bjeloussow (*Milieu d'inclusion*). — Mélanger une sol. sirupeuse d'acacia et une sol. saturée aqueuse de borax de façon à avoir dans la liqueur 1 partie de borax pour 2 de gomme. Ajouter de l'eau distillée graduellement, passer par pression à travers un drap fin et répéter cette opération jusqu'à ce que la masse soit exempte de particules gélatineuses en suspension.

Blachez (*Alcool dans le chloroforme*). — La présence du chloroforme dans l'alcool se manifeste en ajoutant un petit morceau d'hydrate de potassium, agitant, décantant le chloroforme au bout de 5 min. de repos, agitant avec un égal volume d'eau décantant finalement cette dernière et y ajoutant une solution de sulfate de cuivre : ppté d'oxyde cuivrique hydraté.

Blaise (*Quinine*). — Modification à la R. de VOGEL : à la sol. de sel de quinine étendue on ajoute de l'eau de brome saturée puis de l'ammoniaque à 1 0/0, goutte à goutte ; on obtient une color. rouge. En ajoutant ensuite un excès d'ammoniaque conc. on a une color. verte. Les deux réactions de VOGEL sont ainsi réunies en une seule en supprimant l'emploi du ferrocyanure.

Blanc (*Fixation des infusoires*). — Pour les larves d'échinodermes, de méduses, de porifères, mélanger 100 d'une solut. saturée d'ac. picrique avec : Ac. sulfurique 2, Eau 600. Pour les rhizopodes et les infusoires ajouter 2 ou 3 gouttes d'ac. acétique à 15 cc. du mélange ci-dessus. Laver avec de l'alcool à 80 0/0, puis à 90 0/0 et finalement avec de l'alcool absolu. Colorer avec la teinture de safran : safran 5 gr. ; alcool absolu

15 cc. ; laver à nouveau à l'alcool à 80 0/0, puis plonger dans l'alcool absolu et dans l'essence de girofle.

Blanchard (*Coloration des bactéries*). — Traiter les lamelles des préparations placées en position verticale à l'acide osmique, puis ajouter tout autour une goutte de sol. de violet de méthyle. Après 1/2 h. compléter la préparation en la passant dans un bain de glycérine ou de solution de chlorure de calcium saturée teintée avec du violet de méthyle. Si l'on emploie l'hématoxylène comme colorant on doit laisser agir pendant 24 h. et la préparation doit être lavée à fond avant le montage.

Blarez (*Huile d'arachide dans l'huile d'olive*). Basé sur la faible solubilité de l'arachidate de potasse dans l'alcool. On saponifie 1 p. de graisse par 15 cc. de potasse alcoolique à 5 0/0, au réfrigérant à reflux (pour éviter la perte d'alcool). Après refroidissement l'huile d'olive pure donne une solution sans dépôt ; s'il y a au moins 5 0/0 d'huile d'arachide on obtient un ppté cristallin d'arachidate de potasse.

Blarez (*Couleurs d'aniline dans le vin*). — Agiter 20 cc. de vin avec 5 gr. de peroxyde de plomb pendant une minute ; la coloration naturelle du vin disparaît, mais les colorants à base d'aniline persistent.

Bloxam (*Urée*). — S'il y a des nitrates en présence ajouter qq. gouttes de chlorure d'ammonium ; s'il n'y en a pas aciduler par HCl. Évaporer à sec dans un verre de montre et chauffer avec précaution jusqu'à cessation de fumées. Dissoudre le résidu dans une ou deux gouttes d'NH^3, ajouter une goutte de $BaCl^2$ et agiter. S'il y a de l'urée il se produit des stries de cyanurate de baryum cristallisé sur les traces de l'agitateur.

Blum (*Albumine*). — Le réactif se prépare en dissolvant 0 gr. 05 de chlorure de manganèse dans un peu d'eau acidulée par HCl et ajoutant 100 cc. d'une solution de métaphosphate de soude à 10 0/0. Ajouter ensuite du bioxyde de plomb par petites portions, laisser reposer et filtrer. On obtient une solution rose de métaphosphate de manganèse qui précipite l'albumine (urine).

Blumenthal (*Acétone*). — On mélange 10 cc. d'urine, 1 goutte de pyridine, 1 goutte d'hydroxylamine à 10 0/0 et une goutte de soude à 10 0/0 ; on ajoute alors un peu d'éther et de l'eau de brome ; on agite, on décante et on verse de l'eau oxygénée : color. bleue de l'éther en présence d'acétone.

Boas (*Réactif de*). — Solution de tropéoline ou papier trempé dans cette solution ; devient jaune par les alcalis et rouge par les acides. Voir R. de Lutke.

Boas (*Acide chlorhydrique libre*). — Une solution de 1 gr. de résorcine et 3 gr. de sucre de canne dans 100 gr. d'alcool à 50 0/0 donne une coloration rouge en évaporant une goutte avec qq. cc. d'une solution renfermant HCl libre. Voir R. de Conrady.

Boccardi (*Solution de*). — 2 formules : 1° ac. oxalique à 0,1 ou 0,3 0/0 ; 2° ac. formique 5 cc. ; ac. oxalique solut. à 1 0/0, 1 cc. ; eau 25 cc.

Bodde (*Distinction de la résorcine et du phénol ; de l'ac. benzoïque et de l'ac. salicylique*). — Les sol. de résorcine donnent une col. violette par l'hypochlorite de sodium, passant au jaune ; en ajoutant plus d'hypochlorite et en chauffant la coloration est jaune rougeâtre ou brune. Si on a soin d'ajouter de l'ammoniaque avant l'hypochlorite, la teinte d'abord violette, passe au jaune puis par ébullition au vert foncé. — Le phénol, l'acide salicylique et l'ac. benzoïque donnent, seulement en chauffant, une légère coloration par l'hypochlorite. En ajoutant préalablement de l'ammoniaque l'ac. salicylique et l'ac. benzoïque ne sont pas colorés, mais le phénol donne du bleu-verdâtre.

Bœdecker (*Albumine*). — Le ferrocyanure de potassium donne, avec les solutions albumineuses acidulées par l'ac. acétique, un trouble nuageux ou floconneux.

Bœdecker (*Sulfites*). — Les sulfites en solutiom neutres donnent avec une sol. de sulfate de zinc et un peu de nitroprussiate de soude une coloration qui peut varier du rose au rouge-foncé. Le ferrocyanure de potassium donne un précipité pourpre.

Bœhm (*Alcaloïdes*). — Modification au R. de Mayer. On dissout 33 gr. 1 de KI dans 33 gr. d'eau et on ajoute 45,25 gr. d'iodure de mercure (D du R. = 2,20 env.).

Bœhm (*Macis de Bombay*). — Filtrer la solution alcoolique de macis de Bombay sur un papier-filtre : le papier se teint en jaune-pâle, et après dessiccation la couleur rouge du macis de Bombay apparaît vers les bords.

Bœhmer (*Coloration à l'hématoxyline*). — 2 procédés : 1° ajouter 2 ou 3 gouttes de sol. d'hématoxyline dans l'alcool absolu à un verre de montre plein d'une solution aqueuse d'alun à 0,5 0/0 ; plonger les préparations dans cette mixture pendant 1/2 journée, puis les passer successivement

dans l'alcool absolu, dans une sol. alcoolique d'acide tartrique, à nouveau dans l'alcool absolu et finalement dans le benzène ou la térébentine.
Monter à l'huile de ricin ; 2º Dissoudre séparément : *a*) hématoxyline
cristallisée 1 gr. dans 100 cc. d'alcool absolu et *b*) alun ammoniacal 10 gr.
dans 200 cc. d'eau distillée. Mélanger et laisser en contact quelques jours
avant l'usage. Filtrer. Laver les préparations après immersion dans ce
liquide avec une solution aqueuse d'alun à 0,5 0/0 ou avec des acides.

Bœmer (*Albumoses*). — On ppte les albumoses par une sol. saturée de
sulfate de zinc qui agit exactement comme le sulfate d'ammoniaque.

Bœhn (*Carmin neutre*). — Broyer 3 ou 4 gr. de carmin dans 200 cc.
d'eau ; ajouter de l'NH^3 goutte à goutte jusqu'à ce que la solution soit
rouge cerise. Ajouter alors de l'ac. acétique jusqu'à ce que la liqu. passe au
vermillon. Pour rendre plus intense la coloration rajouter 2 gouttes d'ammoniaque avant de filtrer, et exposer à l'air libre dans un vase largement
ouvert jusqu'à disparition de l'odeur ammoniacale. On colore les tissus
dans ce liquide en 24 h. (ou plus longtemps pour une épaisseur supérieure
à 1 mm.). On rince ensuite avec un mélange de part. égales de glycérine
et d'eau acidulée par de l'ac. chlorhydrique à 0,5 0/0.

Boëhringer (*Essai de la cocaïne*). — Dissoudre 0 gr. 10 de chlorhydrate
de cocaïne dans 5 cc. d'eau, aciduler par 4 gouttes d'ac. sulfurique conc.
et ajouter qq. gouttes de permanganate de potasse à 1 0/0. — Au bout
d'une demi-heure la coloration rose doit persister, si la cocaïne est pure.

Bœrnstein (*Saccharine*). — Extraire la substance avec l'éther, chasser
l'éther et chauffer le résidu avec de la résorcine et de l'ac. sulfurique puis
ajouter un excès de carbonate de soude. En présence de saccharine, une
forte fluorescence se développe. D'après Hooker, d'autres substances don-
neraient cette réaction, l'ac. succinique notamment.

Bœttger (*Fibres animales*). — Traiter le tissu avec une sol. alcoolique
d'ac. rosolique, ensuite avec une sol. de carbonate de soude et laver. Les
fibres animales (laine par ex.) sont teintes en rouge, le lin en rose ; mais
le coton reste incolore. Voir R. de LIEBERMANN.

Bœttger (*Oxyde de carbone, gaz d'éclairage*). — Une étoffe imprégnée
de chlorure de palladium noircit rapidement au contact du gaz d'éclairage
ou de l'oxyde de carbone. L'éthylène, le méthane et l'hydrogène sulfuré
donnent la même réaction.

Bœttger (*Matières colorantes dans le vin*). — Mélanger un vol. de solution conc. de sulfate de cuivre avec 3 vol. de vin dilué de dix fois son volume. Le vin rouge pur est décoloré. Les moûts de vin non fermentés, de même que les colorants dérivés de l'airelle, de la mauve, des cerises ou mûres, et la fuchsine restent inattaqués ou se colorent en violet.

Bœttger (*Fibres de coton et de lin*). — Teindre l'étoffe avec une solution de fuchsine, laver avec de l'eau puis à l'ammoniaque : le coton se décolore tandis que le lin retient la fuchsine. Voir R. de Liebermann.

Bœttger (*Chlorates*). — Les chlorates en sol. se colorent en bleu par l'ac. sulfurique et le sulfate d'aniline (d'autres oxydants donnent cette réaction).

Bœttger (*Eau oxygénée*). — 1. En présence d'iodure de cadmium, d'un peu de sulfate ferreux et d'empois d'amidon : coloration bleue. Voir R. de Schönbein. — 2. Chauffer le liquide suspect avec qq. gouttes de nitrate d'argent ammoniacal ne renfermant pas d'ammoniaque libre : il se produit un trouble nuageux et une précipitation d'argent métallique.

Bœttger (*Acide nitrique*). — La présence de l'ac. nitrique dans l'eau potable se manifeste par une col. brun rouge en ajoutant 3 gouttes d'eau à 2 ou 3 gouttes de solution de brucine et 3 gouttes SO^4H^2.

Bœttger (*Ergot dans la farine de seigle*). — Chauffer qq. min. la farine avec volume égal d'éther et quelques cristaux d'ac. oxalique, coloration rouge.

Bœttger (*Glucose*). — Faire bouillir une sol. diluée de glucose ou d'urine avec du carbonate de soude et un peu de sous nitrate de bismuth ou d'hydrate de bismuth. Le précipité se colore en noir ou brun par réduction. Voir R. d'Almen et de Nylander.

Bœttger (*Réactif de*). — C'est une sol. d'iodure de cadmium additionnée d'empois d'amidon : Dissoudre 1 gr. d'amidon dans 200 cc. d'eau et 1 gr. d'HCl. Neutraliser avec du carbonate de chaux 10 ; puis ajouter NaCl 10, iodure de cadmium 0,5 et compléter le volume de 250 cc. avec de l'eau.

Bœttger (*Sulfocyanures*). — Du papier-filtre trempé dans la teinture de gaïac et séché, puis humecté d'une solution de sulfate de cuivre au 1/2.000 se colore en bleu par les sulfocyanures en solution.

Bœttger (*Papier réactif*). — 1° Anchusine : Ce papier donne avec les alcalis une col. verte ou bleue ; avec les acides : rouge. 2° Coléine : alcalis, jaune ; acides, rouge.

Bœttger (*Eau dans l'éther*). — En agitant doucement l'éther avec du sulfure de carbone il se produit un liquide laiteux s'il y a de l'eau en présence.

Bogomolow (*Bile, acides biliaires*). — On évapore l'extrait alcoolique renfermant la bile dans une petite capsule et on ajoute une goutte d'ac. nitrique puis 3 ou 4 gouttes d'alcool au résidu, sans agiter ; on observe une succession de couleurs du centre à la périphérie : le centre est jaune, puis orange, rouge, violet et indigo. Au bout de qq. heures la masse entière est colorée en bleu.

Bogomolow-Wassilieff (*Albumine et peptones*). — L'acide carminique précipite l'albumine même de ses solutions très diluées (0 gr. 110 dans 1 litre 1/9.000). Les proteoalbumoses et les deuteoalbumoses précipitent également. Ces dernières (deuteo) changent en noir la couleur de la solution d'acide carminique aqueux à 33 0/0 et le précipité reste insoluble à l'ébullition. Les premières (proteo) noircissent simplement la solution et le ppté se redissout à l'ébullition. Les albumoses insolubles dans l'eau donnent une col. violet rougeâtre par l'ac. carminique. — 2 Après avoir précipité les albumines qui peuvent être présentes par l'ac. trichloracétique on fait sur le filtratum la réaction du biuret. Voir R. de DEVOTO.

Bohland (*Sédiments urinaires*). — Pour conserver les sédiments urinaires, décanter l'urine surnageante, laver le sédiment avec la solution de sel physiologique : NaCl 4, carbonate de soude 3, eau 1.000. Ensuite le traiter par la solution de MUELLER, renouvelée 3 ou 4 fois dans l'espace de 15 jours. Finalement durcir avec de l'alcool fréquemment renouvelé jusqu'à ce qu'il soit absolument incolore.

Bohlig (*Ammoniaque*). *a.* — Bichlorure de mercure 1, eau 30 ; *b.* carbonate de potasse 1, eau 50. L'ammoniaque libre et ses carbonates produisent un trouble blanchâtre avec le R. *a.* Si la Réaction n'a lieu qu'après addition du R. *b* c'est que l'ammoniaque est combinée à d'autres acides (*Tests and Reag*).

Bolas (*Acide nitrique*). — Mélanger SO^4H^2, 10, sulfate ferreux en solution 1, et superposer doucement ce réactif au liquide suspect : coloration brune à la zone de contact. Ne se produit qu'à froid.

Bollette (*Celloïdine*). — Solution de 10 gr. de celloïdine dans 20 gr. d'éther et 20 gr. d'alcool ; employée comme liquide d'inclusion.

Bollet (*Huile de coton dans l'huile de ricin*). — Chauffer 10 gr. d'huile avec

6 gr. de solution alcoolique de nitrate d'argent (NO³Ag 5 gr., NO³H 1, Alcool 100 gr) pendant 5 min. au B. M. S'il y a de l'huile de graines de coton présente une coloration rougeâtre se développe.

Bolley *(Beurre)*. — Le beurre naturel exposé à la lumière solaire au contact de bandes de papier de tournesol bleu, rougit le papier ; le beurre artificiel ne donne pas cette réaction.

Bolton *(Indicateur)*. — Le réactif est une sol. de polysulfure très concentrée : Avec les alcalis, pas de précipité ; avec les acides, ppté de soufre libre.

Bonastre *(Myrrhe)*. — Saturer des bandes de papier-filtre avec de la teinture de myrrhe, sécher et imprégner avec une goutte NO³H : la myrrhe vraie donne une color. violette.

Bonnema *(Vanilline)*. — Si à qq. cc. d'ac. acétique renfermant 10 0/0 d'HCl on ajoute un peu de vanilline et 2 gouttes d'essence de santal il se produit une col. rouge cerise intense qui devient violet-bleu par chauffage. Cette color. passe au vert en 24 heures.

Bonnema *(Vanilline)*. — Les sol. de vanilline traitées par un mélange d'acide chlorhydrique à 10 0/0 et d'acide acétique conc. donnent, avec l'essence de santal une color. rouge cerise, violette à chaud.

Bonnewyn *(Sublimé dans le calomel)*. — Humecté d'alcool et placé sur une lame d'acier brillante le calomel donne une tache noire s'il renferme du bichlorure.

Boorsma *(Strychnicine)*. — Ce nouvel alcaloïde existe dans les feuilles du *Strychnos nux vomica* à la dose de 0,10 par kilog. En présence d'SO⁴H² il ne se colore pas par le bichromate ni les oxydants. Le R. de FRŒHDE donne à la longue une color. bleue. La réaction la plus caractéristique est celle-ci : une sol. neutre donne un ppté blanc par la soude, soluble dans un excès ; la sol. devient peu à peu orangée et, en acidulant, passe lentement au pourpre intense (en une 1/2 à 1 heure). La strychnine ni la brucine ne donnent pas cette réaction.

Le chlorure de zinc ne donne pas de violet comme avec la brucine. L'acide nitrique donne une belle coloration jaune brillante.

Bordet *(Sang humain)*. — BORDET est le premier qui ait signalé la propriété spécifique qu'acquiert le sérum d'un animal injecté avec du sang humain de ppter le sang humain. Cette méthode a été mise au point par un certain nombre d'expérimentateurs: UHLENHUTH, WASSERMANN-SCHUTZE, etc.

Borgeaud (*Viande de cheval*). — L'auteur, de même que RUPPIN, a appliqué la méthode des sérums précipitants à la recherche de la viande de cheval. Sa technique ne diffère pas sensiblement de celle de RUPPIN et confirme les observations de cet auteur. Cependant il a constaté, au contraire de ce dernier, que la viande cuite perd la propriété de réagir avec le sérum (même cuite au-dessous de 100°).

Borntraeger (*Aloès*). — Agiter avec de la benzine l'extrait alcoolique d'aloès. La solution de benzine après séparation est additionnée d'un peu d'NH^3 et légèrement chauffée. L'aloès — mais ceci n'est pas entièrement caractéristique, la rhubarbe, le curcuma, la galle, le cachou donnent la même réaction — provoque une coloration violette.

Borntraeger (*Résorcine*). — On chauffe un mélange humide par parties égales de nitrite de soude, de plâtre et de bisulfate de soude. En ajoutant de la résorcine on obtient une teinte verte, avec le thymol la color. est rouge.

Borntraeger (*Indicateur*). — Constitué par de la teinture fraîche de peaux d'oranges agitées avec de l'éther : les acides n'ont pas d'action ; les alcalis donnent du jaune citron.

Born-Wieger (*Mucilage de coings*). — On mélange **2** vol. de mucilage de coings avec **1** vol. de glycérine et on ajoute une trace d'ac. phénique. On emploie ce liquide pour fixer des coupes en séries.

Borodin (*Identification des précipités solubles*). — La réaction consiste à traiter le précipité par une solution saturée du corps avec lequel on essaye de l'identifier. Par ex. : une préparation microscopique végétale contenant une substance supposée être de l'asparagine est traitée avec une sol. saturée de ce corps. S'il y a dissolution on conclut que ce n'est pas de l'asparagine ; si la substance résiste on conclut affirmativement (Ce procédé nous parait très infidèle à cause des variations possibles de température qui peuvent amener soit une dissolution, soit une cristallisation au sein de la préparation, sans signification précise).

Borrel (*Solution fixante*). — Eau, 350 gr. ; ac. osmique, **2** gr. ; ac. chromique, 3 gr. ; bichlorure de platine, **2** gr. ; ac. acétique, 20 gr. Cette solution est recommandée par l'auteur pour l'étude cytologique des cellules glandulaires à zymogène qu'il porte à la glacière entre 0° et 10° C. pour éviter l'auto-digestion de ces cellules pendant la durée de la fixation intime.

Borsarelli (*alcool dans les huiles essentielles*). — Chauffer avec du chlo-rure de calcium les huiles essentielles suspectes : il y a formation d'une solution dense de CaCl².

Bottinger (*Acides tannique et gallique*). — On chauffe un peu de sub-stance avec de la phénylhydrazine à + 100° C. On ajoute de l'eau et on fait bouillir : 2 gouttes de ce liquide versées dans un excès d'eau alcalinisée par la soude donnent, en présence de tanin, une color. bleue, passant au jaune ; en présence d'ac. gallique une color. jaune-orangée.

Bouchardat (*Albumine*). — Le réactif se compose de 3 gr. 32 d'iodure de potassium, 1 gr. 35 de bichlorure de mercure, 20 cc d'ac. acétique et 9,5. d'eau pour faire 60 cc. Ce R. précipite l'albumine dans l'urine ainsi que l'acide urique (?), la mucine et les alcaloïdes. La mucine donne un ppté nuageux, l'albumine un ppté floconneux. Les alcaloïdes donnent un ppté soluble à chaud et dans l'alcool. Le ppté d'acide urique est facilement soluble à froid et surtout à chaud (nous ne l'avons jamais observé ; il fau-drait une urine très concentrée en ac. urique).

Boucher et Bougne (*Saccharine en présence d'ac. salicylique*). — Le pro-cédé consiste à détruire l'ac. salicylique par l'SO⁴H² et le permanganate à 1 0/0 à froid puis, à extraire la saccharine par les dissolvants ordinaires. On peut opérer à chaud. Dans tous les cas ce procédé est avantageux en ce qu'il permet de détruire les substances organiques et d'extraire une saccharine très pure.

Boudet (*Huile d'olive*). — Noter la color. en ajoutant 3 part. d'un mélange de vol. égaux d'ac. sulfurique et nitrique à 10 part. d'huile. Observer aussi les conditions de solidification par une addition de 5 0/0 d'ac. nitrique à l'huile.

Bougault (*Cacodylates et méthylarsinates*). — Le R. est une sol. à 10 0/0 d'hypophosphite de soude dans l'eau additionnée de 20 fois son volume d'HCl conc. Ce réactif donne lieu par agitation à un dépôt d'arsenic (en sol. concentrées) et à une odeur très nette de cacodyle même en présence de traces. Les méthylarsinates donnent un dépôt d'arsenic mais ne dégagent aucune odeur. Ce réactif peut servir à rechercher les cacodylates dans les méthylarsinates. Il est bon d'opérer l'agitation en flacon ou tube bien bouché et de laisser agir assez longuement (au besoin 12 heures) avant de déboucher et de percevoir l'odeur.

Bougault (*arsenic dans la glycérine*). — Réact. très sensible. Le R.

est constitué par une solution réductrice de 20 gr. d'hypophosphite de soude dans 20 cc. d'eau, puis 200 cc. HCl D = 1.17. On filtre ce réactif sur un tampon de coton. Pour l'essai, mélanger 10 cc. de R. avec 5 cc. de glycérine suspecte. On chauffe légèrement au B. M. S'il existe seulement 1/10 de milligr. d'arsenic en présence, on obtient un précipité floconneux brun ou brun-foncé. Même 1/50 de milligr. (4 milligr. par litre) donne encore une color. brune distincte et 1/100° peut encore être reconnu.

Bouin (*Solution fixante*). — Cette solution se prépare avec : aldéhyde formique à 40 0/0, 10 cc. ; sol. aqueuse saturée d'ac. picrique, 30 cc. ; ac. acétique cristallisable, 2 cc. LAUNOY recommande particulièrement cette solution comme donnant d'excellents résultats.

Bourget (*Iodures dans l'urine et dans la salive*). — Imprégner un papier-filtre avec de l'empois d'amidon à 5 0/0, sécher et couper en petites bandes carrées de 5 cm. Au centre de chaque carré laisser tomber 2 ou 3 gouttes de persulfate d'ammoniaque à 5 0/0 et sécher à l'ombre. Ce papier est très sensible et donne avec des traces d'iodure une col. bleue intense. Réact. visible avec des solutions renfermant 0 mg. 95 de Ki dans un litre : 1/2.000.000.

Bourgoin (*Nitrobenzène, essences amandes amères*). — Agiter 15 gouttes de l'huile essentielle d'amandes amères avec 8 gouttes de potasse : le nitro benzène produit une coloration verte. En ajoutant ensuite 20 gouttes d'eau, il se forme deux couches l'une supérieure verte, l'autre jaune.

Bourne (*Carmin au borax*). — Mélanger une sol. saturée de carmin dans une sol. à 4 0/0 de borax avec un volume égal d'alcool à 70 0/0. Laisser en repos une semaine et filtrer. Si du carmin se déposait subséquemment il faudrait filtrer à nouveau. Pour la coloration des tissus on les plonge dans cette sol. pendant 1 à 3 jours, suivant l'épaisseur des préparations puis on les immerge dans l'alcool acidulé pendant 3 à 6 heures.

Bourquelot (*Phénols*). — L'extrait aqueux de *Russula delica* qui renferme de la tyrosinase constitue le réactif. Il donne en présence de l'air avec les différents phénols des color. variées.

Boussingault (*Acide nitrique*). — La réaction repose sur la décoloration de la teinture de sulfate d'indigo en présence d'ac. chlorhydrique. Chauffer un peu de matière dans un tube avec qq. gouttes de sulfate d'indigo et un peu d'HCl ; l'ac. nitrique décolore le liquide. (Tous les oxydants capables de mettre en liberté du chlore agissent de même).

Boutron-Boudet (*Analyse hydrotimétrique des eaux*). — Méthode d'essai rapide des eaux basée sur l'action d'une solution alcoolique de savon, adoptée par le Comité consultatif d'Hygiène de France.

Boutmy. — Voir BROUARDEL-BOUTMY.

Bouvier (*alcool amylique*). — L'alcool renfermant de l'huile de fusel prend une color. jaunâtre par l'addition de quelques cristaux de KI et une légère agitation.

Boveri (*Solutions fixantes*). — 1° Acide acétique 1 gr. ; ac. picrique 0,6 gr., eau 100 cc. ; 2° Solution saturée de sublimé, 75 cc. ; formol, 25 cc.

Bowhil (*color. à l'orcéine*). — On mélange au moment de l'emploi 15 cc. d'une sol. saturée d'orcéine avec 90 cc. d'une sol. de tannin à 20 0/0 ; on ajoute 30 cc. d'eau.

Bradfort (*Huile d'olive*). — Une color. rouge en agitant l'huile d'olive avec une solut. de sous-acétate de plomb indique la présence d'huile de graines de coton.

Brady (*Solution d'hydrate de chloral pour bactériologie*). — Solut. aqueuse très concentrée d'hydrate de chloral.

Braemes (*Tannin*). — Le R. se prépare en dissolvant 1 gr. de tungstate de soude et 2 gr. d'acétate de soude dans 10 cc. d'eau. L'ac. tanique donne avec ce R. un ppté jaune paille insol. dans l'eau, les acides et les alcalis. La R. est très sensible : 1 : 100.000. L'acide gallique et les albumines ne pptent pas.

Brand (*Abrastol dans les vins*). — Traiter le vin d'abord avec du peroxyde de plomb puis par de l'acide sulfurique pour éliminer les autres mat. colorantes ; agiter ensuite avec du chloroforme et évaporer le dissolvant : l'abrastol laisse un résidu qui se colore en vert par l'ac. sulfurique. On opère sur 50 cc. de vin, 1 cc. SO^4H^2 et 25 gr. de bioxyde de plomb. On agite avec 1 cc. de chloroforme. Sensibilité en opérant sur 50 cc. : 10 milligr. par litre.

Brand (*Quinine ; Réaction de la Talléochine*). — Triturer le sel de quinine ou de quinidine avec un peu d'eau de chlore et ajouter de l'ammoniaque : il se produit une color. verte. Si on ajoute à la solution d'alcaloïde un léger excès d'eau de chlore, puis de l'ammoniaque goutte à goutte, il se forme un ppté floconneux, soluble avec une teinte verte dans un excès d'ammoniaque.

Brandberg (*Benzène et benzine*). — La poix se dissout dans le benzène mais non dans la benzine de pétrole.

Brandt (*Gelée à la glycérine*). — Faire tremper 2 parties de gélatine dans l'eau jusqu'à ce qu'elle soit gonflée, égoutter, faire fondre, et ajouter 3 parties de glycérine. Filtrer.

Brans (*Solution fixante*). — 0 gr. 10 d'ac. chromique dans 30 cc. d'eau ; ajouter 10 cc. d'aldéhyde formique. Employé pour les capillaires du foie.

Branson (*Essai du chlorure d'or*). — Dissoudre quelques centigr. de ce sel dans l'eau, ajouter 25 cc. de sol. normale d'ac. oxalique, laisser réagir 36 heures à env. 21° C. puis exposer au soleil pendant 12 heures ; enfin faire bouillir, filtrer, sécher, incinérer et peser.

Brass (*Carmin alcoolique*). — 100 cc. d'alcool à 70 0/0. 15 gouttes d'ac. chlorhydrique ; carmin en excès.

Braun (*Chlorates*). — Les chlorates donnent une col. rouge cerise dans une sol. de sulfate d'aniline renfermant de la toluidine et de l'ac. chlorhydrique. Par neutralisation la teinte passe au bleu.

Braun (*Glucose*). — Une sol. de glucose chauffée avec qq. gouttes de sol. d'ac. picrique au 1/250 donne une col. rouge foncée. La créatinine donne une réact. similaire, ainsi que l'acétone, mais de color. plus faible.

Braun (*Acide cyanhydrique*). — Une sol. d'ac. picrique à 0,5 0/0 se colore fortement en rouge par ébullition avec un cyanure alcalin.

Braun (*Nickel*). — Une col. rose rouge allant jusqu'au rouge brunâtre foncé, presque noir, se produit en mélangeant une sol. de nickel à une sol. de sulfocarbonate de potasse.

Braun (*Ac. nitrique*). — Deux réactions. 1° On ajoute une petite quantité de sulfate d'aniline puis de l'SO^4H^2 conc. : la sol. devient violet-bleu en présence de nitrates ou d'ac. nitrique. — 2. Ajouter à 1 cc. SO^4H^2, goutte à goutte 0,5 cc. de sol. de sulfate d'aniline (10 gouttes d'aniline dans 50 cc. ac. sulfurique dilué). Placer un peu de ce réactif sur un disque de porcelaine et y passer un agitateur humecté du liquide suspect. On obtient des stries rougeâtres.

Brautigam-Edelmann (*Viande de cheval*). — Procédé basé sur la recherche du glycogène. Extraire 50 gr. de viande par 200 cc. d'eau à l'ébullition ; ppter l'albumine par l'ac. nitrique après refroidissement.

Le liquide est ensuite essayé avec une sol. concentrée d'iode dans l'iodure de potassium qui donne à froid une color. brun-foncé. L'amidon et la dextrine donnent également une réaction par l'iode : le premier en bleu, le second en rouge brun. La color. du glycogène disparait à l'ébullition et reparait à froid.

Brautlecht (*Eau potable*). — Pour déceler les impuretés organiques dans les eaux potables, à 100 cc. d'eau, ajouter 5 gouttes de sulfate d'alumine en solution (sulfate d'alumine 1 ; ac. chlorhydrique 1 ; Eau 8) et ajouter 2 gouttes d'NH^3. Recueillir le précipité par filtration, le dissoudre dans 10 à 15 gouttes d'ac. acétique étendu et l'examiner au microscope avant et après addition de safranine.

Breinl (*Huile de sésame*). — L'ac. chlorhydrique et les aldéhydes de la série aromatique donne des réactions colorées variées. Agiter 10 cc. d'huile pendant 1/2 min. avec 0,1 cc. de solut. d'un aldéhyde et 10 cc. HCl conc. : avec l'aldéhyde benzoïque il se produit une col. orange ; avec la vanilline, le piperonal ou l'aldéhyde orthoxybenzoïque, une coloration violet-rougeâtre. Cette dernière coloration se produirait même avec des huiles ne renfermant que 0,5 0/0.

Bremer (*Glucose dans le sang*). — Mélanger vol. égal d'une sol. saturée d'éosine et d'une sol. de bleu de méthylène, recueillir le ppté, le sécher. le pulvériser et y ajouter 1/24e de son poids d'éosine et 1/6e de bleu de méthylène. Pour l'usage 0,02 à 0,05 de ce mélange sont dissous dans 10 gr. d'alcool à 33 0/0. On immerge pendant 4 minutes dans cette solution une lamelle sur laquelle on a déposé une goutte de sang à examiner. Le glucose produit une color. bleu-noir.

Bremer (*Huile de sésame*). — A 50 cc. d'un mélange refroidi d'alcool absolu et d'SO^{4}H^2, ajouter 10 gouttes de furfurol. Une goutte de ce réactif triturée avec 1 goutte d'huile de sésame (ou avec de la margarine qui en renferme) il se développe une col. rouge en 1 ou 2 min. Le beurre pur et les mat. albuminoïdes ne sont pas colorés. Voir R. de FABRI et R. de VILLA VECCHIA.

Bremer (*Glucose dans l'urine*). — Introduire 10 cc. d'urine normale et d'urine suspecte respectivement dans 2 tubes à essais et placer une très petite pincée de violet gentiane B de MERCK, à la surface du liquide de chaque tube en évitant que la poudre ne touche les parois. Dans l'urine normale le violet flotte, et donne de petites trainées nuageuses qui gagnent le fond et qui disparaissent par agitation. L'urine diabétique se colore en quelques secondes, à partir de la surface en bleu ou bleu violet, qui persiste après agitation. L'intensité de la col. est proportionnelle à la quantité de sucre. Avec du bleu de méthylène on constate que l'urine normale se col. en vert, l'urine diabétique en bleu.

Brévans (de) (*Acide benzoïque*). — On épuise par l'eau la mat. suspecte, on filtre, on acidule par SO^4H^2 et on extrait à 3 reprises par un mélange d'éther de pétrole et d'éther éthylique. On évapore le dissolvant. Le résidu peut renfermer en même temps que l'ac. benzoïque, de la saccharine et de l'ac. salicylique. On s'assure de l'absence de ces deux substances par leurs réactions habituelles puis on effectue sur la sol. du résidu la réaction de GIRARD.

Briand (*Abrastol*). — Acidifier 50 cc. de vin par 1 cc. d'ac. sulfurique, agiter avec du péroxyde de plomb, filtrer et extraitre par 1 cc. de chloroforme. Celui-ci se colore en jaune et laisse à l'évaporation un résidu qui se colore en vert par l'acide sulfurique.

Brieger (*Pyrocatéchine*). — Ajouter une goutte de liquide à une goutte de sol. très diluée de chlorure ferrique : la pyrocatéchine donne une col. vert-émeraude. En ajoutant maintenant une sol. étendue de bicarbonate de soude ou de carbonate d'ammoniaque, le liquide devient violet, repassant au vert par l'ac. acétique.

Briger (*Strychnine*). — L'ac. chromique pur donne une belle col. violette avec la strychnine. R. très sensible. On peut employer un mélange de bichromate de potasse et d'ac. sulfurique. Color. fugace.

Bringhetti (*Acide nitrique*). — On évapore à sec la liqueur à essayer (en présence d'un alcali si elle est acide) et on ajoute au résidu un peu de salicine et de l'SO^4H^2 : color. rouge-bleuâtre, devenant violette par dilution.

Bristol (*Régénération des sol. d'acide osmique*). — Ajouter 10 à 20 gouttes de solution fraiche d'eau oxygénée pour chaque 100 cc. d'ac. osmique à 1 0/0.

Bronciner (*Alcaloïdes*). — 1° Solution à 5 0/0 de ruthéniate de potasse dans l'ac. sulfurique concentré. 2° sol. à 5 0/0 d'uranate d'ammoniaque dans l'ac. sulfurique conc. ; 3° acide sulfurique conc. saturé de chlore gazeux ; 4° sol. à 5 0/0 de tellurate d'ammoniaque dans l'ac. sulfurique conc. Ces réactifs donnent avec quelques alcaloïdes des réactions assez caractéristiques (Voir *Merck's Reagentien Verzeichnis*, page 20).

Bronsted (*Acide tartrique*). — L'acide tartrique ppte par l'acétate de chaux de petits cristaux de tartrate dans les sol. à 0,5 0\0 ou 1 0/0. Si la conc. n'est que de 0,1 0/0 le ppté n'apparaît, très léger, qu'au bout de 2 ou 3 heures. Dans les sol. plus étendues il ne se produit plus rien mais si, au liquide resté clair ou au liquide filtré on ajoute quelques gouttes d'acide tartrique gauche il se forme presque aussitôt en ppté brillant qui se transforme en un dépôt blanc formé de racémate de chaux. Il faut se rappeler que la réaction est moins caractéristique avec les sol. plus concentrées, par exemple à 0,5 0/0 et qu'il est indispensable d'opérer en sol. ne renfermant que 0,1 0/0 environ. On peut ainsi retrouver de petites quantités d'ac. tartrique en présence de grandes quantités d'acide oxalique ou d'autres acides organiques.

Brosicke (*Méthode de coloration*). — Traiter les coupes avec une sol. à 1 0/0 d'ac. osmique pendant 1 heure, ensuite laver à fond et immerger pendant 24 h. dans une sol. saturée d'ac. oxalique. Les préparations ne doivent pas noircir dans le bain d'ac. osmique.

Brouardel-Boutmy (*Distinction des ptomaïnes et des alcaloïdes végétaux*). — 1. Avec le ferrocyanure de potassium et le chlorure ferrique des ptomaïnes donnent une teinte bleue. — 2. On trace des caractères sur un papier au bromure d'argent, au moyen d'un petit bout de bois, en employant une solution d'alcaloïde ou de ptomaïne : le papier, après 1/2 heure de repos, à l'abri de la lumière est développé avec de l'hyposulfite : Tandis que les ptomaïnes donnent des caractères noirs, les alcaloïdes végétaux ne donnent rien.

Ces réactions ne sont pas caractéristiques à elles seules ; la R. 1 est donnée également par la morphine. Voir R. de KIEFFER ; la R. 2 ne dépendant que des propriétés réductrices des ptomaïnes est, par cela même, sujette à caution. Il convient de s'assurer avant de la faire de l'absence d'autres substances réductrices.

Bruce-Warren (*Huiles*). — Le R. est un mélange par part. égales de chlorure de soufre et de sulfure de carbone. Il dissout les huiles ordinaires et donne des masses insolubles avec les huiles siccatives.

Bruecke (*Glucose*). — Faire bouillir 5,5 gr. de sous-nitrate de bismuth fraichement précipité, pendant 10 min. dans une sol. de 30 gr. d'iodure de potassium dans 100 gr. d'eau, puis ajouter 5 gr. d'ac. chlorhydrique à 25 0/0. Le glucose (urine) produit par l'ébullition une col. brune ou noire et un ppté.

Bruecke (*Réactions du biuret pour les albuminoïdes*). — L'albumine coagulée acquiert une belle coloration violette en la traitant d'abord par du sulfate de cuivre dilué, enlevant l'excès de réactif et ajoutant quelques gouttes de soude diluée. Voir aussi R. de Rose (biuret).

Bruecke (*Liquide d'injection au bleu de berlin*). — Mélanger une solution aqueuse de chlorure ferrique à 5 0/0 avec une solution de ferrocyanure de potassium à 10 0/0 et laver le ppté qui en résulte avec de l'eau, puis le sécher. Ou bien, mélanger une sol. de chlorure ferrique à 10 0/0 et une sol. à 20 0/0 de ferrocyanure de potassium séparément avec le double de leur volume de solution de sulfate de soude saturée à froid et les mélanger ensemble ensuite. Dans les deux cas on prépare une sol. conc. du bleu de berlin lavé et séché dans une sol. de gélatine juste assez forte pour se prendre en gelée par le refroidissement. Ce liquide d'injection doit être employé à 60° C. et les matières injectées doivent être durcies dans l'alcool à 94 0/0. Eclaircir les coupes avec de l'essence de térébentine résineuse (préparée en exposant l'essence à l'air) et les colorer avec du carmin facultativement. Eviter la glycérine pour le montage (*Tests and Reag*).

Bruecke (*Liquide d'injection rouge*). — Une sol. conc. de ferrocyanure de potassium est injectée ; on injecte ensuite une solution de sulfate de cuivre.

Bruecke (*Urée*). — On obtient un dépôt cristallin en chauffant la solution alcoolique d'urée avec un peu d'alcool amylique, filtrant et ajoutant une solution d'ac. oxalique dans l'alcool.

Bruecke (*Protéides*). — Saturer à l'ébullition une solution à 10 0/0 d'iodure de potassium avec de l'iodure de mercure fraîchement précipité et filtrer après refroidissement. Les protéides en solution acidulée par l'ac. chlorhydrique sont précipités par ce réactif ; sensibilité extrême. Voir R. de Tanret et R. de Oliver (papier réactif).

Bruecke (*Pigments biliaires dans l'urine*). — Faire bouillir l'urine avec de l'ac. nitrique dilué et ajouter ensuite de l'acide sulfurique conc. — Une color. verte, se changeant en bleu prend naissance. On retrouve par cette réaction la bile s'il y en a au moins 7,5 0/0. Voir la R. de Gmelin.

Brullé (*Huiles étrangères dans l'huile d'olive*). — Porter à l'ébullition

10 cc. d'huile avec 0,1 gr. d'albumine pulvérisée et 20 cc. d'ac. nitrique. Lorsque l'albumine est dissoute, l'huile d'olive pure reste généralement incolore, et après refroidissement prend une color. trouble jaune faible. Après 24 h. la col. persiste et la masse est solidifiée. La présence de l'huile de graines de coton au contraire provoque l'apparition d'une col. variant de l'orange au rouge brunâtre, et il n'y a pas de solidification.

Brun (*Milieu glucosé*). — Eau distillée, 140 ; glucose, 40 ; glycérine, 10 ; alcool camphré, 10. — Filtrer pour séparer l'excès de camphre.

Brunner-Streyzowski (*Alcaloïdes*). — En faisant agir simultanément sur les alcaloïdes de l'ac. sulfurique et du chloral, bromal, paraldéhyde, furfurol, ou de l'acide orthonitrophenylpropiolique on obtient des color. caractéristiques. Voir pour détails le *Pharm. Centralh.*, 1898, p. 430 (*Merk's Reag. Verzeichnis*).

Brunner (*Diazo-réaction*). — Le réactif se compose de deux solutions. *a.* Paramido-acétophénone 0,5 gr. ; ac. chlorhydrique, 50 gr. ; eau dist. 1.000 gr. *b.* Nitrite de soude 0,5 gr. ; eau distillée 100 gr. Pour l'emploi mélanger 100 gr. de *a* avec 2 gr. de *b.* Placer 10 gr. de réactif et 10 gr. d'urine dans un tube à essai, et ajouter 2,5 gr. d'ammoniaque à 10 0/0 : certaines maladies fébriles, par ex. la typhoïde, donnent une col. rouge rubis.

Brunner (*Glucosides*). — C'est la réact. de Pettenkofer renversée. En chauffant la susbtance avec de la bile et de l'ac. sulfurique on obtient une color. rouge.

Brunner (*Nitrobenzène*). — En ajoutant au nitrobenzéne de la potasse de l'alcool et un peu de soufre on obtient une col. rouge.

Brunner (*Ac. picrique*). — Un tampon de laine plongé dans le liquide, lavé à l'eau puis à l'ammoniaque, se colore en rouge par le cyanure de potassium.

Brünnich (*Acide cyanhydrique*). — Modification à la R. de Schonbein. Au lieu d'imbiber d'eau le papier-réactif on l'imbibe de formaline qui a l'avantage d'accroître beaucoup la sensibilité de la réaction ; la teinte obtenue est bleu foncé au lieu d'être seulement bleu clair ; l'alcool et l'éther accroissent également la sensibilité.

Bruno-Bizzari. — Voir Bizzari-Bruno.

Brunotti (*Masse gélatineuse pour le montage*). — Dissoudre 20 gr. de gélatine dans 200 cc. d'eau dist. en chauffant, filtrer et ajouter 30 à 40 cc. d'ac. acétique et 1 gr. de chlorure mercurique.

Buchner (*Paraffine et cérésine dans la cire*). — En faisant bouillir la cire avec une sol. alcoolique de potasse à 30 0/0 et laissant ensuite reposer au B. M. on obtient une sol. claire. En présence de paraffine ou de cérésine il surnage une couche huileuse.

Buchner (*Jalap, scamonnée*). — Dissoudre la résine dans de la potasse ou de la soude diluées, puis chauffer et filtrer. Pas de ppté et seulement une légère opalescence en ajoutant de l'ac. sulfurique dilué en excès.

Buckingham (*Alcaloïdes*). — Le réactif est une sol. fraichement préparée de 1 gr. de molybdate d'ammoniaque dans 16 gr. d'eau à chaud, et filtrée. On obtient des pptés de color. variées avec les différents alcaloïdes (1).

Budge (*Liquide d'injection à l'asphalte*). — Recouvrir des fragments d'asphalte d'une couche de benzène et laisser en contact pendant qq. jours ; recueillir et conserver. Avant l'emploi ajouter 30 à 50 0/0 de benzène et filtrer. On peut remplacer le benzène par du chloroforme ou de la térébentine.

Bufalini (*Sang*). — Voir la R. de Teichmann.

Buhler (*Bleu d'aniline et Vésuvine*). — Mélange par parties égales de sol. à 1 0/0 de ces deux colorants.

Buhler (*Color. des cellules nerveuses*). — On mélange parties égales de rubine S et de safranine à 1 0/0 dans l'eau. Au liquide obtenu on ajoute un volume égal de la solution ci-dessus (*Vésuvine-bleu d'aniline*).

Bujwid (*Arsenic*). — Les cultures de *Penicillium brevicaulis*, sur pommes de terre à 37° c. dégagent, en présence des plus faibles traces d'arsenic une forte odeur alliacée. — Sensibilité comparable à celle de la R. de Marsh.

Bujwid (*Nitrites*). — Diluer avec de l'eau une solution alcoolique d'indol : 1 de sol. d'indol pour 10 à 15.000 d'eau. En ajoutant qq. gouttes de cette sol, à 10 cc. d'eau chauffée avec qq. gouttes d'ac. chlorhydrique (*exempt de nitrites*) à 70-80° c. il se produit une belle color. rouge en présence de nitrites.

Bujwid-Dunham (*Toxines du bacille du choléra asiatique*). — Voir la R. de Poehl.

(1) Voir Hager, *Pharmaceut. Praxis*, 1886, t. I, p. 204.

Bunge (*Coloration des flagella*). — Mordancer avec un mélange de 3 part. de sol. aqueuse de tanin, 1 part. de sol. aqueuse de chlorure ferrique à 5 0/0, et 1 cc. de sol. de fuchsine saturée pour chaque 10 cc. de solution. Traiter pendant 5 min. dans le mordant puis laver et colorer avec la solut. de NEELSON.

Bunger (*Liquide durcissant pour coupes microscopiques*). — Solution d'ac. chromique à 1 0/0, 25 : col. d'ac. osmique à 1 0/0, 10 ; ac. acétique à 1 0/0, 20 ; eau 45.

Buoma (*Color. à la safranine*). — Solution à 0,5 pour 1000. Employée pour la coloration des tissus osseux.

Burchard (*Cholestérine*). — Dissoudre la substance dans le chloroforme, ajouter de l'ac. acétique anhydre et qq. gouttes d'ac. sulfurique ; une col. variant du violet au vert se développe.

Burchardt (*Coloration aux couleurs acétiques*). — 1° *Hématoxyline acétique* : on dissout 0 gr. 5 d'hématoxyline et 2 p. d'alun dans 120 cc. d'ac. acétique. 2° *Carmin acétique* : Sol. de 2 p. de carmin dans 100 cc. d'ac. acétique évaporée au B. M. jusqu'à la moitié de son vol. initial.

Burgess (*Citral et autres substances analogues*). — Le réact. se prépare en dissolvant 10 gr. de sulfate de mercure dans 100 cc. d'ac. sulfurique à 25 0/0. On agite énergiquement 2 cc. de substance avec 5 cc. de réact. et on observe la col. après 10 min. Le *citral* produit une col. rouge brillante qui disparaît rapidement en donnant naissance à un composé blanchâtre. Le *citronnellal* donne une teinte jaune brillante par agitation qui dure quelque temps. Le *limonene* donne une teinte chair très fugace. L'*acétate de linalyle* donne une col. violette brillante et permanente. Le *linalol* donne rapidement du violet foncé et l'*eugenol* du violet clair. La *caryophylline* donne un composé jaunâtre. Pour plus de détails, voir MERCK'S REPORT, X, p. 86.

Burysten (*Dosage de l'acidité des huiles*). — Agiter dans une éprouvette fermée 100 cc. d'huile et 100 cc. d'alcool à 90 0/0. Après dépôt, prélever 25 cc. d'alcool clarifié et titrer avec la soude normale, avec du curcuma comme indicateur.

Le degré *Burysten* est le nombre de cc. de soude normale saturés par l'acidité de 100 cc. d'huile.

Busch (*Coloration des os*). — Colorer les sections d'os décalcifiés pendant 3 à 10 min. dans une sol. faible d'éosine aqueuse qui peut être accompagnée, avant ou après d'une solut. d'hématoxyline ; ensuite déshydrater dans l'alcool absolu et monter sans laver, au baume au benzène.

Busch (*Décalcification des os*). — Diluer un vol. d'ac. nitrique pur (D = 1.25) avec 10 vol. d'eau pour décalcifier les gros os durs ; pour les plus petits diluer à 1 0/0. Traiter les os par l'alcool à 95 0/0 pendant 3 jours, puis par l'ac. nitrique pendant 8 à 10 j. en renouvelant l'acide chaque jour. Lorsque la décalcification est complète, laver pendant 1 à 2 h. dans l'eau courante, plonger dans l'alcool à 95 0/0, que l'on doit changer après qq. jours. Les os d'êtres jeunes et de fœtus peuvent être traités d'abord avec une solution renfermant 1 0/0 de bichromate et 0,1 0/0 d'ac. chromique ; après cela on les décalcifie avec de l'ac. nitrique à 1 ou 2 0/0 auquel on ajoute un peu du premier liquide. Conserver les os décalcifiés dans l'alcool fort.

Buschi (*Cyanure de mercure*). — Une sol. de cyanure de mercure chauffée avec une sol. de nitrite de potassium puis additionnée d'HCl donne une belle color. rouge. Cette réaction est caractéristique du cyanure de mercure. Comme ce composé est assez difficile à caractériser dans certains cas, cette réaction peut être fort utile. On peut aussi la varier pour rechercher les cyanures ou le mercure.

Busse (*Macis de Bombay*). — Immerger des bandes de papier filtre dans un extrait alcoolique du macis pendant 1/2 h.. puis dans l'eau de baryte saturée et bouillante ; sécher. Avec le macis de Bombay les bandes de papier sèches prennent une color. rouge brillant ; le macis vrai (Banda) donne une teinte brun-jaunâtre sur le dessus, le dessous dn papier étant rouge brun pâle. Le macis Papua donne une teinte ressemblant à celle de la variété Banda, mais moins intense.

Busse (*Solutions de celloïdine*). — On prépare 3 bains successifs en dissolvant 10 parties de celloïdine respectivement dans 150, 105 et 80 d'un mélange de part. égales d'éther et d'alcool absolu. Voir R. de Elsching.

Butschli (*Hématoxyline ferrugineuse*). — Traiter les coupes par une sol. aqueuse faible d'acétate ferrique, laver à l'eau et colorer dans une sol. à 0,5 0/0 d'hématoxyline aqueuse.

C

Cadet (*Arsenic*). — L'odeur nauséabonde caractéristique du cacodyle se développe en chauffant la substance avec de l'acétate de soude.

Cahen (*Bacille du choléra*). — En 12 à 24 heures, à la temp. de 37° C le bacille du choléra cultivé dans un bouillon nutritif décolore le bouillon préalablement coloré au tournesol.

Cailletet (*Huiles*). — Le réactif se compose de 12 part d'ac. phosphorique D = 1.44, 7 part. ac. sulfurique D = 1.84 et 10 part. ac. nitrique D = 1.37. Suivant d'autres auteurs il serait composé acide nitrique contenant des composés nitreux. L'analyse des huiles ne manque pas de ces sortes de réactifs.

Cajal (*Mélange d'imprégnation pour le cerveau*). — 1° Sol. de 0 gr. 20 d'ac. osmique et 2 gr. 5 de bichromate dans 100 gr. d'eau ; 2° sol. de nitrate d'argent à 0,75 0/0.

Cajal (*Coloration à l'indigo picrique*). — On dissout 0 gr. 25 de carmin d'indigo dans une sol. saturée à froid d'acide picrique.

Cajal (*Solution fixante*). — C'est la solution précédente n. 1, plus ou moins concentrée.

Calberla (*Coloration à l'induline*). — Diluer une sol. conc. d'induline avec 6 vol. d'eau et colorer les coupes pendant 5 à 20 min. Laver ensuite à l'eau ou à l'alcool et examiner dans la glycérine ou dans l'essence de girofle.

Calberla (*Mixture pour macération*). — Chlorure de potassium, 0,4 gr. ; chlorure de sodium, 0,03 gr. ; phosphate de soude, 0,2 gr. ; chlorure de calcium 0,2 gr. ; eau saturée d'ac. carbonique, 100 gr. ; mélanger 1 vol. de cette sol. avec 1/2 vol. de sol. de MUELLER et 1 vol. d'eau. La sol. de

Mueller peut être remplacée par une sol. à 2.5 0/0 de chromate d'ammonium. Les nerfs et les tissus musculaires d'embryons sont mis à macérer dans cette solution puis isolés par cardage et agitation ; les éléments isolés sont enfin montés avec une sol. conc. d'acétate de potasse.

Calberla (*Vert de méthyle et éosine*). — Dissoudre 1 part. d'éosine et 60 p. de vert de méthyle dans l'alcool chaud à 30 0/0. Colorer les coupes pendant 5 à 16 min ; laver rapidement dans plusieurs bains d'alcool et monter au baume ou à la glycérine..

Calmel (*Cocaïne*). — Voir la R. de Biel.

Calvert (*Huiles*). — Des réactions colorées caractéristiques sont obtenues en agitant des huiles avec 1/5e de leur volume d'ac. nitrique ou sulfurique de concentrations variées, et laissant agir 5 à 10 min. On peut aussi employer un mélange par part. égales d'acides forts, et un excès de soude peut ou non être ajouté ensuite. D'autres variations ont été et peuvent être faites en utilisant l'ac. phosphorique sirupeux, l'eau régale (ou HCl nitreux), suivis ou non d'un excès de soude ; on peut aussi ajouter 1 part. de soude à 4 part. d'huile et faire bouillir.

On note les color. observées et tous les phénomènes extérieurs intéressants.

Campani (*Manganèse*), — Reprendre les cendres contenant du manganèse avec de l'eau chaude et faire bouillir avec un mélange de 85 gr. d'ac. nitrique et 15 part. d'ac. phosphorique. Evaporer le liquide à sec, reprendre par HCl et évaporer à nouveau sec ; color. violette.

Campani (*Sels de potasse*). — Le R. est une sol. d'hyposulfite de bismuth et de soude obtenu en dissolvant du S. nitrate de bismuth, 1 part. dans la plus petite quantité possible d'ac. chlorhydrique et ajoutant 1 part. d'hyposulfite de soude. En sol. aqueuse les sels de potasse donnent par ce réactif un précipité jaune insoluble dans l'alcool.

Capranika (*Pigments biliaires*). — Ajouter une sol. de brome dans le chloroforme à l'urine. En présence de pigments biliaires une col. verte se développe, qui, par agitation avec de l'ac. chlorhydrique passe dans ce dernier.

Capranika (*Guanine*). — Dans les sol. renfermant de la guanine l'ac. picrique donne un ppté jaune ; le chromate de potasse conc. un ppté orangé-rouge et la ferricyanure de potassium un ppté brun.

Carey-Lea (*Acide cyanhydrique et Cyanures*). — Sulfate ferreux ammo-

niacal, 1 ; nitrate d'urane, 1 ; eau, 240 à 250 ; Le réactif donne une col.
rouge pourpre ou un ppté avec l'ac. cyanhydrique ou ses sels. Ajouter
2 gouttes de liquide suspect à 2 gouttes de solution réactif sur un disque
de porcelaine. Les gouttes doivent se toucher sans se mélanger pour que
la réaction ait son maximum de sensibilité.

Carey-Lea (*Hyposulfites*). — Une col. variant du rose-rouge au rouge
écarlate se produit en faisant bouillir une sol. d'hyposulfite avec un peu
d'ammoniaque et q. q. gouttes de chlorure de ruthénium.

Carizzi (*Procédé de blanchiment pour la microscopie*). — Placer une petite
quant. de bioxyde de sodium dans un vase et superposer une sol. à 10 0/0
d'ac. tartrique ou d'ac. acétique, puis avec précaution une deuxième couche d'alcool à 70 0/0. Laver à l'alcool les objets à blanchir et les suspen-
dre dans la couche d'alcool surnageante. Eviter le dégagement violent
d'oxygène.

Carles (*Alcool dans les essences*). — En agitant l'essence avec son
volume d'huile d'olive il ne doit pas se produire de trouble ; en agitant
avec de l'eau dans un tube gradué le vol. de l'essence ne doit pas dimi-
nuer ; enfin en traitant l'essence par le chlorure de calcium anhydre
celle ci ne doit pas prendre une consistance épaisse.

Carlinfanti (*Huile de sésame*). — C'est une modification à la R. de BAU-
DOUIN. Après avoir agité l'huile avec de l'ac. chlorhydrique renfermant du
sucre, laisser reposer : en présence d'huile de sésame la couche d'acide
apparait colorée en rouge-pourpre ; la teinte persiste en diluant de 3 vol.
d'eau, tandis qu'une teinte analogue pouvant provenir de l'huile d'olive
pure disparait.

Carnot (*Iodures en présence de bromures*). — L'auteur déplace l'iode à
froid par un mélange d'ac. sulfurique et d'ac. nitrique nitreux. En chauffant ensuite et ajoutant du bichromate de potasse, le brome est mis en
liberté.

Carnot (*Arsenic*). — C'est un procédé de dosage. Précipiter l'As. comme
sulfure et le convertir en ac. arsénique à la manière ordinaire et ppter
à l'état d'arséniate de bismuth excessivement insoluble dans l'ac. nitrique
étendu. On sèche et pèse.

Carnoy (*Alcool acétique*). — 1° Ac. acétique glacial, 1 part. ; alcool
absolu, 3 part. ; 2° Ac. acétique glacial, 1 part. ; alcool absolu, 6 part. ;

chloroforme, 3 part. Le chloroforme rend parait-il l'action de ce liquide plus rapide.

Carnoy (*Solution fixante alcaline*). — Se prépare en dissolvant 5 gr. de chlorure de sodium dans 100 cc. d'une sol. saturée de sublimé.

Carnoy (*Solution fixante acide*). — Même formule que la précédente en remplaçant les 5 gr. de NaCl par 5 gr. d'ac. acétique cristallisable.

Carnoy (*Ciment au tolu*). — Beaume de tolu, 2 part. ; baume du Canada, 1 ; sol. saturée de gomme laque dans le chloroforme, 2 ; et q. s. de chloroforme pour donner une consistance épaisse.

Caro (*Persulfates*). — En agitant une sol. de persulfate avec une sol. neutre d'aniline à 2 0/0 on obtient au bout de quelque temps un ppté brun orangé (immédiatement à chaud). Avec des sol. très étendues on a seulement une coloration brunâtre. Le ppté séparé et dissous dans HCl donne une sol. jaune à froid, violette à chaud.

Caro (*Réactif de*). — Solution de persulfate de potasse dans l'ac. sulfurique monohydraté. Employé comme oxydant énergique. Connue aussi sous le nom d'acide de Caro.

Caro-Fischer (*Hydrogène sulfuré*). — Le réactif employé est le sulfate de para-amido-diméthylaniline. Ajouter au liquide à essayer 1/50° de son poids d'HCl fort et quelques parcelles de réactif en poudre, puis quelques gouttes de sol. diluée de chlorure ferrique. Il se forme du bleu de méthylène, reconnaissable à sa col. caractéristique.

Carrez (*Quinine-antipyrine*). — Un mélange de quinine et d'antipyrine en sol. alcoolique est évaporé à siccité ; on ajoute quelques gouttes d'eau de brome puis de l'ammoniaque : color. rose violacée. Réaction excessivement sensible permettant de caractériser l'une ou l'autre de ces substances. L'antipyrine seule ou la quinine seule ne donnent pas cette réaction.

Carrez (*Albumine*). — En superposant une liqueur renfermant de l'albumine à une sol. conc. de résorcine (30 0/0) on obtient un ppté blanc à la zone de contact.

Carpené (*Tanin dans les vins*). — Le tanin des vins précipite par une sol. saturée d'acétate de zinc dans l'ammoniaque à 5 0/0. Précipitent également les autres tanins mais ne ppte pas l'ac. gallique.

Carter (*Solution fixante*). — Se compose de : formol, 10 ; eau distillée

10 ; ac. acétique, 1. Cette solution fait mourir et fixe très rapidement les tissus et ne contracte pas les cellules. On les laisse tremper pendant 6 à 12 h. dans la solution, puis dans l'alcool à 50 0/0, une heure, dans l'alcool à 75 0/0, 15 à 30 minutes, dans l'alcool à 90 0/0 pendant le même temps et finalement on monte. N'importe quelle sol. colorante peut être employée avec cette sol. fixante.

Carter (*Indican dans l'urine*). — Superposer une couche d'urine à une couche d'ac. nitrique. Plusieurs color. en résultent. En ajoutant de l'ac. sulfurique il se produit un précipité bleu-foncé ou pourpre. La bile donne aussi plusieurs zones colorées et l'urine normale également des zônes différentes. Cette réaction demande donc une grande habitude.

Cassal (*Acide borique*). — Amélioration au procédé classique de recherche par le curcuma qui consiste à opérer en présence d'acide oxalique. L'emploi de le *curcumine* pure extraite du cucurma donne en outre une coloration beaucoup plus nette et plus belle que le curcuma ordinaire.

Casali (*Pigments biliaires*) — 1. En ajoutant soit du bioxyde de baryum, du bioxyde de plomb, du chlorure stannique ou du chlorure d'antimoine, avec de l'éther ou de l'ac. chlorhydrique à la substance suspecte, la présence de pigments biliaires se révèle par une succession de couleurs dans l'ordre suivant : jaune, rouge, rouge-vineux, violet et bleu-violet. — 2. Des color. variées se produisent en pptant l'urine suspecte avec une sol. d'acétate de plomb et d'ammoniaque, extrayant avec de l'éther et de l'ac. chlorhydrique évaporant le liquide et ajoutant des oxydants au résidu.

Casella (*Réactif colorant en histologie végétale*). — Solution aqueuse de violet neutre.

Casoria (*Eau dans l'alcool*). — L'alcool absolu ne doit pas agir sur le sulfate de cuivre déshydraté blanc ; s'il renferme de l'eau, le sel tourne au bleu en s'hydratant.

Castle (*Bromures et iodures*). — On ajoute au liquide à essayer du dichlorobenzène sulfamide soit en poudre soit en sol. dans le chloroforme. — Le brome et l'iode sont mis en liberté comme par le chlore libre et colorent le chloroforme, ou le sulfure de carbone à la manière connue. Par cette réaction on évite l'inconvénient d'un excès de chlore..

Cauquil (*Bile*). — Le R. est une sol. renfermant 2 gr. d'iode, 1 gr. de

KI, et 100 cc. d'eau dist. Par superposition de l'urine on obtient un anneau vert très net avec les urines renfermant des pigments biliaires.

Causse (*Eaux polluées*). — L'eau pure rétablit la couleur de l'hexaméthylène-rosaniline décolorée par SO^4H^2, tandis que les eaux polluées ne le font pas. Le réactif est une solution au 1/1000 de « Violet-cristal » décoloré par l'ac. sulfurique.

Cavalli (*Aldéhyde formique*). — Une sol. même très étendue de formol donne avec le chlorhydrate de phénylhydrazine un trouble laiteux qui par addition de nitroprussiate de soude et de soude fournit une color. bleue.

Cavalli (*Eaux potables, alcalinité ou acidité*). — Les indicateurs ordinaires sont peu sensibles pour apprécier la réaction des eaux. L'auteur emploie une sol. au 1/100 de rouge de toluylène ou chlorhydrate de diméthyldiamidotoluylphénazène qui est excessivement sensible : **2** ou **3** gouttes dans 50 cc. d'eau donnent du jaune intense si l'alcalinité est fortement accentuée ; si elle est faible on obtient du jaune orange ou rouge-pâle.

Cavalli (*Colorants végétaux dans les vins*). — Le R. est une sol. de savon préparée en dissolvant **5** gr. de savon pur dans 100 cc. d'alcool étendu. A **2** cc. de vin on ajoute 10 cc. de R. : le vin pur prend une color. rouge foncée, rosée ou rouge violacée pâle. Le vin coloré avec de la mauve devient violet intense ; le campêche donne du brun, fonçant graduellement. Le fernambouc du rouge brique qui en chauffant passe au jaune ; Le phytolacca devient rouge vif ; la cochenille rouge obscur, un peu fugace ; l'indigo d'un beau bleu. Il importe avant de pratiquer ces essais de s'assurer de l'absence des colorants de la houille.

Cazeneuve (*Couleurs de la houille dans les vins*). — Agiter le vin avec de l'oxyde jaune de mercure et filtrer : le vin doit passer incolore s'il est naturel. — Si des couleurs organiques y ont été ajoutées il reste nettement coloré.

Cazeneuve (*Mercure*). — Le nitrate et les sels organiques de mercure donnent avec la diphénylcarbazide une belle color. bleue intense. Cette réact. ne se produit pas avec les composés halogènes du mercure. Voir la modification de MOULIN.

Cazeneuve (*Métaux*). — La solution benzinique de diphényle-carbazide donne différentes colorations avec plusieurs sels métalliques en sol. très étendues. Le cuivre donne du beau violet, passant dans la benzine ; les sels mercureux donnent du bleu foncé et les sels ferreux du rose, devenant brun par le ferrocyanure de potassium, même en solution au 1/100.000 : 10 milligr. dans un litre. Les acides en excès détruisent les colorations. L'or et l'argent donnent des teintes roses avec précipitation de métal libre ; l'ac. chromique au 1/1.000.000 donne du violet stable en présence d'un excès d'acide et ne passe pas dans la benzine, mais passe dans l'alcool amylique.

Cazeneuve (*Nitrates dans l'eau*). — Dans la réaction de la brucine les auteurs indiquent de remplacer l'ac. sulfurique par de l'ac. formique glacial.

Cazeneuve-Cotton (*Alcool méthylique*). — Distiller le liquide alcoolique suspect en fractionant par petites portions ; et, à chacun des fractionnements ajouter 1 cc. de permanganate de potasse à 0,5 0/0. S'il n'y a pas d'alcool méthylique les 2 premières fractions seules réduisent le permanganate (L'interprétation de la réduction demande à être rigoureusement surveillée dans chaque cas spécial).

Cella-Della (*Acétanilide*). — En présence de nitrate mercurique et d'ac. sulfurique on obtient, à chaud, une color. violette intense. Cette color. est fournie par certains phénols également.

Certes (*Coloration au bleu de quinoline*). — Le R. est une solution à 0,1 par litre de bleu de quinoline dans l'eau. On l'emploie pour colorer les petits organismes vivants.

Chancel (*fuchsine*). — Les vins colorés avec de la fuchsine restent colorés après avoir été traités à chaud par le sous acétate de plomb en sol. au 1/20 ; à 19 cc. de vin on ajoute 3 cc. de sous-acétate, on chauffe et on filtre. Acidifier le filtrat par l'ac. acétique, extraire la couleur par un dissolvant et l'identifier.

Chapman (*Phénols*). — Dissoudre 1 gr. du phénol à essayer dans 5 cc. d'ac. acétique glacial et ajouter un petit fragment de chlorure de zinc ou de l'ac. sulfurique conc., les corps suivants peuvent être reconnus : *Eugenol*. Avec l'SO^4H^2, brun, se changeant en pourpre et finalement en rouge vin ; par le $ZnCl^2$, jaune pâle, disparaissant bientôt. — *Isoeugenol* avec SO^4H^2, rose-rouge devenant brun clair, avec le $ZnCl^2$ rose rouge. — *Saffrol*, avec SO^4H^2, vert émeraude, passant au vert brunâtre et finalement au brunâtre ; avec $ZnCl^2$, rose, devenant rouge-brunâtre et finalement brun. — *Estragol*, avec SO^4H^2, rouge pourpre, ensuite bleu indigo et finalement pourpre bleuâtre ; avec $ZnCl^2$ violet-bleuâtre ou bleu indigo et finalement brun. — *Anéthol*, avec SO^4H^2, d'abord incolore, ensuite jaune-pâle après quelque temps ; avec $ZnCl^2$, jaune pâle devenant plus foncé et finalement rouge brique (*Tests and Reagents*).

Chapman-Smith (*Acides tartrique et citrique*). — Faire bouillir avec une sol. de permanganate : l'ac. tartrique le réduit immédiatement ; l'ac. citrique le réduit en manganate vert (?)

Chatard (*Acide nitreux*). — Une odeur distincte de phénol est perçue en évaporant une sol. d'ac. nitreux à sec et triturant avec qq. gouttes de sulfate d'aniline.

Chautard (*Acétone dans l'urine*). — 1. Dissoudre 1 part. de fuchsine dans 150 p. d'eau chaude et décolorer *exactement* par un courant d'ac. sulfureux. Cette solution mélangée à un vol. égal d'urine redevient rouge en 1 ou 2 min par la présence de l'acétone. — 2. Distiller 200 cc. d'urine et essayer les 15 premiers cc. avec une sol. de Magenta décolorée, préparée en mélangeant 30 cc. de sol. de colorant à 1 pour 1000, 20 cc. de solut. de bisulfite de soude saturée, 3 cc. d'ac. sulfurique conc. et 200 cc. d'eau. Voir le R. de GAYON.

Cheuzinsky (*Bleu de méthylène et Eosine*). — Solution aqueuse saturée de bleu de méthylène, 40 part. ; sol. d'éosine à 0,5 0/0 dans l'alcool à 70 0/0, 20 part. ; eau distillée ou glycérine, 40 part.

Chevreuil (*Papier réactif*). — C'est un papier à l'hématoxyline. Il donne avec les alcalis un col. bleue, et avec les ac. une color. rouge.

Chevreul (*Ammoniaque*). — La col. rouge du papier à l'hématoxyline est changée en violet ou bleu par l'ammoniaque.

Chiappe (*Acides minéraux dans le vinaigre*). — Le méthyle violet passe au bleu-outre-mer.

Chiozza (*Santonine*). — Voir la R. de BANFI.

Chlopin (*Ozone*). — Dissoudre de l'Ursol D. ou T. dans l'alcool absolu et imprégner de cette sol. brune des bandes de papier à filtrer ordinaire, qui doivent toujours être fraîchement préparées pour l'emploi. Le papier étant humecté d'eau et exposé à l'air renfermant de l'ozone acquiert immédiatement une col. bleue, qui, suivant la quantité d'ozone présente, peut aller jusqu'au violet ou bleu-foncé. Le papier fraîchement préparé n'est pas influencé par H^2O^2 ; SO^3H^2, Cl ou Br colorent le papier à l'Ursol d'abord en vert bleuâtre, mais qui passe bientôt au jaune. L'acide carbonique est, paraît-il, absolument sans action sur le papier.

Christel (*Acide picrique*). — 1° En ajoutant une sol. d'acétate de plomb ou de sulfate de cuivre à une sol. d'ac. picrique, il ne se produit aucun ppté, mais si l'on ajoute de l'ammoniaque on obtient dans le premier cas, une color. rouge, dans le second un ppté vert. 2° Le vert de méthyle donne un ppé verdâtre soluble dans beaucoup d'eau. 3° Le sulfure d'ammonium donne une col. rouge ; le chlorure d'étain rendu alcalin donne une color. identique. 4° En traitant une sol. picrique par du zinc et de l'ac. sulfurique on obtient une sol jaune rougeâtre qui étendue d'alcool devient verdâtre puis violet-bleu et enfin rouge-violet (*Merck's Reagentien Verzeichnis*).

Chrzonszczewski (*Liquide d'injection*). — C'est une solution aqueuse saturée de sulfoindigotate de soude. Voir pour détails *Merk's index*, 1902, p. 173.

Ciamician-Magnanini (*Scatol*). — Chauffer la substance avec de l'ac. sulfurique : le scatol donne une color. rouge pourpre.

Cimmino (*Acide nitrique*). — Modification à la R. d'HOFFMANN pour la recherche de l'ac. nitrique dans les eaux. Le R. est une sol. de diphénylamine dans de l'ac. chlorhydrique étendu, additionné d'un peu d'ac. sulfurique. A 1 cc. d'eau on ajoute vol. égal d'ac. sulfurique conc. et 3 gouttes de R. : coloration bleue. Sensible au $1/1.000.000$ (1 milligr. par litre).

Ciupercesco (*Huile de sésame*). — 15 cc. SO^4H^2 $D = 1.84$ sont addit. de 9 cc. d'eau. On prend 8 cc. de mélange et on ajoute 4 cc. d'huile à essayer puis 3 cc. d'NO^3H ($D = 1.37$) et on agite fortement pendant 30 secondes. L'huile de sésame se colore en beau vert persistant p. qq. minutes. Cette R. permet de reconnaître 5 0/0 de sésame en mélange avec d'autres huiles. L'huile d'olive ne se colore pas ; l'huile de coton se colore en jaune-brun.

Ciupercesco (*Huile de foie de morue*). — Traitée de la même façon que ci-dessus elle se colore en rouge-violet à la zone de contact si on a soin de superposer les liquides. En agitant, le mélange se colore en rouge puis, après séparation, l'acide demeure incolore et l'huile col. en jaune. L'auteur attribue ces col. aux pigments biliaires. Aucune autre huile animale ne donne cette réaction.

Clayton (*Différenciation des écorces d'oranges et de citrons*). — En touchant les écorces sèches avec de l'HCl conc. l'écorce d'orange devient vert-foncé tandis que celle de citron ne change pas ou passe au brun faible.

Clermont (*Acide trichloracétique*). — En présence d'alcool fort et d'ac. sulfurique conc. on obtient l'éther éthylique correspondant qui par dilution se sépare sous forme d'une couche huileuse. Cet éther agité avec son vol. d'ammoniaque donne des cristaux de trichloracétamide soyeux, se sublimant à 240° C.

Clowes (*Gaz inflammables*). — Cet essai a pour but de déceler et de doser les gaz inflammables dans l'air, en proportions non explosives. Enflammer un jet d'hydrogène donnant une flamme de 10 mm. de hauteur dans l'air à examiner ; observer l'apparence de la flamme et du « capuchon » qui la surmonte et l'environne. On obtient des indications certaines sur la présence des gaz inflammables et, en mesurant la hauteur du capuchon on peut se reporter aux tables publiées par l'auteur qui donnent directement le pourcentage (Voir de cet auteur : *Détection andmeasurement of inflammable gas and vapor in air*).

Clark (*Crésole, phénol*). — Faire bouillir avec un excès d'NO^3H jusqu'à disparition de vapeurs rutilantes : le phénol donne des cristaux jaunes ; la créosote n'en donne pas.

Clark (*Solution de savon pour hydrotimétrie*). — Dissoudre 10 gr. de savon très pur dans l'alcool à 35 0/0 et titrer avec une solution type obtenue en dissolvant exactement : 1 gr. de CO^3Ca dans le moindre excès possible d'HCl, neutralisant par l'ammoniaque et diluant à 1000 cc.

Clarus (*Solanine*). — Une sol. d'ac. chromique donne une color. bleu ciel.

Claus (*Urée*). — L'ac. nitreux décompose l'urée en solution en ac. carbonique et azote. La réaction s'accomplit différemment selon les circonstances concurrentes et les proportions d'acide en présence.

Codina-Laenglin (*Huile d'olive*). — Chauffer 1 gr. d'ac. nitrique dilué (ac. nitrique D = 1.33, 3 parties, eau 1 part.) avec 3 gr. d'huile d'olive au bain-marie et observer les colorations.

Cockrofft (*Ammoniaque*). — Papier réactif imbibé d'une sol. à 7 0/0 de sulfate de cuivre. En présence de vapeurs ammoniacales il prend une color. bleue foncée.

Cockrofft (*Ammoniaque*). — C'est un papier réactif humecté d'une sol. à 5 0/0-7 0/0 de sulfate de cuivre.

Cochran (*Graisses étrangères dans le saindoux et dans le beurre*). — On mesure 2 cc. de graisse fondue et 22 cc. d'alcool amylique ; on chauffe à

38° C. puis on laisse refroidir à 16-17° et on maintient à cette temp. pendant 3 ou 4 heures il se forme dans ces conditions un dépôt caractéristique pour chaque graisse ; le ppté séparé et dissous dans l'éther est placé dans un tube et abandonné à une cristallisation lente : les cristaux sont examinés au microscope. Il est nécessaire de se familiariser avec ce procédé par des essais comparatifs.

Cohen (*Albumine*). — Une solution d'iodure de bismuth et de potassium précipite l'albumine et les alcaloïdes de leurs solutions aqueuses. Voir R. de DRAGENDORFF.

Cohn (*Solutions pour cultures*). — 1° Eau, 200 cc. ; tartrate d'ammoniaque, 2 gr. ; phosphate de potasse, 2 gr. ; sulfate de magnésium, 0,1 gr. ; Phosphate tricalcique 0,1 gr. — 2° *Solution normale de Cohn* : Eau, 200 cc. ; phosphate acide de potasse, 1 gr. ; sulfate de magnésium, 1 gr. ; tartrate d'ammoniaque, 2 gr. ; chlorure de calcium 0,1 gr.

Cohnheim (*Coloration à l'or*). — Placer les coupes dans une sol. à 0,5 0/0 de chlorure d'or jusqu'à ce qu'elles soient bien jaunes ; alors les exposer à la lumière dans l'eau acidulée par l'ac. acétique jusqu'à ce que l'or soit entièrement réduit. Monter dans la glycérine acidulée.

Colasanti (*Acide sulfocyanique*). — Chauffer une sol. dil. de la substance avec une sol. de chlor. d'or au 1/1.000 ou 1/10.000 dans l'hydrate de potasse ou dans le bicarbonate de soude : une color. violette se développe et de l'or se dépose par refroidissement.

Cole (*Méthode au carmin*). — Laver les coupes dans l'eau pour enlever l'alcool, puis les colorer avec de la solution de borax carminé de GRENACHER pendant 3 à 5 min. et les laver à l'alcool dénaturé. Puis les plonger dans un mélange de : alcool dénaturé, 5 parties, acide chlorhydrique 1 part., pendant 5 à 10 min. Laver à nouveau dans l'alcool pour enlever toute trace d'acide, déshydrater dans l'alcool fort pendant 10 à 15 min., clarifier dans l'essence de girofle pendant 5 min. laver à la térébenthine et monter au baume au benzène (*Tests and Reagents*, p. 48).

Cole (*Méthode de congélation*). — Dissoudre 4 p. de gomme arabique dans l'eau dist. et pour 5 parties du liquide résultant ajouter 3 parties de sirop (sucre 0,500 dans 2 litres d'eau). Ajouter au liquide du phénol comme conservateur et y plonger les coupes.

Cole (*Méthode à l'hématoxyline*). — *a*. Hématoxyline 2 gr. ; alcool absolu 100 cc. — *b*. Alun ammoniacal 2 gr. ; Eau 100 cc. ; Mélanger *a* et *b* et ajouter ensuite de la glycérine 100 cc. et de l'ac. acétique glacial 12 cc. Laisser le mélange exposé pendant un mois à la lumière solaire, filtrer et conserver en flacon bien bouché. Pour l'emploi laver les coupes dans l'eau distillée pour enlever l'alcool, ou bien, si elles ont été durcies avec l'acide chromique les traiter avec une sol. à 1 0/0 de bicarbonate de soude puis les laver à fond à l'eau. Ensuite ajouter 10 à 20 gouttes de solution d'hématoxyline dans un verre de montre plein d'eau distillée et y plonger les coupes pendant 20 à 30 minutes. Laver à nouveau à l'eau distillée, puis à l'eau ordinaire froide, déshydrater avec de l'alcool dénaturé, clarifier avec l'essence de girofle, et monter au baume au benzène. Si la coloration était trop intense, enlever l'excès de couleur avant de déshydrater en plongeant dans une sol. à 0,5 0/0 d'acide acétique pendant qq. minutes et procéder comme ci-dessus (*Tests and Reagents*, p. 48).

Cole (*Coloration à l'hématoxyline et à l'éosine*). — Colorer à l'hématoxyline comme ci-dessus, mais, avant de clarifier, plonger dans une sol. alcoolique d'éosine pendant 5 min. Laver complètement à l'alcool dénaturé, clarifier à l'essence de girofle et monter au baume au benzène (*Tests and Reag.* p. 48).

Cole (*Coloration au picrocarmin*). — Dissoudre 1 gr. de carmin dans 10 cc. d'eau distillée et 3 cc. d'ammoniaque conc. ; verser dans 200 cc. d'une sol. conc. d'ac. picrique. Laisser ce mélange exposé à l'air en vase ouvert jusqu'à ce qu'un tiers de son volume soit évaporé, filtrer et conserver en flacon bien bouché. Colorer les coupes dans ce liquide en les y plongeant pendant 1/2 à 1 heure, les égoutter sans les laver et les monter dans le milieu de FARRANT (*Tests and Reagents*).

Cole (*Méthode de montage : méthode lente ou méthode d'exposition*). — Dissoudre 90 gr. de baume de Canada dans 90 gr. de benzène et filtrer ; humecter de ce baume un côté d'un couvre-objet et placer qq. gouttes de solution sur une lamelle. Ensuite prélever une coupe dans l'essence de térébenthine et la placer dans le baume, sur la lamelle. Laisser en repos 12 heures pour l'évaporation du benzène, et avant chauffé doucement un côté, ajouter à nouveau une goutte de baume sur le couvre-objet et recouvrir la préparation. Presser doucement en évitant l'insertion de bulles d'air et après avoir expulsé l'excès de baume, laisser refroidir et laver les bavures avec une petite brosse douce et de l'alcool dénaturé (*Tests and Reagents*).

Conrady (*Sucre de canne dans le lactose*). — Dissoudre 1 gr. de sucre de lait dans 10 cc. d'eau ; ajouter 0,1 gr. de résorcine et 1 cc. d'ac. chlorhydrique ; faire bouillir pendant 5 minutes : la présence de sucre de canne se révèle par une coloration rouge.

Conroy (*Huile de graines de coton dans le saindoux*). — Le réactif se compose de : nitrate d'argent, 5 ; ac. nitrique D $=$ 1.42, 1 ; alcool, 100. Fondre 10 gr. de saindoux dans un tube, ajouter 2 gr. de réactif et plonger le tube dans l'eau bouillante pendant 5 min. — Le saindoux pur reste blanc, mais s'il renferme de l'huile de graines de coton, même 1 0/0, il se produit une color. brunâtre.

Conroy (*Huile d'olive*). — Chauffer 9 vol. d'huile avec 1 vol. d'ac. nitrique D $=$ 1.42 et noter la color. et la consistance du mélange.

Contejean (*Ac. chlorhydrique libre dans le suc gastrique*). — Chauffer une goutte de suc gastrique avec de l'hydroxyde de cobalt dans un verre de montre : s'il y a de l'ac. chlorhydrique présent, du chlorure de cobalt se forme qui colore la sol. en bleu par évaporation.

Copaux (*Dosage du cobalt en présence de nickel*). — L'auteur a indiqué dans le *Bulletin de la Société chimique de Paris* 1903, p. 303, un procédé de séparation et de dosage qui a l'inconvénient d'être long mais qui donne de bons résultats.

Cordonnier (*Examen microscopique des poudres végétales, des tourteaux et des papiers*). — La détermination des éléments constitutifs d'une poudre végétale est très délicate et les méthodes sont encore peu précises pour cette recherche. L'auteur applique à cette recherche la méthode usitée en histologie végétale qui consiste : 1º à détruire le contenu cellulaire ; 2º à procéder à la différenciation histochromique des éléments ; 3º à donner à ces mêmes éléments une transparence convenable. Il s'appuie sur l'emploi d'un centrifugeur et envisage deux cas :

A. — *Poudres non-grasses.*

a) Introduire dans un tube du centrifugeur 5 cc. d'eau de Javel, puis 0 gr. 10 de poudre : agiter, laisser 10 min. en contact, diluer avec de l'eau et centrifuger ; décanter tout le liquide, délayer avec de l'eau et centrifuger à nouveau. Répéter 3 fois ce lavage.

b) Décanter la dernière eau de lavage et ajouter 5 cc. du Réactif combiné du même auteur. Au bout de 10 min. diluer et centrifuger.

c) Laver à l'alcool à 60 0/0, puis à 90 0/0, puis deux fois à l'alcool absolu, deux fois au xylol, en employant chaque fois 5 cc. et centrifugeant.

d) Faire une préparation microscopique peu dense du résidu après l'avoir bien agité et examiner au microscope.

B. *Poudres grasses, Tourteaux oléagineux.*

On commence par séparer la matière grasse par plusieurs centrifugaṫions au xylol puis on opère comme ci-dessus.

C. — *Papiers.*

L'examen micrographique d'un papier comporte d'abord sa désagrégation ; cette opération peut être effectuée soit par l'ébullition prolongée avec une sol. de potasse à 1 0/0, soit mieux encore à froid par l'agitation énergique et mécanique avec le même liquide pendant une heure. La pulpe obtenue est soumise aux trois traitements ci-dessus.

Cordonnier (*Réactif combiné pour la double coloration en histologie végétale*). — Placer dans un flacon de 1200 cc. et dans l'ordre indiqué :

Vert d'iode . . . .   1 gr.
Chloroforme. . . . .   10 gr.
Carmin aluné au 1/100 . . . . 1000 cc.

Agiter énergiquement à plusieurs reprises. Le carmin aluné s'obtient en traitant 1 gr. de carmin par 5 gr. d'alun en présence d'eau distillée ; évaporer doucement à sec et reprendre 24 heures après par 100 cc. d'eau distillée froide. Filtrer.

Pour l'emploi de ce réactif combiné on commence par détruire le contenu des cellules par l'eau de javelle et on élimine par des lavages toute trace d'hypochlorite. On plonge les coupes pendant 8 à 10 min. dans le R. ; on les lave à l'eau, on les passe à la glycérine puis on monte à la gélatine de Kayser. Si l'on veut monter au baume du Canada, on lave à l'alcool fort, puis à l'alcool absolu, puis au xylol.

Corin (*Sang humain*). — Méthode d'UHLENHUTH. L'activité du sérum de lapin est dû à une paraglobuline. Mettant à profit cette indication Corin ppte le sérum précipitant par le sulfate de magnésie. Ce ppte est filtré et desséché. On obtient ainsi une poudre qui se conserve et qui, redissoute au moment de l'emploi jouit de la même propriété que le sérum frais.

Corne (*Iodates*). — L'empois d'amidon dans lequel on a fait tremper du phosphore donne avec les iodures renfermant des iodates une col. bleue, par suite de la réduction des iodates.

Cornette (*Huile de résine dans les huiles*). — Cette réaction repose sur la solubilité des savons de résine dans les sol. saturées de sel marin tandis que les savons gras y sont insolubles. On saponifie puis on ppte par un excès de sel marin ; les résinates alcalins seuls restent en solution ; on filtre et en ajoutant un léger excès d'acide étendu on met en liberté les acides résiniques qui se pptent généralement en fines gouttelettes se rassemblant à la surface en petites plaquettes visqueuses, qu'on peut filtrer, laver et peser.

Cottini-Fangotini (*Couleurs d'aniline dans le vin*). — On chauffe presque à l'ébullition 50 cc. de vin et 6 cc. d'NO³H à 42° B. Le vin naturel n'est pas modifié même au bout d'une heure, tandis que les color. de la houille sont détruits en 5 minutes.

Cotton (*Brucine*). — Une col. violette ou verte se développe en ajoutant un excès de sulfure de sodium à une solut. chaude de brucine dans l'ac. nitrique.

Cotton-Cazeneuve. — Voir R. de CAZENEUVE-COTTON.

Couerbe (*Narcotine*). — En chauffant avec de l'SO⁴H² la narcotine donne une teinte rouge sang.

Couratte-Arnaude (*Recherche du bacille de Koch dans les crachats*). — Voir ARNAUDE-COURATTE.

Courlay (*Glycogène*). — Pour rechercher le glycogène dans une viande on en fait bouillir 50 gr. avec le même poids d'eau pendant 45 min. On filtre et on ajoute quelques gouttes d'une sol. de 2 p. d'iode dans 4 part. d'iol. de potass. et 100 p. d'eau. Le glycogène se manifeste par une col. brune à froid, disparaissant à chaud et reparaissant par le refroidissement (Contrairement à ce qu'on a avancé autrefois, la viande de cheval n'est pas seule à renfermer du glycogène ; on doit reconnaitre seulement qu'elle en renferme plus que les autres d'où la nécessité d'un dosage (Voir PFLUGER-NERKING. On a aussi avancé que le glycogène disparait rapidement après la mort des animaux, ce qui n'est pas prouvé encore. En recherchant ce corps il faut se rappeler que plusieurs substances, les amidons, les dextrines, se colorent par l'iode. On peut séparer l'amidon par pptation avec de l'acide acétique).

Cox (*Solution mercurique pour injection*). — Solution de bichromate à 5 0/0, 20 part ; sol. de bichlor. de mercure à 5 0/0 (?), 20 part. ; sol. de chromate de potasse à 5 0/0, 16 part. ; eau, 30 à 40 parts.

Crace-Calvert (*Huiles*). — Traiter les huiles par SO^4H^2 et NO^3H de conc. donnée, par l'ac. phosphorique, par l'ac. nitro-chlorhydrique et noter les color. et les changements de consistance. Dans des cas déterminés traiter à l'ébullition par la lessive de soude, avec ou sans addition d'ac. chlorhydrique (1).

Crampton-Simons (*Caramel dans les liqueurs et le vinaigre*). — Ajouter 25 gr. de terre à foulon à 50 cc. de liquide dans un bécher, agiter pendant 30 min. et filtrer. Le pourcentage de coloration est déterminé avant et après traitement au moyen d'un colorimètre — celui de *Loribond par exemple* — ou comparer avec un ou 'des échantillons de liquide type coloré.

Cresti (*Cuivre*). — Placer un élément zinc-platine, formé de deux fils dans le liquide suspect ; en retirant le fil de platine le rincer avec de l'eau, et l'exposer aux vapeurs d'HBr ou de Br qui se dégagent en chauffant du KBr avec SO^4H^2 : le dépôt de cuivre devient violet. On peut aussi le caractériser par ses autres réactions habituelles qui sont fort sensibles.

Creuse (*Salicyne dans la quinine*). — Le bichromate et l'ac. sulfurique dil. ne donnent rien avec la quinine. En présence de salicyne, au contraire, odeur d'aldéhyde salicylique.

Crismer (*Eau dans l'alcool*). — 1° Emploi de la température critique de dissolution à l'aide du pétrole. Ce procédé physico-chimique est d'une très grande sensibilité ; 2° On ajoute à l'alcool à essayer une trace de phénol-phtaleine, et une trace de baryte anhydre : avec 0,8 à 1 0/0 d'eau la col. pourpre apparaît assez vite ; à 0,5 0/0 il faut attendre 24 heures. C'est la limite de sensibilité ; l'auteur dit que les autres réactifs chimiques ne sont pas plus sensibles que ce dernier et que seule la température critique de dissolution peut indiquer la présence de traces d'eau.

Crismer (*Indicateur*). — La *résazurine*, indicateur pour l'alcolimétrie, est obtenue en ajoutant 45 gouttes d'ac. nitrique D = 1.25, saturé avec des vap. nitreuses à une sol. de résorcine, 4 gr. dans 200 cc. d'éther anhydre. Après 2 jours de repos on sépare les cristaux qui ont pris naissance

____

(1) Pour détails complets voir BENEDIKT, analyse der Fette, II° édit., p. 307.

et on les lave à l'éther tant que ce dernier se colore en bleu. Cet indicateur se col. en rouge par les acides et en bleu par les alcalis et les carbonates alcalins.

Crismer (*Glucose, essai à la safranine*). — Chauffer 5 cc. d'une sol. aqueuse à 1/1000 à 60-65° C, avec 1 cc. d'urine et 2 cc. de soude à 10 0/0. En présence de glucose, décoloration. ALLEN conseille de prendre part. égales (2 cc.) d'urine, de réactif et de soude normale et de chauffer à l'ébullition. Si l'urine contient plus de 0,1 0/0 de glucose, le liquide est décoloré; sinon, il reste intact ou partiellement coloré. L'ac. nitrique et la créatinine n'agissent pas sur la safranine.

Crismer (*Térébenthine dans les essences volatiles*). — Dissoudre 20 gr. de bitartrate de potasse dans un litre d'eau et neutraliser avec du carbonate de manganèse (environ 6 gr.). Mélanger 5 cc. de liquide à essayer avec 3 cc de ce réactif et 5 gouttes d'ammoniaque, agiter et faire passer un courant d'air pendant 30 secondes, l'essence de citron et de bergamote deviennent brun foncé ; l'essence de térébentine tourne au noir brunâtre intense ; beaucoup d'essences volatiles, lorsqu'elles sont pures, acquièrent seulement une teinte jaunâtre.

Criswell (*Glucose*). — Le R. destiné à remplacer la sol. de FEHLING se prépare en dissolvant 35 gr. de $CuSO^4$ dans 100 gr. d'eau et 200 gr. de glycérine ; on ajoute 450 cc. de soude à 20 0/0, on fait bouillir 1/4 d'heure et on dilue à un litre.

Crofton (*Glucose dans l'urine*). — Le R. est une sol. de safranine au millième. En présence de soude caustique le glucose décolore la safranine à l'ébullition. La coloration reparaît par oxydation à l'air. L'ac. urique et l'urine normale ne donnent pas de réduction. Voir R. de CRISMER.

Crolas-Ducker (*Sels d'uranium*). — Faire macérer 10 gr. de cochenille et 10 gr. d'alun dans l'alcool à 60 0/0 pendant 48 heures et filtrer. Cette solution se colore en vert par les sels d'urane solubles. MALOT l'a proposé comme indicateur pour la titration de l'ac. phosphorique par le nitrate d'urane. Dans cet emploi la cochenille donne de bons résultats pour remplacer le procédé à la touche au ferrocyanure, notamment pour le dosage de P^2O^5 dans l'urine.

Cross-Bevans (*Dissolvant pour la cellulose*). — Solution de chlorure de zinc 1 part. dans l'ac. chlorhydrique conc., 2 part.

Crouzel (*Santonine dans l'urine*). — En versant dans une urine contenant de la santonine éliminée par les reins, une sol. conc. de chaux, une col. rouge carmin caractéristique se développe. La col. se produit mieux encore sous l'action de la chaux naissante, en ajoutant d'abord du chlorure de calcium à l'urine puis un peu d'alcali. La sensibilité de ce réactif est telle qu'il suffit 0 gr. 10 de santonine prise à l'intérieur pour permettre la col. de toute l'urine pendant les 60 h. consécutives. La col. rouge persiste pendant 1/2 heure.

Crouzel-Dupin (*Matières grasses animales et végétales dans le pétrole ou la vaseline*). — Ajouter 5 gouttes de sol. de permanganate de potassium à 5 gr. de pétrole et triturer. Si le pétrole est pur la coloration rose-rouge persiste ; sinon, le permanganate est réduit et la liqueur devient brune, et la teinte plus ou moins foncée dépend de la quantité de mat. grasses mélangées.

Crypps-Dymond (*Aloès*). — 1º Triturer 0.05 d'aloès ou de résidu de l'évaporation d'un extrait, avec 16 gouttes d'SO^4H^2 conc. et 4 gouttes d'ac. nitrique D =1,4, puis ajouter 30 gr. d'eau : une col. orange ou carmin se développe qui, par l'ammoniaque, se fonce en rouge vineux (La rhubarbe, séné et frangula gênent cette réaction). — 2º Toutes les aloïnes sont pptées par le chlorure ferrique et l'acétate de plomb. La *barbaloïne* et la *nataloïne* sont color. en rouge carmin par l'ac. nitrique froid, la *socaloïne* et la *curaçaloïne* sont col. en rouge par l'ac. nitrique fumant. La *barbaloïne* dissoute dans une goutte d'ac. sulfurique conc. est col. en rouge en ajoutant 1 goutte d'ac. nitrique. Un traitement semblable donne, avec la *nataloïne*, une col. bleue.

Csokor's (*Cochenille alunée*). — Dissoudre 1 gr. d'alun ammoniacal dans 100 cc. d'eau distillée, ajouter 1 gr. de cochenille en poudre et faire bouillir. Après évaporation à la moitié du vol. original, filtrer et ajouter 0 gr. 50 d'ac. phénique.

Csokor's (*Ciment à la térébenthine pour sceller les préparations montées à la glycérine*). — Pulvériser de la térébenthine résineuse commune, la fondre au bain marie et la laisser refroidir. Il en résulte une masse cassante brune. Voir aussi *Ciment* de PARKER.

Cuccati (*Solution de carmin*). — Dissoudre 20 gr. de carbonate de soude dans 100 cc. d'eau chaude, ajouter 50 gr. de carmin, faire bouillir, enlever du feu et ajouter 30 gr. d'alcool absolu. Au bout de qq. jours filtrer et ajouter graduellement 300 gr. d'eau ; 8 gr. de sol. d'ac. acétique à 20 0/0 et 2 gr. d'hydrate de chloral. Il faut 15 minutes pour colorer les préparations.

Curtmann *(Ac. nitrique).* — C'est une sol. d'ac. pyrogallique dans l'ac. sulfurique. En présence d'ac. nitrique, color. jaune. Sensibilité : 2 milligr. dans un litre (Voir pour détails *Deutsch. Amer. Apoth. Ztg*, 1885, p. 269).

Curtmann *(Sels de potasse).* — Il se forme un ppté jaune en ajoutant à une sol. de sel de potasse une sol. de 1 part. de nitrate de cobalt dans 10 part. de sol. de nitrate de soude saturée, acidifiée par l'ac. acétique.

Cutolo *(Cellulose).* — Une sol. d'iode dans l'ac. iodhydrique fumant colore en bleu la cellulose.

Cutolo *(Huiles).* — Le R se prépare en dissolvant 1 gr. de gélatine blanche dans 10 à 15 gr. d'ac. nitrique D = 1.40 au B. M. et complétant à 100 cc. avec de l'ac. nitrique. Il est stable. On mélange 1 cc. de R. avec 5 cc. d'huile et on chauffe près de l'ébullition puis on refroidit le tube. Voici les color. obtenues avec quelques huiles d'origine certaine :

		Couleur de l'huile	Couleur de l'acide
Huile	d'amande	blanche	incolore
—	de noix	blanche	incolore
—	d'olives	jaune-clair	faiblement coloré
—	de ricin	jaune orangé	incolore
—	de sésame	orangé	jaune intense
—	de lin	rouge orangé	faiblement coloré
—	d'abricot	rouge	—
—	de coton	rouge brun	—
—	de chenevis	brun rougeâtre	—
—	de colza	—	—
—	de pavot	brun	—
—	de pépins de raisin	brun	—

Ce Réactif permet de retrouver 5 0/0 d'huile de coton ou de sésame dans l'huile d'olives, à condition que ces huiles n'aient pas un degré d'acidité supérieur à 5 0/0.

Czaplewski *(Fuchsine à la glycérine et au phénol).* — 1 gr. de fuchsine, 5 cc. d'ac. phénique liquide, 50 cc. de glycérine et 100 cc. d'eau distil., à diluer de 4 à 10 fois pour l'usage comme colorant.

Czumpelitz *(Alcaloïdes).* — Le R. est une sol. de chlorure de zinc

3 gr. dans 100 cc. d'eau et 100 cc. d'HCl conc. On évapore au bain-marie l'alcaloïde en présence de qq. gouttes de R. : On obtient ainsi des Réactions colorées caractéristiques (Voir *Merck's Reagentien Verzeichnis*, page 29).

D

Daclin (*Essai de l'eau d'amandes amères*). — L'eau distillée vraie d'amandes amères traitée par la cocaïne donne un ppté cristallin de cyanure de cocaïne, tandis que les produits artificiels, obtenus généralement en broyant de la magnésie, de l'ac. cyanhydrique et de l'eau, ne donnent rien.

Danielewsky (*Substances aromatiques dans le sang, etc.*). — Un azoréactif (par ex. l'acide diazosulfanilique) est ajouté au sang dilué ; on acidule légèrement par HCl puis on rend alcalin : la présence d'un composé aromatique se révèle par une col. rouge-orangé.

Dantziger (*Cobalt*). — A env. 5 cc. de sol. acidulée par HCl ajouter du sulfoacétate d'ammoniaque solide et qq. gouttes de sol. de chlorure stanneux, puis 5 cc. d'alcool amylique, ou d'un mélange d'acétone et d'éther, ou d'alcool et d'éther. Agiter fortement et laisser reposer. S'il y a du cobalt la couche supérieure se colore en bleu, d'intensité proportionnelle à la quantité de cobalt. L'addition de SnCl² n'a pour but que de réduire la petite quant. de fer en présence pour éviter la col. rouge foncée que donne celui-ci avec ce réactif. L'alcool amylique empêche ou diminue la dissociation du sel coloré en bleu qui prend naissance. Ce sel est un sulfoacétate double de cobalt et d'ammoniaque contenant 2 molécules de sulfoacétate d'ammoniaque pour 1 molécule de sulfoacétate de cobalt. Cette réaction, bien effectuée est excessivement sensible et peut déceler, dans un liquide incolore 1/500.000 de cobalt (2 milligr. dans un litre) (*Tests and Reagents*).

Da Silva (*Esérine*). — Dissoudre un fragment d'alcaloïde ou de son sel dans une ou 2 gouttes d'ac. nitrique fumant et chauffer au B. M., il se produit une color. orange. En évaporant à sec et agitant constamment la teinte devient verte. Une goutte d'ac. nitrique ajoutée au résidu donne des taches bleues et forme finalement une sol. violet-rougeâtre qui se change en un liq. fluorescent jaune-verdâtre par réflexion, rouge sang par transparence.

Davalos (*Fuchsine phénolée*). — On dissout 1 gr. de fuchsine, 20 gr. de phénol et 40 gr. d'alcool dans 400 cc. d'eau. Ce R. sert pour la color. des bactéries.

David (*Liqueur alcoolo-acétique pour l'examen des acides gras*). — Mélanger 300 cc. d'alcool à 95 0/0 et 220 cc. d'un mélange par part. égales d'eau et d'ac. acétique glacial. Dans un mélange d'acides gras cette sol. ne dissout que les ac. gras liquides et laisse non-dissous les ac. gras solides.

Davy (*Alcool*). — Dissoudre : Ac. molybdique, 1, dans ac. sulfurique conc. 10 ; la sol. donne une col. bleue en la chauffant avec un liquide contenant de l'alcool. On peut retrouver 1/1.000 d'alcool. Les huiles essentielles doivent être préalablement agitées avec de l'eau. On fait l'essai sur la sol. aqueuse. L'urine doit être distillée.

Davy (*Strychnine*). — Une col. violet foncé se produit en traitant la strychnine par SO^4H^2 conc. et ajoutant une pincée de ferricyanure de potassium.

Davy (*Phénol*). — Même réactif que pour l'alcool (voir ci-dessus). 3 ou 4 gouttes du R. et 1 ou 2 gouttes du liquide à essayer donnent une col. variant du vert olive jusqu'au bleu et au violet.

Davy (*Pus*). — La formation d'une col. bleue par l'addition de 1 ou 2 gouttes de teinture de gaïac oxydée (vieille, ou agitée avec de l'air) indique la présence du pus (également du sang).

Deacon (*Amygdaline*). — En traitant l'amydaline avec qq. gouttes d'SO^4H^2 conc., une col. brillante carminée se développe, qui disparait en étendant d'eau.

Debray (*Sels de potasse*). — Une solution conc. de sulfate d'alumine constitue un réactif excellent des sels de potasse : il donne avec eux de l'alun de potasse qui *est totalement insoluble* dans un excès de sol. conc. de sulfate d'alumine.

Debrun (*Couleurs d'aniline dans le vin*). — Traité à l'ébullition par un mélange de 1 p. d'ox. de zinc et de 2 p. d'acétate de mercure le vin naturel se décolore. 10 cc. de vin nécessitent 0 gr. 10 de mélange ci-dessus. Les couleurs d'aniline persistent au contraire. Voir les R. de CAZENEUVE.

Debrunner (*Nitrobenzène*). — Le nitrobenzène dans les liquides alcooliques peut être décelé en extrayant par l'éther, séparant, évaporant, ajoutant qq. gouttes d'ac. acétique dilué, quelques fils de fer très fins et un peu d'eau. Quand les gouttes huileuses ont disparu, décanter, traiter avec de la soude, extraire à nouveau par l'éther, évaporer, ajouter qq. gouttes d'ac. chlorhydrique et enfin un peu de chlorate de potasse. Une color. bleue ou verte indique la présence de nitrobenzène.

Debrunner (*Eau dans l'alcool*). — Une col. rouge en ajoutant à l'alcool du permanganate de potasse indique la présence de l'eau.

Dechan (*Indicateur*). — La galléine, ou violet d'alizarine donne une color. rouge brill. avec les alcalis et brun pâle avec les acides.

Deen (Van) (*Sang*). — Le sang étant dilué de façon que le liquide aqueux soit presque incolore donne, additionné de qq. gouttes de teinture de gaïac fraîche et de térébenthine oxydée, une col. bleue.

Defacqz (*Phénols et alcaloïdes*). — Chauffer 1 part. d'ac. tungstique avec qq. gouttes de bisulfate de potasse et d'ac. sulfurique puis ajouter assez d'SO^4H^2 pour empêcher que le liquide ne se prenne en masse par le refroidissement. Ajouter 1 goutte de ce réactif à 1 goutte de solution suspecte (ou une particule solide) et triturer avec un agitateur : *Phénol*, rouge très intense ; *para-crésol*, rouge brun intense ; *thymol*, vermillon, *hydroquinone*, violet améthyste très intense ; *résorcine*, rouge brun ; *Pyrocatéchine*, violet noir, qq. fois noir ; *pyrogallol*, rouge-noir ; *alpha naphtol*, violet bleu ; *beta-naphtol*, violet bleu ; *acide salicylique*, rouge saturne très intense ; *acide meta-oxybenzoïque*, rouge saturne faible ; *acide para oxybenzoïque*, rien ; *quinine et cinchonine*, jaune faible ; *morphine*, violet améthyste, puis brun ; *codéine*, rose, passant au violet ; *conicine*, rose intense ; *solanine*, rouge-cambodge ; *vératrine*, jaune sienne intense, ensuite rouge brun ; *aconitine*, brun jaunâtre ; *narcéine*, vert jaunâtre, ensuite vert mousse ; *picrotoxine*, rouge orangé très intense. En général ces colorations sont détruites par l'eau. La *strychnine*, la *brucine*, la *nicotine*, l'*atropine*, la *cantharidine*, la *caféine*, la *santonine*, la *pilocarpine*, l'*ergotinine* et l'*hyoscyamine* ne donnent aucune coloration.

Degener (*Indicateur*). — La phénacétaline, substance brune obtenue en chauffant ensemble pendant plusieurs heures une molécule de chacun des corps suivants : phénol, ac. sulfurique et ac. acétique glacial, vire au rouge par les alcalis, au jaune par les acides.

Dekhuyzen (*Mélange d'imprégnation*). — Solution de nitrate d'argent à 3 0/0 pouvant renfermer éventuellement 3 0/0 d'ac. nitrique.

Delafield (*Hématoxyline*). — Le réactif se prépare en dissolvant 4 gr. d'hématoxyline dans 25 cc. d'alcool absolu et ajoutant 400 cc. de sol. saturée d'alun d'ammoniaque. Exposer ce mélange à la lumière solaire pendant 3 ou 4 jours, filtrer, ajouter 100 cc. de glycérine et 100 cc. d'alcool méthylique. Exposer à nouveau à la lumière jusqu'à ce que la sol. prenne une teinte foncée, filtrer et conserver en flacon bien bouché. Voir aussi le R. de GRENACHER.

Delaye (*Café*). — L'essai suivant permet de reconnaître les falsifications communes du café ; on pulvérise le café très finement et on l'agite avec de l'eau. Le café de bonne qualité n'est pas mouillé et surnage sans colorer sensiblement le liquide ; les succédanés du café au contraire tombent au fond et colorent l'eau. Dans ce cas on recueille le dépôt ou le fait bouillir, on filtre, on décolore au noir animal et on essaie le filtrat par l'eau iodée qui donne du bleu en présence des céréales et par le perchlorure de fer qui donne du noir en présence du tanin de glands. Le tanin du café ne donne qu'une color. vert sale.

Delffs (*Alcaloïdes*). — Le platino cyanure de potassium forme avec les alcaloïdes des sels insolubles. Voir R. de MAYER.

Delffs (*Caféine*). — En ajoutant à une sol. de caféine une sol. d'oxyde mercurique dans l'iodure de potassium on obtient un ppté cristallin. Les autres alcaloïdes donnent des précipités amorphes.

Demarbaix (*Solution fixante*). — On dissout 0 gr. 7 d'ac. chromique dans 5 cc. d'ac. acétique et on dilue dans 150 cc. d'eau.

Denigès (*Acide citrique*). — A 5 cc. d'une sol. de citrate ajouter 1 cc. de sulfate mercurique (oxyde mercurique, 5 gr. ; ac. sulfurique conc. 20 cc. ; eau, 100 cc). Faire bouillir, et à chaud ajouter 5 ou 6 gouttes de permanganate. Décoloration très rapide et précipité blanc caractéristique. Les autres acides organiques sont sans action.

Denigès (*Glycérine*). — 1° Faire la réaction de Nessler. — 2° Chauffer un mélange de part. égales de sol. de nitrate d'argent à 2 0/0, d'ammoniaque et de soude. Extraire la substance à essayer, mélanger l'extrait avec 4 part. de bisulfate de potassium et chauffer. Un agitateur trempé dans la sol. de NESSLER ou dans la solution argentine ci-dessus devient noir ou brun avec les plus faibles traces d'acroléine dégagées par la glycérine chauffée.

Denigès (*Acide cyanhydrique*). — Eau ammoniacale, 2 cc. ; sol. d'iodure de potassium à 10 0/0, 1 goutte ; sol. de nitrate d'argent à 2 0/0, 1 goutte ; eau, 20 cc. Placer qq. cc. du liquide à examiner dans un tube avec du zinc et 15 à 20 gouttes d'ac. sulfurique et tenir au-dessus un agitateur humecté d'une sol. de potasse. Ensuite plonger le bout de l'agitateur dans le réactif, et si une trace quelconque d'ac. cyanhydrique s'est dégagée du liquide le réactif opalescent devient clair.

Denigès (*Chlorates*). — Le réactif se compose de résorcine, 1 gr. ; eau, 100 cc. ; ac. sulfurique, 10 gouttes ; mélanger 2 gouttes de liquide suspect avec 2 cc. d'ac. sulfurique, refroidir et ajouter 5 gouttes de R. — Une col. verte se développe s'il n'y a pas plus de 2 0/0 de chlorates. Les nitrates donnent une teinte jaune virant au rouge-pourpre, les nitrites une teinte bleue. Il faut donc s'assurer de leur absence.

Denigès (*Métaux*). — Une sol. d'alloxane préparée au moment de l'emploi donne avec différents métaux des réact. colorées. Le R. se prépare en chauffant 2 gr. d'ac. urique avec 2 cc. NO^3H, D = 40° B ; quand la réaction est terminée on ajoute 2 cc. d'eau, on chauffe jusqu'à sol. complète et on dilue à 100 cc. Qq. cc. de ce R. donnent avec une sol. de sel *ferreux* et 1 goutte ou 2 de KOH une color. d'un beau bleu passant au jaune clair (sensibilité 1/100.000, 10 milligr. dans un litre d'eau). En faisant bouillir le R. avec un sel de *zinc* une col. orange se développe variant du jaune à l'orange, suivant la quantité de zinc. Avec le *magnésium* une coloration carmin. Le *cadmium* donne une teinte rouge grenadine. Le *fer au maximum* donne du jaune brunâtre. Le *nickel* et le *cobalt* donnent de l'orangé ; le *manganèse* du rouge carmin.

Denigès (*Cholestérine*). — Combinaison des R. de LIEBERMANN et de SALKOWSKY. On prend 2 cc. de sol. chloroformique de cholestérine et on agite avec 1 cc. SO^4H^2 D = 1.76. Si la sol. contient plus de 0 gr. 30 de cholestérine par litre on observe la color. rouge qui caractérise la réaction de SALKOWSKY. On fait ensuite tomber dans la couche chloroformique surnageant, 2 à 5 gouttes d'ac. acétique anhydre ; on agite légèrement : on observe alors une teinte carmin tirant sur le violet si l'on augmente la proportion d'ac. acétique ; l'ac. sulfurique sous-jacent prend une teinte rouge sang qui tranche avec celle du chloroforme.

Denigès (*Dosage de l'Azote*). — Modification à la méthode de KJELDAHL. Au lieu de distiller l'ammoniaque, ce qui est toujours long et fastidieux, on sature *exactement* l'acidité en présence de phénol phtaléine par de la

soude pure *exempte de CO²* puis on fait un volume. On prend une part.
aliquote. On y ajoute 10 cc. de soude décime et on fait bouillir jusqu'à
expulsion complète de l'ammoniaque, puis on rajoute 10 cc d'ac. sulfurique décime et on titre à la soude décime l'alcalinité disparue sous forme
d'ammoniaque distillée.

Pour que ce procédé soit applicable il faut se trouver en l'absence de
tout métal lourd, il faut donc supprimer de l'attaque le mercure et le sulfate de cuivre. On les remplace par de l'oxalate de potasse.

Denigès (*Nitrates et nitrites*). — Ajouter 0.5 cc. d'une sol. d'antipyrine à 5 0/0 et 1 cc. 5 d'ac. sulfurique conc. à 1 cc. d'une sol. contenant
des nitrates ou de l'ac. nitrique, il se produit une col. rouge carmin. Si
on emploie le double d'acide la col. est d'abord orangé ou jaune, mais en
diluant avec de l'eau, on obtient la teinte carmin. S'il y a de l'ac. nitreux
une teinte vert-bleuâtre se produit (nitroso antipyrine), changée par l'ac.
sulfurique en jaune ou orangé et par dilution ensuite en jaune clair. S'il y
a à la fois des nitrates et des nitrites, ajouter 3 ou 4 gouttes d'ac. sulfurique au liquide, chauffer, faire refroidir et ajouter 0,5 cc. de sol. d'antipyrine ; une color. bleu-verdâtre ou vert-jaunâtre indique les nitrites.
Ajouter alors 3 cc. de plus d'ac. sulfurique ; une col. orangé changée en
carmin par dilution indique les nitrates. Les chlorates gênent la réaction.
S'il y en a en présence ajouter 4 gouttes d'acide et 2 gouttes de bisulfite
de soude à 1 cc. de la sol. à essayer et procéder comme ci-dessus.

Denigès (*Nitrites, autres réactions*). — 1° *a*. Phénol, 1 gr. ; ac. sulfurique, 4 cc. ; eau, 100 cc. ; (*b*.) acétate mercurique, 5 gr. (ou oxyde mercurique, 3.5 gr.) ; ac. acétique glacial, 20 cc. ; eau, 100 cc. ; agiter un instant, ajouter 0,5 cc. SO⁴H² et filtrer. Pour l'emploi mélanger part. égales
de *a* et de *b*, faire bouillir et à 4 cc. du mélange, ajouter 1 ou 2 gouttes de
la solution suspecte. S'il y a au moins 0,5 gr. de nitrites par litre présents, une col. rouge se développe immédiatement ; si la sol. est très diluée
et que la color. ne se développe que faiblement, ajouter de 1 à 10 cc. de R.
et faire bouillir. Le R. est indifférent à l'action de l'air, de la lumière, des
nitrates, des chlorates, des hypochlorites, hypobromites, du chlore, du
brome, etc. Cette réaction n'est autre chose que celle PLUGGE renversée. —
2° Second réactif : Aniline, 2 cc. ; ac. acétique glacial, 40 cc. ; eau, pour
compléter 100 cc. Faire bouillir 5 cc. de R avec 0,1 à 10 cc. de liquide
suspect : une color. du jaune pâle à l'orangé foncé se développe, qui
passe au rouge par qq. gouttes d'ac. chlorhydrique ou sulfurique, mais qui

est restaurée par la soude ou un acétate. Ce R. n'est pas affecté par les chlorates et les nitrates, mais il l'est par les hypochlorites, les hypobromites, le chlore, le brome ; — 3. Résorcine, 1 gr. ; eau, 100 cc. ; ac. sulfurique, 10 gouttes ; mélanger 4 gouttes de liquide à examiner avec 2 cc. SO^4H^2 et 5 gouttes de R. — Une col. carmin ou violette très intense se développe. Les chlorates donnent une col. verte avec ce dernier R.

Denigès (*Iodoforme*). — Evaporer l'extrait éthéré renfermant l'iodoforme, à sec et ajouter 3 à 4 gouttes du liquide à 4 ou 5 gouttes de diméthylamine : une col. jaune se développe, proportionnée à la quant. d'iodoforme. Chauffer avec précaution le mélange vers son point d'ébullition, laisser refroidir et ajouter de l'alcool : le liquide est rouge par transmission et violet par réflexion dans le cas où il y a beaucoup d'iodoforme ; s'il n'y en a que peu, le liquide est violet.

Denigès (*Strychnine*). — Pour différencier la strychnine des ptomaïnes, évaporer une goutte de sol. sur une lame de verre à douce chaleur et ajouter au résidu une goutte de soude normale. Examiner au microscope : la strychnine donne naissance dans ces conditions à des cristaux prismatiques très nets. Réaction très sensible.

Denigès (*Eau oxygénée*). — Le R. est un mélange de 1 cc. de sol. aqueuse de molybdate d'ammoniaque à 10 0/0 et de 1 cc. SO^4H^2 conc. L'eau oxygénée donne une col. jaune intense avec ce R.

Denigès (*Tyrosine*). — Sol. conc. d'aldéhyde dans l'ac. sulfurique. Ce R. donne avec la tyrosine une belle color. rouge carminée. C'est un produit de condensation qui prend naissance. Il montre dans le vert et dans le jaune, au spectroscope des bandes d'absorption très développées.

Denigès (*Acide urique dans les calculs urinaires*). — Triturer un morceau de calcul avec 5 à 6 cc. d'eau et 2 gouttes de soude, faire bouillir, diluer d'un vol. égal d'eau et filtrer. Au filtrat ajouter 1/5 de son volume de sol. de sulfate acide de mercure (Chlorure mercurique, 5 gr. ; ac. sulfurique, 20 cc. ; eau, 100 cc.) s'il y a de l'ac. urique présent, précipité blanc floconneux.

Denigès (*Ac. urique*). — L'ac. urique est converti en alloxane par un traitement à l'ac. nitrique, après évaporation de l'excès d'acide, qq. gouttes d'ac. sulfurique et de benzène contenant du thiophène sont ajoutées : l'alloxane donne une coloration bleue.

Desaga (*Kirsch véritable*). — Le kirsch véritable traité par un peu de gaïac se colore en bleu indigo ; la color. disparait en agitant fortement ou par un long repos. Les produits d'imitation ne donnent pas de color. bleue, mais seulement une faible teinte jaune.

Desesquelles (*Phénols dans l'urine*). — On extrait l'urine par agitation avec du chloroforme. La sol. chloroformique est chauffée légèrement avec une pastille de potasse qui se colore différemment selon le phénol en présence. Le naphtol β donne une col. bleu-verdâtre par ex.

Desmoulières (*Gélose dans les confitures*). — Le principe de la recherche repose sur la propriété gélifiante de la gélose ; on opère sur 30 gr., on fait bouillir pour détruire les mucilages, on ajoute un excès d'alcool, on filtre et on reprend par l'eau le ppté ; dans cette solution on ppte les matières pectiques par la chaux en excès, on insolubilise s'il y a lieu la gélatine par le formol après avoir éliminé l'excès de chaux par l'acide oxalique sans cependant acidifier, on filtre et on concentre : si le résidu se prend en masse par le refroidissement on peut conclure à la présence de gélose.

De Souza (*Méthode de durcissement*). — La pyridine est employée pour durcir, déshydrater et clarifier tout à la fois. Les tissus peuvent être teints par des coul. d'aniline après durcissement, dissoutes dans la pyridine ou bien peuvent être teints, après lavage à l'eau par les procédés habituels.

Devoto (*Peptone*). — On précipite tous les autres albuminoïdes par l'addition de sulfate d'ammon. cristal. ; dans le filtrat, on décèle les peptones par la R du Biuret. Voir ce réactif. Suivant BOGOMOLOW et WASSILIEF la peptone est également décelée dans le filtrat par le R. de ROCH qui est à base d'ac. Salicyl-sulfonique ou au moyen de la résorcine et de l'acide trichloracétique.

De Vrij (*Essai au chromate pour la quinine*). — Dissoudre 1 gr. de la quinine à essayer dans 45 cc. d'eau bouillante, ajouter 2 gr. 5 de chromate neutre de potasse, refroidir à $+ 15°$ C. et au bout d'une heure filtrer le chromate de quinine crist. A 10 cc. du filtrat ajouter de la soude goutte à goutte, jusqu'à ce que la sol. soit très légèrement alcaline. Si la quinine est exempte d'autres alcaloïdes cinchoniques, la solution demeure claire, même en chauffant ; autrement elle se trouble.

De Vrij (*Quinine*). — Dissoudre 8 part. de sulfate de quinoïdine dans 8 part. d'une sol. à 5 0/0 d'ac. sulfurique et précipiter exactement avec une sol. d'iode (iode, 1 part. ; iodure de potassium, 2 part. ; eau,

100 part.). Dissoudre le ppté qui, après lavage et dessication devient résineux, dans 6 fois son poids d'alcool à 92-94 0/0, filtrer, évaporer et redissoudre le résidu dans 5 fois son poids du même alcool. On obtient ainsi un R. qui avec les sol. de sulfate de quinine produit un ppté de iodosulfate de quinine.

Dieterich (*Aloès*). — Evaporer à sec la sol. de substance avec qq. gouttes d'ac. nitrique fort, et reprendre le résidu avec une goutte d'alcool ; en ajoutant une sol. alcoolique de cyanure de potassium on obtient une col. rose.

Dieterich (*Distinction entre les différents cachous*). — Le cachou Gambie traité (3 gr.) avec de la sol. de potasse normale (25 cc.) et 100 cc. d'eau donne une sol. qui, agitée avec du benzène, 50 cc. donne au dissolvant une col. verte. Le cachou Pégu ne donne pas cette réaction.

Dittmar (*Alcaloïdes*). — Le R. est une sol. d'iodure de potassium et de nitrite de soude dans l'ac. chlorhydrique. Il renferme les deux halogènes, chlore et iode et donne avec les alcaloïdes des pptés jaunes ou bruns.

Di Vetere (*Huile de ricin dans l'huile d'olive*). — Agiter l'huile avec de l'ac. chlorhydrique concentré : il se forme, après repos, trois couches s'il y a de l'huile de ricin.

Dobbin (*Alcali caustique*). — Le R. se prépare en mélangeant à une sol. de bichlor. de mercure une sol. de 5 gr. d'iodure de potassium jusqu'à ce qu'il se forme un ppté persistant. Filtrer ce dernier et ajouter au filtrat, 1 gr. de chlorure d'ammonium, puis assez de soude diluée pour obtenir à nouveau un précipité permanent. Filtrer et étendre à un litre d'eau. Ce R. peut servir à déceler des traces très faibles d'alcali libre dans les carbonates alcalins. Les alcalis libres, inclus l'ammoniaque, y produisent un précipité ou une coloration allant du jaune au rouge brun, suivant la quantité présente.

Dogiel (*Méthode d'imprégnation au bleu de méthylène*). — Placer les coupes dans une sol. à 4 0/0 de bleu de méthylène dans une sol à 0,75 0/0 de sel marin, laisser agir pendant qq. minutes puis plonger pendant 1/2 h. ou plus dans une sol. aqueuse de picrate d'ammoniaque. Finalement laver dans une sol. de picrate d'ammoniaque fraiche et examiner dans la glycérine étendue (*Tests and Reagents*).

Dogiel (*Méthode de coloration au bleu de méthylène*). — Placer les tissus (rétine, etc.) à colorer dans qq. gouttes d'eau ou d'humeur vitreuse, à laquelle on ajoute 2 ou 3 gouttes d'une sol. à 0,06 0/0 de bleu de méthy-lène dans la solution physiologique de sel, et exposer à l'air. La coloration se fixe en 5 ou 10 min. et atteint son maxim. d'effet au bout de 15 à 20 min. Cependant les morceaux les plus épais peuvent demander plusieurs h. On peut activer en chauffant à l'étuve à 30-35° C. (*Tests and Reagents*).

Domenico-Ganassini (*Hydrogène sulfuré*). — Voir R. de GANASSINI.

Donath (*Colophane dans la cérésine et la paraffine*). — Procédé basé sur ce fait que la cérésine et la paraffine sont fort peu attaquées par NO^3H et ne se colorent pas par addition ultérieure d'ammoniaque tandis que la colophane s'attaque et donne naissance à des produits acides qui se colorent en rouge ou en rouge brun par l'ammoniaque.

Donath (*Azote*). — Chauffer 0,050 de substance avec 1 gr. de per-manganate et 20 cc. de sol. saturée et pure de potasse, à l'ébullition et s'il est nécessaire rajouter du permanganate pour obtenir une teinte per-manente. Après refroid. diluer avec de l'eau, décomposer l'excès de per-manganate en ajoutant de l'alcool, filtrer et rechercher l'ac. nitrique (pro-venant de l'azote) par les méthodes connues.

Donath (*Résine dans la cire*). — 1° Faire bouillir 0,8 gr. de la subs-tance, et pour compar. la même quant. de cire pure, avec 10 cc. d'ac. nitrique jusqu'à cessation de vapeurs rutilantes ; laisser refroidir, saturer par l'ammoniaque et filtrer. — 2° Chauffer la résine avec 4 à 5 fois son poids d'ac. nitrique $D = 1.33$ à l'ébull. pendant une min., ajouter alors un égal vol. d'eau froide et un excès d'ammoniaque. Si la cire est pure, le filtrat a une coloration jaune pure ; en présence de résine elle est rouge-sang ou rouge-brun. Il suffit de 1 0/0 de résine pour que cette color. se produise.

Donath (*Acide sulfurique*). — Pour rechercher l'ac. sulfurique libre et même les autres acides forts dans le vinaigre ou tout liquide, on fait bouillir le liquide avec du chromate de plomb et on essaye le liquide avec de l'iodure de potassium et du sulfure de carbone : color. violette.

Donath (*Matières goudronneuses*). — L'ammoniaque impure renfer-mant des mat. goudronneuses réduit à chaud le permanganate, après avoir été sursaturée par l'ac. sulfurique pur.

Donath (*Morphine*). — Chauffée avec de l'ac. sulfurique conc. et de l'arséniate de soude la morphine donne une color. violette. A froid,

en broyant l'alcaloïde avec de l'ac. sulfurique et du chlorate de potasse
on obtient une color. verte, rouge vers les bords.

Donath-Mayrhofer (*Gylcérine*). — La présence de la glycérine
dans un liquide se décèle par la color carmin qui se produit en évaporant à siccité, chauffant avec précaution à 120° C., ajoutant 2 gouttes de
phénol et d'ae. sulfurique, extrayant avec l'eau et ajoutant de l'ammoniaque au résidu.

Donath-Schmidt (*Résine dans la cire*). — Faire bouillir 5 gr. de cire
avec 20 à 25 gr. d'ac. nitrique brut (D = 1. 32) pendant 1 min., ajouter
vol. égal d'eau puis un excès d'ammoniaque Chasser l'excès d'ammoniaque : si la cire est pure la coloration est seulement jaunâtre ; la présence
de 1 0/0 de résine donne une col. plus ou moins rouge-brunâtre.

Donné (*Pus et mucus dans l'urine*). — Réunir le sédiment dans un
entonnoir ou dans un vase conique, y ajouter un fragment de soude et
agiter ; le pus se colore en verdâtre et se prend en une masse glaireuse.
Le *mucus* se dissout partiellement avec formation d'un précipité floccon-
neux blanc.

Donny (*Farine de légumineuses dans la farine de froment*). — Le bout
humide d'un agitateur trempé dans la farine est plongé dans la vapeur
d'ac.nitrique qui s'échappe d'un tube à essai dans lequel on le fait
bouillir. Ensuite l'agitateur est plongé dans une atmosphère d'ammoniaque. Les farines de légumineuses se colorent en rouge pourpre ; la farine
de froment en jaune seulement.

Doutrelepont-Schutz (*Coloration du bacille syphilitique ?*). — Placer
la préparation dans une sol. de fuchsine et de violet de méthylène
à 1 0/0 pendant 24 à 48 heures, décolorer dans l'ac. nitrique étendu 1 :
15 en quelques secondes, plonger dans l'alcool à 60 0/0 pendant
5 à 10 min. et lorsque la teinte est devenue bleu pâle, plonger dans
une sol. de safranine pendant quelques min. On lave ensuite dans l'alcool
à 60 0/0 pendant quelques instants, on rince à l'alcool absolu, on déshydrate, on clarifie dans l'huile de cèdre et monte au baume. Les bacilles
sont colorés en bleu, les noyaux sont teints en rouge clair et les cellules
rondes d'Ehrlich sont bleues avec noyaux rouges (Bacille syphilitique ?
nous ignorons encore de quel bacille veut parler cet auteur).

Dragendorff (*Alcool dans les huiles volatiles*). — On emploie le
sodium métallique qui dégage de l'hydrogène au contact de l'alcool et
produit une col. brune.

Dragendorff (*Réactions des huiles éthérées*). — Cet auteur a préconisé 8 réactifs pour l'examen des huiles éthérées qui permettent d'en identifier un assez grand nombre. — Consulter le *Merck's Reagentien Verzeichnis,* p. 34 et 35.

Dragendorff (*Alcaloïdes*). — Le R. est de l'iodure de potassium et de bismuth. On chauffe de l'iodure de bismuth avec une sol. d'iodure de potass. et on filtre chaud. Au filtrat on ajoute un vol. égal de sol. conc. à froid d'iodure de potass. La sol. concentrée se conserve, la solution diluée s'altère. Suivant Frohn on peut préparer le Réact. en mélangeant 1 gr. 5 de sous-nitrate de bismuth fraîch. ppté avec 20 gr. d'eau, chauffant à l'ébull. et ajoutant 7 gr. d'iodure de potass. et 20 gouttes d'ac. chlorhydrique. Ce R. donne, avec les alcaloïdes, des pptés rouge-brunâtre, ainsi qu'avec les albuminoïdes. Voir la modification de Kraut et les R. de Mancini et de Thresh.

Dragendorff (*Elatérine*). — Par l'ac. sulfurique conc. color. d'abord jaune, puis d'un beau rouge.

Dragendorff (*Brucine*). — Dissoudre dans l'ac. sulfurique dil. à 10 0/0 et ajouter un peu d'une sol. très étendue de bichromate de pot. — Color. variant du rouge au brun orange.

Dragendorff (*Thymol*). — Une sol. de thymol dans l'alcool additionnée d'une trace de sucre et d'ac. sulfurique conc. donne une belle color. rouge. Traité par l'ac. acétique et l'ac. sulfurique, le thymol donne une col. également rouge. Cette dernière réaction est excessivement sensible : 1 milligr. dans un litre.

Dragendorff (*Curarine*). — 1° On dissout qq. particules dans 2 ou 3 cc. d'ac. sulfurique dilué 1 : 50 et on évapore à + 40° C. — il se produit une belle color. rouge qui persiste pendant 2 heures. — 2° Ajouter un fragment de bichrom. de potasse à la sol. de l'alcaloïde dans l'ac. sulfurique conc. une belle color. bleue se développe, qui se modifie graduellement en rouge persistant longuement. (Avec la strychnine la col. est au contraire fugace).

Dragendorff (*Digitaline*). — 1° L'ac. sulfurique conc. dissout la digitaline et la sol. est brun-rouge, passant au rouge cerise en 12 à 20 h. ; exposée aux vapeurs de brome cette sol. se colore en violet-rouge. Otto a recommandé d'y ajouter de l'eau de brome : même coloration. En ajoutant qq. gouttes d'eau la sol. devient verte. — 2° Le chloral anhydre colore la digitaline en jaune, puis en vert ; en chauffant à 70°, violet ; en chauffant plus fort, vert noirâtre foncé. — 3° qq. gouttes de sol. de digitaline et qq. gouttes de solution diluée de fiel de bœuf donnent une belle color. rouge. D'autres glucosides donnent cet col.

Dragendorff (*Narcéine*). — Donne une col. bleue par la sol. d'iodure de zinc et de potassium.

Dragendorff (*Strychnine*). — L'acide iodique donne une col. brun rougeâtre.

Dragendorff (*Térébenthine*). — Les huiles essentielles contenant de l'essence de térébenthine deviennent troubles en y ajoutant de l'alcool.

Draper (*Huile de ricin*). — Evaporer l'huile essentielle suspecte à un faible volume dans une capsule de porcelaine, la traiter avec 1/4 de son vol. original d'ac. nitrique, puis neutraliser par du carbonate de soude en chauffant à l'ébullition : il se développe une odeur rappelant l'œnanthol s'il y a de l'huile de ricin.

Drechsel (*Bile*). — Une col. rouge ou brun rougeâtre se développe en ajoutant à la sol. concentrée suspecte, de l'ac. phosphorique sirupeux et un peu de sucre de canne, et chauffant au B. M. Voir la R. de Pettenkofer.

Dreysel-Oppler (*Picrocarmin*). — Le R. se prépare en dissolvant 1 gr. de carmin dans 1 gr. d'ammoniaque ajoutant 200 cc. d'eau, puis 1 gr. d'ac. picrique.

Drouin-Potain (*Oxyde de carbone dans l'air*). — Faire passer un courant d'air très lent dans 10 cc. d'une sol. à 10 0/0 de chlorure de palladium acidulée par 2 gouttes d'HCl. Il se dépose une pellicule noire de palladium métallique sur les parois du flacon et du tube. Voir R. de Potain-Drouin.

Drouot (*Margarine dans le beurre*). — Fondre l'échantillon à examiner : le beurre est limpide, la margarine trouble. Bischoff, et de même Jahr, ont récemment proposé pour ce but un appareil dans lequel la façon de se comporter du liquide fondu vis-à-vis de l'eau chaude, en agitant, peut être observée ; la margarine se sépare rapidement tandis que le beurre s'émulsionne complètement.

Dryer (*Etain*). — Une color. pourpre se développe en ajoutant à un liqu. contenant de l'étain qq. gouttes d'une sol. de 0,1 gr. de brucine, dans 50 cc. d'eau et 1 cc. d'ac. nitrique. Chauffer à l'ébull. et refroidir.

Duboscq (*Solution fixante chromo-nitrique*). — C'est une modification de la formule de PERENYI : solut. d'acide chromique à 1 0/0. 1 vol. ; sol. d'ac. nitrique à 10 0/0, 1 vol. ; alcool à 90 0/0, 1 vol.

Dudderidge (*Péroxydes*). — Placer la poudre dans un tube et y ajouter une sol. de nitrate d'argent : s'il s'agit d'un peroxyde alcalin de l'oxygène se dégage, rallumant une allumette encore rouge, et de l'argent métallique se dépose. Avec les peroxyde alcalino-terreux la réaction est plus calme ; il se dépose d'abord de l'oxyde brun d'argent qui se réduit par la suite.

Duflos (*Picrotoxine*). — Il se développe une color. verte en ajoutant une sol. de bichromate de potasse à de la picrotoxine.

Dumontpallier-Trousseau (*Pigments biliaires*) — Ajouter à l'urine qq. gouttes de teinture d'iode, une teinte vert émeraude se développe, mais en sol. très diluée. En superposant la teinture à l'urine il se forme une zône verte. L'eau de brome donne une réaction similaire.

Dunham (*Mélange clarifiant*). — Mélanger 3 part. d'essence incolore de Thym avec 1 part. d'essence de girofle.

Dunham-Bujwid (*Bacille du choléra asiatique*). — Voir R. de BUJWID-DUNHAM.

Dunstam-Ransom (*Alcaloïdes de l'extrait de Belladone*). — Dissoudre env. 2 gr. d'extrait dans l'ac. chlorhydrique très étendu en chauffant doucement, filtrer, laver avec ac. chlorhydrique très étendu jusqu'à ce que le filtrat ne donne plus les réactions des alcaloïdes. Rendre le filtrat alcalin par l'ammoniaque, extraire à deux reprises par le chloroforme, agiter à deux reprises ce chloroforme avec de l'eau acidulée ; extraire à nouveau à deux reprises cette eau par le chloroforme, après l'avoir rendue alcaline, évaporer le dissolvant et sécher à $+ 100^\circ$ C.

Dunstan (*Aconitine*). — Les sol. neutres d'aconitine donnent avec le permanganate en sol. conc. un ppté rouge pourpre cristallin qui peut être distingué de celui analogue fourni par la cocaïne et l'hydrastine en y ajoutant une goutte d'eau bromée : pas de modification de couleur.

Dunstan-Short (*Séparation de la strychnine de la brucine*). — Dissoudre 0.2 ou moins des alcaloïdes mélangés de la noix vomique dans 10 cc. d'ac. sulfurique dilué à 5 0/0, diluer la sol. à 175 cc. et compléter le vol. de 200 cc. avec du ferrocyanure de potassium à 5 0/0. Laisser reposer 6 heures en agitant de temps en temps, filtrer le ppté, le laver à l'eau acidulée par l'ac. sulfurique à 0.25 0/0 jusqu'à ce que les eaux de lavages ne soient plus amères. Le ppté est alors décomposé par l'ammoniaque conc. ; on lave le filtre avec la solution et finalement avec du chloroforme. La solution ammoniacale est extraite par le chloroforme, le dissolvant évaporé dans une capsule tarée, et le résidu pesé comme strychnine.

Dupré (*Matières colorantes étrangères dans les vins*). — Une gelée incolore de gélatine à 10 0/0 est découpée en petits cubes. On plonge un cube dans le vin pendant 24 h., au bout de ce temps, le cube est retiré et coupé par le milieu : La mat. col. naturelle du vin pénètre très peu tandis que les col. artificielles teignent le cube de part en part.

Dupouy (*Différenciation du lait cru et du lait bouilli*). — Une sol. de paraphénylène-diamine se colore énergiquement en présence du lait cru ; la réact. n'a pas lieu avec le lait bouilli par suite de la destruction de l'oxydase spéciale contenue dans le lait. Suivant l'auteur ce réactif est excessivement sensible, tellement même qu'il l'est trop et qu'il est sujet à se colorer sous la seule influence de l'oxygène. Dans ces derniers temps l'auteur a indiqué une sol. aqueuse de gaïacol à 1 0/0, qui, en présence d'eau oxygénée et de lait cru se colore en rouge grenat. Le lait pasteurisé à 80° perd la propriété de colorer ce réactif.

Dupouy (*Chloroforme, bromoforme, iodoforme*). — Le chloroforme, au contact des phénols et de la potasse, donne différentes colorations. Avec le thymol on obtient une réact. caractéristique en opérant de la façon suivante : on prend 1/2 cc. de thymol à 5 0/0, on ajoute une goutte de chloroforme et une pastille de potasse ; on fait bouillir, le liquide se colore en jaune puis en rouge ; si l'on ajoute alors 1 cc. d'SO^4H^2 et qu'on chauffe, on obtient une color. violette intense qui, dissoute dans l'ac. acétique donne au spectroscope un spectre avec bandes d'absorption dans le vert.

Le bromoforme donne cette réaction également, l'iodoforme plus difficilement.

Durig (*Mélange formolique de*). — C'est une solution de bichromate de potasse à 3 0/0 renfermant 4 à 6 0/0 de formol.

Dusart-Blondlot (*Phosphore dans les tissus organiques*). — Traiter la substance par un mélange d'alcool, d'éther et de sulfure de carbone contenant 0,5 0/0 de soufre en dissolution. Laisser reposer un jour en contact. Répéter l'opération une deuxième et une troisième fois, et chauffer avec du cuivre métallique. Recueillir le phosphure de cuivre et caractériser le phosphore.

Duval (*Méthode au carmin et au bleu d'aniline*). — Colorer les coupes avec le carmin, déshydrater et colorer pendant quelques minutes dans un mélange de 10 gouttes de sol. alcool. saturée de bleu d'aniline et 10 gr. d'alcool absolu. Clarifier à la térébentine sans autre traitement à l'alcool et monter au baume.

Duyk (*Indicateur*). — L'auteur recommande l'usage d'un produit végétal l'*acide pipitzahoïque* ou *pérézone* qu'il appelle *Pérézol* : par les alcalis il fournit du violet noirâtre en sol. concentrées, rose mauve en sol. très étendues. En présence des acides le mélange est incolore. Indicateur très sensible.

Duyk (*Glucose*). — Dissoudre 5 gr. de sulfate de nickel et 3 gr. d'ac. tartrique dans 75 cc. d'eau et ajouter 25 cc. de soude à $D = 1.33$. Pour l'usage diluer ce R. de son volume d'eau. On en mélange 1 ou 2 cc. à la solution suspecte et on fait bouillir. Les plus faibles quant. de glucose sont indiquées par une col. et un trouble rouge-brun, d'intensité croissante et se résolvant au bout de quelques min. en un ppté rougeâtre brun foncé, quelquefois noir, volumineux.

Dwar (*Alcaloïdes cinchoniques*). — Dissoudre ces alcaloïdes dans l'alcool et ajouter une goutte d'ac. sulfurique dilué, puis de la teinture d'iode, goutte à goutte : Il se précipite des iodosulfates de ces alcaloïdes que l'on peut distinguer les uns des autres par leur apparence.

Dyson-Perrins (*Berbérine*). — En mélangeant à chaud une sol. alcoolique de berbérine avec une sol. d'iode dans l'iodure de K, on obtient par refroidissement des cristaux brillants de coloration verte.

E

Eberhard (*Acide sulfurique dans l'ac. lactique*). —On dissout **2** gr. d'ac. lactique dans 10 gr. d'alcool à 95 0/0 et on filtre. On ajoute alors une sol. à 10 0/0 de CaCl² exempte d'HCl libre : en présence d'ac. sulfurique on obtient immédiatement un trouble. (*Merck's Réagentien Verzeichnis*, p. 37).

Ebner (*Solutions décalcifiantes*). — 1° 100 cc. d'eau, 100 cc. de sol. saturée à froid de NaCl et 4 cc. d'ac. chlorhydrique. Les os sont placés dans ce liquide et on ajoute chaque jour 1 à 2 cc. d'ac. chlorhydrique pour remplacer celui qui est détruit, jusqu'à ce que les os soient devenus entièrement mous — 2° 2.5 part. d'ac. chlorhydrique D = 1.16, 500 p. d'alcool à 90 0/0, 100 p. d'eau et 2.5 part. de NaCl.

Eboli (*Cantharidine*). — Le réactif ci-dessus, à chaud donne avec la cantharidine une color. d'un beau vert. (La cantharidine n'a pas ou presque pas de réact. colorées, aucune jusqu'à présent n'a pu être considérée comme caractéristique. Son action sur la peau est de tous ses caractères, le plus spécial).

Ebstein-Muller (*Pyrocatéchine dans l'urine*). — Ajouter à qq. gouttes d'urine qq. gouttes d'une sol. très étendue de chlorure ferrique dans un tube à essai. S'il y a de la pyrocatéchine il se produit une color. vert émeraude. Au contact de vapeurs ammoniacales le liquide devient violet, mais l'ac. acétique très étendu restaure la couleur primitive.

Edlefsen (*Acide chlorique dans l'urine*). — Chauffer l'urine avec 1/4 de son vol. d'ac. chlorhydrique conc. L'indican toujours présent donne une color. rouge foncé ou brunâtre, mais vers l'ébullition, s'il existe un peu d'ac. chlorique, celui-ci décolore le liquide en donnant une teinte plus claire : brun clair ou jaune clair ; finalement le liquide devient incolore.

S'il n'y avait pas ou presque pas d'indican, ajouter une goutte de sulfate d'indigo.

Edlefsen (*Naphtaline*). — 1° Qq. gouttes d'ammoniaque ou de soude donnent une fluorescence dans une sol. contenant de la naphtaline. — 2° Ajouter 3 ou 4 gouttes de sol. de chlorure de calcium et qq. gouttes d'ac. chlorhydr. conc. au liquide : une color. jaune citron se développe. Extraire le liquide par l'éther et superposer l'extrait à une sol. aqueuse de résorcine à 1 0/0, et ajouter un peu d'ammoniaque : une color. vert-bleuâtre se développe, que l'ac. nitrique change en rouge-cerise (*Tests and Reagents*).

Edlefsen (*Phénétidine dans l'urine*). — Faire bouillir l'urine avec de l'ac. chlorhydrique, refroidir et ajouter qq. gouttes d'une sol. à 1 0/0 de nitrite de soude. A la première moitié de ce mélange ajouter qq. gouttes d'une sol. à 5 0/0 d'alpha-naphtol et de la soude pour alcaliniser : une col. rouge se développe, qui passe au violet rougeâtre par l'ac. chlorhy-drique. A l'autre moitié ajouter qq. cc. d'une sol. à 3 0/0 d'acide phéni-que et de la lessive de soude pour alcaliniser : une col. jaune se développe, passant au rouge pâle avec un excès d'ac. chlorhydrique.

Egger (*Acides minéraux libres*). — En chauffant le liquide suspect avec un mélange d'ac. cholique et de furfurol il se produit une color. rouge. Cette réact. n'est autre chose que le renversement de la R. de Pettenkofer.

Ehrenbaum (*Méthode d'inclusion*). — On imprègne les substances d'un mélange de 10 parties de résine et 1 p. de cire ; on fait ensuite les coupes à la manière ordinaire et la mixture d'imprégnation est enlevée par des lavages successifs avec la térébentine et le chloroforme.

Ehrlich (1) (*Hématoxyline*). — Dissoudre 2 gr. d'hématoxyline dans l'alcool absolu, 100 cc. ; et ajouter 100 cc. de glycérine, 100 cc. d'eau distillée, 2 gr. d'alun ammoniacal et 10 cc. d'ac. acétique glacial. Exposer ce mélange à la lumière solaire pendant près d'un mois avant l'usage, en débouchant de temps en temps.

Ehrlich (*Mixture acidophile*). — 1° Induline, Aurantia, éosine, 2 par-ties de chaque ; glycérine, 30 part. — 2° Sol. saturée de Méthyl-Orange b., 125 gr. ; solut. saturée de fuchsine S., 150 gr. ; sol. saturée de vert de méthyle, 125 gr. ; eau distillée, 300 gr. ; glycérine, 100 gr.; alcool, 200 gr. ; à conserver dans des flacons en verre jaune (1).

____

(1) *Tets and Reagents*, p. 70.

Ehrlich (*Hématoxyline ammoniacale*). — Dissoudre 0,4 gr. de carbonate d'ammoniaque et 2 gr. d'hématoxyline dans 40 cc. d'alcool à 50 0/0, et exposer le mélange à l'air dans une capsule de porcelaine pendant 1 jour. Compléter le volume de 40 cc. avec de l'alcool à 50 0\0 en chauffant s'il est nécessaire pour redissoudre les cristaux qui auraient pu se séparer et ajouter : alun ammoniacal, 2 gr. ; eau distillée, 80 gr. ; glycérine, 100 cc. ; alcool, 80 cc. et ac. acétique glacial, 10 cc. (1).

Ehrlich (*Diazo réaction*). — C'est une réaction pour caractériser les urines pathologiquement altérées. Le réactif est une sol. d'acide diazo-benzène sulfanilique qui doit toujours être fraîchement préparée, de la façon suivante : *a.* acide sulfanilique, 5 ; ac. chlorhydrique, 50 ; eau distillée, 1.000 ; *b.* nitrite de soude, 0,5 ; eau, 100 ; pour l'usage ajouter 6 cc. de sol. *b* à 250 cc. de sol. *a.* Suivant les communications les plus récentes, l'acide diazo-benzène sulfanilique en sol. au 1/60 peut être employé comme réactif. Penzoldt a utilisé cette R. pour la recherche du glucose dans l'urine, après addition de potasse.

Ehrlich, et beaucoup d'auteurs l'emploient pour le diagnostic de certaines maladies fébriles, après addition d'ammoniaque, et spécialement pour la recherche des pigments biliaires. L'essai peut se faire de plusieurs manières : 1° Volumes égaux d'urine et de R. sont mélangés ; on ajoute ensuite de l'ammoniaque 1/8 du volume total. Dans les cas de typhoïde de pneumonie, de rougeole, la liqueur prend une color. rouge, très visible dans la mousse en agitant l'urine. — 2° Dans la modification de Charité, pour la recherche des pigments biliaires, le R. est ajouté à l'urine diluée d'un vol. égal d'ac. acétique étendu. La col. foncée qui en résulte est convertie en violet par l'ac. acétique glacial ou les autres acides. — 3° L'urine à essayer est agitée avec du chloroforme et 1 à 2 vol. de R. d'Ehrlich additionné d'une quant. d'alcool. suffisante pour provoquer la formation d'un liquide homogène. S'il y a de la bilirubine en présence une color. rouge se produit, qui, par addition ménagée d'ac. chlorhydrique passe au violet et au bleu. En ajoutant une sol. de potasse, 3 zones se forment : l'une, inférieure, bleu-verdâtre, la seconde, supérieure bleu-pur, et la troisième, intermédiaire rougeâtre, formant une bande entre les deux (1).

Ehrlich (*Coloration Dahlia*). — Ajouter 5 0,0 d'ac. acétique à une sol.

(1) *Test and Reagents*, p. 70.

aqueuse de dahlia ; ou bien colorer les préparations avec une sol. aqueuse neùtre, et les passer ensuite dans une sol. acidulée. Déshydrater à l'alcool et monter avec une sol. de résine dans la térébentine (1).

Ehrlich (*Coloration au violet gentiane pour bactéries*). — 1º Agiter 4 cc. d'aniline avec 100 cc. d'eau et filtrer sur filtre humide. Ajouter au filtrat 11 cc de sol. conc. alcool. de violet gentiane. — 2º Violet gentiane, 1 ; alcool, 15 ; aniline, 3 ; eau 80, (1).

Ehrlich (*Mélange triacide*). — Mélanger des solut. saturées de : orangé G., 120 p., fuchsine acide, 80 p. ; et vert éthylique, 100 p. ; ajouter eau dist. 300 p. ; alcool abs., 180 ; glycérine, 50 p.

Ehrlich-Biondi (*Méthode de coloration*). — On fait 3 solutions : *a*) Vert de méthyle, 0,5 gr. ; eau dist., 100 cc. ; *b*) fuchsine acide, 0,5 gr. ; eau dist., 40 cc. ; *c*) orange, 2 gr. ; Eau dist., 200 cc. Mélanger ces trois sol. et filtrer. Colorer les coupes pendant 12 h. laver, déshydrater, clarifier et monter.

Ehrlich-Koziczkowsky (*Réactif clinique des maladies infectieuses*). — Solution aqueuse à 2 0/0 de diméthylamidobenzaldéhyde acidifiée par l'ac. chlorhydrique. Pour l'essai on verse dans deux tubes 10 cc. d'urine et 10 gouttes de R. et dans l'un on ajoute qq. gouttes de formol. Tandis que le tube formolé conserve sa color. primitive l'autre prend rapidement une col. rose, puis rouge (*Merck's Réagent. Verzeichnis*).

Ehrlich-Weigert-Koch (*Eau d'aniline*). — Mél. 100 cc. d'eau d'aniline 1 : 30, avec 11 cc. de sol. conc. alcool. de violet gentiane, ou de fuchsine et 10 cc. d'alcool absolu.

Ehrnroth-Marx (*Sang humain*). — Voir la R. de MARX-EHRNROTH.

Einbrodt (*Sels d'ammonium*). — Une sol. de chlorure mercurique rendue légèrement. alcaline par la potasse donne un trouble ou ppté blanchâtre avec les sels ammoniacaux.

Einhorn (*Glucose dans l'urine*). — La formation de CO_2 sous l'action de la levure est une indication certaine de glucose. EINHORN, ARNDT et beaucoup d'autres ont imaginé des saccharomètres basés sur cette fermentation.

Eiloart (*Quinine*). — Ajouter à la sol. de l'eau de brome, une goutte de sol. de cyanure de mercure, puis un peu de carbonate de chaux : color.

____

(1) *Tests and Reagents*, p. 71.

rouge. Sensibilité **2** milligr. dans un litre. La narcotine et la morphine donnent également cette coloration.

Eiselt (*Mélanine dans l'urine*). — L'urine prend une col. foncée en la traitant par les oxydants, acide nitrique par ex., seul ou mél. de bichromate de potasse et d'ac. sulfurique.

Eisig (*Sol. fixante*). — Mél. part. ég. de sol. à 0,25 0/0 de chlorure de platine et d'ac. chromique à 1 0/0. Les œufs des animaux pélagiques sont plongés 1 ou **2** jours dans cette solut.

Elias (*Alcaloïdes*). — Un mél. d'ac. sulfurique et de formaldéhyde donne des col. variées : *Narcotine*, violet, passant au vert-olive et finalement au jaune ; *papavérine*, rouge-vineux passant au jaune clair par les bords et finalement à l'orangé foncé.

Elram (*Essences éthérées et résines*). — Une sol. de vanilline à 1 0/0 dans l'ac. sulfurique donne des R. color. — *Baume de copahu de Macaraïbo :* col. intense rouge orangé foncé, bords violets envahissant lentement le tout ; *baume de Gurjun :* color. analogue mais sans le violet et passant en 2 ou 3 h. au brun foncé ; *Essence de copahu :* col. violet rougeâtre passant rapid. au brun rougeâtre ; *acide copahivique :* comme le baume de C. de Macaraïbo ; *Colophane :* brun rougeâtre, passant au violet-bleuâtre ; *camphre :* rose, se changeant en 24 h. en rouge, puis en violet rougeâtre puis en gris sale.

Elsching (*Solution de celloïdine*). — Mettre de la celloïdine coupée en tranche à gonfler pendant 24 h. dans la quant. nécessaire d'alcool absolu puis ajouter un vol. égal d'éther.

Emery (*Solution aqueuse de carmin pour injection*). — Ajouter, en remuant constamment, de l'ac. acétique à une sol. de carmin ammoniacal à 10 0/0, jusqu'à ce que le liquide devienne rouge-sang. Décanter après repos.

Emmerling (*Sable dans les farines*). — On prépare une sol. de sulfate de zinc de D = 1.43 renfermant 1 k de sel dans 750 gr. d'eau. A cette sol. on superpose une couche d'eau dans laquelle on agite la farine à essayer : le sable seul gagne le fond et tombe dans la sol. de sulfate de zinc. Ce procédé peut servir à un dosage approché.

Endemann-Prochazka (*Cuivre*). — Ajouter 1 goutte d'ac. bromhydrique conc. à une goutte de sol. de sel, ou de cendres dans un verre de montre : au bout de qq. min. une col. rose-rouge se développe, pouvant être brun-rougeâtre. Très sensible.

Enell (*Essence de gurjun dans le copahu*). — Ajouter 8 gouttes du baume à essayer à un mél. de 2 gouttes d'ac. sulfurique et de 4 cc. d'ac. acétique : il ne doit pas se développer de col. rouge ou violette dans l'espace de 15 min. et par add. de 1 goutte d'eau il ne doit pas se former de précipité.

Engelen (Van) (*Huile d'arachide*). — Le réactif se prépare en dissolvant 0,25 gr. de molybdate de soude dans 20 cc. SO^4H^2. 10 gouttes d'huile et une goutte de R. dans un verre de montre donnent une tache jaune verdâtre et, si l'on agite, une color. pourpre-violacée. Les autres huiles donnent les color. suivantes :

	sans agiter	après agitation
Olive . .	color. brune	brun acajou
Sésame. .	brun noir	brun noir
Coton . .	brun acajou	noire
Œillette .	jaune verdâtre	lilas

Ce réactif ne permet pas de reconnaître les mélanges.

Engel (*Créatinine*). — 1° Ajouter à la sol. de créatinine un peu de nitrate d'argent, puis de la potasse goutte à goutte : il se forme un ppté blanc, sol. dans un excès de potasse, devenant gélatineux et noircissant peu à peu à froid, rapidement à chaud. — 2° A une sol. froide de créatinine contenant de la potasse, ajouter une sol. froide de bichlor. de mercure : on obtient un ppté qui a pour formule $C^4H^7HgN^3O^2$.

Engel-Ville (*Indicateur*). — C'est le bleu Poirrier C^4B. Il donne avec les carbonates une teinte bleue, avec les alcalis caustiques, du rouge et avec les acides du bleu.

Entz (*Méthode pour les infusoires*). — Ajouter qq. gouttes de sol. de KLEINENBERG dans un verre de montre renfermant les petits organismes. Agiter pendant un instant, puis laver avec de l'alcool de moy. force pendant 1/2 heure ; colorer pendant 10 à 20 min. au picro-carmin, laver à l'eau jusqu'à disparition de l'ac. picrique et monter dans un mél. de part. égales d'eau et de glycérine.

Erdmann (*Potassium et rubidium*). — Le nitrite double de sodium et de cobalt est un réact. sensible pour ces deux métaux, potassium et rubidium. On prépare le R. en dissolvant 30 gr. de nitrate de cobalt crist. dans

60 gr. d'eau et ajoutant 100 cc. de sol. conc. de nitrite de soude renfermant 50 gr. de ce sel et enfin 10 cc. d'ac. acétique glacial. Le R. est sensible au 1/10.000 (100 milligr. de K dans un litre). Les acides minéraux libres et l'ac. acétique doivent être absents.

Erdmann (*Alcaloïdes*). — 1º Mél. 6 gouttes d'ac. nitrique (D = 1.25) avec 100 cc. d'eau, et ajouter 10 gouttes de cette sol. à 20 cc. d'ac. sulfurique conc. — 2º Diluer 10 gouttes d'ac. nitrique D = 1.185 dans 20 cc. d'eau et ajouter 20 gouttes de cette sol. à 40 cc. d'ac sulfurique conc. pur. Ajouter 1 cc. de ce R. à 1 ou 2 milligr. de l'alcaloïde sec et laisser agir 1/4 à 1/2 h. à 18-22º C. (1).

Erlicki (*Color. au vert de méthyle*). — Solution de vert de méthyle à 2,5 0/0 dans l'ac. acétique à 1 0/0.

Erlicki (*Solution fixante*). — Se prépare avec 2.5 gr. de bichromate de potasse, 0,5 gr. de sulfate de cuivre et 100 cc. d'eau.

Erlwein-Weyl (*Ozone*). — L'ozone colore en rouge foncé une sol. chlorhydrique de métaphénylènediamine. Cette réaction est très sensible et permet de différencier l'ozone de l'ac. nitreux et de l'eau oxygénée qui ne donnent rien.

Ermengen (**Van**) (*Coloration des cilia et bactéries*). — Etaler les cultures en couche mince sur une plaque de verre et les placer pendant 1/2 h. à froid ou 5 min. à 50º C. dans une sol. fixante composée de : sol. d'acide osmique à 1 0/0, 1 ; sol. de tanin à 10 à 25 0/0, contenant 4 à 5 gouttes d'ac. acétique par 100 cc., 2. Ensuite laver à l'eau et à l'alcool, plonger dans le bain sensibilisateur contenant ac. gallique, 0,5 gr. ; tanin, 3 gr. ; acétate de soude fondu, 10 gr. ; eau, 350 gr ; et finalement laver abondamment à l'eau et sécher entre des doubles de papier-filtre. Les bactéries apparaissent brun-noirâtre ; les cilia noir pur (*Tests and Reagents*, p. 74).

Ernst (*Color. des noyaux des bactéries*). — Colorer avec une sol. tiède et alcaline de bleu de méthylène, laver à l'eau et recolorer dans une sol. froid de brun Bismarck. Les noyaux (taches sporogènes) se teignent en bleu noir se différenciant du reste teint en bleu clair.

Ernst (*Coloration des spores*). — La préparation, encore chaude d'avoir été passée dans la flamme est humectée avec la sol. de bleu de

_____
(1) Pour les colorations nombreuses obtenues par ce réactif voir HAGER, *Pharm. Praxis*, 1886, I, p. 208.

méthylène alcaline de LŒFFLER. On l'expose ensuite à la flamme à nouveau jusqu'à émission de vapeurs mais sans bouillir. On rince à l'eau et fait une double color. au brun Bismarck pendant 1 à 2 min. ou en sol. de fuchsine très diluée. Les spores sont teints en bleu (*Tests and Reagents*, p. 74).

Esbach (*Albumine*). — 1° 10 gr. d'ac. picrique ; 20 gr. d'ac. citrique ; eau, 1 litre. Les solutions d'albumine, l'urine notamment, d'abord add. de qq. gouttes d'ac. acétique donnent un ppté jaune. On a construit des appareils pour estimer le vol. de ce précipité et en tirer la proportion approchée d'albumine contenue dans le liquide, mais ils ne donnent que de médiocres résultats en général. 2° Solution d'ac. picrique à 1,05 0/0. 8 part. ; ac. acétique, D = 1,04, 1 part. Mélanger 20 cc. d'urine avec 20 cc. de sol. à essayer chauffée au B. M. filtrer, laver, sécher et peser sur filtre taré ou sur filtres équilibrés ; le ppté multiplié par 0,8 donne la prop. d'albumine.

Eschbaum (*Glucose*). — Placer environ parties égales (vol. d'un pois) de phénylhydrazine, d'HCl et d'acétate de soude crist. dans un tube à essai, ajouter de l'urine, agiter pour dissoudre, plonger dans l'eau bouillante. Laisser ensuite refroidir de préférence une nuit, puis recueillir le ppté qui s'est déposé sous forme de sédiment et l'examiner au microscope. 0,01 0/0 de glucose peut être reconnu.

Eulemberg (*Oxyde de carbone*). — Le sang oxycarboné additionné du double de son vol. de soude caustique D = 1,3 puis de sol. de chlorure de calcium donne une color. rouge carmin.

Estcourt-Parry (*Résine, paraffine et stéarine dans la cire*). — Faire bouillir 5 gr. de cire dans 20 gr. d'ac. nitrique, refroidir, diluer avec de l'ammoniaque et de l'eau : s'il y a de la résine, color. rouge intense. La cire renfermant de la paraffine nécessite moins de soude ou potasse caustique pour sa saponification que la cire pure ; s'il y a de la stéarine c'est le contraire qui a lieu. Le dosage de l'indice de saponification fournit donc d'utiles renseignements.

Eury (*Formol*). — Prendre dans un tube 5 cc. de lait; ajouter 5 cc. d'acide sulfurique à 50 0/0 et 5 gouttes d'une solution de perchlorure de fer à 1 0/0. Agiter et porter à l'ébullition. Une coloration violette ne tarde pas à se produire et persiste pendant 5 ou 6 heures. L'acide salycilique et l'acide benzoïque, dans les mêmes conditions, ne donnent pas réaction.

Everard-Demoor-Massart (*Hématoxyline-éosine*). — Dissoudre alun, 20 gr. dans 200 gr. d'eau en chauffant, filtrer et après 24 h. ajouter une sol. de 1 gr. d'hématoxyline dans 10 gr. d'alcool. Après 8 j. de repos filtrer et mélanger avec la sol. suivante : Eosine, 1 gr. ; alcool, 25 gr. ; eau, 75 gr. ; glycérine, 50 gr.

Everitt (*Opium*). — Une col. rouge est produite par le chlorure ferrique ; cette col. n'est pas modifiée par le bichlor. de mercure. Au contraire le sulfocyanure de fer est décoloré par ce dernier sel.

Eyclesheimer (*Mélange clarifiant*). — Part. égales d'ess. de bergamote, d'huile de cédre et d'ac. phénique.

Eykmann (*Thymol dans le menthol*). — Dissoudre un peu de la substance dans qq. gouttes d'ac. acétique glacial et ajouter 3 ou 4 gouttes d'ac. sulfurique et 1 goutte d'ac. nitrique : le thymol est indiqué par une col. bleue.

F

Fabre-Domergue (*Milieu glucosé*). — Mélanger du sirop de glucose D= 1 20, 1.000 part. ; alcool méthylique, 200 part. ; et glycérine, 100 part. ; et saturer avec du camphre. S'il est acide, ce liquide doit être neutralisé par la potásse.

Fabris-Villavecchia (*Huile de sésame*). — 2 gr. de furfurol dissous dans 100 cc. d'alcool. Ajouter 0,1 gr. de réactif à 10 gr. d'huile et 1 cc. d'HCl, agiter, et ajouter 10 cc. de chloroforme. Même en présence de 1 0/0 seulement d'huile de sésame, la zone inférieure qui se forme prend une belle color. rouge carmin. Si l'huile de sésame est absente, pas de color. ; dans le cas d'huile d'olives rancie il se développe une col. verdâtre. Réact. très sensible et caractéristique.

Fagès (*Chlorates et bromates*). — Ajouter à 1 cc. de sol. de nitrate de strychnine dans l'ac. nitrique à D = 1.33, qq. gouttes de la sol. à essayer et concentrer le liquide : une col. rouge se développe, soit immédiatement soit au bout de 15 à 20 min. 1 goutte de la sol. contenant 1 mg. de chlorate donne la col. en 5 min. (1).

Fairthorne (*Chloral*). — Une col. bleue se forme en chauffant le chloral avec une sol. conc. de bichromate de potasse et ajoutant de l'ac. nitrique.

Fairthorne (*Morphine*). — Une col. rouge foncée en ajoutant à la sol. de morphine de l'hypochlorite de soude puis de l'ammoniaque.

Faktor (*Réactif de*). — Le R. de FAKTOR est une sol. d'hyposulfite de soude. Il donne avec les différents métaux des réactions intéressantes, les unes par voie sèche, les autres par voie humide.

(1) Pour les détails voir *Merck's Report*, X, p. 120.

1. — Réactions par voie sèche.

Antimoine. — Les sels d'antimoine chauffés avec le réactif (sec) donnent une masse rouge-orangé qui en chauffant plus fort devient gris noirâtre et se couvre superficiellement d'une mince et blanche couche d'oxyde .

Cadmium. — Par ignition on a du sulfure jaune tout d'abord, qui ensuite devient rouge-brunâtre et à nouveau jaune par refroidissement.

Etain. — Chauffés avec le R. donnent un sulfure brun-noir.

Manganèse. — Il se produit un boursoufflement du sulfure de Mn soluble dans les acides, en dégageant H^2S.

Chrome (à l'état de chromate ou bichromate). — Donne une color. verte ou vert brun d'oxyde de chrome par réduction.

2. — Réactions par voie humide.

Chrome (à l'état de chromate ou bichromate). — Donne avec le Réactif liquide un ppté brun, et le liquide se colore en jaune (?).

Minium. — Le minium prend une col. foncée en présence du R. chaud.

Mercure (Oxyde de). — Donne un ppté de sulfure noir en chauffant.

Mercure (Sulfure de). — Acquiert une vive coul. rouge feu en chauffant.

Molybdène. — Pas de réaction, mais, en ajoutant un peu d'ac. chlorhydrique, il se forme un ppté bleu foncé.

Thallium. — En sol. alcaline et à la temp ordin. les sels donnent un ppté blanc, soluble en chauffant. En ajoutant de l'ac. acétique à la sol. il se précipite du sulfure noir de Thallium Tl^2S (*Tests and Reagents*).

Faris (*Glycero-gomme*). — Gomme arabique, 20 gr. ; glycérine, 15 gr. ; eau, 15 gr. ; acide thymique, 0 gr. 5. Dissoudre et filtrer.

Falk (*Sang*). — Le réactif se prépare en mélangeant 20 gr. de chloroforme, 20 gr. d'alcool, 20 gr. d'essence de térébenthine et 2 gr. d'ac. acétique ; d'autre part on triture 0 gr. 5 de résine de gaïac et on y incorpore graduellement le mélange ci-dessus. En présence de sang, ce réactif se colore en bleu.

Farrant (*Glycero-gomme*). — 1° Formule de *Squire* : on dissout 130 gr. de gomme arabique dans une sol. de 1 gr. d'ac. arsénieux dans 200 cc. d'eau ; on ajoute 100 cc. de glycérine et on filtre sur papier, après avoir ajouté qq. grammes de talc et avoir agité vivement. On ajoute parfois 1 0/0

d'ac. formique, D = 1, 20. 2° Formule d'*Altschul* : gomme arabique,
100 gr. ; glycérine, 100 gr. ; sol. conc. d'acide arsénieux, 100 gr.

Faure (*Matière colorante naturelle des vins*). — En ajoutant à 2 cc. de vin
10 gouttes de tanin à 2 0/0 et 6 gouttes de gélatine à 2 0/0, la mat. colorante naturelle du vin est complètement précipitée. Les color. de la houille
demeurent en solution.

Fayolle-Villiers (*Aldéhydes et cétones*). — Voir Villiers et Fayolle.

Fehling (*Glucose et sucres*). — Le Réactif si employé de Fehling a été
modifié par beaucoup d'auteurs. Les uns le préparent en une solution unique qu'ils conservent ; les autres mélangent au moment de l'emploi deux
solutions différentes qui sont parait-il plus stables que le réactif intégral.
Voir les R. de Barreswill, Frommherz, Violette, Worm-Mueller, etc.

Voici la formule exacte de la véritable liqueur de Fehling.

a. — Dissoudre 34.669 de sulfate de cuivre crist. pur et non effleuri
dans l'eau et compléter au vol. de 500 cc. — *b*. Dissoudre 173 gr. de tartrate neutre de potasse et 50 gr. de soude caustique dans suffisamment
d'eau et compléter également 500 cc.

Mélanger d'avance, en une seule fois, les deux solutions -- ou bien,
au moment de l'emploi, prendre volume égal de chacune, diluer avec 4 à
5 fois son propre volume d'eau et ajouter, tout en faisant bouillir, la solution de glucose. La liqueur bleue est décolorée et il se précipite de l'oxyde
cuivreux dont la coloration varie du jaune clair, jaune verdâtre au
rouge vif et au pourpre suivant la nature du réducteur, la concentration,
et des circonstances mal déterminées.

Le dosage du sucre nécessite la titration de la liqueur. Théoriquement
10 cc. de la liqueur ci-dessus sont réduits par 0,050 de sucre de raisin (glucose), 0,067 de lactose, 0,0475 de sucre de canne et 0,045 de dextrine ou
d'amidon (après hydrolyse). Les détails opératoires de ce dosage sont
donnés dans tous les livres d'analyse. On a proposé un nombre incalcu-
lable de modifications à ce dosage : elles sont de 3 ordres :

1° Celles qui introduisent l'emploi d'un indicateur ;

2° Celles qui opèrent avec un excès de liqueur de Fehling et dose volumétriquement ou pondéralement l'excès de cuivre en solution après
avoir filtré ;

3° Celles qui mesurent volumétriquement ou pondéralement la quantité d'ox. cuivreux précipité.

Enfin on a proposé l'emploi de l'électrolyse en combinaison avec cette réaction comme moyen de doser l'excès de cuivre.

Il faut toujours avoir présent à l'esprit que *beaucoup* de substances réduisent cette liqueur et que les conditions de température et de rapidité influent sur les résultats. En outre, que l'oxyde cuivreux se réoxyde *rapidement* à l'air en reformant de la liqueur de Fehling, et que, par conséquent il faut conduire le dosage assez vite pour éviter cette cause d'erreur.

Fehling (*Stéarine dans la cire*). — On fait bouillir 2 gr. de cire avec 40 gr. d'alcool, pendant 3/4 d'heure, au réfrigérant à reflux ; on laisse refroidir ; on filtre. En présence d'ac. stéarique le filtrat ppte par l'eau.

Fendler (*Jaune d'œuf dans la margarine*). — On introduit dans un verre de bohème 300 gr. de margarine que l'on fond à 50° C. pendant 2 à 3 heures ; on verse dans un entonnoir à séparation chauffé avec 150 cc. d'eau salée à 2 0/0 puis on laisse reposer au B. M. pendant 2 h. à 50° C. On laisse refroidir ; on filtre le liquide aqueux et sur ce liquide on fait les 3 essais suivants :

1º 10 cc. sont chauffés à l'ébull., additionnés d'un cc. SO⁴H² à 1 0/0 puis extraits après refroid. par 2 cc. d'éther : l'éther se colore en jaune. Cet essai n'est qu'une indication.

2º 10 cc. sont bouillis avec 10 cc. HCl : il se produit un trouble caractéristique par suite de la dissociation de la lécithine du jaune d'œuf.

3º La 3ᵉ réaction est caractéristique et décisive ; la vitelline est soluble dans l'eau salée à 1 0/0, moins soluble ou insoluble en sol. plus diluées ; en dialysant la sol. dans l'eau distillée on observe bientôt un trouble qui disparaît en rajoutant du chlorure de sodium concentré. D'après l'auteur cette réaction est absolument concluante. Ajoutons qu'on peut aussi rechercher l'ac. phosphorique sur le résidu calciné et qu'on a ainsi une indication sur la présence de la lécithine de l'œuf.

Fenton (*Ac. tartrique*). — Donne une col. violette en ajoutant une sol. de chlorure ou de sulfate ferreux avec 1 à 2 gouttes d'eau oxygénée et un excès d'alcali libre.

Ferraro (*Résorcine ; santonine ; vératrine*). — Un peu de substance est chauffée dans un verre de bohème avec quelques gouttes d'ac. sulfurique et un excès d'alcool et évaporé. La *santonine* donne un résidu uniforme et d'un rouge brique caractéristique ; la *résorcine* donne un résidu d'abord vert-olive, se changeant rapidement en rouge sang clair avec zones jaunes caractéristiques. — La *vératrine* donne un résidu uniformément violet (1).

Filhol (*Iode*). — Evaporer à sec la solution avec de la potasse, reprendre par l'alcool, évaporer à nouveau, reprendre par l'eau, ajouter quelques gouttes d'ac. chlorhydrique, puis une goutte d'ac. chromique et agiter avec du sulfure de carbone qui se colore en violet par l'iode mis en liberté.

Filsinger (*Beurre de cacao*). — Agiter 2 gr. de matière grasse dans un tube gradué avec 6 cc. d'un mél. par part. égales d'éther D = 0,725 et d'alcool D = 0,810) et laisser reposer la solution qui ne doit pas devenir trouble à 0° C.

Finkelburg (*Excréments dans le sol et dans les eaux*). — Le R. est une sol. d'ox. d'argent dans l'hyposulfite de soude. On fait bouillir la substance suspecte avec de l'ac. chlorhydrique pendant quelques minutes. Rendre alcalin avec de la soude et chauffer à nouveau avec le réactif : un ppté rouge brunâtre se forme et la solution prend une teinte brun-clair, en présence des excréments.

Finkener (*Falsifications de l'huile de ricin*) — 10 cc. d'huile sont agités avec 50 cc. d'alcool D = 0,829 à 17° C : s'il se produit un trouble, qui ne disparaît pas en chauffant à 20° C. c'est qu'il y a au moins 10 0/0 d'huiles étrangères.

Finkle (*Acide chrysamique*). — Donne une coloration violette en ajoutant une sol. chaude de cyanure de potass. contenant un peu de carbonate de potass. en excès.

Finzelberg (*Aldéhyde valérique dans l'ac. valérianique*). — Mélanger 2 gr. d'acide valérianique à essayer avec 3 gr. d'ammoniaque et 150 à 200 gr. d'eau et agiter vigoureusement ; si l'acide est pur on obtient une sol. parfaitement claire ; s'il y a de l'aldéhyde valérianique la sol. est opalescente.

Fiora (*Phénol*). — En triturant un excès de phénol avec de l'essence de menthe il se produit une col. vert bleuâtre après qq. temps qui disparaît en chauffant mais réapparaît à froid. La créosote, le gaïacol, la résorcine et d'autres phénols ne donnent pas cette réaction.

(1) Voir *Merck's Report*, Vol. IV, p. 10.

Firbas (*Condurangine*). — Une sol. chloroformique de cet alcaloïde chauffée doucement avec un mél. d'ac. sulfurique ou chlorhydrique et d'alcool donne une col. verte qui passe au bleu-verdâtre par une trace de perchlorure de fer.

Fischel (*Color. du système nerveux*). — Dissoudre 25 gr. d'acide *formique* (?) dans 50 gr. de nitrate d'argent à 1 0/0 et compléter le vol. de 100 cc.

Fish (*Solution fixante*). — Dans 100 cc. d'eau on dissout 7 gr. 5 de $ZnCl^2$, 50 gr. de NaCl et 25 cc. de formol à 40 0/0. Diluer pour l'emploi.

Fish (*Alcool formolé*). — Solution de 10 parties de formol dans 90 p. d'alcool fort.

Fischer (*Aldéhydes, cétones, hydrates de carbone*). — Avec la phénylhydrazine il se forme des produits de condensation difficilement solubles. On peut avec ce réactif rechercher le sucre dans l'urine : 50 cc. d'urine sont chauffés avec 2 gr. de chlorhydrate de phénylhydrazine et 4 gr. d'acétate de soude au B. M. pendant 1/2 à 1 h. : On obtient un ppté de phénylglucosazone qui séparé et redissout dans l'alcool donne des aiguilles fondant à 204-205° C. Voir la R. d'Eschbaum.

Fischer (*Hydrogène sulfuré*). — On obtient une col. bleue en ajoutant à 50 cc. du liquide suspect 1 cc. d'ac. chlorhydrique et qq. gouttes de sulfate de para-amido-diméthylamine et 1 ou 2 gouttes de chlorure ferrique très étendu.

Fischer (*Platine*). — Le chlorure stanneux colore en rouge le chlorure de platine en sol. chlorhydrique.

Fischer (*Sélénium*). — Une sol. d'ac. sélénieux appliquée avec une goutte d'ac. sulfurique sur une lame d'argent donne une tache colorée en jaune ou jaune brun.

Fischer (*Solution d'imprégnation*). — Dissoudre 15 parties de savon transparent dans 17,5 part. d'alcool à 95 0/0.

Fischer-Philipp (*Indicateur*). — Cet indicateur est du diméthyleamidoazobenzène, qui se colore en jaune par les alcalis et en rouge par les acides.

Fittig (*Indicateur*). — C'est une sol. éthérée de mésityl-quinone que les alcalis colorent en violet.

Fleischmann (*Alcool dans les huiles essentielles*). — Une col. verte se développe en agitant avec de l'eau, décantant, évaporant en présence de qq. gouttes de bichromate en présence d'ac. sulfurique. Peut servir pour rechercher également l'alcool dans le chloroforme. Ne pas oublier que beaucoup de substances réduisent l'ac. chromique.

Fleitmann (*Arsenic*). — Modific. à la méthode de MARSH. L'ac. dilué est remplacé par une sol. conc. de potasse ou de soude ; l'arséniure d'hydrogène qui se dégage produit des taches noires sur un papier au nitrate d'argent.

Flemming (*Méthode à l'orangé*). — Colorer pendant plusieurs jours et même plusieurs semaines dans une sol. conc. alcoolique de safranine diluée avec la moitié de son vol. d'eau d'aniline saturée ; rincer ensuite à l'eau dist. puis dans l'alcool absolu contenant 0,1 0/0 d'ac. chlorhydrique ; colorer ensuite pendant 1 à 3 heures dans une sol. conc. aqueuse de violet gentiane, laver à nouveau à l'eau et finalement traiter par une sol. conc. aqueuse d'orangé G. Après quelques minutes plonger la préparation dans l'alcool absolu, clarifier à l'essence de girofle ou de bergamote et monter à la façon habituelle au dammar ou au baume.

Flemming (*Méthode au violet gentiane*). — Employer une sol. alcoolique étendue d'un 1/2 volume d'eau. Laver dans l'alcool acidulé par 0,5 0/0 d'ac. chlorhydrique, puis dans l'alcool pur et de l'essence de girofle.

Flemming (*Solutions fixantes et durcissantes*). — C'est une solution d'ac. chromo acétique qui se prépare en dissolvant séparément de l'ac. chromique à 0,25 0/0 et de l'ac. acétique à 0,1 0/0 et mélangeant les sol. La solution chromo-acéto-osmique du même auteur est constituée par la même solution à laquelle on ajoute 0,1 0/0 d'ac. osmique. La solution forte renferme 15 part. de sol. d'ac. chromique à 1 0/0, 3 part. de sol. d'ac. osmique à 2 0/0 et 1 part. d'ac. acétique glacial. L'acide picrique a quelquefois été substitué à l'ac. chromique. SQUIRE indique la formule suivante : Acide osmique, sol. à 1 0/0, 80 cc ; ac. chromique à 10 0/0, 15 cc. ; acide acétique glacial, 10 cc. ; eau distillée, 75 cc. (*Tests and Réagents*).

Flemming (*Préservatif glycérine*). — Parties égales d'alcool, de glycérine et d'eau. LEE recommande d'y ajouter 0,5 à 0,7 0/0 d'ac. acétique glacial.

Flemming (*Solution de safranine*). — Une sol. conc. de safranine dans l'alcool absolu, diluée de la moitié de son volume d'eau.

Florence (*Choline*). — La choline donne par une sol. d'iode saturée dans le KI, des cristaux en aiguilles de forme caractéristique, visibles au microscope, de iodocholine. Cette réaction peut servir à caractériser les substances qui renferment normalement de la choline.

Ces cristaux sont brun-chocolat et présentent un vif éclat métallique vert foncé à la lumière solaire. On les désigne sous le nom de cristaux de FLORENCE.

DAVYDOFF a obtenu la R. de FLORENCE avec les organes sexuels d'un grand nombre de végétaux et dans l'infusion de plusieurs plantes. BOCARIUS l'a obtenu avec le sperme humain, le sperme du taureau, la matière cérébrale, etc. Il faut conclure de ces recherches que la R. de FLORENCE n'est pas caractéristique du sperme humain car la choline existe dans un grand nombre de substances organiques et qu'on ne doit en faire état dans une recherche que concurremment avec d'autres réactions et l'examen microscopique.

Flueckiger (*Acétanilide*). — Les sol. contenant de l'acétanilide donnent avec la potasse et le chloroforme l'odeur caractéristique et désagréable du phénylisocyanide.

Flueckiger (*Acides libres*). — Les acides minéraux libres décolorent un mélange de sulfate ferreux, d'ac. gallique et d'acétate de soude.

Flueckiger (*Arsenic*). — L'auteur remplace la solution de nitrate d'argent employée par GUTZEIT par une sol. de bichlorure de mercure. Avec cette dernière liqueur l'hydrogène arsénié produit une tache jaune, fonçant avec l'eau, mais permanente en présence de l'alcool. L'antimoniure d'hydrogène très dilué n'influence pas le réactif.

Flueckiger (*Brucine*). — Une col. cramoisie se produit en mélangeant une sol. aqueuse de brucine avec une sol. de nitrate mercureux exempt d'un excès d'acide et chauffant.

Flueckiger (*Colchicine*). — Une sol. très diluée et presque incolore de colchicine se col. en jaune par l'ac. sulfurique et en violet bleuâtre par l'ac. nitrique.

Flueckiger (*Créosote ; phénol*). — 1º En mélangeant 1 vol. de chlorure ferrique, sol. D = 1.34, avec 9 vol. de créosote et ajoutant 5 vol. d'alcool à 85 0/0, on obtient une color. verte. La sol. devient trouble et brunâtre en ajoutant ensuite 60 vol. d'eau. Le phénol, seul ou en présence de créosote, donne une teinte brune changée en bleu par l'addition d'eau. — 2º La créosote donne une col. verte ou brun sale en y ajoutant 1/5 de son vol.

d'ammoniaque et l'exposant aux vapeurs de brome ; le phénol dans les mêmes conditions donne une col. bleue (*Tests and Reagents*).

Flückiger (*Réactifs divers*). — L'auteur a indiqué les concentrations suivantes dans son ouvrage sur ses réactions. Ammoniaque, 10 0/0 ; eau de chaux, 0,1 0/0 ; soude, 15 0/0 ; eau iodée, 0,025 0/0 ; eau bromée 3,3 0/0 ; solution d'iode, 3 gr. d'iode et 8 gr. de KI dans 1180 cc. d'eau (?) ; solution iodomercurique, 22 gr. 7 d'iodure mercurique et 16.6 gr. de KI dans un litre ; bromure de mercure : sol. au 1/225 ; sublimé, sol. à 5 0/0 ; cyanure de mercure, 14.5 0/0 ; ferrocyanure de potassium, 5 0/0 ; ferricyanure de potassium, 5 0/0 ; ac. sulfurique, 97 0/0 ; ac. chlorhydrique, 25 0/0 ; ac. nitrique, 30 0/0 ; bichromate de potasse, 5 0/0 ; ac. picrique, 10 0/0 ; ac. tanique, 5 0/0 ; acide chromosulfurique, 0,02 de bichromate de potasse et 10 cc. d'eau dans 30 gr. d'ac. sulfurique ; perchlorure de fer, 29 0/0 (*Merck's Reagentien Verzeichnis*, p. 44).

Flueckiger (*Quinine*). — L'eau de brome, puis un excès d'ammoniaque donnent avec les sol. de quinine un beau vert émeraude. C'est la réaction de la Thalléochine ou R. de BRAND. — 2° L'eau de chlore, le ferricyanure de potassium et l'ammoniaque donnent une col. rouge. — 3° La lumière traversant une sol. de quinine acide se colore en bleu.

Flueckiger (*Différenciation des naphtols*). — Ajouter 0,2 gr. de naphtol avec 0,2 gr. de chlorure mercurique, 0,1 gr. d'ac. nitrique et 10 cc. d'eau à + 100° C. : l'alpha-naphtol donne un ppté rouge écarlate clair ; le béta-naphtol un ppté brun rougeâtre volumineux.

Flueckiger (*Essence de menthe*). — 1° Une col. vert bleuâtre en ajoutant de l'ac. salicylique fondu ; en ajoutant ensuite de l'alcool on a une sol. fluorescente bleu et rouge. — 2° 1 goutte d'ac. nitrique D = 1.20 dans 50 gouttes d'essence donne après plusieurs heures, une fluorescence. — 3° La col. rougeâtre produite par le chloral est exagérée par l'ac. sulfurique et changée en violet foncé par le chloroforme.

Flueckiger (*Acide gallique*). — Une sol. fraîchement préparée de sulfate ferreux au 1/100, en présence d'acétate de soude donne avec l'ac. gallique une color. violette.

Flueckiger (*Essence de gurjun*). — Dissoudre 15 gouttes de baume de copahu contenant de l'ess. de gurjun dans 20 fois leur volume de sulfure de carbone et ajouter 1 goutte d'un mélange refroidi d'ac. nitrique et d'ac. sulfurique : il se développe une color. violette.

Flueckiger (*Curarine*). — Une color. bleu foncé se développe en pptant la curarine par le bichromate de potasse et ajoutant de l'ac. sulfurique au ppté sec.

Flueckiger (*Essence de valériane*). — Une color. bleue se produit en dissolvant une goutte d'essence dans 15 gouttes de sulfure de carbone et ajoutant une goutte d'ac. sulfurique puis une goutte d'ac. nitrique D = 1.20.

Flueckiger-Behren (*Huile de sésame*). — 5 gouttes d'huile de sésame traitées par 5 gouttes d'un mélange refroidi, par part. égales d'eau, d'ac. sulfurique et d'ac. nitrique donnent une zone verte. Après addition de 5 gouttes de sulfure de carbone une couche verdâtre se produit, qui disparait moins rapidement que la col. originale.

Fodor (*Oxyde de carbone*). — Le R. est une sol. de chlorure de palladium exempte d'ac. libre que l'oxyde de carbone réduit. Voir la R. de BERTHELOT et de JEAN.

Foehring (*Ac. minéraux dans le vinaigre*). — En chauffant du sulfure de zinc avec le vinaigre, il ne se dégage de l'hydrogène sulfuré qu'en présence d'ac. minéraux. Le sulfure de zinc peut être remplacé par d'autres sulfures métalliques du 3e groupe analytique des métaux.

Foettinger (*Méthode de narcotisation*). — 0,25 à 0,80 gr. d'hydrate de chloral dans 100 cc. d'eau ; y plonger les organismes à anesthésier.

Foges (*Chlorates et bromates*). — Le R. est une sol. de strychnine à 3 0/0 dans l'ac. nitrique, D = 1.33. Les chlorates et bromates colorent immédiatement ce réactif en rouge. Les iodates et perchlorates ne donnent rien.

Fokker (*Acide urique*). — L'urine alcalinisée donne par le chlorhydrate d'ammoniaque de l'urate d'ammoniaque peu soluble. Cette R. a été employée pour le dosage, notamment par SALKOWSKY.

Fol (1) (*Fixatif à la gélatine*). — Dissoudre 4 gr. de gélatine dans 20 cc. d'acide acétique glacial au B. M. et ajouter 300 cc. d'alcool à 70 0/0 et 5 à 10 cc. de sol. aqueuse à 5 0/0 d'alun de chrome.

Fol (1) (*Masse gélatineuse au bleu de Berlin*). — a. 120 cc. de sol. de sulfate ferreux saturée à froid et 300 cc. de sol. chaude de gélatine. —

_____

(1) *Tests and Reagents.*

b. 600 cc. de sol. de gélatine, 240 cc. de sol. d'ac. oxalique saturée et 240 cc. de sol. de ferricyanure de potass. saturée. Mélanger graduellement *a* dans *b*, en agitant sans discontinuer et chauffer pendant 1/4 d'h. au B. M. Laisser ensuite reposer, presser dans une étoffe de tulle ou dans un filet fin, laver l'étoffe et mettre à sécher la masse sur du papier parchemin paraffiné. Pour l'usage, baigner dans l'eau qq. minutes pour imbiber la gélatine, puis chauffer avec suffisamment d'ac. oxalique pour faire une sol. complète.

Fol (1) (*Masse gélatineuse carminée*). — Faire macérer de la gélatine pendant 2 jours dans une sol. conc. de carmin à l'ammoniaque composée de : ammoniaque conc., 1 part. ; eau, 3 ou 4 part. ; carmin, à saturation. Ensuite rincer les feuilles de gélatine et les mettre pendant qq. heures dans l'eau acidulée par l'ac. acétique. Laver à l'eau courante, fondre et couler sur de larges feuilles de parchemin paraffiné qu'on suspend ensuite dans un courant d'air. Lorsque les feuilles sont sèches, les séparer, les couper en longues bandes. Pour l'usage les détremper qq. temps dans l'eau et fondre au B. M.

Fol (*Gelée glycérinée*). — 1° Mélanger un vol. de sol. gélatineuse de glycérine de BEALE avec 1/2 vol. d'eau puis ajouter 2 à 5 0/0 d'ac. salicylique, de camphre ou de phénol. — 2° Autre formule : gélatine, 30 part. ; eau, 70 part. ; glycérine, 100 part. ; sol. alcoolique de camphre, 5 part. — 3° Autre formule : gélatine, 20 part. ; eau, 150 part. ; glycérine, 100 part. ; sol. alcoolique de camphre, 15 part.

Fol (*Véhicule à la métagélatine*). — La Métagélatine se prépare en ajoutant une légère proport. d'ammoniaque à une sol. de gélatine et chauffant plusieurs heures. Le colorant est ensuite ajouté dans les proportions que l'on désire, et le liquide étendu avec de l'alcool faible, s'il est nécessaire. Après injection avec ce liquide on passe les préparations dans l'alcool fort ou dans l'ac. chromique pour fixer la masse.

Fol (*Procédé de fixation et coloration au chlorure ferrique*). — Les préparations sont traitées avec la teinture officinale de perchlorure de fer, diluée de 5 à 10 fois son vol. d'alcool à 70 0/0 et ensuite plongées pendant 25 h. dans une sol. très faible d'ac. gallique.

Fonzes-Diacon (*Différenciation de la créosote et du gaïacol*). — 1° Faire une sol. à 10 gouttes dans un litre et en mélanger 10 cc. avec une sol. de sulfate de cuivre au 1/200 ; puis ajouter 1 cc. de cyanure de potassium au 1/250 : une col. jaune-orangé ou orangé-verdâtre se développe suivant la quantité de gaïacol présent. La col. peut être comparée avec celle fournie par une sol. de teneur connue. — 2° Dissoudre une trace de substance dans un peu d'eau, placer dans un verre de montre, ajouter 2 à 3 cc. d'une sol. de sulfate de cuivre à 4 0/0 puis 2 cc. de sol. de cyanure ci-dessus : il se forme des stries, vert émeraude avec la créosote ; gris rougeâtre avec le gaïacol pauvre et marron-pourpre avec le gaïacol de bonne qualité.

Formanek (*Alcaloïdes et glucosides*). — Ajouter un peu d'ac. nitrique à une petite quant. de substance, évaporer au B. M. et traiter le résidu par l'ammoniaque puis par la potasse. Les alcaloïdes et les glucosides donnent différentes réactions colorées et différents résidus (1).

Fraenkel (*Mélange fixant*). — Mélanger 15 part. de sol. de chlorure de palladium à 1 0/0 avec 5 part. de sol. d'ac. osmique à 2 0/0 et qq. gouttes d'ac. acétique.

Fraenkel (*Fuchsine à l'aniline*). — Mélange de solution alcoolique de fuchsine et d'eau saturée d'aniline.

Fraenkel (*Coloration des tubercules*). - Faire bouillir de l'eau d'aniline, la verser dans un verre de montre, ajouter qq. gouttes de sol. conc. alcoolique de fuchsine à la surface, placer délicatement le couvre-objet sur le liquide, pendant 5 à 10 minutes, de façon qu'il y flotte puis le plonger dans une sol. de bleu de méthylène acidulée par l'ac. sulfurique pendant 1 ou 2 minutes. Rincer à l'eau acidulée à l'ac. acétique, 0,5 0/0.

Fraenkel-Voge (*Solution pour cultures*). — NaCl, 5 ; phosphate neutre de soude, 2 ; lactate d'ammoniaque, 6 ; asparagine, 4 ; eau distillée, 1.000.

Francis (*Acides biliaires*). — Dissoudre 2 gr. de glucose séché au B. M. dans 15 gr. d'ac. sulfurique conc. et superposer à 4 cc. de ce R., 4 cc. d'urine : une color. pourpre se développe à la zone de contact. Voir R. de Pettenkofer.

François (*Théobromine*). — 1° 0,1 gr. de substance dissous dans 1 cc. d'ac. nitrique et 2 cc. d'eau se trouble en y ajoutant 10 cc. de nitrate d'argent à 10 0/0. En chauffant, le ppté se redissout mais recristallise par refroid. — 2° Ajouter de l'eau de brome à la solut. chlorhydrique de la substance et chasser le brome en excès : la sol. devient bleue par une trace de sulfate ferreux et qq. gouttes d'ammoniaque. — 3° Il se forme

(1) Pour le détail des réactions avec l'aloïne, amygdaline, brucine, cotoïne, paracotoïne, émodine, narcotine, salicine et strychnine, voir le *Merks Report*, IV, p. 221.

des aiguilles vert foncé de tétraïodure de théobromine en ajoutant à la sol d'alcaloïde dans l'ac. chlorhydrique, de là teinture d'iode, filtrant, redissolvant dans l'iodure de potassium à 10 0/0 et faisant cristalliser.

Frankenstein (*Fibres animales et végétales*). — Après avoir été plongées dans l'huile d'olive et séchées entre des doubles de papier, les fibres de coton et les fibres animales, restent inaltérées tandis que le chanvre devient transparent.

Fraude (*Alcaloïdes*). — Faire bouillir une trace d'alcaloïde avec qq. cc. d'une sol. aqueuse d'ac. perchlorique D = 1.13 à 1.14 : l'*aspidosper-mine* se colore en rouge-fuchsine ; la *brucine* en rouge madère ; la *stry-chnine* en jaune-rougeâtre.

Frerichs (*Métaux lourds dans les eaux*). — Ce procédé de recherche est basé sur la remarque faite par l'auteur que les combinaisons solubles des métaux lourds contenues dans les eaux sont fixées énergiquement sur le coton hydrophile si l'on filtre très lentement ces eaux sur un tampon de cette matière. Il y a là une action analogue à l'affinité des fibres pour les mat. colorantes.

On fait passer en l'espace de 2 ou 3 heures 20 litres de l'eau à analyser sur 5 petits tampons successifs d'ouate de chaçun 2 à 5 gr. qui fixent les métaux. On épuise ensuite le coton par HCl et on fait la recherche des métaux et au besoin le dosage à la manière habituelle.

L'auteur a pu retrouver ainsi 1 milligr. de plomb dans 10 litres d'eau (1/10.000.000).

Frerichs (*Leucine et tyrosine dans l'urine*). — Ppter l'urine par de l'acé-tate basique de plomb, filtrer, chasser l'excès de plomb par l'hydrogène sulfuré et évaporer le liqui le au B. M. à un petit volume : au bout de 24 h. il se forme des cristaux de tyrosine ; la leucine n'apparaît qu'un peu plus tard.

Frésénius (*Acide nitreux dans les eaux*). — L'eau est acidulée par l'acide acétique et distillée. Le distillat est recueilli dans de l'iodure de potassium acidulé par SO^4H^2 et addit. d'empois d'amidon : Coloration bleue.

Frésénius-Babo (*Arsenic*). — Les arséniates et le sulfure d'arsenic sont réduits en fondant 12 part. d'un mélange de carbonate de soude, 3 et cyanure de potass. 1, dans un courant d'ac. carbonique passant dans un tube à réduction. L'arsenic peut être identifié par la formation d'uue tache miroitante sur le tube.

Frend (*Coloration des cylindres*). — Solution de chlorure d'or à 0,5 0/0 dans l'alcool à 50 0/0.

Frey (*Sérum artificiel iodé*). — Se prépare avec : eau distillée, 135 gr. ; albumine d'œuf, 15 gr. ; NaCl, 0,20 gr. ; après avoir dissous et filtré, ajouter 3 gr. de teinture d'iode. S'il se produit un léger ppté on filtre à nouveau sur une flanelle et on rajoute un peu d'iode.

Friedenwald-Ehrlich (*Diazo-réaction*). — Voir R. D'EHRLICH. C'est une modification dans laquelle l'acide sulfanilique est remplacé par le para-amidoacétophénone. Avec ce dernier réactif la diazoréaction s'observe sur l'urine des malades infectés du *bacillus typhus abdominalis* et *bacillus tuberculosis miliaris*.

Friedlander (*Picrocarmin*). — Même réact. que celui de RANVIER. On dissout 1 gr. de carmin dans 1 gr. d'ammoniaque et 50 cc. d'eau et on ajoute de l'ac. picrique en sol. saturée jusqu'à commencement de ppté persistant. On filtre et on ajoute 2 ou 3 gouttes de phénol comme conservateur.

Friedlander (*Violet gentiane acétique*). — Sol. alcoolique conc. de violet gentiane, 50 gr. ; ac. acétique, 10 gr. ; eau dist., 100 gr.

Friedlander (*Méthodes de coloration*). — 1° Les préparations sont traitées pendant 3 min. avec une sol. d'ac. acétique à 1 0/0 et abandonnées à la dessiccation après égouttage et essorage au papier. On les place ensuite dans une sol. de violet gentiane dans l'eau d'aniline composée de : eau d'aniline, 100 cc. ; sol. alcool. conc. de violet gentiane, 11 cc. ; alcool absolu, 10 cc. Laisser en contact pendant 1/2 min., laver à l'eau, sécher et monter au baume ; 2° Les sections sont abandonnées pendant 24 h. dans un endroit tiède, dans la solution suivante : sol. conc. alcool. de violet gentiane, 50 cc. ; eau distillée, 100 cc. ; ac. acétique glacial, 10 cc. Traiter ensuite pendant 1 ou 2 min. par une sol. d'ac. acétique à 0, 1 0/0, déshydrater, clarifier et monter au baume (*Tests and Reagents*).

Friedlander (*Mélange fixant*) — Dissoudre 125 de sulfate de cuivre et 125 de sulfate de zinc dans 1.000 part. d'eau.

Friedlander (*Fibres de bois dans le papier*). — L'acide bromhydrique fumant colore en vert intense les fibres de bois.

Fritzsche (*Aniline*). — En présence d'ac. sulfurique, le bichromate de potasse donne avec l'aniline une color. variant du vert au bleu et au noir, suivant la proportion de base organique. L'eau de brome donne un ppté cristallin blanc-rosé.

Froehde (*Alcaloïdes*). — Une sol. fraîchement préparée de 0,01 gr. de molybdate de soude dans 1 cc. d'ac. sulfurique conc., produit des color. caractéristiques avec différents alcaloïdes et glucosides. L'albumine, les protéides donnent comme il est dit ci-dessus une color. bleue. Suivant d'autres auteurs le réactif peut être beaucoup plus ou beaucoup moins concentré en ac. molybdique, de 0,01 à 1 gr. dans 10 cc. (Voir HAGER, *Pharm. Praxis,*, 1886, 1. 208).

Froehde (*Ac. cyanhydrique*). — Un cyanure fondu avec de l'hyposulfite de soude donne après redissolution une col. rouge-sang avec le chlorure ferrique.

Frohn (*Albuminoïdes et alcaloïdes*). — Le R. se prépare en faisant bouillir 1,5. gr de sous-nitrate de bismuth fraîchement précipité avec une sol. de 7 gr. d'iodure de potassium dans 20 cc. d'eau et ajoutant ensuite 20 gouttes d'HCl. La sol. obtenue est colorée en orangé ; elle donne un ppté avec les solutions acides d'albuminoïdes ou d'alcaloïdes. Voir le R. de DRAGENDORFF.

Frommerherz (*Glucose*). — C'est une modification au R. de FEHLING. On dissout dans un litre 41.76 gr. de sulfate de cuivre pur crist. 20.88 de bitartrate de potasse et 10.44 gr. de potasse.

Frühling (*Macis de bombay*). — Agiter 2 gr. de macis avec 10 cc. d'alcool absolu et filtrer ; en présence de macis de bombay le papier du filtre se colore en jaune et, traité par la potasse, en rouge. Le macis ordinaire ne donne rien.

Fuerbringer (*Albumine*). — Mélange de chlorure mercurique et de chlorure de sodium acidulé par l'ac. citrique. Donne un ppté floconneux avec les urines albumineuses.

Fuerbringer (*Mercure*). — On acidule l'urine et on y plonge un petit tampon de fil de cuivre fin. Après qq. heures de contact on rince le cuivre à l'eau puis à l'alcool absolu et à l'éther. En chauffant ensuite le petit tampon au rouge sombre dans un tube à combustion contenant à l'extrémité de dégagement un peu d'iode, le mercure en se volatilisant va se combiner à l'iode et donne une tache d'iodure rouge vermillon.

Fuhs (*Albumine dans l'urine*). — Le R. est une sol. renfermant parties égales d'ac. phénique et de glycérine. Ce R. donne un ppté blanc. La glycérine n'est ajoutée que dans le but d'éviter l'émulsion de l'ac. phénique avec l'urine.

G

Gabbet (*Coloration du bacille de Koch*). — Le réactif colorant se compose de 2 gr. de bleu de méthylène, 25 gr. d'ac. sulfurique concentré et 75 gr. d'eau.

Gabbet-Ernest (*Coloration des tubercules*). — Colorer les préparations dans la solution froide de fuchsine phéniquée de ZIEHL-NEELSEN pendant 2 à 5 min. Puis pendant une min. dans la sol. de GABBET ci-dessus et rincer à l'eau. C'est une des méthodes les meilleures, à tous les points de vue.

Gabutté (*Morphine et codéine*). — On chauffe l'alcaloïde avec un peu d'SO⁴H² conc. jusqu'à color. légèrement rosée puis on ajoute une goutte de chloral ou de bromal et on chauffe plus fort : la morphine donne une color. violette ; la codéine une col. bleu-verdâtre intense.

Gaffky (*Méthode de coloration*). — Laisser durcir les sections dans l'alcool pendant 20 à 24 heures dans une sol. bleue opaque obtenue en mélangeant une sol. saturée de bleu de méthylène à de l'eau distillée. Laver, déshydrater à l'alcool absolu, clarifier à l'essence de térébentine et monter au baume.

Gage (*Mélange clarifiant*). — Mélanger 40 cc. d'ac. phénique fondu avec 60 cc. d'ess. de térébentine.

Gage (*Liquide décalcifiant*). — Diluer de son propre volume d'eau une sol. saturée d'alun et ajouter 5 cc. d'ac. nitrique fort pour chaque 100 cc. de solution. Changer le liquide tous les deux ou trois jours jusqu'à décalcification complète.

Gage (*Préservatif pour préparations traitées à la potasse ou à la soude*). — Monter les préparations traitées à la potasse ou à la soude conc. dans une sol. d'acétate de potasse à 60 0/0, avec ou sans addition de 1 0/0 d'ac.

acétique, ou simplement les monter en glycérine ou en gelée glycérinée. Elles peuvent être colorées en lavant préalablement l'acétate ou après traitement par la solution d'alun pendant 24 h.

Gaglio (*Vapeurs de mercure dans l'atmosphère*). — Faire barbotter l'air à essayer dans une sol. de chlorure de palladium dissous préalablement dans HCl en ajoutant un peu d'ac. nitrique, et évaporé à sec en présence d'HCl puis repris par l'eau. S'il y a du mercure présent il y a réduction de la solution et formation de taches noires (L'oxyde de carbone donne aussi une réduction).

Gallois (*Inosite dans l'urine*). — Débarrasser l'urine du glucose et de l'albumine par fermentation et ébullition, évaporer à un petit vol. et ajouter qq. gouttes de sol. de nitrate mercureux. S'il y a de l'inosite le résidu de l'évaporation est jaune et, par chauffage devient rouge.

Ganassini (*Hydrogène sulfuré*). — Le R. est constitué par une sol. de molybdate d'ammonium, 1 gr. 25 dans 50 cc. d'eau qu'on mélange avec une seconde solution de 2,5 gr. de sulfocyanure de potass. dans 45 cc. d'eau et 5 cc. d'ac. chlorhydrique. On prépare un papier réactif en plongeant des bandes de papier dans le mélange de ces deux solutions, égouttant et séchant. Au contact de H^2S ce papier donne une col. violet-intense.

Ganassini (*Sulfocyanures*). — Le procédé repose sur ce fait que les sulfocyanures et l'ac. sulfocyanique soumis à l'action des oxydants se transforment en cyanates et sulfates. 1° On chauffe une trace de substance avec qq. gouttes d'ac. acétique et une trace de bioxyde de plomb : en présence de sulfocyanure, le bioxyde blanchit en se transformant en sulfate, le liquide jaunit et il se dégage de l'ac. cyanhydrique facile à caractériser en le recueillant sur un verre de montre humide. 2° On agite de l'ac. tartrique avec du minium, on filtre et on ajoute le liquide à essayer au filtrat : pptation de sulfure de plomb noir. L'auteur indique ensuite plusieurs autres procédés qui sont des variantes destinées à augmenter la sensibilité. Voir *Boll. chimico-farmaceutico*, 1903, p. 417.

Ganassini (*Acide tartrique*). — Chauffer à l'ébullition le liquide renfermant l'ac. tartrique libre avec un peu de minium ; décanter, filtrer et ajouter un vol. égal de sol. de sulfocyanure de potassium à 20 0/0 : en présence d'ac. tartrique libre le mélange noircit immédiatement en donnant un dépôt de sulfure de plomb.

Ganassini (*Sulfocyanure*). — Voir la R. de Solera.

Ganassini (*Acides minéraux dans le vinaigre*). — 1° Mélange 1 cc. de vinaigre avec 1 cc. de sulfocyanure de potassium à 20 0/0 et 1 goutte de sulfure d'ammonium ; puis ajouter une goutte de sol. aqueuse à 5 0\0 de molybdate d'ammoniaque : color. jaune brunâtre avec le vinaigre pur ; violet intense en présence d'ac. minéraux. 2° Saturer le vinaigre d'antipyrine, filtrer, ajouter qq. gouttes de sulfocyanure de K ; le vinaigre normal donne à peine un léger trouble ; la présence de 4 à 5 0/0 d'ac. minéraux donne un abondant ppté blanc-rosé.

Gane (*Huile de foie de morue*). — *Essai rapide.* — 1° Dans un tube à essai on verse environ 30 cc. d'huile que l'on maintient pendant 2 heures dans de la glace fondante ; l'huile ne doit pas se troubler

2° On fait bouillir dans un tube environ 3 cc. d'huile avec 15 cc. d'une solution alcoolique de potasse à 5 0/0. jusqu'à limpidité du liquide. On dilue alors avec 66 cc. d'eau, puis on chauffe jusqu'à départ de l'alcool. Après avoir ajouté de l'acide chlorhydrique on observe l'odeur produite qui n'a rien de désagréable lorsque l'huile est vraiment pure.

3° Enfin, additionner 20 gouttes d'huile de 5 gouttes d'acide nitrique. On obtient alors une coloration d'un rose-rouge qui devient au bout d'une 1/2 heure jaune citron.

Gand (*Glucose*). — Solution ammoniacale de sulfate de cuivre employée à la place du R. de Fehling.

Ganswindt (*Essence de roses*). — Les impuretés dans l'essence de roses peuvent être décelées en notant l'odeur qui se dégage en vaporisant un mélange d'une goutte d'essence avec 50 cc. d'eau dans un espace légèrement chauffé.

Ganther (*Coloration du sang*). — Placer une goutte de la solution de sang, ou une petite portion de la tache suspecte sur une lamelle de verre déposée sur un papier noir et ajouter une goutte de sol. très faiblement alcaline et au bout de qq. min. 1 goutte d'eau oxygénée : s'il y a une trace de sang on observe un dégagement d'oxygène beaucoup plus vif comparativement qu'en son absence, avec d'assez grosses bulles et une mousse persistant plusieurs heures. Le pus donne une réaction analogue. On peut chercher à identifier les cristaux d'hémine par d'autres réactions.

Gantter (*Huile de graines de coton dans le saindoux*). — Dissoudre dans 10 cc. d'éther de pétrole, 1 gr. de graisse fondue ajouter, 1 goutte d'ac.

sulfurique conc. et agiter. S'il y a de l'huile de graines de coton il se produit une col. brun foncé ; le saindoux pur demeure incolore ou brun clair.

Garcano (*Huile de foie de morue*). — Une goutte d'huile dissoute dans 2 cc de CS^2 donne avec une goutte SO^4H^2 une col. violette qui dure 5 minutes et passe au rouge brique. L'huile de phoque donne d'emblée la color. rouge brique.

Garbini (*Coloration des bactéries*). — 1° Sol. de 1 gr. de bleu d'aniline dans 100 cc. d'eau et 2 cc. d'alcool ; 2° Sol. de 1 gr. de safranine dans 100 cc. d'alcool et 200 cc. d'eau.

Gardiner (*Acide tannique*). — L'ac. tannique ppte par une sol. de molybdate d'ammoniaque, en jaune.

Garrod (*Ac. urique dans le sang*). — A 30 cc. de serum sanguin ajouter 0,5 cc. d'ac. acétique : l'ac. urique cristallise à froid par le repos. Dans les cas de goutte, de leucémie, de chlorose. (Il est préférable de faire le dosage à l'état d'urate d'argent).

Gassend (*Huile de sésame*). — A 15 cc. d'huile et 10 cc. de sol. d'ac. oxalique, ajouter 2 à 3 cc. de bisulfite de soude à 10 0/0 et laisser réagir 5 min. Si une col. rouge persiste on peut conclure à l'adultération de l'huile. Voir R. de Baudouin, dont cette R. est une modification.

Gatlhouse (*Arsenic*). — Un papier humecté de nitrate d'argent se colore en noir dans la vapeur qui s'échappe d'une solution arsenicale chauffée dans un tube à essai avec de la soude et quelques fragments d'aluminium.

Gaudail (*Albumine*). — Le nitrate mercurique en solut. ppte l'albumine.

Gaule (*Liquide fixant*). — Se compose de 5 gr. de chlorure mercurique, 0,5 gr. de chlorure de sodium et 100 cc. d'eau.

Gaulter (*Saccharine dans la bière*). — Certaines substances contenues naturellement dans la bière donnent la réaction de Bornstein de la saccharine et peuvent faire croire à la présence de ce corps. Pour éviter cette erreur, on évapore à consistance sirupeuse, on acidule par qq. gouttes d'HCl et on reprend par l'alcool à 95 0/0 qui ppte les dextrines ; la sol. alcoolique décantée est extraite par l'éther, celui-ci évaporé et le résidu qui renferme les substances donnant la R. de Bornstein (probablement les résines du houblon) est repris par l'eau qui dissout seulement la saccharine. On caractérise cette dernière par ses réactions ordinaires.

Gautier (*Albumine*). — Le R. se prépare avec 250 cc. de soude, 50 cc. de sulfate de cuivre à 3 0/0 et 700 cc. d'ac. acétique glacial. Il ppte l'albumine du sérum sanguin mais ne ppte pas l'albumine du blanc d'œuf.

Gautier (*Tanin*). — Le tanin ppte par le carbonate de cuivre en présence d'alcool, ou par l'acétate de cuivre en sol. aqueuse au 1/30.

Gause (*Glucose*). — Le R. est une sol. de ferricyanure de potassium à 0,5 pour mille additionnée de 1 0/0 de lessive de soude. Le glucose décolore cette sol. à l'ébullition. 1 cc. = 0,00015 de glucose *Merck's Reagentien Verzeichnis* p. 48.

Gautrelet (*Coloration des bactéries*). — On dissout 1 gr. d'urobiline dans 20 gr. d'eau, 30 gr. d'alcool et 20 gr. de glycérine.

Gawalowski (*Albumine*). — Le R. se compose de 1 part. d'ac. picrique ; 2 p. d'ac. citrique ; 50 p. d'eau ; 30 p. d'alcool. Après sol. ajouter de l'eau pour faire 100. C'est une modification au R. d'Esbach, qui donne de bons résultats.

Gawalowski (*Indicateur*). — L'auteur emploie un mélange de méthylorange et de phénolphtaléine : les solutions neutres donnent une teinte jaune ; les sol. acides ou alcalines donnent du rose. C'est un indicateur de neutralité.

Gayard (*Manganèse dans le zinc*). — Par électrolyse en sol. légèrement acidulée par l'ac. sulfurique on obtient une color. violette autour de l'électrode.

Gayard (*Tannin; acide gallique*). — Ces deux acides se différencient au moyen de l'acétate de plomb conc. : le tannate est insoluble, le gallate est soluble.

Gayon-Ganon-Molher (*Aldéhydes*). — Le R. se prépare en décolorant 150 cc. d'une sol. aqueuse au 1/1.000 de fuchsine par 100 cc. de bisulfite de soude D = 1,30 et complétant au litre ; finalement on ajoute 15 cc. SO^{4}H^2 conc. On obtient un R. beaucoup plus sensible en décolorant *exactement* la sol. de fuchsine par un courant lent de gaz sulfureux. Connu également sous *le nom de R. de* Schupp.

Gedœlst (*Coloration des bactéries*). — Le réactif est une solution aqueuse de picrocarmin dans la soude (V. *Merck's index*, 1902, p. 271).

Gehe (*Baume du Pérou*). — Ce baume doit renfermer 57 à 60 0/0 de cinnaméine et donner un indice d'acidité de 235 à 238. Agiter 5 gr. de baume avec 5 gr. de soude D = 1.17, laver et extraire à trois reprises avec chaque fois 10 cc. d'éther. Évaporer le dissolvant et peser le résidu (cinnaméine). Pour prendre l'indice d'acidité de ce résidu le saponifier par 40 cc. de potasse $\frac{N}{2}$ alcoolique en présence d'alcool, au B. M. et retirer à l'ac. sulfurique l'alcali non employé.

Gehuchten (Van) (*Solution fixante*). — Spécialement appropriée à l'étude de certains organes glandulaires et notamment du rein ; se compose de : alcool absolu, 6 vol. ; chloroforme, 3 vol. ; ac. acétique crist., 1 vol.

Geissler (*Albumine*). — Une solution d'iodure de potass, 3.32 gr. et de chlorure mercurique 1,35 gr., dans l'eau 40 gr. et l'ac. acétique 20 gr. donne un ppté avec l'albumine. Voir R. de TANRET.

Geissler (*Papier réactif pour l'albumine*). — Se prépare en plongeant du papier filtre dans une sol. d'ac. citrique conc. puis dans une sol. de bichlorure de mercure renfermant 12 à 15 0/0 de KI. On trempe ce papier dans la sol. à essayer qui dissout un peu de R. et précipite si elle renferme de l'albumine. Voir le R. d'OLIVER.

Geissler (*Fuchsine dans le vin*). — Le vin alcalinisé par NH^3 ne cède que la fuchsine à l'alcool amylique. La stéarine fondue à 60° C. et agitée à cette temp. avec le vin se charge également de la mat. color. artificielle et peut être séparée après refroidissement.

Geitel (*Graisses neutres dans les acides gras*). — Dissoudre 2 gr. d'acides gras dans 15 cc. d'alcool chaud et alcaliniser fortement par 15 cc. d'NH^3 conc. S'il y a une quant. importante de graisses neutre le liquide se trouble. Les quant. plus faibles ne pptent pas, mais en superposant à la sol. une couche d'alcool méthylique, il se produit un trouble à la zone de contact.

Geith (*Stéarine dans la cire*). — On fait fondre la cire à essayer avec de l'eau de chaux : en présence de stéarine l'alcalinité de la chaux disparait.

Genfer (*Coloration pour les coupes microscopiques*). — Le R. colorant est une sol. à 1 0/0 de rouge congo ammoniacal, additionnée de 0,10 0/0 de chrysoïdine. On commence par décolorer les coupes à l'eau de javelle, on les lave, on les alcalinise dans de l'eau ammoniacale puis on les plonge dans le réact. colorant. Dans les préparations de végétaux le cuticule est coloré en jaune d'or, les fibres ligneuses en orangé-rouge ou jaune paille,

certaines autres parties en rose-rouge. On monte en gelée à la glycérine ;
la color. est durable.

Genther (*Matières grasses végétales*). — Modification à la réaction de
WELMANS ; on prépare le réactif modifié en dissolvant 5 gr. de phospho-
molybdate de soude dans 25 gr. d'eau et ajoutant 30 gr. d'NO^3H. D = 1.39.
Voir GEUTHER.

Geoffroy (*Milieu pour montage*). — Se prépare en chauffant le plus
légèrement possible 3 à 4 gr. de gélatine dans 100 gr. d'eau et 10 gr. d'hydrate de chloral. Voir R. de GILSON.

Geogehan (*Acides*). — Tous les acides, organiques ou minéraux, à
l'exception de l'ac. cyanhydrique pptent de l'iodure rouge de mercure
d'une sol. de cyanure de mercure et d'iodure de potassium (sel double).

Gerhardt (*Narcotine*). — L'alcaloïde humecté d'eau puis chauffé avec
de l'ac. sulfurique se colore en vert. Si l'on reprend la masse par l'eau et
qu'on fasse bouillir on obtient un ppté vert foncé, soluble dans l'alcool
(*Merck's Reagentien Verzeichnis*, p. 49).

Gerard (*Pigments biliaires*). — On extrait l'urine par le chloroforme
et on ajoute au résidu de l'évap. du dissolvant quelques gouttes d'une
sol. d'iode dans l'iodure de potassium, puis de la potasse : color. verte.

Gerhardt (*Acétone*). — Traitter 25 cc. d'urine par du chlorure ferrique ; filtrer le ppté et ajouter à nouveau du chlorure ferrique : en présence d'acétone color. rouge Bordeaux.

Gerhardt (*Brucine*). — Dissoudre la mat. dans l'ac. nitrique, chauffer
jusqu'à teinte jaune de la sol., diluer et ajouter du chlorure stanneux :
col. violette.

Gerrard (*Atropine et hyosciamine*). — Le R. se prépare en dissolvant
5 gr. de bichlorure de mercure dans 95 gr. d'alcool à 50 0/0. L'atropine
donne un ppté rouge ; il suffit d'un milligr. d'alcaloïde. L'hyosciamine
donne une réaction analogue. L'homatropine ne ppte pas.

Gerrard (*Glucose*). — Procédé de dosage. Modification au dosage
suivant FEHLING. Diluer 10 cc. de liqueur de FEHLING avec env. 40 cc.
d'eau dist. ; chauffer à l'ébullition et y verser du cyanure de potassium à
5 0/0 jusqu'à disparition presque complète de la teinte bleue ; rajouter
alors 10 cc. de liqueur titrée à FEHLING et verser avec la burette, assez
rapidement le liquide sucré à doser en maintenant l'ébullition, jusqu'à
décoloration exacte. Calculer à la manière ordinaire. Le liquide ne doit

pas renfermer plus de 5 gr. de glucose par litre ; au-dessus de cette teneur, il faut le diluer (*Tests and Reagents*).

Geuther (*Matières grasses végétales dans le saindoux*). — Modification à la R. de WELMANS. Le R. est une sol. de 5 gr. de phosphomolybdate de soude dans 25 cc. d'eau et 30 gr. d'ac. nitrique conc. D = 1.40. On agite fortement 5 gr. de graisse fondue et filtrée à essayer avec 3 gr. de chloroforme et 20 gouttes de réactif ; on laisse reposer *exactement* 2 minutes et on observe la coloration. En présence de graisses végétales on obtient au bout de ce temps une color. vert foncé. Si la col. n'apparaît que plus tard elle n'a plus de signification (*Merck's Reagent-Verzeich.*, p. 49). UTZ a démontré que ce réactif peut dans certains cas se colorer par des huiles animales exemptes de toute huile végétale.

Giacomi (*Méthode de coloration*). — Colorer les préparations dans une sol. chaude de fuchsine, en qq. min. laver dans l'eau additionnée de qq. gouttes de chlorure ferrique, puis décolorer dans une sol. conc. de ce dernier sel, et s'il est nécessaire dans l'alcool ; finalement faire une double coloration avec de la vésuvine.

Giacomi (*Color. du bacille de la syphilis*). — Plonger les préparations quelques minutes dans une sol. de fuchsine dans l'eau d'aniline, puis dans une sol. très étendue de perchlorure de fer ; rincer à l'eau. Les bacilles syphilitique se différencient des bacilles tuberculeux et lépreux en ce qu'ils se décolorent immédiatement ou très rapidement — en moins d'une min. — dans les acides minéraux et du bacillus smegma en ce qu'au contraire ils retiennent énergiquement la couleur en présence d'alcool (*Tests and Reagents*). (*bac. syphilitiques ?*)

Gibbes (*Carmin au borax*). — Dissoudre 3 gr. de carmin et 12 gr. de borax dans 100 gr. d'eau. Décanter la sol. limpide. Les préparations colorées avec ce mélange doivent être lavées dans un mélange d'HCl, 1, et d'alcool, 20 ; puis dans l'alcool pur à plusieurs reprises.

Gibbes (*Double coloration*). — La sol. colorante se prépare en dissolvant dans 15 cc. d'alcool, 2 gr. de Magenta, 1 gr. de bleu de méthylène, 3 cc. d'aniline. Ajouter à cette sol. 15 cc. d'eau. La color. se fait dans le R. légèrement chauffé en 4 ou 5 min. en une heure à froid. Laver à l'alcool dénaturé, déshydrater, clarifier à l'huile de cèdre et monter au baume (*Tests and Reagents*).

Gibbes (*Coloration au magenta*). — Même formule que ci-dessus mais en supprimant le bleu de méthylène.

Gibbes (*Coloration du bacille de Koch*). — C'est le R. pour la double coloration ci-dessus. Les bacilles apparaissent en rouge sur un fond bleu.

Gierke (*Uro-carmin*). — On fait bouillir 1 gr. de nitrate d'urane et 2 gr. de carminate de soude dans 200 cc. d'eau pendant 1/2 heure en remplaçant l'eau évaporée. Après refroidissement on filtre. Également connue sous le nom de SCHMANS.

Giesbrecht (*Fixatif*). — C'est une solution filtrée, peu concentrée de gomme laque brune dans l'alcool absolu. On en étend une goutte sur les préparations et on les laisse sécher après avoir égoutté l'excès. Sert à fixer les préparations sur les lamelles.

Giesecke (*Ac. sulfurique libre dans le sulfate d'alumine*). — La teinture d'hématoxylone donne avec les sol. exemptes d'ac. libre une teinte violette ; en présence d'acide, la teinte est jaune-brunâtre.

Giesel (*Cocaïne*). — 10 cc. d'une sol. à 1 0/0 de cocaïne donnent par addition d'une sol. conc. de permanganate un ppté violet de permanganate d'alcaloïde.

Gieso (**Van**) (*Durcissement au formol*). — On emploie des solutions de formol à 4, 6, ou 10 0/0 suivant le cas, suivies d'un traitement à l'alcool à 95 0/0.

Gigli (*Phénacétine*). — Mélanger une sol. de phénacétine avec de l'eau de chlore fraîchement préparée et ajouter un peu d'ammoniaque — il se développe une color. variant du brun au rougeâtre. La présence de 5 0/0 à 10 0/0 de quinine dans la phénacétine produit au moment du mélange de l'eau de chlore une belle color. bleue.

Gil (*Soufre libre*). — On fait bouillir la substance à essayer avec une solution faible d'un alcali dans l'alcool fort : le soufre libre produit une col. bleue ou verte, suivant la quantité en présence.

Gilbert (*Mixture magnésienne*). — Chlorure de magnésium 10 gr. 150 ; chlorure d'ammonium, 20 gr. ; ammoniaque à 10 0/0, 40 cc. ; eau, compléter à 100 cc. ; 10 cc. de cette mixture pptent 0,355 d'ac. phosphorique.

Gillet-Hains (*Cétones*). — Le R. de NESSLER donne avec les sol. aqueuses de cétones un ppté jaune cristallin. On peut retrouver ainsi facilement de petites quantités d'acétone dans l'eau. Cette réaction n'a pas lieu en sol. concentrées.

Gilson (*Procédé de blanchiment*). — Pour les préparations durcies à l'ac. chromique ou au bichromate : on les blanchit dans une sol. alcoolique d'anhydride sulfureux qui réduit le sel chromique jaune.

Gilson (*Gelée glycérinée au chloral*). — On mélange vol. égaux de glycérine et de gélatine fondue et de cristaux d'hydrate de chloral ; chauffer jusqu'à dissolution. Voir R. de Geoffroy.

Gilson (*Mélange durcissant*). — Mélange de chloroforme 1 partie et d'huile de cèdre 2 parties. On y plonge les objets à durcir et on remplace graduellement tout le chloroforme évaporé par de l'huile de cèdre.

Gilson (*Procédé d'imprégnation*). — Déshydrater, plonger dans l'éther, puis dans un tube à essai renfermant une sol. de collodion ou de celloïdine, et chauffer dans un bain de paraffine fondue. Laisser bouillir le collodion, et se concentrer jusqu'au 1/3 de son volume, puis placer la masse sur un morceau de celloïdine durcie et la durcir pendant une heure dans le chloroforme ; clarifier à l'huile de cèdre et couper au microtome.

Gilson (*Solution au nitrate de mercure*). — On dissout 95 à 100 gr. de bichlorure de mercure dans un mélange de 78 cc. d'ac. nitrique D = 1. 45 ; 22 cc. d'ac. acétique crist. ; 500 cc. d'alcool à 60 0/0 ; et 4 litres 400 d'eau distillée. S'il se dépose quelque granulation on l'enlève en lavant la préparation dans de l'eau addit. d'un peu de teinture d'iode.

Girard (*Ac. benzoïque*). — L'ac. benzoïque donne par évapor. de ses sol. des cristaux blancs arborescents de forme particulière. En chauffant un peu d'ac. benzoïque avec un demi cc. d'aniline et 2 centigr. de chlorhydrate de rosaniline au bain de sable pendant 20 minutes à la temp. d'ébullition de l'aniline, 184° environ, la color. rouge grenat initiale du liquide passe au bleu ou au bleu violet. En acidifiant ensuite par HCl et traitant par l'eau on obtient un résidu bleu insoluble dans l'eau, soluble dans l'alcool.

Girard (*Couleurs de la houille dans les vins*). — A 20 cc. de vin ajouter 4 cc. de potasse à 10 0/0 et 20 cc. de sulfate mercureux à 5 0/0. Agiter et filtrer ; filtrat incolore : vin naturel ; filtrat coloré en rouge, présence de couleurs organiques.

Gladding (*Acide borique*). — Procédé de dosage basé sur la formation d'éther méthylborique. 1 gr. de substance est traité dans un petit ballon de 150 cc. par un peu d'alcool méthylique à 95° et 5 cc. d'ac. phosphorique sirupeux. Dans ce ballon chauffé au B. M. on fait passer des vapeurs d'alcool méthylique produites par un autre ballon, vapeurs qui barbottent dans le liquide. On recueille le distillatum, environ 100 cc. en une heure. On doit veiller à ce que le vol. d'alcool dans le ballon renfermant l'ac. borique ne varie pas beaucoup et reste toujours voisin de 20 cc. On titre le distillatum en présence de glycérine ou de mannite (Voir R. de VADAM.

Gmelin (*Bile*). — A l'aide d'une pipette, laisser couler au fond d'un verre conique contenant 20 cc. d'urine 5 à 10 cc. d'ac. nitrique conc. renfermant des vapeurs nitreuses, sans mélanger les deux couches. En présence de bile, il se produit au bout de qq. minutes une zone composée d'une succession de couleurs vert, bleu, violet, rouge et jaune. La couleur verte et bleue est surtout caractéristique. Il faut se rappeler que l'urine normale donne une zone acajou dégradée. Pour accroître la sensibilité de la réaction on peut provoquer la pptation de sulfate de baryte dans l'urine, qui entraine avec lui les pigments. On sépare le précipité et on l'essaye comme ci-dessus. L'acide azotique chargé de vapeurs nitreuses s'obtient facilement en exposant l'ac. pur aux rayons du soleil dans un verre blanc ou en le mélangeant avec un peu d'acide rouge fumant.

Cette réaction très fidèle a été l'objet d'un grand nombre de modifica·tions par d'autres auteurs. En voici les principales :

BRUECK: cet auteur emploie de l'ac nitrique bouilli et dilué, puis ajoute de l'ac. sulfurique conc.

FLEISCHL mélange l'urine avec un vol. égal de nitrite de soude conc. et emploie l'ac. sulfurique conc. au lieu de l'ac. nitrique.

DRAGENDORF et DEUBNER filtre l'urine sur porcelaine dégourdie sous pression et essayent la réact. sur le résidu.

HEINTZ effectue la réaction avec de l'ac. nitrique fumant dans une caps. de porcelaine.

HILGER ppte l'urine par la baryte caustique et essaye le ppté.

MASSET mélange l'urine d'ac. sulf. conc. puis y ajoute qq. cristaux de nitrite de soude sans agiter : ceux-ci s'entourent des zones colorées caractéristiques.

ROSENBACH fait la réaction sur le résidu de la filtration sur un simple filtre en papier.

VITALI modifie dans le même sens que FLEISCHL mais emploie le nitrite de potasse.

Il existe beaucoup d'autres modifications ; toutes ont pour objectif d'exagérer la sensibilité de la réaction, notamment en concentrant les pigments biliaires. Il est toujours indispensable d'être familiarisé avec cette importante réaction pour apprécier les col. caractéristiques de la zone de contact.

Glace (*Solution antiseptique pour conserver les pièces anatomiques*). — Modification à celle de KEISERLING. Eau, 1 litre ; dissoudre : nitrate de potasse, 10 gr. ; acétate de potasse, 30 gr. ; formol, 750 gr. Y plonger les pièces peu épaisses (2 centim.) pendant 2 jours, puis les laisser dégorger entièrement leur color. naturelle dans l'acool à 80 0/0 pendant qq. jours. On peut ensuite les conserver dans une solution glycérinée d'acétate de potasse.

Gmelin (*Alcaloïdes*). — Le R. de GMELIN pour les alcaloïdes est une sol. de sulfocyanure de potassium. Il donne lieu à des pptés amorphes ou cristallins, caractéristiques dans quelques cas.

Gmelin-Smithson (*Mercure*). — Envelopper un bout d'un fil de fer bien poli avec une très légère feuille d'or et plonger entièrement ce bout dans le liquide à essayer. En présence de mercure, l'or devient blanc. Au bout de qq. temps en peut laver le fil, le sécher sur l'ac. sulfurique et le chauffer dans un courant d'hydrogène : on obtient un dépôt de mercure dans les parties froides du tube à combustion.

Goadby (*Solution antiseptique*). — On dissout dans 2 l. 500 d'eau 120 gr. de NaCl, 60 gr. d'alun, 0, 25 de bichlorure de mercure. On peut faire une sol. plus forte avec seulement 1 litre d'eau environ. Lorsque les préparations renferment des os, du carbonate de chaux, il faut supprimer l'alun de la formule.

Godeffroy (*Alcaloïdes*). — On obtient dans les solut. d'alcaloïdes dans l'ac. chlorhydrique, aconitine, atropine, quinine, cinchonine, pipérine, strychnine et vératrine un ppté blanc ou jaune avec le chlorure d'antimoine. La caféine, la morphine et qq. autres ne pptent pas. En outre, l'auteur recommande de compléter l'examen des alcaloïdes d'après les réactions du chlorure d'antimoine, et de l'ac. silico-tungstique par celles du chlorure ferrique et du chlorure stanneux acides (HCl) qui donnent également des indications. Pour les alcaloïdes cinchoniques on doit examiner au microscope le ppté par le sulfocyanure.

Goff (*Glucose*). — Solution de bleu de méthylène à 0,20 par litre. En présence de glucose ce réactif se décolore. Voir la R. de NEUMANN-WENDER.

Goldmann (*Héroïne*). — Par ébullition avec de l'ac. sulfurique, puis addition d'alcool et nouvelle ébullition il se dégage l'odeur d'éther acétique.

Goldmann (*Salophène*). — Le salophène en solution alcalinisée par la soude ou la potasse s'oxyde à l'air, à l'ébullition, en donnant une color. bleue. .

Goldmann-Baumann (*Cystine*). — Voir R. de Baumann-Goldmann.

Goldschmidt (*Urée*). — En ajoutant un petit excès de formol concentré à une sol. chlorhydrique étendue d'urée on obtient un ppté blanc insoluble dans l'eau, l'alcool et l'éther.

Golgi (*Méthode au bichlorure de mercure*). — On fait durcir pendant 15 jours de petits morceaux découpés de tissus dans la sol. de Mueller. La sol. doit être fréquemment renouvelée et le contact peut durer jusqu'à un mois. Puis plonger pendant 1 ou 2 semaines dans une sol. aqueuse de sublimé à 0,25 — 1,00 0/0 que l'on renouvelle également au fur et à mesure et aussi longtemps qu'elle se colore. On peut teindre en noir foncé les objets en les plongeant au sortir de ce bain dans une sol. de sulfure de sodium. Après avoir fait des coupes minces, on les lave à fond à l'eau.

Goldner (*Cocaïne*). — A un mélange faiblement coloré en jaune de 0,010 de résorcine et 6 à 7 gouttes d'SO^4H^2 conc., si on ajoute 0,020 de chlorhydrate de cocaïne, on obtient une réaction très vive et une color. bleue que la potasse fait passer au rouge. Merck a fait remarquer que cette réaction n'a rien de particulier à la cocaïne. (*Merck's Reagent. Verzeichnis*, p. 51).

Gorup-Besanez (*Créosote*). — Color. vert-émeraude par une sol. étendue alcoolique de chlorure ferrique. L'ac. phénique donne avec le même réactif une col. bleue. Plus de 20 auteurs revendiquent cette réaction !

Gorup-Besanez (*Peptone*). — C'est la R. du *Biuret*.

Gothard (*Solution éclaircissante*). — On mélange 40 cc. d'essence de Cajeput, 50 cc. de Xylol, 50 cc. de créosote et 160 cc. d'alcool à 90 0/0. Employé pour éclaircir.

Gottstein (*Bactéries dans les eaux potables*). — Les bactéries décomposent l'eau oxygénée avec vif dégagement d'oxygène lorsqu'on ajoute ce réactif à une eau qui en renferme ; le dégagement n'a parfois lieu qu'au bout de 10 à 15 min. après l'addition parce que entre autres raisons possible il faut le temps de saturer le liquide d'oxygène. Avec 10 000 bactéries par cc. le dégagement de gaz est très vif ; avec 1.000 bact. il est encore très appréciable. (Tant de causes, notamment les matières organiques, peuvent provoquer cette décomposition qu'elle est évidemment sans signification).

Gouver (*Albumine*). — Une sol. de cyanure de mercure dans un excès d'iodure de potass. donne avec les sol. albumineuses un ppté blanc.

Graefe (*Cérésine dans la paraffine*). — 1° On dissout 1 gr. de paraffine dans 20 cc. de sulfure de carbone à 20° C. S'il existe au moins 10 0/0 de cérésine dans l'échantillon, la solution n'est pas limpide à cette température : on y observe un ppté d'aspect soyeux. 2° 1 cc. de cette sol. sulfocarbonique à la même température est additionné de 5 cc. d'éther et 5 cc. d'alcool à 96 0/0 : la cérésine, même à la dose de 1 0/0, donne un ppté floconneux blanc plus ou moins abondant. SOMMER, après étude de ce procédé dit que ce sont seulement les paraffines américaines et allemandes qui restent en sol. après l'addition du mélange éthéro-alcoolique. Il recommande d'opérer non pas à + 20° C. mais plus haut, au moins à 25° c.

Graeger (*Sucre*). — Modification à la formule de FEHLING.

Grassini (*Cobalt*). — Le sulfocyanure de potass. ajouté à une sol. de cobalt communique à une couche d'alcool que l'on superpose sans la mélanger, une teinte turquoise que l'eau oxygénée détruit entièrement.

Gravis (*Solution d'Agar-Agar*). — C'est une sol. aqueuse au 1/1000. Employée comme sol. fixante.

Gray (*Méthode de fixation à la gélatine*). — On emploie comme sol. fixante une sol. de gélatine à 1 0/0 que l'on durcit après l'emploi en plongeant dans une sol. de bichromate à 2 0/0 pendant quelques minutes.

Grahe (*Écorce de quinquina*). — L'écorce de quinquina véritable chauffée dans un tube à essais fournit des fumées rougeâtres. Les écorces falsifiées donnent mal cette réaction : elles dégagent des vapeurs et produisent une matière brune gourdonneuse.

Gram (*Méthode pour la coloration des bactéries*). — Elle consiste à colorer par une sol. de colorant puis à passer dans un bain d'iode-ioduré dit *sol. de* GRAM. Le R. colorant est à base de violet-gentiane, il en existe deux formules : a) agiter ensemble 15 gr. d'eau, 15 gouttes d'aniline et filtrer ; ajouter 4 ou 5 gouttes de violet-gentiane en sol. alcoolique saturée ; ou bien b) : agiter 3 cc. 3 d'aniline avec 100 cc. d'eau, filtrer et ajouter 11 cc. de violet gentiane alcoolique saturé et 10 cc. d'alcool absolu. Dans la pratique on colore dans une de ces solutions pendant 3 min., on rince bien dans l'alcool absolu puis on plonge dans la *sol. de* GRAM dont voici la formule : iode, 1 gr. ; iodure de potass., 2 gr. ; eau 300 cc., jusqu'à ce qu'on obtienne une color. brune générale, ce qui n'exige que 2 ou 3 minutes Laver à l'alcool fort jusqu'à teinte jaune pâle, déshydrater, clarifier et monter au baume. On peut si on le désire faire une double color. avec l'éosine, la vésuvine ou un autre col.

La méthode de GRAM est très employée et donne de bonnes indications : certaines bactéries retiennent énergiquement la couleur (telles l'Anthrax), tandis que d'autres sont décolorées par l'iode (choléra, typhus, bactérium coli). Les noyaux des cellules sont également décolorés.

Il existe plusieurs *formules modifiées* par certains auteurs.

Gram-Gunther (*Méthode de coloration pour coupes microscopiques*). — C'est une modification à la méthode de décolor. de GRAM qui consiste à plonger la préparation au sortir de la *sol. de* GRAM alternativement pendant qq. secondes dans l'alcool absolu puis dans l'alcool acidulé par 3 0/0 d'HCl aussi longtemps que persiste la coloration. On lave pour finir au xylol et on monte au baume.

Grandeau (*Alcaloïdes*) — Diss. l'alcaloïde dans l'ac. sulfurique conc. et ajouter de l'eau de brome goutte à goutte en observant la coloration. Celle-ci est caractéristique dans plusieurs cas : La digitaline et la digitaléine donnent du jaune avec l'acide seul, qui passe au rose-rouge et au violet par l'eau de brome. La morphine donne la même teinte. Les préparations de digitales donnent aussi la coloration.

Grandval-Lajoux (*Acide nitrique dans les eaux*). — Evaporer à sec au B. M. 100 cc. d'eau et reprendre par 10 gouttes d'ac. sulfurique renfermant 7 0/0 de phénol. Agiter, dissoudre dans un peu d'eau et observer la color. du liquide : En présence d'ac. nitrique il se forme de l'acide picrique dont la color. jaune est très intense.

Grandval-Valser (*Spartéine*). — Le sulfure d'ammonium colore les sol. de spartéine en rouge.

Grange (*Iode*). — L'iode est déplacé de ses combinaisons par l'ac. hypoazotique. En présence d'empois : col. bleue ; en présence de chloroforme, color. du rose au violet.

Graser (*Méthode de coloration*). — Plonger les préparations pendant une journée et une nuit dans une sol. très faible de violet de méthyle, rincer à l'alcool acidulé puis à l'alcool pur.

Greenish (*Myrrhe*). — Pour l'essai de la myrrhe, 1 gr. de poudre est agité pendant 10 min. avec 10 cc. d'éther. On filtre et on évapore 2 cc. Le résidu se colore lentement en violet sous l'action de vapeurs d'ac. nitrique. La myrrhe *bissabol* ne donne pas cette color. violette, mais seulement du jaune devenant lentement brun.

Greenwaldt (*Papier-réactif*). — Se prépare avec une sol. dans l'eau chaude d'iris bleu ; bleu à l'état neûtre il est rouge aux acides et vert aux alcalis.

Gréhant (*Huiles de crucifères*). — Elles fournissent une color. noire en ajoutant du nitrate d'argent après ébullition avec un peu de potasse.

Greittherr (*Cocaïne*). — Qq. gouttes de sol. de cocaïne donnent avec un excès d'eau de chlore et qq. gouttes de chlorure de palladium en sol. à 0,5 0/0 un beau ppté rouge, soluble dans l'hyposulfite de soude, insoluble dans l'alcool et dans l'éther.

Grenacher (*Carmin au borax*). — Il y a une solution aqueuse et une alcoolique ; toutes deux se préparent à l'ébull. *Sol. aqueuse* ; Borax, 2 p. ; carmin, 0,75 p. ; faire bouillir avec 100 part. d'eau et ajouter de l'ac. acétique suffisamment pour colorer en rouge foncé pourpre. Laisser reposer une semaine et filtrer. La coloration dans ce liquide demande 2 ou 3 jours ; on rince à l'alcool à 75 0/0 acidulé par HCl (1/2 0/0).

Grenacher (*Coloration à l'hématoxyline*). — A 150 cc. de sol. saturée d'alun ammoniacal ajouter 4 cc. de sol. saturée d'hématoxyline pure dans l'alcool absolu. Laisser à la lumière solaire pendant 8 jours, filtrer, ajouter 25 cc. de glycérine et 25 cc. d'alcool méthylique. Voir le R. de DELAFIELDS.

Greshoff (*Iodoforme*). — C'est un procédé de dosage de l'iodoforme basé sur la décomposition de cette substance par une solution à 12 0/0 de nitrate d'argent donnant naissance à de l'iodure d'argent.

Griess (*Matières fécales dans les eaux*). — Le réactif est une solution d'acide diazo-sulfanilique alcalinisée par la soude. Les eaux refermant des matières fécales donnent une color. jaune en 5 min. avec ce R.

Griess (*Acide nitreux*). — Le principe de la réaction est la color. jaunâtre ou brune produite par l'acide nitreux sur les sels de métaphénylènediamine. Le R. se prépare en dissolvant dans un léger excès d'acide sulfurique 0 gr. 50 de métaphénylènediamine et complétant à 100 cc. La solution à essayer doit être à peu près incolore ; sans cela il faut la décolorer au noir animal pur, fraîchement préparé. Il existe une autre formule de réactif qui comporte un mélange d'acide sulfanilique et de sulfate de naphtylamine. Ce réact. se colore en rouge par les moindres traces d'ac. nitreux. *Hosway* (*Modification de*). — Dissoudre 0 gr. 50 d'ac. sulfanilique dans 150 cc. d'ac. acétique, puis 0 gr. 10 de naphtylamine et faire bouillir en ajoutant 20 cc. d'eau. On obtient un résidu coloré et une sol. claire et incolore que l'on décante et que l'on dilue avec 150 cc. d'ac. acétique. Si le liquide n'était pas tout à fait incolore il faudrait le décolorer par du zinc en poudre. Voir aussi la R. de LUNGE.

Griess (*Papier réactif pour les nitrates et les nitrites*). — Ce papier est à base du réactif ci-dessus : il se colore en rouge par l'ac. nitreux et nitrique. Il donne également une coloration avec les aldéhydes. L'auteur a aussi indiqué un papier à base de métaphénylènediamine seulement qui ne donne qu'une coloration brune jaunâtre.

Griesbach (*Coloration au vert d'iode*). — Solution aqueuse de vert d'iode à 0,30 0/0. S'emploie pour colorer les coupes.

Griessmayer (*Alcalis libres*). — Le réact. est préparé avec quelques gouttes d'une sol. de tanin et 1 cc. de solution d'iode à 1 gr. par litre : la solution, incolore, devient rouge brillant en présence d'une faible trace d'alcali libre.

Griessmayer (*Tanin*). — Une solution d'empois d'amidon très faible et colorée par une trace d'iode est décolorée par le tannin ; les nitrates rétablisse la couleur. La réaction ci-dessus qui sert à caractériser les alcalis libres, du même auteur, peut être renversée.

Griggi (*Acide gallique, tanique et pyrogallique*). — Le R. est une sol. de cyanure de potass. à 3 0/0. Agitée vol. à vol. avec une sol. à 1 0/0 d'ac. gallique elle donne une color. rouge-rubis. Avec les acides tannique et pyrogallique la color. est rouge-jaunâtre. Avec un excès le tanin il donne un ppté blanc sale, caractéristique ; l'ac. pyrogallique un ppté jaune-brun clair.

Griggi (*Acide salicylique dans le salol*). — En présence d'acide salicylique libre une sol. de salol dans l'éther superposée à une couche de perchlorure de fer étendu donne un anneau violet. Le salol pur ne donne rien.

Griggi (*Acides minéraux libres dans le vinaigre*). — Une goutte de sol. alcoolique de fuchsine à 25 0/0 ajoutée à 1 cc. de vinaigre ne change pas de couleur si le vinaigre est normal ; s'il renferme un acide minéral libre la color. devient jaune sale.

Griggi (*Acide benzoïque dans le benzonaphtol*). — Traiter l'extrait alcoolique de la subst. par une sol. d'iodure et d'iodate de potass. En présence d'ac. benzoïque libre il y a séparation et mise en liberté d'iode.

Griggi (*Sels de fer*). — L'auteur emploie l'ac. salicylique qui donne une color. violette. En superposant une couche de sol. d'ac. salicylique dans l'éther (à 10 0 0) aux sol. minérales dans lesquelles on veut rechercher le fer on obtient une zone plus ou moins colorée en violet. Le tartrate ferricopotassique cependant ne donne pas de coloration, ou seulement après longtemps.

Grimaux (*Nitrate*). — Une sol. aqueuse de nitroquinetol acidulée par l'ac. sulfurique donne, en présence des nitrates ou de l'ac. nitrique libre un ppté immédiat de nitroquinetol.

Grimbert-Legros (*Milieu nutritif*). — Voir LEGROS-GRIMBERT.

Grismer (*Glucose*). — A 5 cc. d'une sol. de safranine à 1/1000 ajouter 2 ou 3 cc. de potasse caustique et faites bouillir avec 1 ou 2 cc. d'urine : le glucose décolore le réactif.

Grocco (*Créatinine*). — L'urine est acidifiée par l'acide acétique et au bout de 24 heures est léger. saturée avec de l'eau de chaux jusqu'à ce qu'elle ne soit plus que très faiblement acide, puis on ajoute du chlorure de calcium et on évapore à sec en maintenant toujours une légère acidité. Le résidu sec est extrait par de l'alcool renfermant en sol. un peu d'acétate de soude ; on filtre et on précipite la créatinine par le chlorure de zinc.

Grosstern (*Albumine*). — L'acide trichloracétique ppte l'albumine ; en combinant l'action de la chaleur et de ce réactif on obtient une réaction d'une sensibilité extrème.

Gruber (*Fièvre typhoïde*). — Connue également sous le nom de GRUBER-WIDAL et de WIDAL seulement. La réaction très élégante repose sur l'envahissement du sang du patient par les toxines microbiennes et la propriété de celles-ci de tuer les organismes dont elles dérivent. D'autres maladies fébriles microbiennes pourraient être reconnues par le même procédé légèrement modifié.

On prélève une goutte de sérum sanguin du malade et on l'ajoute à 10 gouttes de culture fraîche, âgée de 24 heures, de bacille typhique. Si le patient est atteint de typhoïde on observe au microscope de petites particules coagulées composées de bactéries mortes et inertes. Si la maladie

n'est pas la typhoïde les organismes restent mobiles. Voir la R. de
Pfeiffer.

Gruenhut (*Glycérine*). — Repose sur la formation d'acroléine en
distillant au bain de sable fortement chauffé, la substance additionnée
de bisulfate de potasse : le distillat possède l'odeur caractéristique de
l'acroléine et réduit le nitrate d'argent *à froid*.

Guareschi (*Cocaïne*). — Une sol. aqueuse étendue de platinocyanure
de potassium donne un ppté jaune amorphe avec les sol. de chlorhydrate de cocaïne. Ce ppté se redissout en grande partie à chaud.

Guareschi (*Ac. phénique*). — Une color. rouge pourpre se développe
en évaporant à sec la matière avec de la potasse et reprenant à chaud par
le chloroforme.

Guenzburg (*Acide chlorhydrique libre dans le suc gastrique*). — Papier
réactif préparé en dissolvant 1 partie de vanilline et 2 de phloroglucine
dans l'alcool étendu : donne une color. rouge par l'ac. chlorhydrique libre.

Guérin (*Gaïacol*). — 1° Une sol. aqueuse de gaïacol traitée par l'acide
chromique à 1 0/0 donne une color. et un ppté bruns ; 2° l'acide iodique
à 1 0/0 donne une color. brun-rouge et un ppté brun sale.

Guérin (*Albumine*). — Le R. est une sol. d'ac. chromique à 10 0/0.
L'albumine donne un ppté qui ne se redissout pas par la chaleur. Les
peptones et les propeptones ainsi que qq. alcaloïdes donnent aussi des
pptés mais qui sont solubles en chauffant. L'auteur a indiqué un autre
réactif : c'est une solution d'acide sozoiodolique à 10 0/0 qui donne un
ppté floconneux par l'albumine. Les urates ni l'ac. urique ne pptent
pas. Les albumoses, les peptones et qq. alcaloïdes donnent aussi des
pptés, solubles à chaud. Les nucléo albumines précipitent mal à froid,
mieux à chaud.

Guezda (*Albumines*). — Le sulfate de nickel ammoniacal donne un
ppté avec les albumines.

Guezda (*Bases de l'indol, albuminoïdes et alloxanthine*). — Une trace
d'indol fondue avec un peu d'ac. oxalique donne une masse fondue
rouge pourpre, quelquefois un sublimé de même couleur que la potasse
modifie à peine. L'alphaméthylindol, le scatol, l'ac. méthylindol carbonique donnent cette réaction colorée rouge ; l'alphaphénylindol donne
un sublimé jaune verdâtre, passant au noir. Fondu avec l'albumine, la

peptone, la gélatine, l'ac. oxalique donne un sublimé rose. Les autres substances organiques se comportent variablement, donnant souvent une color. verdâtre très peu caractéristique. L'alloxanthine cependant donne une color. rouge.

Guibourt (*Essence de roses*). — L'essence impure se colore en brun quand on l'expose sous une cloche aux vapeurs d'iode. Une color. vert-pomme par les vapeurs nitreuses indique la présence d'essence de géranium rosa. L'acide sulfurique ne doit pas détruire l'odeur de l'essence pure.

Guignard (*Histologie végétale*). — Le R. de GUIGNARD est une sol. aqueuse légèrement acétique de fuchsine et de vert de méthyle.

Guignard (*Solution fixante*). — Solution aqueuse renfermant 2 0/0 d'ac. acétique et 0,5 0/0 de perchlorure de fer.

Guignet (*Réactif de*). — C'est une solution ammoniacale de sulfate de cuivre. Voir R. de SCHWEIZTER.

Guignet (*Glucose*). — Solution aqueuse de sulfate de cuivre ammoniacal ou solution de sulfate de cuivre additionné d'ammoniaque sans excès de cette dernière. Ce R. ppte la glucose, galactose, mannite, dulcite, etc. ; il ne ppte pas la saccharose, la lactose, le sucre inverti, la levulose, etc. (*Merk's Reagent Verzeichn.*, p. 55).

Guldensteeden (*Cuivre dans les eaux*). — Aciduler 250 cc. d'eau par l'ac. acétique, faire passer H^2S, ajouter ensuite 1/2 gr. de talc purifié de cuivre, agiter, laisser reposer et décanter. Laver le ppté avec qq. cc. d'ac. nitrique chaud, évaporer à sec, reprendre par qq. gouttes d'eau et faire les réactions du cuivre sur des gouttes : chromate, ammoniaque, etc.

Gulielmo (*Atropine*). — En chauffant l'alcaloïde avec SO^4H^2 conc. on observe une odeur suave de fleur d'oranger.

Gulli (*Essence de térébenthine dans l'essence de bergamote*). — Evaporer à sec l'essence à essayer dans une caps. de platine en présence de potasse alcoolique. Calciner le résidu, reprendre par l'eau, filtrer et chercher HCl dans les cendres (l'essence de térébenthine employée comme adultérant est préalablement saturée par l'ac. chlorhydrique).

Gunn (*Essai de la coca*). — Humecter un poids connu de coca pulvérisée avec de l'ammoniaque étendue (à 2 0/0) et extraire au percolateur avec de l'éther ammoniacal. Extraire le liquide éthéré par trois lavages à l'acide chlorhydrique à 2 0/0 qui s'empare des alcaloïdes, laver à l'éther la solution acide, alcaliniser par l'ammoniaque, extraire les alcaloïdes par trois lavages à l'éther, réunir et évaporer les liquides d'extraction dans une capsule tarée, sécher à 75° C. et peser. Le résidu peut être essayé pour y rechercher la cocaïne. Les réact. colorées de cet alcaloïde sont peu caractéristiques.

Gunning (*Acétone*). — La recherche de l'acétone par l'action de l'iode en présence de soude donnant naissance à de l'iodoforme a l'inconvénient que beaucoup de substances organiques et notamment l'alcool éthylique donnent la même réaction. En distillant la substance à essayer et n'opérant que sur le distillat on évite la présence des corps non volatils pouvant troubler la réaction. Pour se mettre à l'abri de l'erreur provenant de l'alcool, l'auteur emploie l'ammoniaque au lieu de la soude : il se forme de l'iodure d'azote noir (corps très dangereux après dessiccation), et de l'iodoforme. L'alcool ne donne pas la réaction dans ces conditions. Voir R. de LIEBEN.

Gunther (*Méthode de coloration*). — Colorer dans une sol. de violet gentiane dans l'eau d'aniline, en une minute, essorer avec un papier filtre, plonger dans une sol. d'iodure de potass. pendant 2 min. puis dans l'alcool pendant 1/2 min. ; puis dans l'ac. chlorhydrique à 3 0/0 pendant qq. secondes, enfin laver à l'alcool, plonger dans l'huile de cèdre et finalement monter au baume du canada.

Gunzburg (*Acide chlorhydrique dans le sucre gastrique*). — Le R. est une sol. de 1 gr. de vanilline et 2 gr. de phloroglucine dans 30 cc. d'alcool. On évapore le suc à essayer dans une capsule de porcelaine en présence de ce réactif : s'il y a de l'ac. chlorhydrique libre on obtient une color. rouge. Sensibilité 1 : 20.000.

Gutzeit (*Arsenic*). — Voir la R. de FLUCKIGER. L'arseniure d'hydrogène qui prend naissance dans les conditions connues de l'appareil de MARSH colore en noir un papier au nitrate d'argent. L'H^2S donne également cette coloration ainsi que les antimoniures d'hydrogène.

Gutzkow (*Phénols*). — Traités par l'ac. sulfurique conc. et des vapeurs de nitrite d'amyle les phénols donnent des réactions colorées caractéristiques.

Guyot (*Acide formique*). — En chauffant une sol. alcaline d'ac. formique avec du permanganate il y a réduction immédiate et pptation d'oxyde brun de manganèse.

Guyot (*Ammoniaque*). — Le R. se prépare en ajoutant du KBr à une sol. de nitrate mercurique jusqu'à redissolution du ppté formé tout d'abord ; ajouter alors de la potasse jusqu'à l'apparition d'un ppté jaune-orangé ; laisser reposer et filtrer. Les moindres traces d'ammoniaque donnent un ppté blanchâtre. Voir la R. de NESSLER.

Guyot (*Iodoforme*). — L'iodoforme chauffé dégage de l'iode libre dont les vapeurs peuvent se reconnaître à la manière ordinaire (empois).

H

Habermann (*Oxyde de carbone*). — Le R. est une solution faible de nitrate d'argent ammoniacal ne renfermant pas d'ammoniaque en excès. Cette solution est réduite par CO. Voir la R. de Berthelot et de Jean.

Habermann-Osterreicher (*Alcool méthylique*). — Cette réaction repose sur l'action oxydante du permanganate. Elle demande à être effectuée en l'absence de tout autre réducteur. A 10 cc. de liquide alcoolique alcalinisées par 2 gouttes de potasse on ajoute 2 gouttes de permanganate décinormal. On agite et on observe le color. qui, avec les liquides exempts d'alcool méthylique de rouge passe au jaune brun en 5 min. en affectant graduellement toutes les teintes intermédiaires violet, bleu, vert. Au contraire, en présence d'alcool méthylique le virage au jaune est rapide, en une minute, sans transition (Cette réaction nous parait bien incertaine ; Schoorl a démontré que c'est plutôt l'alcool qui réduit le plus vite le permanganate. Il suppose que les auteurs ont dû opérer avec de l'alcool méthylique impur renfermant de l'acétone).

Hack-Kingzett (*Réactif de*). — Le réactif indiqué par Pettenkofer pour la bile, et composé d'ac. sulfurique et de sucre donne les réact. colorées avec un certain nombre de corps : benzène, camphre, essence de girofle, etc., etc. Le camphre par exemple traité par SO^4H^2 donne un liquide rouge foncé ; en ajoutant du sucre de canne la masse se solidifie avec une teinte rose qui disparait par dilution et donne un ppté insoluble dans l'éther.

Haentsch (*Milieu glycériné*). — Eau, 2 parties ; alcool, 3 part. ; glycérine, 1 part.

Hager (*Strychnine*). — Le bioxyde de plomb et l'ac. sulfurique développe une color. bleu-violet par oxydation comme celle produite par l'acide chromique.

Hager (*Alcool dans les huiles essentielles*). — On agite l'essence à essayer — un volume connu, dans un tube gradué — avec une solution de glycérine, 2, dans 1 d'eau ou de nitrate de soude, 1, dans l'eau, 3. On laisse reposer : la sol. aqueuse s'empare de l'alcool et le vol. de l'essence se trouve diminué proportionnellement. On peut en outre rechercher l'alcool dans le liquide. D'autre part en mélangeant du tanin en poudre avec l'essence et laissant reposer le tanin s'empare de l'alcool et tombe au fond en une masse adhésive. En l'absence d'alcool il continue à flotter et demeure solide. Enfin, en mélangeant une goutte d'huile essentielle avec un cc. d'eau on obtient un léger trouble s'il y a de l'alcool.

Hager (*Colchicine*). — Le borax produit un ppté blanc dans les sol. concentrées de colchicine. En sol. étendues il ne se produit pas de ppté à la temp. ordinaire mais seulement en chauffant à 50 C.

Hager (*Huiles (graisses) dans le copahu*). — Chauffer 5 à 10 gouttes de copahu dans un verre de montre pendant 20 min. à l'étuve à 120° et laisser refroidir : le baume de bonne qualité donne un résidu ferme et cassant. S'il y a des huiles mélangées il est mou et visqueux.

Hager (*Glucose*). — Dissoudre et diluer à 1 litre, 30 gr. d'ox. rouge de mercure, 30 gr. d'acétate de soude, 50 gr. de NaCl, 25 d'ac. acétique crist. et 400 cc. d'eau. Le glucose réduit cette liqueur à l'ébullition et donne un ppté blanc de chlorure mercureux.

Hager (*Alcool dans l'éther*). — La fuchsine est insoluble dans l'éther ; une pincée dans l'éther à essayer : en l'absence d'alcool pas de coloration ; color. rouge dans le cas contraire.

Hager (*Beurre de cacao*). — On dissout 1 gr. de beurre de cacao dans 2 ou 3 gr. d'aniline et on laisse réagir 2 h. à temp. ordinaire. Au bout de ce temps le beurre de cacao pur flotte à la surface en une couche liquide ; s'il renferme du suif, de la cire, de la stéarine ou de la paraffine, la couche huileuse montre des points granuleux ou est entièrement solidifiée.

Hager (*Huile de ricin dans le baume de copahu*). — On mélange le baume avec 4 vol. de benzine de pétrole : au bout de qq. heures il se produit une séparation huileuse car l'huile de ricin n'est pas entièrement soluble dans la benzine.

Hager (*Arsenic*). — En présence de soude et de zinc ou magnésium

Raoul Roche   10

métallique l'hydrogène qui se dégage en chauffant renferme de l'hydrogène arsénieux ; en faisant bouillir un mélange arsenical avec du chlorure de sodium, du chlorure ferreux et de l'ac. sulfurique, il se forme de l'ac. chlorhydrique et du chlorure d'arsenic que l'on peut recueillir par distillation et caractériser par les procédés usuels ; en posant une goutte de solution arsenicale acidifiée par HCl sur du laiton, du cuivre ou de l'étain on obtient une tache de color. bleuâtre à noir (Voir R. de REINSCH) ; le gaz qui se dégage en présence d'ac. sulfurique dilué et de zinc recueilli sur deux bandes de papier réactif, l'une à l'acétate de plomb, l'autre au nitrate d'argent colore ce dernier s'il renferme de l'arseniure d'hydrogène ; la tache ne doit pas disparaître par le cyanure de potassium ; le papier à l'acétate de plomb ne doit par noircir : s'il noircit cela indique H^2S.

Hager (*Hydrogène sulfuré, arsénié, antimonié et phosphoré*). — On peut différencier ces composés volatils au moyen du papier au nitrate d'argent qui donne avec tous une tache brune ou noire. En humectant la tache de cyanure de potassium à 10 0/0 elle disparait immédiatement dans le cas de l'hydrogène sulfuré ; elle disparait seulement au bout de 1 à 2 heures dans le cas de l'antimoine et du phosphore mais elle reste fixe dans le cas de l'arsenic.

Hager (*Benjoin dans le baume du Pérou*). — Dissoudre 1 gr. de baume dans 7 gr. d'alcool à 70 0/0 et comparer avec un échantillon de qualité connue traité de la même façon : plus la col. est intense plus il y a de benjoin présent. Ensuite diluer avec 4 à 5 vol. d'eau et agiter. Le liquide résultant reste trouble pendant 3 jours à la temp. ordinaire : si le baume renferme de la résine, de l'huile ou du goudron il se comporte différemment et laisse déposer un ppté au fond ou des masses qui flottent dans le liquide.

Hager (*Brucine*). — L'ac. sulfurique en présence de MnO^2 donne une col. ou jaunâtre ou rouge-sang en filtrant pour séparer l'excès de MnO^2 noir. En ajoutant NO^3H et chauffant en présence de chlorure stanneux la teinte passe au violet.

Hager (*Glycérine*). — Une solution de glycérine colorée en bleu par le tournesol est mélangée avec une sol. de borax également colorée en bleu : la coloration passe au rouge. Voir la R. de LINDE.

Hager (*Baume de gurjun dans le baume de copahu*). — Mélanger un vol. de baume de copahu et 5 vol. d'éther de pétrole : s'il y a du baume de gurjun le mélange se trouble fortement en qq. minutes, puis donne un volumineux précipité qui devient solide en qq. jours. Avec le baume de copahu pur ou n'obtient qu'un très léger dépôt au bout de plusieurs heures.

Hager (*Nitrobenzène dans l'huile essentielle d'amandes amères*). — L'huile pure, 10 gouttes dans 10 cc. d'alcool à 45 0/0 donne une solut. limpide ; en présence de nitrobenzène la sol. est trouble.

Hager (*Santonine*). — Agiter 2 gr. de santonine pure avec 6 cc. d'eau, filtrer, ajouter 2 cc. d'ac. citrique saturé : il ne doit y avoir ni trouble ni ppté.

Hager (*Quinine*). — Essai du sulfate : on dissout 2 gr. de sulfate de quinine dans 20 cc. d'eau froide et on filtre ; on dilue d'un égal vol. d'eau et on agite avec 10 ou 12 gouttes de salicylate de soude à 20 0/0. Si d'autres alcaloïdes du quinquina sont présents il se produit un ppté ; si le sulfate est pur, pas de ppté.

Hager (*Essai de la cire*). — La cire doit être entièrement soluble dans le chloroforme (1 : 10) : la présence de miel, de craie, d'ocre, alumine, terre, mat. minérales, amidon donne un résidu. La sol. chloroformique agitée avec 7 à 8 fois son vol. d'eau de chaux donne naissance à du stéarate de cháux blanc granuleux s'il y a de l'ac. stéarique, tandis que la cire pure donne seulement une émulsion qui se sépare ensuite en deux couches ; faire bouillir 15 part. d'alcool à 33 0/0 avec 1 part. de cire : la résine s'il y en a se dissout, tandis que la cire pure ou mêlée de stéarine ou paraffine demeure insoluble ; la cire renfermant du suif donne l'odeur d'acroléine en la chauffant assez fortement.

Hager (*Essence de térébenthine dans le copahu*). — L'odeur de térébenthine devient très nette en faisant une pâte de baume, d'un peu d'eau et de litharge ; Le baume de copahu pur se dissout limpide dans 12 vol. d'alcool à 90 0/0 ; en ajoutant 12 autres vol. d'alcool le mélange devient trouble : s'il y a de la térébenthine cet essai donne d'autres résultats.

Hager-Gawalowski (*Glucose*). — Le R. est une sol. neutre de molybdate d'ammoniaque. A l'ébullition il se produit une color. bleue. En sol. acide beaucoup d'autres corps le réduisent.

Hager-Landolt (*Paraffine dans la cire*). — Ce procédé repose sur la résistance de la paraffine à la destruction par l'ac. sulfurique conc. mais avant de soumettre la cire à l'action de l'ac. chaud l'auteur saponifie la

plus grande partie de la matière. On prend 2 gr. de cire, 1 gr. 5 de potasse,
qq. cc. d'eau et on fait bouillir qq. min. Après refroid. on ajoute 8 cc.
de benzine puis 5,5 cc. d'acétate de plomb pour déféquer. On laisse
reposer, on décante et on filtre l'extrait benzinique ; puis on répète
l'extraction. On réunit les liquides, on évapore la benzine et on ajoute
au résidu 6 cc. d'ac. sulfurique conc. On chauffe au bain de sable jusqu'à
décomposition complète de la cire, on recueille la paraffine inattaquée,
on la purifie en la redissolvant dans l'éther de pétrole et on la pèse après
dessication.

Hairs (*Saccharine en présence d'ac. salicylique*). — Extraire le liquide
suspect par l'éther, évaporer, reprendre par l'ac. chlorhydrique le résidu
de l'éther et ppter l'ac. salicylique par l'eau de brôme ; enlever l'excès
de brome en filtrant et faisant passer un courant d'air, puis extraire à
nouveau par l'éther, qui cette fois sépare la saccharine. Sur le résidu
faire les réactions habituelles, notamment celle de BORNSTEIN.

Halphen (*Huile de résine*). — Ce procédé permet de reconnaître au
moins 10 0/0 d'huile de résine mélangée dans les huiles minérales : on
fait agir du brome en excès sur l'huile préalablement dissoute dans le
chlorure de carbone ou de chloroforme puis du phénol anhydre. L'huile
de résine donne du rouge pourpre ou rouge violet, en l'absence de toute
trace d'humidité ou d'alcool. Les huiles minérales ne donnent que des
color. brunes à peine violacées. Les huiles végétales donnent pour la plupart des color. du bleu au pourpre mais à un degré moindre. Cette réaction demande de la pratique pour en tirer des conclusions (1).

Halphen (*Huile de graines de coton*). — Mélanger parties égales d'huile
à essayer, d'alcool amylique et de sulfure de carbone renfermant 1 0/0
de soufre en solution. Plonger à moitié le tube dans une sol. bouillante
de sel de cuisine : Une coloration rouge plus ou moins intense se développe au bout de 1/4 d'heure.

Halphen (*Huiles siccatives et huiles d'animaux marins dans les mélanges*).
— Il s'agit non d'une simple réaction mais d'une méthode complète très
intéressante que nous devons nous borner à signaler. Consulter l'article
original dans les *Annales de chimie Analytiques* 1902, pages 5 et 54.

Hamilton (*Hématoxyline*). — Le R. se prépare avec : hématoxyline,
12 gr. ; alun d'ammoniaque, 50 gr. ; glycérine, 65 gr. ; Eau dist., 130 cc.

(1) Voir *Ann. de chimie analyt.* 1903, p. 9.

Faire bouillir et ajouter à chaud 5 cc. d'ac. phénique. Exposer à la lumière solaire pendant 1 mois et filtrer.

Hamlin (*Alcaloïdes*). — On obtient des réact. colorées en traitant les alcaloïdes par l'ac. sulfurique et le bichromate de potasse, puis par le chlorure de chaux (1).

Hammarsten (*Caféine dans l'urine*). — Ajouter 10 gouttes d'SO^4H^2 dilué à 500 cc. d'urine et évaporer à basse temp. 40° C. Mélanger le résidu avec 120 cc. d'alcool à 90 0/0 et laisser en repos 12 heures, filtrer et évaporer l'alcool. Agiter le résidu avec la moitié de son propre volume de benzène, à 3 ou 4 reprises et ajouter à l'extrait de l'eau de chlore et de l'ammoniaque : la caféine (ou théine) se manifeste, si elle est présente par une color. violette.

Hammarsten (*Distinction de la globuline dans les urines albumineuses*). — Une sol. saturée de sulfate de magnésie, ou mieux, un excès de cristaux de ce sel ppte la globuline.

Hammarsten (*Indican dans l'urine*). — Mélanger l'urine avec un vol. égal d'HCl fumant, ajouter qq. gouttes de chlorure de chaux et extraire par le chloroforme : celui-ci s'empare de l'indigo produit par l'action de l'acide sur l'indican et se colore en bleu plus ou moins intense suivant la proportion d'indican. Il faut, sachant cela, éviter un excès d'hypochlorite qui décolorerait l'indigo. Voir R. de Jaffe.

Hammarsten-Robert (*Thymol*). — Le thymol donne par l'ac. sulfurique additionné d'ac. acétique, en chauffant, une color. violet-rougeâtre.

Hang (*Boro-carmin acétique*). — Faire bouillir 300 cc. d'eau avec 4 gr. de borax et 2 gr. de carmin ; lorsque 50 cc. sont évaporés, laisser refroidir et dans le mélange encore tiède ajouter 15 cc. d'ac. acétique à 10 0/0.

Hansen (*Solution d'hématéine*). — Dissoudre 1 gr. d'hematoxyline crist. dans 10 gr. d'alcool absolu et mélanger à une sol. de 20 gr. d'alun dans 200 cc. d'eau. Chauffer à l'ébullition avec 3 cc. de permanganate en agitant jusqu'à ce que la liqueur prenne une col. violet rougeâtre foncée. Après refroidissement la liqueur est prête pour l'emploi.

Hanstein (*Coloration à l'aniline*). — Ce sont deux très vieilles for-

(1) Voir *Proced. Am. Pharm. Assoc.* 1881.

mules : 1º part. égales de violet de methyle et de fuchsine ; 2º 1 part. de violet pour 2 p. de fuchsine. Dissoudre dans l'alcool à 90 0/0 pour avoir une liqueur concentrée.

Hantsch (*Milieu de montage*). — Solution alcoolique de glycérine, 20 0/0, dans l'alcool à 60 0/0.

Hanus (*Solution d'iode*). — Ce R. est employé pour le dosage de l'indice d'iode. C'est une sol. de monobromure d'iode à 2 0/0 dans l'ac. acétique glacial. Il présente sur celui de HUBL l'avantage de n'être pas altérable.

Harley (*Uro-hématine*). — Diluer l'urine de 24 heures au volume de 1 litre et demi ou la concentrer si le vol. est plus grand. Mélanger 4 vol. d'urine avec 1 vol. d'ac. nitrique et laisser réagir : il se développe une col. rose, cramoisie ou pourpre s'il y a un excès d'uro-hématine. Faire la même réaction en chauffant le mélange, laissant refroidir et agitant avec de l'éther qui se colore après repos en rouge s'il y a un excès d'uro-hématine.

Harris (*Hémo-alun*). — On fait bouillir, pour l'oxyder, une sol. de 0 gr. 5 d'hématoxyline et 10 gr. d'alun dans 100 cc. d'eau avec 0 gr. 25 d'oxyde mercurique. On filtre. Possède l'avantage d'une préparation rapide.

Harrisson (*Glucose*). — C'est une amélioration au dosage du sucre par la liqueur de FELHING. On sait que la fin de la réaction est toujours difficile à saisir. L'auteur propose comme indicateur très sensible l'iodure de potassium amidonné qui se colore en bleu, à la touche, tant que la liqueur renferme du cuivre non réduit. La liqueur de FELHING même étendue au 1/20.000 donne encore la coloration nettement.

Haslam (*albumine*). — Acidifier par l'ac. acétique l'urine à essayer et lui superposer une couche de perchlorure de fer : on obtient un anneau blanchâtre à la zone de contact.

Hassalt (*Aconitine*). — Color. violette en dissolvant l'alcaloïde dans l'ac. phosphorique sirupeux et évaporant doucement.

Hatchett (*Cuivre*). — Le cuivre, même à l'état de traces, donne un ppté brun (brun d'Hatchett) par l'ac. ferrocyanhyrique ou les ferrocyanures alcalins.

Hauchecorne (*Huile de graines de coton dans l'huile d'olive*). — Chauffer 6 gr. d'huile avec 2 gr. d'ac. nitrique pur à 40º Bº au B. M. pendant

2 min. : l'huile pure devient plus claire ou n'est pas modifiée ; elle se solidifie en l'espace de 24 heures en une masse couleur chair. L'huile falsifiée
prend une color. brun-orangé rouge. L'ac. nitrique doit être exempt de
vapeurs nitreuses.

Haug (*Boro-carmin-aluné*). — On fait bouillir pendant quelque temps
1 gr. de carmin, 1 gr. de borax et 100 cc. d'acétate d'alumine à 5 0/0. Filtrer ; employer au bout de qq. semaines de maturation.

Haug (*Solution décalcifiante*). — Dissoudre 1 gr. de phloroglucine dans
10 cc. d'ac. nitrique D = 1,4 et chauffer très légèrement. Diluer avec
100 cc. d'eau et ajouter à nouveau 10 cc. d'ac. nitrique. On peut opérer
avec de l'ac. chlorhydrique au lieu d'ac. nitrique. Dans ce cas on ajoute
du chlorure de sodium 0,5 0/0.

Haug (*Carmin à la lithine*) — On fait bouillir 1 gr. de carmin, 2 gr.
d'NH⁴Cl et 100 cc. d'eau, on ajoute 15 cc. d'ammoniaque et 0 gr.5 de carbonate de lithine. Filtrer.

Haug (*Color. à l'hématoxyline*). — On dissout 1 gr. d'hématoxyline
dans 10 cc. d'alcool et 200 cc. de sol. à 5 0/0 d'acétate d'alumine. On
ajoute après maturation du mélange qq. cc. de sol. conc. de carbonate de
lithine. Cette sol. s'emploie pour la color. des nerfs et des noyaux.

Hay (*Bile*). — Voir la R. de HAYCRAFT.

Haycraft (*Acides biliaires*). — Il est nécessaire d'opérer sur l'urine
n'ayant pas encore fermenté. On projette à la surface de l'urine une pincée
légère de fleur de soufre : si, au bout de 5 minutes, d'après CHAUFFARD et
GOURAND aucune particule de soufre n'a gagné le fond du verre, la
réaction est négative. Si, au contraire, le soufre gagne le fond cela indique la présence des acides biliaires. Cette réaction qui dépend de la *tension superficielle* de l'urine n'est pas certaine parce que d'autres facteurs
que les acides biliaires peuvent abaisser cette tension.

Hayem (*Solution pour fixer les éléments figurés du sang*). — Chlorure
mercurique, 0 gr. 50 ; chlorure de sodium, 1 gr. ; sulfate de soude, 5 gr. ;
dissoudre dans 200 cc. d'eau distillée.

Hefelmann (*Macis de Bombay*). — L'acétate basique de plomb donne
un ppté blanc avec l'extrait alcoolique de macis vrai ; avec le macis de
Bombay le ppté est coloré en rouge. WAAGE qui s'est occupé aussi du
macis n'accorde qu'une faible valeur dans certains cas à cette réaction.

Hegler (*Coloration de la lignine*). — Les préparations sont plongées dans l'alcool puis traitées par une sol. alcoolique de sulfate de thallium : la lignose est colorée en jaune-orangé ; la cellulose et l'écorce ne sont pas colorées.

Hehn (*Réactif de — pour les essences et les résines*). — Le R. se prépare en saturant de chlore gazeux 100 cc. d'alcool ; on chasse une partie de l'ac. chlorhydrique produit par la réaction en distillant, puis on ajoute de l'ac sulfurique et on distille le métachloral formé. Deux gouttes de celui-ci qui constitue le R., mis en contact avec 1 goutte de certaines essences ou résines donne des réactions colorées caractéristiques. (1) Ex : l'essence de Myrrhe ou le résidu de l'extrait éthéré donnent une col. violet-rouge.

Hehner (*Indice d'acidité*). — L'indice de HEHNER dont il est souvent fait usage en analyse indique la quantité d'acides gras insolubles renfermés dans 100 gr. de graisse.

Hehner (*Formol*). — A la sol. suspecte ajouter une goutte de sol. de phénol et superposer à une couche d'ac. sulfurique conc : il se produit une zone de réaction rouge-carmin. Dans le lait, il suffit d'ajouter de l'ac. sulfurique concentré : une col. bleue se développe. On peut de préférence faire la réact. sur le distillatum, en présence d'une trace de perchlorure de fer ou d'un oxydant.

Hehner (*Acides minéraux dans le vinaigre*). — Cette méthode est assez élégante ; elle permet le dosage. Mesurer 50 cc. de vinaigre et y ajouter 25 cc. d'alcali déci normal pour fixer les acides minéraux ; évaporer à sec et calciner. Refroidir, ajouter 25 cc. d'acide déci-normal qui saturent les 25 cc. d'alcali précédents et remettent en liberté les acides minéraux préexistants ; expulser CO^2 par ébullition, filtrer, laver le filtre et titrer l'acidité qu'on évalue en SO^4H^2. Le vinaigre pur donne toujours des cendres légèrement alcalines. (Il ne faut pas perdre de vue que les sels organiques laissent un résidu de carbonate qui vient altérer le chiffre d'acidité en le diminuant. On pourrait rendre l'essai plus concluant en évaporant le vinaigre à sec et calcinant sans addition d'alcali : s'il existe un acide minéral libre il déplace les sels organiques de leurs combinaisons bitartrate, acétate, et le résidu de la calcination renferme un sel neutre et pas de carbonate alcalin).

____

(1) Voir. *Analyse des plantes*, de DRAGENDORF.

Heidenhain (*Solution fixante*). — Solution de bichlorure de mercure saturée dans le chlorure de sodium à 0,5 0/0.

Heidenhain (*Méthode à l'hématoxyline*). — Cet auteur emploie 2 solutions : *a*) sol. de 1 gr. d'hématoxyline dans 300 cc. d'eau ; *b*) sol. de 1 gr. de chromate de potassium dans 200 cc. d'eau. Les préparations de petites dimensions préalablement durcies dans l'ac. picrique ou dans l'alcool sont plongées dans la première solution pendant 12 à 24 h. puis pendant le même temps dans la seconde. Laver à l'eau, déshydrater dans l'alcool et monter à la paraffine.

Heidenhain (*Méthode à l'hématoxyline ferrugineuse*). — On plonge les préparations d'abord pendant 1 à 3 h. dans une sol. à 3 ou 4 0/0 d'alun de fer ; on lave à l'eau puis on colore dans l'hématoxyline à 0,5 0/0 aqueuse. Rincer et plonger à nouveau pendant 1/2 à 1 h. dans la sol. de fer. On peut en outre faire une double color. si on veut dans une sol. faible de rouge Bordeaux ou de bleu d'aniline, avant le premier traitement au fer.

Heidenhain (*Albumine*). — L'albumine agit comme mordant sur les sol. de couleur d'aniline. Le *violet-noir* en sol. légèrement acide, même avec les sol. diluées au 1/60.000 0 gr. 017 par litre, donne un ppté floconneux coloré. Un trop grand excès d'acidité empêche la réaction.

Heidenhain (*Carmin neutre*). — Même formule que celle de Beale, en supprimant l'alcool et neutralisant après préparation par addition d'ac. acétique étendu ou en chassant l'ammoniaque en excès par évaporation au B. M.

Heidenreich (*Huiles*). — On observe différentes col. en mélangeant 15 gouttes d'huile avec 2 gouttes SO^4H^2 conc.

Heinrich (*Glucose*). — Le R. se prépare en dissolvant 18 gr. d'iodure mercurique dans 25 gr. de KI, ajoutant de la potasse et de l'eau pour faire un litre.

Heise (*Kermès dans les vins*). — Agiter 20 cc. de vin avec 10 cc. d'alun à 10 0/0 et 10 cc. de carbonate de soude à 10 0/0 également. Neutraliser exactement par le carbonate de soude. Le filtrat donne les réact suivantes s'il renferme du kermès : l'alcool amylique n'extrait pas la mat. colorante en sol. acide ou alcaline ; une sol. acidulée par l'ac. acétique n'est pas modifiée par le bisulfite de soude ni coloré en jaune par la soude caustique. La matière colorante des betteraves rouges donne les mêmes réactions.

Helbing (*Strophantine*). — En présence d'ac. sulfurique, le perchlorure de fer précipite les sol. de strophantine en brun-rouge ; le ppté devient peu à peu verdâtre.

Helch (*Pilocarpine*). — En présence de l'acide sulfurique, du bichromate de potasse et de l'eau oxygénée la pilocarpine donne une color. violette soluble dans le benzène. La réact. est très sensible et caractéristique. WANGERIN a indiqué quelques modifications à cette réaction.

Helch (*Apomorphine*). — Cette réact. permet de distinguer l'apomorphine de la morphine. En traitant par une sol. de bichromate l'apomorphine s'oxyde immédiatement et il se produit une color. qui passe dans les dissolvants organiques et les colore en violet. La morphine ne donne rien. Voir WANGERIN.

Held (*Coloration des bactéries*). — 1⁰ sol. de 1 gr. d'erythrosine dans 150 gr. d'eau additionnée de 2 gouttes d'ac. acétique ; 2⁰ mélange par parties égale d'une sol. d'acétone à 5 0/0 et de réactif de NISSL, au bleu de méthylène.

Held (*Solution fixante*). — On dissout 1 gr. de sublimé dans 100 gr. d'acétone purifiée.

Heller (*Hémoglobine*). — L'urine rendue fortement alcaline par la potasse caustique donne à l'ébullition, en présence d'hémoglobine, un ppté de phosphates terreux colorés en rougeâtre.

Heller (*Indican dans l'urine*). — Mélanger 5 cc. d'urine avec 2 cc. d'HCl conc. en agitant constamment : une color. violette ou bleue se développe lorsqu'il y a beaucoup d'indican. S'il y avait en même temps de la bile il faudrait l'enlever par défécation à l'acétate de plomb ; on obtient une zone bleue en superposant l'urine à de l'acide nitrique ou chlorhydrique ; cette dernière façon d'effectuer la réaction est plus sensible que la première.

Heller (*Albumine*). — L'urine superposée à de l'ac. nitrique chaud ou froid donne une zone blanche trouble. C'est une des réactions les plus sensibles des matières albuminoïdes.

Heller (*Pigments biliaires*). — Mélanger 6 cc. d'HCl avec de l'urine et sur ce mélange faire la Réaction de GMELIN.

Heller-Teichmann (*Sang dans l'urine*). — Chauffée vers l'ébullition avec une goutte d'ac. acétique l'urine qui renferme du sang donne naissance à un coagulum plus ou moins accentué suivant la quantité de sang et de coloration brun rougeâtre. Si on ajoute alors un peu de soude caustique au liquide trouble il s'éclaircit tout d'abord puis donne un ppté de phosphate terreux qui se colore en rougeâtre foncé sale par la mat. col. du sang. En outre le liquide est légèrement brun-rougeâtre par transmission et verdâtre par reflexion.

Helvig (*Solanine*). — Un mélange d'alcool et d'ac. sulfurique forts donne une col. rouge cerise.

Hendrix (*Essence de santal*). — Mélanger 10 c. d'essence avec **3 ou 4** gr. de solution phéniquée alcoolique à **25** 0/0, ajouter 1 gr. HCl. conc. et agiter : L'essence de santal pure donne à la zone de contact une color. jaune ; le copahu donne du mauve ; l'huile de cèdre donne du brun et une sol. laiteuse.

Hending (*Liquide pour examen des ovules*). — Eau distillée, 80 cc. ; glycérine, 16 cc. ; ac. formique, 3 cc. ; ac. osmique à 1 0/0, 1 cc. ; Dahlia, 0,04 gr.

Henneguy (*Méthode au permanganate*). — Traiter les coupes pendant 5 min. dans le permanganate de potasse à 1 0/0. Laver alors à l'eau et colorer à la safranine, au violet gentiane, à la rubine ou à la vésuvine.

Henocque (*Procédé de color. à l'or*). — Plonger dans une sol. de chlorure d'or à 0,5 0/0 ; laver bien à l'eau pendant plusieurs heures puis plonger pour faire la réduction dans une sol. presque satur. d'ac. tartrique chauffée à 40 ou 50° C.

Henry-Humbert (*Iodures et bromures*). — Ppter les deux halogènes par l'azotate d'argent, recueillir le ppté et le mélanger à une sol. de cyanure d'argent et faire passer un courant de chlore : l'iode et le brome sont mis en liberté en même temps que du CN et se combinent pour donner de l'iodure et du bromure de cyanogène.

Henzold (*Gélatine dans les confitures*). — On dissout la confiture dans l'eau chaude, on filtre et on ajoute un léger excès de bichromate de potasse à 10 0/0 ; on fait bouillir à nouveau et on refroidit rapidement. En ajoutant maintenant 2 gouttes ou 3 (pas davantage) d'NO³H conc. on obtient un ppté blanc floconneux s'il y a de la gélatine en présence. Les confitures pures ne donnent pas de ppté dans ces conditions.

Heppe (*Essences ; — térébenthine, essence de citron*). — Si l'on traite les huiles éthérées par du nitroprussiate de cuivre à l'ébullition, le liquide devient généralement brun et le nitroprussiate prend une coloration foncée. L'essence de térébenthine et l'essence de citron ne donnent pas cette coloration.

Herapath (*Réaction de la quinine*) — Les sol. alcooliques de sulfate de quinine donnent par la teinture d'iode un pplé cristallin d'iodo-sulfate de quinine. Celui-ci séparé en couches minces est vert à la temp. ord. et brun rougeâtre à + 100° C. Il possède de fortes propriétés polarisantes. On peut rechercher la quinine dans l'urine par cette réaction : on alcalinise 100 cc. d'urine et on extrait avec de l'éther. Le résidu est repris par une goutte d'un mélange de 12 gr. d'ac. acétique, 4 gr. d'alcool et 6 gouttes So^4H^2 étendu ; on ajoute ensuite une goutte de teinture d'iode et on examine au microscope

Herbst (*Atropine*). — En présence d'ac. sulfurique, d'eau, et d'un oxydant (bichromate ou molybdate) il se développe une odeur d'amandes amères.

Hermann (*Mélange platino-osmio-acétique*). — Se prépare avec 15 part. de sol. à 1 0/0 de chlorure de platine, 1 part. d'ac. acétique glacial et 3 part environ d'ac. osmique en sol. à 2 0/0.

Hermann (*Coloration des tubercules*). — Plonger les préparations dans la sol. d'HERMANN (ci-dessus) pendant 1 minute puis pendant 4 à 5 secondes dans l'ac. nitrique à 10 0/0. Laver dans l'alcool à 95 0/0, puis colorer à l'éosine en sol. à 1 0/0 dans l'alcool à 50 ou 60 0/0 ; laisser en contact 1/2 min. seulement.

Hermann (*Violet au carbonate d'ammoniaque*). — Faire une sol. de carbonate d'ammoniaque à 1 0/0 et y ajouter une sol. de violet cristal à 3 0/0 dans l'alcool absolu en quant. suffisante pour colorer fortement.

Hertel (*Colchicine*). — 1° La colchicine se colore en violet par l'ac. nitrique en présence d'ac. sulfurique conc. En ajoutant de la potasse ensuite, col. rouge ; 2° Le perchlorure de fer donne une color. vert foncé (1).

Hertwig (*Mélange pour macération*). — Mélanger part. ég. d'ac. osmique à 0,05 0/0 et d'ac. acétique à 0,2 0/0. Les méduses sont traitées pendant 2 ou 3 min. par ce mélange puis lavées complètement à l'ac. acétique à 0,1 0/0. Après 24 heures de trempage dans cette dernière solution,

(1) *Merck's Reagentien Verzeichniss*, page 60.

laver à fond à l'eau, colorer au carmin de B**EALE** et monter à la glycérine. Pour les actinies qui sont moins délicates employer des solutions deux fois plus fortes et colorer au picro-carmin.

Hertz (*Colorants végétaux étrangers dans le vin*). — Agiter 10 à 15 cc. de vin avec 5 cc. de sol. sat. de tartre émétique : Le vin naturel donne du rouge-cerise aussi bien par transmission que par réflexion ; les colorants végétaux étrangers donnent des tons violets.

Hesse (*Quinidine*). — Dissoudre 0 gr. 50 de quinidine dans 10 cc. d'eau et 0,5 d'iodure de potassium. Après 1 h. filtrer et ajouter 1 goutte d'ammoniaque : il ne doit pas y avoir de ppté (Quinine).

Hesse (*Alcaloïdes de l'écorce de quinquina*). — Ces alcaloïdes peuvent se distinguer en mettant à profit qu'ils sont moins solubles dans l'éther que la quinine tandis que leurs sulfates sont plus solubles dans l'eau que celui de quinine. On prend 0 gr. 50 de sulfate de quinine, 10 cc. d'eau à 50° C. et on agite pendant 1/4 d'heure. On filtre, on mesure 5 cc., on y ajoute 1 cc d'éther D = 0,7203 et 5 gttes d'ammoniaque D = 0,96. La présence de quinidine, cinchonine, etc., est indiquée immédiatement par une pptation graduelle de petits cristaux dans la couche éthérée.

Heuschen (*Amygdaline*). — Réduire la substance en poudre fine, ajouter un peu de craie, un peu de farine de seigle grossière, de l'eau et de la levure. S'il y a de l'amygdaline il se dégage de l'ac. cyanhydrique reconnaissable à son action sur le papier au gaïac et au cuivre (col. bleue).

Heut (*Différentiation de la conine de la nicotine*). — Ajouter au liquide à essayer 1 goutte de phtaléine du phénol alcoolique : avec la nicotine pas de réaction, avec la conine color. rouge ; l'addition du chloroforme exagère la sensibilité de la réaction.

Heydenreich (*Huile de graines de coton dans l'huile d'olive*). — Laisser tomber dans SO^4H^2 pur qq. gouttes d'huile et observer la color. : avec l'huile d'olives pure, la zone de contact est vert-jaunâtre ; avec l'huile plus ou moins mélangée d'huile de graines de coton la color. est jaune-orangé ou brunâtre.

Hikson (*Méthode à l'hématoxyline et à l'éosine*). — Colorer les préparations sur lamelles pendant 1 heure dans une sol. conc. d'éosine dans l'alcool à 90 0/0, laver à l'alcool et plonger ensuite pendant 20 min. dans une sol. étendue d'hématoxyline.

Hertzberg (*Examen du papier*). — Le réactif est une sol. diluée d'iode dans l'iodure de K. La pulpe de bois, et de jute donnent une color. jaune citron; le lin, le chanvre, et le coton une col. brune ; le bois, la cellulose, la paille et l'esparto restent incolores. Avant d'appliquer le réactif on désagrège le papier dans une sol. diluée de potasse et on lave ensuite la pulpe à l'eau. Le jute et le lin en outre se colorent en jaune par l'iode dissous dans le chlorure de zinc, tandis que la cellulose donne du bleu.

Herxheimer (*Hematoxyline*). — Sol. d'hématoxyline à 2 0/0 environ dans l'alcool à 50 0/0, additionnée de 2 0/0 de sol. saturée aqueuse de carbonate de lithine.

Herzberg (*Papier réactif*). — Papiers au rouge-congo, l'un bleu, l'autre rouge. Donne du rouge par les acides, et du bleu par les alcalis. Connu également sous le nom de RIEGEL.

Herzfeld-Reischauer (*Saccharine*). — On fond avec de la potasse le résidu de l'extraction à l'éther, en présence de nitrate de potasse. Les produits d'oxydation renferment du sulfate alcalin que l'on ppte et dose. On calcule la saccharine d'après ces résultats (*Merck's Réag. Verzeichnis*, p. 62).

Herzig-Zeisel (*Dirésorcine*). — Cette réact. permet de rechercher la dirésorcine dans la phloroglucine. On chauffe 1 gr. de mat. à essayer avec 1 cc. SO^4H^2 et 2 cc. d'ac. acétique glacial au B. M. ; en présence de dirésorcine on obtient une color. violette. Sensibilité 1 : 250.

Heurck (**Van**) (*Liquide de montage*). — L'auteur emploie le monobromure de naphtaline.

Hilger (*Lanoline*). — On fond 2 gr. d'hydrate de chaux avec 0 gr. 10 de lanoline sans carboniser ; on reprend par 5 cc. d'eau et on extrait par 5 cc. de chloroforme. Ce dernier est ensuite superposé à une couche d'ac. sulfurique conc : on obtient une zone rouge foncé caractéristique de la cholestérine.

Hilger (*Albumine*). — Le ferrocyanure de potassium ppte l'albumine en acidifiant auparavant par qq. gouttes d'ac. acétique.

Hilger (*Arsenic*). — Ajouter un excès d'HCl conc. et un excès d'eau iodée puis qq. fragments de zinc pur et essayer le gaz qui se dégage au papier au nitrate d'argent : col. brune ou noire. Voir les autres réact. similaires.

Hilger (*Alcaloïdes*). — Le R. indiqué déjà par plusieurs autres auteurs est une sol. d'iode dans l'iodure de potassium.

Hilger (*Pigments biliaires*). — On ppte les pigments biliaires par l'hydrate de baryum, recueille le ppté, le lave et l'essaye : Avec de l'alcool et qq. gouttes SO^4H^2 le ppté devient blanc et la sol. devient verte ; avec l'acide nitrique *nitreux* on obtient du vert et du bleu.

Hilger-Mai (*Kermès dans les vins*). — Mélanger le vin avec qq. gouttes de sol. d'iode dans l'iodure de potassium, laisser agir 2 heures, filtrer et ajouter au filtrat de l'hyposulfite de soude. Les vins naturels sont décolorés ; le kermès reste coloré en rouge, inaltéré par l'ac. sulfurique.

Himmel (*Rouge neûtre*). — On prépare une sol. aqueuse saturée à froid de rouge neûtre. Pour l'emploi on dilue 1 cc. de cette sol. dans 100 cc. de solution physiologique de sel marin (serum).

Himmelmann (*Arsenic*). — Modification à la méthode de Marsh. Au lieu d'ac. sulfurique on emploie une sol. ammoniacale de chlorhydrate d'ammoniaque traitée à douce température par de la poudre de zinc et de fer pur. Le liquide contenant l'arsenic est rendu alcalin avant d'être versé dans l'appareil.

Himly (*Gaz combustible dans l'eau*). — Prendre 500 cc. d'eau, y ajouter de l'eau de chlore, exposer au soleil puis enlever l'excès de chlore en ajoutant soit du mercure soit de l'ox. de mercure. Si l'eau dégage une odeur aromatique de chlorure d'éthylène ou de composé similaire on peut conclure à la présence de gaz combustibles.

Himly (*Substances minérales dans les farines*). — Agiter la farine avec du chloroforme ; les substances minérales, plus denses, se déposent seules, Examiner le sédiment.

Himly (*Froment huilé*). — On huile quelquefois le blé en grains — avec une trace d'huile seulement — pour lui donner plus belle apparence. L'auteur agite le grain avec de la poudre à bronzer ; en frottant les grains avec un papier filtre, ceux qui sont huilés retiennent seuls la poudre de bronze.

Hintenberger (*Atropine*). — Il se développe une col. rouge sang en faisant passer un courant de cyanogène dans une sol. alcoolique d'atropine.

Hirschfeld (*Hydrate de chloral*). — Les sol. d'hydrate de chloral se colorent en rouge pourpre par le sulfure de calcium (*Merck's Réagents Verzeichnis*, p. 63).

Hirchshausen (Von) (*Hydrastine*). — Une sol. sulfurique d'ac. vanadique se color. en rouge par l'hydrastine, passant à l'orangé puis pâlissant graduellement.

Hirschsohn (*Acétaniline*). — Par l'eau de brome en léger excès il y a formation de parabromacétaniline peu soluble. Cette réact. permet de rechercher l'acétaniline dans la phénacétine.

Hirschsohn (*Cholestérine*). — En traitant la cholestérine par une sol. à 10 0/0 d'ac. trichloracétique on obtient au bout de plusieurs heures une color. violette qui fonce lentement La réact. est plus rapide à chaud ; au bout de 24 h. la col. devient bleue.

Hirchsohn (*Aloès*). — Distinction des différentes variétés. — Comme réaction générale, une goutte de sulfate de cuivre et une goutte d'eau oxygénée dans 10 cc. d'une sol. au 1/1000 d'aloès donnent à l'ébullition une coloration rouge framboise avec toutes les variétés d'aloès.

L'aloès des Barbabes, celui de Curaçao, de Zanzibar et du Natal donnent en sol. au 1/1000, en ajoutant 1 goutte de ferricyanure de potassium à 5 0/0 à 10 cc. et filtrant une sol ou jaunâtre ou rose.

L'aloès des Barbabes et de Curaçao donnent avec le sulfate de cuivre et le sulfocyanure de K une col. rouge framboise à froid, qui s'accentue beaucoup en chauffant.

L'aloès de Natal bouilli avec du borax donne une color. rouge.

La teinture d'aloès après avoir été exposée qq. temps à la lumière solaire perd la propriété de donner la réaction générale du sulfate de cuivre avec l'eau oxygénée.

Hirschsohn (*Huile de graines de coton*). — Chauffer 5 cc. d'huile pendant 20 min. au B. M avec 6 à 10 gouttes d'une sol. de chlorure d'or dans le chloroforme à 0,5 0/0 : l'huile de coton développe une col. rouge.

Hirschsohn (*Distinction des différents goudrons végétaux*). — L'auteur emploie en première ligne l'ec. acétique à 95 0/0 comme dissolvant, puis l'essence de térébenthine française, l'éther de pétrole, le chloroforme, l'éther, l'aniline, et l'huile d'olive.

Il rapporte ses observations aux 5 goudrons suivants ; on peut évidemment par des essais personnels en étendre le nombre. Il les divise en 2 classes:

la première comprend les goudrons *entièrement* solubles dans l'ac. acétique à 95 0/0, la seconde ceux qui sont *incomplètement* solubles.

A. — Complètement solubles dans l'ac. acétique à 95 0/0.

a) L'essence de térébenthine française le dissout entièrement ; l'éther de pétrole donne un extrait qui se colore en verdâtre en l'agitant avec une sol. au 1/1000 d'acétate de cuivre. Le chloroforme et l'éther absolu le dissolvent entièrement..... *Goudron de pin.*

b) L'essence de térébenthine ne le dissout que partiellement ; l'extrait à l'éther de pétrole ne se colore pas par l'acétate de cuivre ; l'éther absolu et le chloroforme ne le dissolvent pas entièrement..... *Goudron de hêtre.*

B. — Incomplètement solubles dans l'ac. acétique à 95 0/0.

a) L'essence de térébenthine le dissout complètement :

1) L'aniline le dissout complètement ; l'extrait aqueux (1 : 20) donne une col. rouge par le perchlorure de fer au 1/1000.... *Goudron de genièvre.*

2) L'aniline ne le dissout pas complètement ; l'extrait aqueux se colore en vert par le perchlorure de fer..... *Goudron de bouleau.*

b) L'essence de térébenthine ne le dissout que partiellement. Le benzène, le chloroforme, l'éther et l'huile d'olive ne le dissolvent que partiellement .... *Goudron de tremble.*

Hirschsohn (*Sang dragon*). — Cette résine donne un extrait alcoolique de couleur rouge pur très caractéristique ; les autres résines, les plus colorées sont au plus jaune-rougeâtre.

Hirschsohn (*Huiles dans le copahu*). — Faire bouillir 40 gouttes de baume avec 2 cc. de potasse ou soude alcoolique à 20 0/0 (Alcool à 95 0/0). Par refroid. la présence de l'huile se révèle par un ppté gélatineux ou un trouble ; le baume de copahu pur mélangé avec 3 vol. d'alcool à 90 0/0 doit donner un mélange duquel ne se sépare pas de globules gras.

Hirschsohn (*Baume de gurjun dans le copahu*). — 1° On fait bouillir 1 vol. de baume à essayer, 3 vol. d'alcool à 95 0/0 et 1 gr. de chlorure stanneux crist. jusqu'à solution complète. L'addition de baume de gurjun se manifeste par une col. rouge, qui passe au bleu au bout de qq. temps. Agiter 2 ou 3 gouttes de baume avec 2 cc. d'un mélange d'ac. sulfurique 1 avec de l'éther acétique 5 : coloration violette. Ces réactions permettent de retrouver le baume de gurjun dans le copahu.

Hirschsohn (*Benjoins*). — L'ac. sulfurique conc. donne : avec le benjoin de Siam, une col. rouge cerise, avec les autres sortes du brun rougeâtre. En adjoignant de l'alcool à la réaction on obtient : avec le benjoin de Siam, une sol. limpide et violette qui ppte par l'eau des flocons violet-rouge ; avec le benjoin de Sumatra, une sol. violet-rougeâtre et par l'eau des flocons violet-sale, avec le benjoin de Penang, même réaction qu'avec celui de Sumatra.

Hirschsohn (*Baume du Pérou*). — Le baume chauffé au B. M. pendant 1/2 h. avec son volume d'eau de chaux ne doit pas se solidifier. Un vol. de baume et 4 vol. d'ac. acétique à 80 0/0 doit donner une sol. opalescente ou trouble qui ne doit pas abandonner de gouttes huileuses au bout de 2 heures. L'extrait à l'éther de pétrole évaporé ne doit pas se colorer en bleu-verdâtre ou vert par l'acétate de cuivre au 1/1000. Le résidu non extrait par l'éther de pétrole ne doit pas se colorer par l'HCl, D = 1.19.

Hirschsohn (*Alcaloïdes, spécialement quinine et quinidine*). — La réaction de HIRSCHSOHN s'effectue avec 2 ou 3 gouttes d'eau oxygénée faible (à 2 0/0) et 1 goutte de sulfate de cuivre à 10 0/0. On opère sur l'alcaloïde en sol. neutre, chlorure ou sulfate. Par ébullition il se développe une coloration framboise très intense, passant au violet bleuâtre, puis au bleu et graduellement au vert. La limite de sensibilité est de 1/10.000 (0 gr. 100 dans un litre). Un grand nombre de substances ne donnent pas de coloration du tout par cette réaction ; d'autres donnent une teinte jaune ou brune. La thalline donne une teinte rouge pelure d'ognon, la kairine, bleue intense et l'asparagine, bleu-clair. La color. rouge framboise est donc caractéristique ; l'euquinine, seulement, la donne aussi mais très faiblement.

Hirschsohn (*Résine commune dans la résine de gaïac et dans le baume de tolu*). — On pulvérise finement la matière et on l'agite pendant 1/4 d'heure avec 4 ou 5 fois son poids d'éther de pétrole ; on filtre et on agite le filtrat avec une sol. aqueuse d'acétate de cuivre qui ne doit pas le colorer en vert. S'il y a de la résine, col. verte.

Histed (*Aloïnes*). — En mélangeant avec quelques gouttes d'ac. sulfurique quelques grains de barbaloïne et ajoutant une trace d'acide nitrique on obtient une coloration rouge. — La nataloïne dans les mêmes conditions donne une col. bleue, qui passe au rouge plus tard.

Hœhnel (**Von**) (*Lignine*). — Une sol. saturée de phénol dans l'ac. chlorhydrique fumant colore la lignine en vert.

Hœhnel (**Von**) (*Soie*). — Le réactif est une sol. saturée d'ac. chromique étendue de son propre volume d'eau. La soie de murier rouge est dissoute en moins d'une minute par cette solut. à chaud ; la soie sauvage (tussah) reste insoluble ; la laine de mouton se dissout comme la soie.

Hofer (*Solution anesthésiante*). — Dissoudre un sel d'hydroxylamine, sulfate ou chlorure dans l'eau, neutraliser la sol. par un carbonate alcalin et diluer pour avoir 1 0/0 de base organique. On dilue pour l'emploi suivant les organismes à tuer.

Hofmann (*Acide cyanurique*). — En évaporant doucement une sol. d'ac. cyanurique avec quelques gouttes de soude, on obtient à chaud, de petits cristaux en forme de fines aiguilles de cyanurate de soude, qui disparaissent à froid par redissolution, si la sol. n'est pas trop concentrée (*Merck's Réagent. Verzeichnis*, p. 65).

Hoffmann (*Albumines et phénols*). — Le R. est une sol. de nitrate mercurique contenant une trace d'acide nitreux en liberté. Il donne avec ces corps des réact. colorées analogues à celles du R. de MILLON. La tyrosine fournit à chaud une col. et un ppté rouges.

Hoffmann (*Distinction des alcaloïdes et des sels d'aniline*). — Les sels d'aniline se distinguent en ce qu'ils ne pptent pas par l'iodure de potassium, par l'iodure de potasium et de cadmium, ni par l'iodure potassomercurique ; mais ils pptent par une sol. de phosphomolybdate de soude dans l'ac. sulfurique ou dans l'ac. oxalique : le ppté est d'abord jaune, puis bleu, et est sol. également dans l'NH^3 en donnant du bleu. Le bichlorure de mercure alcoolique donne également un ppté, blanc, dans les sol. alcooliques de sels d'aniline. Ce ppté est cristallin et presque entier. insol. dans l'eau. Avec l'ac. nitrique fumant, l'aniline donne une col. bleue foncée qui devient jaune et finalement rouge en chauffant.

Hoffmann (*Benzine*). — Chauffer le liquide avec de l'ac. nitrique fumant, dissoudre la nitrobenzine résultant dans l'alcool, ajouter de l'ac. chlorhydrique et du zinc en grenailles. Après réduction essayer l'aniline produite par la réaction ci-dessus, ou par la réaction avec les hypochlorites.

Hoffmann (*Méthode de coloration bleue*). — La solution d'HOFFMANN se prépare avec 1 gr. de bleu de HOFFMANN ; 30 cc. d'eau ; 20 cc. d'alcool ; et 1/2 cc. d'acide acétique crist. Pour teindre les noyaux cellulaires y plonger les préparations pendant 10 min , rincer à l'eau, à l'alcool, déshydrater, clarifier et monter au baume.

Hoffmann (*Sulfure de carbone*). — Le sulfure de carbone donne avec le triéthylephosphine une col. rouge-rosée.

Hoffmann (*Chloroforme*). — Le chloroforme donne naissance à de l'isonitrile en y ajoutant de l'aniline, de l'alcool et de la soude. En chauffant qq. gouttes de chloroforme avec une trace de chlorhydrate d'ammoniaque et de chlorure ferreux et un excès de potasse alcoolique, puis en diluant et acidifiant par HCl on obtient une color. bleu verdâtre.

Hoffmann (*Papier-réactif pour albumine*). — Papier plongé dans une sol. de bichlorure de mercure additionnée d'un excès d'iodure de potassium.

Hoffmann-Schroff (*Différenciation de la morphine et de la papavérine*). Une sol. d'iodure double de cadmium et de potassium donne un ppté caractéristique avec la papavérine, très différent des cristaux aiguillés fournis dans les mêmes conditions par la morphine.

Hoffmann (*Amines primaires*). — Chauffées avec du chloroforme et de la potasse alcoolique elles donnent l'odeur caractéristique de l'isonitrile : voir R. de Hoffmann (Aniline). En évaporant une sol. éthérée d'amine primaire en présence de sulfure de carbone, reprenant par l'eau et faisant bouillir avec du nitrate d'argent, du bichlorure de mercure, ou du chlorure ferrique, il se développe une odeur d'essence de moutarde (iso-sulfure d'allyle).

Hoffmann (*Tyrosine*). — Voir. R. du même auteur (alcaloïdes et albumines).

Hoffmann (*Phénol*). — Superposer le liquide à une couche d'ac. sulfurique conc. et y laisser tomber un petit cristal de nitrate de potasse : color. violette en stries inégales.

Hoffmann-Ultzmann (*Bilifuchsine*). — Une étoffe de lin pur, bien propre, plongée dans l'urine, puis séchée, se colore en brun s'il y a de la bilifuchsine.

Hoffmeister (*Dissolvant de la cellulose*). — Solution de chlorate de potasse dans l'ac. chlorhydrique.

Hoffmeister (*Créatine, créatinine*). — L'ac. phosphotungstique donne un composé soluble et cristallisable avec la créatine ; avec la créatinine, il donne un composé très peu soluble.

Hofmeister (*Peptone dans l'urine*). — Pour séparer la peptone de l'urine qui en renferme on prend 500 cc. d'urine, on y ajoute 10 cc. d'une sol. conc. d'acétate de soude et goutte à goutte du perchlorure de fer jusqu'à color. rouge persistante ; on neûtralise presque complètement l'urine et on la porte à l'ébullition que l'on maintient jusqu'à ce que tout le fer soit ppté à l'état d'acétate basique entraînant avec lui l'albumine coagulée. On filtre. Le filtrat, qui ne doit plus renfermer ni albumine ni fer est additionné de 1/10 de son vol. d'HCl conc. Dans cette sol. on ppte alors les peptones à l'état de combinaison par le réactif phosphotungstique préparé avec :

Tungstate de soude.	200 gr.
Phosphate de soude	120 gr.
Ac. sulfurique conc.	180 gr.
Eau q. s. pour	1000 cc.

Le ppté est recueilli, filtré, lavé avec de l'eau acidulée par 5 0/0 d'SO⁴H² puis trituré avec de l'hydrate de baryte et de l'eau et maintenu une heure au B. M. Les peptones mises en liberté passent en solution, on filtre, ppte par SO⁴H² l'excès de baryte, filtre à nouveau et concentre. Le liquide peut ensuite être caractérisé par les réactions des peptones.

Hoffmeister (*Leucine*). — Chauffer avec du nitrate mercureux : il y a réduction et dépôt de mercure par l'action de la leucine.

Hoffmeister (*Peptone*). — Le réactif suivant précipite les peptones : solution de tungstate de soude dans l'eau chaude acidulée par l'ac. phosphorique, puis additionnée fortement d'HCl. Filtrer après long repos.

Hoggan (*Coloration au chlorure ferrique*). — Imprégner la préparation à teindre d'une solution de nitrate d'argent, laver, déshydrater dans l'alcool, puis plonger 2 min. dans une sol. alcool. à 2 0/0 de Fe²Cl⁶ ; puis traiter par une sol. d'ac. gallique à 2 0/0 dans l'alcool, laisser foncer suffisamment, laver à l'eau et monter à la glycérine.

Hohnel (*Mercure dans l'urine*). — On a proposé un grand nombre de procédés pour la recherche de ce métal dans l'urine. Evaporer 1 litre d'urine à 200 cc. environ ; ajouter 4 gr. de cyanure de potassium et après 1 heure, filtrer et laisser en contact qq. heures avec de petites bandes de cuivre très propre : le mercure se dépose en couche brillante sur le cuivre, et peut y être ensuite facilement caractérisé.

Holde (*Substances insaponifiables dans les graisses*). — Dissoudre la graisse dans une sol. alcool. de potasse en excès à l'ébullition. En diluant avec de l'eau distillée il se produit un trouble s'il existe une substance insaponifiable en quantité appréciable.

Holfert (*Solution fixante et antiseptique*). — L'auteur a proposé l'emploi du formol à diverses concentrations. On a reconnu depuis que c'est un fixateur de mauvaise qualité et les formules mixtes qui en ont été données fournissent de bien meilleurs résultats.

Homberger (*Coloration des gonocoques*). — Une sol. de violet de cresyl à 0,1 par litre colore les gonocoques de NEISSER en violet rouge, les noyaux en bleu faible.

Honsell (*Coloration du bacille smegma*). — Plonger dans une sol. bouillante de fuchsine phéniquée pendant 2 min., rincer à l'eau, sécher, plonger dans une sol. à 3 0/0 d'ac. chlorhydrique dans l'alcool absolu pendant 10 min., rincer à nouveau et faire une contre-coloration dans une sol. saturée de bleu de méthylène dans l'alcool étendu. Le bacille de KOCH seul se colore en rouge, le bacille du smegma est coloré en bleu.

Hoogoliet (*Papier réactif pour les chlorures*). — On prépare une sol. de chromate d'argent dans l'ammoniaque et on y trempe des bandes de papier filtre que l'on fait sécher, après les avoir très rapidement passées dans une sol. faible d'ac. nitrique qui régénère le chromate rouge. En présence des chlorures, ce papier se décolore.

Hopkins (*Méthode de dosage de l'ac. urique*). — Le principe est la pptation à l'état d'urate d'ammoniaque en présence d'un grand excès de NH^4Cl, reprise par l'eau chaude et reprécipitation à l'état d'ac. urique par HCl. On peut soit peser l'ac. urique, soit titrer alcalimétriquement l'urate d'ammoniaque (Les méthodes de pptation directe de l'ac. urique doivent maintenant être abandonnées pour leur longueur, la difficulté fréquente des filtrations et leur inexactitude : solubilité de l'ac urique dans le liquide. La meilleure actuellement connue des autres, et la plus rapide est la précipitation à l'état d'urate d'argent). Il peut être bon de rappeler cependant que l'acide urique n'ayant pas d'action sur le méthylorange on peut titrer, selon HOPKINS, comme il est dit ci-dessus, l'urate d'ammoniaque en le dissolvant dans un vol. connu d'acide décinormal et retitrant par la soude, avec du méthylorange comme indicateur : la quant. d'acide consommée correspond à l'ammoniaque combinée à l'acide urique, par quoi il est facile de calculer ce dernier. 1 cc. de liqueur alcalimétrique décinormale correspond à 0,0168 d'ac. urique.

Hoppe-Seyler (*Pigments biliaires*). — On ppte l'urine par un lait de chaux ; on sépare ensuite la chaux dans le ppté par l'acide carbonique, on filtre et sur le liquide qui contient les pigments séparés, ou sur le ppté on fait les réactions de GMELIN avec l'acide nitrique-nitreux.

Hoppe-Seyler (*Oxyde de carbone dans le sang*). — On mélange le sang avec de la soude caustique conc. : le sang contenant de l'oxyde de carbone combiné demeure rouge vermillon, tandis que le sang normal se décompose et prend une teinte vert-brunâtre.

Hoppe-Seyler (*Xanthine*). — Si l'on superpose une sol. de xanthine à un mélange de $CaCl^2$ et de soude, on obtient une zone colorée en vert foncé, passant rapidement au brun, puis disparaissant.

Hoppe-Seyler (*Santonine dans l'urine*). — Traiter l'urine par la soude caustique : color. rouge, qui disparaît en y ajoutant de l'alcool amylique. L'ac. chrysophanique donne du rouge dans les mêmes conditions, mais cette col. ne disparaît pas par l'alcool amylique.

Hoppe-Seyler (*Phénol*). — Un copeau de bois de sapin se colore en bleu par un mélange de phénol et d'ac. chlorhydrique. Voir R. de TOMMASI. Cette réaction a été mise à profit pour colorer la lignine. Voir HŒHNEL (VON) et d'autres auteurs.

Hoppe-Seyler (*Glucose*). — La R. repose sur la formation d'indigo en chauffant l'urine avec de l'acide ortho-diphénylpropionique. Le R. employé est une sol. de cet ac. à 0,5 0/0 dans la soude. On fait bouillir un excès de réactif avec l'urine. La color. bleue indique la présence du sucre. C'est une des rares réactions pour la recherche de cette substance qui ne repose pas sur ses propriétés réductrices, lesquelles appartiennent à beaucoup de substances. Nous ne connaissons pas sa limite de sensibilité.

Horsfold (*Glycocolle*). — La potasse le colore en rouge brillant en chauffant modérément.

Horsley (*Alcaloïdes*). — Le nitroprussiate de soude donne avec les alcaloïdes des pptés cristallins.

Horsley (*glucose*). — Cet auteur a indiqué une formule de solution cuprique, analogue à celle de FEHLING. En outre, en chauffant du chromate de potasse alcalinisé par la potasse avec une sol. de glucose on obtient une color. verte par réduction.

Horsley (*Morphine*). — Le ferricyanure de potassium donne, au bout seulement de plusieurs heures, une col. rouge. — En ajoutant à une sol. de morphine du nitrate d'argent, chauffant, filtrant pour séparer l'argent réduit et ajoutant de l'ac. nitrique au filtrat on obtient une color. rouge également.

Horsley (*Strychnine*). — Réaction connue par le bichromate et l'ac. sulfurique : violet fugace.

Hosaeus (*Borax ou bicarbonate de soude dans le lait*). — Ajouter 0 gr. 10 d'ac. tartrique à 100 cc. de lait, agiter et chauffer : si le lait ne se caille pas, il y a grande présomption (l'auteur dit certitude !) de la présence de ces antiseptiques (Cette réaction empirique n'a rien de caractéristique).

Houzeau (*Papier réactif pour l'ozone*). — C'est un papier de tournesol rouge dont une moitié seulement est imbibée de Ki. — En présence d'ozone il y a mise en liberté d'alcali libre et le papier vire au bleu La portion non iodurée sert de témoin (absence de gaz alcalin).

How (*Alcaloïdes*). — L'auteur a indiqué plusieurs réactions distinctives pour les alcaloïdes en employant l'ac. sulfurique et le perchlorure de fer (1).

Howie (*Curcuma*). — C'est la R. bien connue de l'acide borique sur la curcumine. Voir aussi R. de MAISCH.

Hoyer (*Masse gélatineuse au bleu de Berlin*). — Dialyser du bleu fraîchement ppté délayé dans l'eau. Diluer la solution dialysée, la chauffer presque à l'ébullition et y fondre de la gélatine puis passer à travers une flanelle.

Hoyer (*Carmin neutre*). — Mélanger 1 gr. de carmin avec 2 cc. d'ammoniaque conc. et 8 cc. d'eau ; chauffer au bain de sable jusqu'à expulsion de l'excès d'alcali et lorsque la color. est revenue au rouge clair, laisser refroidir et filtrer. Au filtrat, qui doit être neûtre, ajouter 6 fois son volume d'alcool absolu et recueillir le ppté rouge clair. Ce ppté doit être redissous dans l'eau au moment de l'emploi. Si on veut conserver cette solution aqueuse on doit y ajouter 2 0/0 de chloral.

Hoyer (*Masse gélatineuse au carmin*). — Se prépare en mélangeant la sol. de carmin neûtre préparée ci-dessus avec volume égal de sol. de gélatine conc. faisant digérer au B. M., ajoutant 5 à 10 0/0 de glycérine et finalement 2 0/0 d'hydrate de chloral. Filtrer sur flanelle.

Hoyer (*Coloration à l'or*). — L'auteur emploie une sol. à 0,5 0/0 de chlorure d'or renfermant également 0,5 0/0 de KCl au lieu de la sol. de chlorure d'or pure utilisée d'ordinaire.

(1) Voir. *Proceed. Am. Pharm. Assoc.* 1878,

Hoyer (*Masse gélatineuse au chromate de plomb*). — Mélanger 1 partie de sol. de gélatine à 20 0/0 et 1 partie de sol. saturée à froid de bichromate de potasse ; chauffer et ajouter 1 part. de sol. sat. à froid d'acétate neutre de plomb. Laisser refroidir en agitant.

Hoyer (*Milieu pour montage*). — Dissoudre de la gomme dans une sol. conc. de chloral renfermant 10 0/0 de glycérine ; on doit obtenir une sol. sirupeuse que l'on filtre sur une flanelle. Cette sol. convient pour les préparations colorées au carmin ou à l'hématoxyline. Pour celles colorées aux couleurs l'aniline d'auteur a indiqué une autre formule : la gomme est dissoute dans une sol. d'acétate de potasse à 50 0/0 ou d'acétate d'ammoniaque préparée en saturant 10 gr. d'NH^3 par l'ac. acétique et complétant le volume de 30 cc.

Hoyer (*Masse d'injection à la gomme-laque*). — Dissoudre de la laque dans l'alcool à 80 0/0 à circonstance sirupeuse et passer dans une mousseline. Colorer avec une couleur d'aniline dissoute dans l'alcool ou avec du vermillon.

Hoyer (*Masse gélatineuse au nitrate d'argent*). — Mélanger une sol. conc. de gélatine avec vol. égal de sol. de nitrate d'argent à 4 0/0 et chauffer ; ajouter très peu d'ac. pyrogallique étendu pour réduire l'argent et finalement ajouter du chloral et de la glycérine comme pour le carmin gélatineux.

Hoyer (*Coloration à l'argent*). — Ajouter de l'ammoniaque à une sol. de nitrate d'argent jusqu'à redissolution exacte du ppté d'oxyde d'argent et diluer pour avoir une sol. à 0,5 — 0,75 0/0.

Huber (*Acides minéraux libres*). — Sol. de parties ég. de molybdate d'ammoniaque et de ferrocyanure de potassium. Les ac. minéraux donnent avec ce R. un trouble rouge ou un ppté brun suivant la quant. présente. L'ac. borique et l'ac. arsenieux ne donnent cependant rien.

Hübl (*Indice d'iode*). — L'ind. d'iode de Hubl, ou nombre d'iode est la mesure des composés non saturés renfermés dans certaines substances, huiles, graisses, résines, etc. Il représente la quantité d'iode fixée par ces composés dans des conditions déterminées, par réaction d'addition. Ces conditions ont été modifiées par beaucoup d'auteurs, de même que les liqueurs employées. Voici les proportions originalement indiquées par l'auteur : *Liqueur d'iode* :

A $\begin{cases} \text{Iode} & \text{25 gr.} \\ \text{Alcool à 95 0/0} & \text{500 cc.} \end{cases}$

$$\left.\begin{array}{l}\text{Bichlorure de Mercure} \quad . \quad . \quad . \quad 30 \text{ gr.} \\ \text{Alcool à 95 0/0} . \quad . \quad . \quad . \quad . \quad . \quad 500 \text{ cc.}\end{array}\right\} \text{B}$$

Mélanger les deux solutions A et B.

Le dosage se pratique de la façon suivante : on pèse 0 gr. 25 à 0 gr. 50 d'huile et on dissout dans 10 cc. de chloroforme. On introduit la sol. dans une fiole bouchée à l'émeri de 250 cc. avec 25 cc. de sol. de HUBL ci-dessus. On fait en même temps une expérience à blanc, sans huile. Après au moins 4 heures on ajoute 20 cc. d'iodure de potassium à 10 0/0 et 150 cc. d'eau. L'iode non combiné est ensuite titré avec l'hyposulfite et la différence entre les 2 dosages représente l'iode fixé par la prise d'essai. On rapporte à 100 gr. de graisse ou d'huile et on exprime l'indice d'iode en gr. d'iode. Le temps de contact est très important. Les modifications à cette méthode d'analyse sont très nombreuses.

Huebl-Waller (*Solution d'iode*). — Même sol. titrée que ci-dessus mais on y ajoute 25 gr. d'HCl D = 1.19. Solution plus stable que la précédente.

Hueffner (*Dosage de l'urée*). — Au moyen de l'hypobromite de soude dans un uréomètre. La solution d'hypobromite se prépare en dissolvant 25 gr. de brome lentement et à froid rigoureusement dans 250 d'eau et 100 gr. de soude caustique fondue.

Huehnefeld (*Sang dans l'urine*). — Mélanger 2 cc. d'ac. acétique avec 1 cc. d'eau, 100 cc. d'alcool et 100 cc. d'essence de térébenthine. On prend 1 cc. de ce mélange, 1 cc. de teinture de gaïac et 4 cc. d'urine : en présence de sang, color. bleue. L'auteur a également indiqué un autre *modus oper.* : mélanger 10 vol. de térébenthine, d'alcool et de chloroforme avec 1 vol. d'ac. acétique et ajouter de l'eau goutte à goutte jusqu'à ce que la liqueur commence à se troubler.

Huguenin (*Violet-dahlia*). — Voir le R. correspondant D'EHRLICH.

Huizinga (*Glucose*). — Solution dans la potasse caustique de molybdate ou tungstate d'ammoniaque ; faire bouillir avec le sucre et ajouter de l'ac. chlorhydrique : color. bleue.

Hume (*Arsenic*). — L'hydrogène arsénié ppte la sol. ammoniacale de nitrate d'argent en jaune.

Huppert (*Pigments biliaires*). — L'urine est traitée par l'eau de chaux qui donne un ppté jaune de bilirubine calcique dans le cas de la présence de la bile. L'alcool chaud acidulé par l'ac. sulfurique redissout ce ppté en donnant une sol. verte. Après administration de séné ou de rhubarbe le ppté par la chaux est coloré en rose-rouge ; en se redissolvant il donne du jaune-orangé.

Husemann (*Morphine*). — Par l'ac. sulfurique en chauffant, puis après refroidissement, en ajoutant une goutte d'ac. nitrique on obtient une belle col. violette foncée, passant au rouge-sang puis disparaissant peu à peu.

Husemann (*Acide cyanhydrique*). — On fait bouillir le liquide à essayer avec qq. gouttes de sulfate ferreux et qq. gouttes de soude ; on filtre, on acidifie par HCl et on ajoute une goutte de perchlorure de fer : formation de bleu de prusse.

Husson (*Beurre*). — On dissout 1 gr. de beurre dans 10 gr. d'un mélange par part. égale d'éther et d'alcool à 95 0/0. On doit opérer à 35-40° C. On laisse ensuite reposer 24 h. à la temp. ambiante (18° C). Il doit se former un dépôt occupant un volume de 35 à 40 0/0 avec le beurre naturel.

Hyatt (*Méthode à la gomme laque pour les préparations dures ou chitineuses*). — Plonger dans l'alcool les objets, puis les immerger pendant un ou 2 jours dans une sol. alcoolique limpide de laque puis les recouvrir d'une couche assez abondante de cette sol. de gomme laque dans une rainure creusée dans deux morceaux de bois doux à cet usage. Quand la laque est devenue bien dure fixer la pièce au microtome, ramollir dans l'eau tiède et couper.

Huysse (*Indium*). — En sol. conc. le chlorure de césium donne un ppté cristallin de petits octoèdres incolores. Le fluorure d'ammonium donne également un ppté cristallin.

Hyde (*Quinine. Réaction de la Thalléoquine*). — Cet auteur a modifié légèrement, comme il suit, la R. de BRAND connue sous le nom de R. de la Talléoquine : Aciduler par une goutte d'ac. sulfurique la sol. de quinine, filtrer et ajouter de l'eau de chlore jusqu'à fluorescence bleuâtre stable si elle était d'abord détruite ; ajouter ensuite qq. gouttes d'ammoniaque : en présence de quinine, une col. vert brillant se produit que l'ac. sulfurique change en rouge.

I

Ide (*Méthode d'imprégnation*). — Placer les objets pendant 40 min. dans le collodion suivant le procédé de GILSON, et faites bouillir le collodion, puis plonger dans le chloroforme contenant 25 0/0 de paraffine à 30 °C. pendant 1/4 d'heure ; finalement placer dans la paraffine pure fondue.

Ihl-Pechmann (*Levulose*). — Avec une sol. conc. de résorcine dans l'alcool, acidifiée par HCl, il se développe une col. rouge, à chaud ; dans les mêmes conditions, avec une sol. conc. de diphénylamine dans HCl étendu on obtient une col. bleu foncé.

Ihl (*Huiles éthérées*). — Le R. est une sol. alcoolique de lépidine. On fait l'essai avec les huiles éthérées en présence d'ac. chlorhydrique conc. Avec l'essence de cannelle, col. d'un beau rouge ; essence de sassafras, ppté jaunâtre, devenant rouge ensuite ; essence d'estragon, ppté blanc, devenant rouge cinabre ; etc. Voir *Chemiker Ztg*, 1890, p. 1571.

Ihl (*Matière ligneuse*) — En humectant la matière d'une sol. d'urée puis d'ac. chlorhydrique conc. on obtient une col. jaune intense. On peut remplacer l'urée par une sol. d'antipyrine ou de thymol.

Ilosway (*Acétylène*). — Le R. est une sol. d'un sel de cuivre additionnée d'ammoniaque et de chlorhydrate d'hydroxylamine. L'acétylène donne un ppté rouge d'acétylure cuivreux. Le R. de SCHWEITZER peut servir dans le même but.

Ilimow (*Albumine*). — L'urine additionnée de phosphate acide de soude, filtrée, et additionnée d'ac. phénique étendu ppte en blanc floconneux.

Imbert-Compan (*Iode en présence de brome*). — Un mélange d'acide sulfurique et d'ac. chromique déplace l'iode des iodures *à froid* en présence des bromures, sans mettre le brome en liberté ; on extrait par le CS^2 puis on chauffe, le brome est alors déplacé à son tour et peut être extrait par le même dissolvant.

Israël (*Color. à l'orcéine*). — La solution se prépare avec 2 gr. d'orcéine, 2 gr. d'ac. acétique glacial et 100 cc. d'eau. Monter à l'huile de cèdre.

Istrati (*Aldéhydes dans l'alcool*). — L'acide sulfurique conc. additionné d'un peu de phénol donne avec les adéhydes différentes colorations. On peut employer différents phénols et obtenir autant de colorations différentes (1).

Istuer (*Acide cyanhydrique*). — Une sol. de cyanure alcalin mélangée à une sol. de sel ferreux et de sel ferrique — solution dite ferrosoferrique — donne, en présence de HCl, un ppté de bleu de Prusse.

Itallie (**Van**) (*Thymol*). — Une sol. de thymol additionnée d'un peu de potasse et de solution d'iode dans l'iodure de potassium donne, en chauffant légèrement, une belle color. rouge. Les autres phénols ne donnent pas cette réaction. (*Merk's Reagentien Verzeichnis*, p. 69).

Ivar Bang (*Albumoses*). — Les albumoses sont pptées par ébullition en présence d'une sol. de sulfate d'ammoniaque saturée. On fait sur le ppté les réactions d'identité ordinaires des albuminoïdes, et notamment la R. du Biuret.

(1) Voir *Merk's* Report IX, p. 23.

J

Jablin-Gonnet (*Oxyde de fer et charges minérales à la surface des grains de café*). — On fait bouillir le café en grain avec de l'eau distillée et on examine le sédiment après refroidissement et repos. Le café de bon aloi ne donne pas ou presque pas de sédiment.

Jacks (**Von**) (*Glucose*). — Le R. est une sol. renfermant 10 0/0 de chlorhydrate de phenylhydrazine et 7.5 0/0 d'acétate de soude. On ajoute 20 cc. de R. à 50 cc. d'urine et on chauffe au B. M. Le glucose donne un ppté jaune cristallin, même à la dose de 0,001 0/0. Voir la R. de Fischer.

Jacks (**Von**) (*Mélanine dans l'urine*). — Le perchlorure de fer donne une col. et un ppté grisâtre, sol. dans un excès.

Jacks (**Von**) (*Paracrésol*). — Le nitroprussiate de soude et la potasse caustique donnent avec le liquide à essayer une col. jaune rougeâtre, qui passe au rose clair par l'ac. acétique.

Jacks (**Von**) (*Acide urique*). — Modification à la R. de la murexide. L'auteur emploie l'eau de brome ou de chlore au lieu d'ac. nitreux comme oxydant.

Jacks (**Von**) (*Leucomaïnes*). — Le réactif est une sol. d'iodure de potassium iodé ; il donne une color. verte avec les leucomaïnes. Suivant Cauquil cette réaction peut être confondue avec celle fournie par la bile avec le même réactif.

Jacks (**Von**) (*Thalline*). — Extraire l'urine par l'éther et ajouter au résidu éthéré du perchlorure de fer : color. vert foncé.

Jacks (**Von**) (*Acide diacétique dans l'urine*). — Ajouter à l'urine un peu de perchlorure de fer et filtrer. Rajouter au filtrat un peu de réactif et porter à l'ébullition ; il doit se produire à froid une col. rouge qui persiste à chaud. On refait la réaction sur le résidu de l'extraction de l'urine à l'éther, après acidification par l'ac. sulfurique.

Jacks (**Von**) (*Bilirubine dans le sang*). — Coaguler le sang dans un endroit bien frais. Séparer le sérum et l'agiter : une mousse jaune indique la bilirubine, chauffé doucement pendant 3 ou 4 heures le sérum devient vert.

Jackson (*Titane*). — L'eau oxygénée donne dans les sol. acides une col. jaune ou orangé.

Jacob (*Masse de congélation*). — Gomme arabique, 5 gr. ; gomme adragante, 1 gr. ; gélatine, 1 gr. ; eau chaude renfermant 15 0/0 de glycérine, en quant. suffisante pour former une gelée épaisse à froid.

Jacobsen (*Huiles*). — L'acétate de rosaniline est insoluble dans les graisses neùtres, mais soluble dans les graisses acides et dans les acides gras libres.

Jacobson (*Coloration des bactéries*). — 1° *Fuchsine phénolée* : Sol. de 1 p. de fuchsine, 5 p de phénol et 10 gr. d'alcool dans 100 cc. d'eau ; 2° *Bleu de méthylène* : sol. alcoolique conc. de bleu de méthylène. Pour l'emploi on additionne à 20 cc. d'eau, 15 gouttes de fuchsine et 8 gouttes de bleu de méthylène (*Merck's Reagent. Verzeich.*, p. 70).

Jacquemart (*Distinction entre les alcools éthylique et méthylique*). — L'alcool éthylique réduit à chaud le nitrate mercurique en donnant un ppté noir par addition d'ammoniaque, l'alcool méthylique ne donne pas cette réact.

Jacquemin (*Alcalis et alcaloïdes*). — Une sol. de pyrogallol renfermant du chlorure ferrique vire au bleu en présence d'alcalis ou alcaloïdes.

Jacquemin (*Aniline*). — Les sol. très diluées traitées par l'eau de chaux, puis par qq. gouttes de sulfhydrate d'ammoniaque très étendu développent une col. rose rouge, sensibilité 1. 200.000 soit 4 milligr. dans un litre.

Jacquemin (*Nitrobenzène*). — Le chlorure stanneux réduit le nitrobenzène en donnant de l'aniline que l'on peut caractériser par ses réact. ordinaires : on obtient notamment une col. bleue en ajoutant du phénol et un peu d'eau de chlore.

Jacquemin (*Phénol*). — C'est la R. ci-dessus retournée : un peu d'aniline, et qq. gouttes d'hypochlorite en présence de phénol donnent une color. bleue qui passe au rouge par les acides.

Jacquemin (*Laine, soie et coton*). — L'ac. chromique étendu teint la laine et la soie à chaud mais ne teint pas le coton.

Jacquemin (1) (*Iode*). — Le pyrogallol se colore en brun par les iodures.

Jaeger (*Milieu glycériné*). — Eau de mer, 10 part. Ajouter alcool et glycérine, 1 part. de chaque.

Jaffé (*Créatinine*). — L'urine qui renferme de la créatiniue se colore en rouge, devenant jaune par les acides, en y ajoutant qq. gouttes d'ac. picrique et qq. gouttes de soude.

Jaffé (*Acide kynurique*). — Des traces de cet acide évaporées avec de l'ac. chlorhydrique et du chlorate de potasse au B. M. donnent un résidu sec coloré en rouge et qui se colore en vert émeraude par l'ammoniaque.

Jaffé (*Indican*). — Mélanger l'urine avec son vol. d'ac. sulfurique conc. et qq. cc. de chloroforme ; ajouter alors qq. gouttes d'hypochlorite en agitant graduellement après chaque addition d'une goutte d'hypochlorite ; le chloroforme se colore de plus en plus (pour mémoire, un excès d'hypochlorite détruit la col. bleue qui est dûe à l'indigo).

Jager (*Acides libres dans le suc gastrique*). — On prépare une sol. à 0,5 0/0 d'ac. salicylique que l'on teinte par 2 gouttes de perchlorure de fer. En traitant ce réactif en présence de beaucoup d'eau par le suc gastrique en excès la col. jaunâtre passe au violet dans le cas où ce dernier

---

(1) Publications du professeur Jacquemin concernant des réactions analytiques :
(*Journal de Pharmacie et de Chimie*, 4ᵉ série, 1865 1880) :
1° *Acide Erythrophénique*, XVIII, 275.
2° *L'acide pyrogallique en présence de l'acide iodique*, XVIII, 291.
3° *Le pyrogallol en présence des sels de fer*, XVIII, 385.
4° *Acide phénique (Toxicologie)*, XIX, 105.
5° *Aniline (Toxicologie)*, XIX, 341, 417.
6° *Couleurs d'aniline*, XIX, 436.
7° *Pyrogallol, son action en présence du fer*, XX, 9, 87.
8° *Acide chromique, son action sur la laine et la soie*, XX, 257.
9° *Recherche toxicologique du cyanure de potassium*, XXI, 14.
10° *De la nitrobenzine au point de vue analytique et toxicologique*, XXI, 375, 455.
11° *Falsification de l'essence de girofles*, XXII, 100.
12° *Action de l'ammoniaque sur la rosaniline*, XXIII, 173.
13° *Application du réactif ferrosopyrogallique au dosage des bicarbonates dans les eaux*, XXIII, 412.
14° *Recherche de la fuchsine dans les vins*, XXIV, 109.
15° *Réaction nouvelle de l'aniline, la rhodéine*, XXIV, 204.
16° *De la rhodéine au point de vue analytique*, XXIV, 287.

renferme de l'ac. chlorhydrique libre. En présence d'ac. lactique, la color. serait rouge.

Jaillard (*Essence de géranium dans l'essence de roses*). — En ajoutant 6 gouttes de l'essence de roses à essayer dans 5 cc. d'alcool à 70 0/0 on doit obtenir une sol. complète s'il n'y a pas d'essence de géranium.

Jakimowitch (*Coloration à l'argent*). — Colorer en brun foncé dans une sol. d'argent, exposer une semaine à la lumière dans un mélange de 100 d'eau, 1 d'alcool amylique et 1 d'ac. formique.

Jakobsohn (*Coloration pour les cellules dans le sédiment urinaire*). — Centrifuger le sédiment et y ajouter 1 goutte d'une sol. fraîchement préparée de monosulfonate d'alizarine et de soude à 1 0/0. Le thymol peut être employé pour conserver l'urine ou le sédiment.

James (*Mixture pour purifier les lamelles montées au baume*). — Parties égales de benzine, de térébenthine et d'alcool.

Jandrier (*Oxycellulose*). — Agiter l'oxycellulose avec 2 cc. d'une sol. de phénol ; on ajoute 1 cc. d'ac. sulfurique pur sans agiter. On obtient une zone de réaction jaune d'or. En remplaçant le phénol ordinaire par d'autres phénols on obtient : alpha-naphtol, zone violette ; béta-naphtol et hydroquinone, zone brune ; résorcine ; zone jaune brun, etc.

Jandrier (*Coton dans les tissus de laine*). — Laver tout d'abord le tissu et le plonger dans l'ac. sulfurique à 20° B. pendant 1/2 h. au B. M. On obtient une sol. à laquelle on ajoute 0 g. 010 de résorcine, puis on la superpose à une couche d'ac. sulfurique conc. exempt de produits nitreux : color. orangé. Avec l'α-naphtol col. pourpre, verte avec l'ac. gallique, devenant graduellement violet en envahissant l'acide; brune avec l'hydroquinone ou le pyrogallol ; bleu lavande avec la morphine ou la codéine, rose avec le thymol ou le menthol. Si le tissu donne une sol. colorée on emploie préalablement le noir d'os comme décolorant.

Jansen (*Bleu carmin*). — C'est une simple sol. alcoolique acidifiée de « bleu carmin aqueux » de Meister, Lucius et Brunning.

Jassay (*Morphine*). — Ajouter de l'ac. iodique et du chloroforme à la solution : col. rose-rouge du dissolvant.

Jaworowski (*Albumine et peptone*). — Sol. de molybdate d'ammoniaque à 10 0/0 renfermant 10 0/0 d'acide citrique. L'urine est alcalinisée par un excès de soude, filtrée et évaporée au 1/3 ; agitée avec de l'alcool amylique (?) neutralisée par l'ac. citrique puis essayée au réactif : ppté floconneux par l'albumine ou les peptones.

Jaworowsky (*Gaïacol*). — Le gaïacol, ainsi que la créosote, réduisent lentement à froid, immédiatement à chaud le nitrate d'argent ammoniacal ; à froid, en ajoutant dans le mélange de l'ac. acétique, on obtient au bout de qq. temps avec le gaïacol une color. rouge.

Jaworowsky (*Alcaloïdes*). — Le R. est une sol. de vanadate de cuivre dans l'ac. acétique : 0 gr. 30 de vanadate de soude et 0 gr. 30 de sulfate de cuivre, chacun dans 10 cc. d'eau ; mélanger et redissoudre le ppté de vanadate par l'ac. acétique conc. — 7 ou 8 gouttes — ; filtrer. Pour l'essai dissoudre la substance dans l'eau et qq gouttes d'ac. acétique et diviser en deux portions : l'une est traitée par le réactif à froid, l'autre à chaud (1).

Jaworowski (*Cuivre*). — Le Réact. se prépare en ajoutant 1 ou 2 gouttes de phénol à 5 cc. d'ammoniaque.

Jaworowsky (*Curcuma dans la rhubarbe*). — On agite 1 gr. de rhubarbe avec 10 cc. de chloroforme ; au filtrat on ajoute 15 fois son vol. d'éther de pétrole, on agite et on divise en deux parties égales ; à la première on ajoute 2 à 3 cc. d'SO^4H^2, à l'autre 1 cc de borax en sol. saturée. La rhubarbe pure colore le chloroforme en jaune paille qui disparaît par addition de benzine ; l'ac. sulfurique se colore en brun clair ; le borax ne modifie rien. — Au contraire, en présence de curcuma la teinte du chloroforme est beaucoup plus foncée ; la benzine développe un ppté floconneux et ne produit pas de décoloration. L'ac. sulfurique se colore en rouge, puis rouge brun et jaune brun, tandis que le mélange est violet ; enfin la sol. de borax se colore en violet.

Jaworowski (*Glucose*). — Le réact. est une sol. d'ac. iodique dans la soude caustique ; on fait bouillir pendant 1 min. avec l'urine ; on laisse refroidir, on acidule avec l'ac. chlorhydrique dilué puis on superpose une couche d'ammoniaque : il se produit un ppté noir d'iodure d'azote.

Jean (*Oxyde de carbone et acide carbonique dans l'air confiné*) — Procédé et appareil permettant de déceler la présence de l'oxyde de carbone dans l'air vicié et de doser ce gaz automatiquement. L'appareil est constitué

(1) Voir *Merck's Report* V, p. 456.

par 3 flacons laveurs A. B. C, contenant chacun un réactif, raccordés par un tube de caoutchouc à un aspirateur double, à renversement, de 10 litres, gradué en 1/2 litres et dont le débit est réglé de façon à faire passer lentement l'air dans les laveurs à raison de 10 litres à l'heure. Le premier laveur A renferme de l'ac. sulfurique conc. pour retenir les carbures d'hydrogène et certains composés organiques qui le colorent toujours en jaune plus ou moins foncé. Il est muni d'un tampon d'ouate pour retenir les poussières. Le second flacon, B, renferme 50 cc. de solution de chlorure de palladium au millième, ou 50 cc. de nitrate d'argent ammoniacal au centième, lesquels réactifs ont exactement la même sensibilité et indiquent la présence de l'oxyde de carbone dès que 8 à 10 cc. de ce gaz dilués dans un volume d'air quelconque ont traversé le flacon laveur. Le chlorure de palladium dépose du palladium métallique sur les parois tandis que le nitrate d'argent prend une légère color. violacée avant de donner également un précipité noir par réduction. Le troisième flacon, C, renferme 5 cc. de soude demi-normale et 45 cc. d'eau colorés assez fortement par une sol. de bleu C4B. Il faut 88 cc. de CO^2 mélangés dans un volume quelconque d'air pour faire virer au bleu franc la teinte rouge violacée de cet indicateur. Après avoir mis l'appareil en mouvement on note l'instant précis où chaque flacon laveur indique respectivement le passage de 8 cc. à 10 cc. de CO, de 88 cc. de CO^2, et respectivement on note les volumes d'air employés à ces moments. Le calcul de la teneur est facile à faire avec ces données. Il doit être ramené à la température de 18° C. à laquelle ont été établis les chiffres ci-dessus.

Jean (*Huiles*). — L'acide phosphorique sirupeux saturé de gaz HCl donne des col. distinctives avec les huiles.

Jean (*Recherche du formol dans les mat. alimentaires*). — Aciduler la substance, diluée s'il est nécessaire, avec qq. cc. d'ac. sulfurique et distiller en présence d'un excès de sulfate de soude une petite portion du liquide. Sur le distillatum faire les réactions suivantes :

1° Color. groseille par le R. de GAYON (*aldéhydes*).

2° Avec l'eau d'aniline : trouble laiteux.

3° Avec le R. de NESSLER ppté jaune rougeâtre passant au brun noirâtre.

4° Trouble laiteux par le R. de CAVALLI.

5° La réaction la plus caractéristique est celle indiquée par TRILLAT pour la recherche de *l'alcool méthylique*, laquelle repose sur la formation de formol par oxydation de l'alcool méthylique par le bichromate. Voir les détails de cette réaction, en supprimant la première partie du mode opératoire (oxydation par le bichromate) ; Voy. TRILLAT.

Jean-Alvarez (*Chlorates, chlorures et nitrates*). — On ppte le liquide avec de l'acétate d'argent qui sépare les chlorures ; on filtre ; on acidule le filtrat par l'ac. acétique et on chauffe avec un peu de zinc qui réduit les chlorates en chlorures et, en présence de l'argent en excès, les ppte à l'état de chlorure d'argent. Celui-ci est d'ailleurs réduit lui-même par l'hydrogène, ainsi que les nitrates qui se transforment en ammoniaque. On reconnaît l'ammoniaque soit par ses réactions habituelles soit, s'il y en a peu, par le R. de NESSLER.

Jehn (*Essence de menthe*). — On obtient une color. rouge-cerise foncé en ajoutant de l'hydrate de chloral. La col. passe au violet en ajoutant de l'ac. sulfurique et du chloroforme.

Johannson (*Alcaloïdes*). — Le R. est une sol. de 1 gr. de vanadate d'ammoniaque dans 100 cc. d'ac. sulfurique. Il donne des réactions colorées caractéristiques avec les alcaloïdes et certaines subtances ana-logues. Voici les principales : *Aconitine* : brun-café clair ; *atropine* : rouge passant au jaune-rougeâtre et revenant au rouge ; *apomorphine* : violet-bleu passant rapidement au vert sale, puis au brun-rougeâtre ; *brucine* : rouge-sang intense, pâlissant puis revenant au rouge ; *cinchonine* : orangé pâle ; *cocaïne* : orangé (Cette réaction est fort intéressante, la cocaïne n'ayant pas de réact. colorées caractéristique) ; *codéine* : brun-verdâtre à brun ; *colchicine* : vert, passant au vert brun, puis au brun café ; *conéine* : vert intense, devenant brun ; *caféine* : pas de réaction ; *digitaline* : brun foncé, intense ; *morphine* : brun ; *narcéine* : brun ou brunâtre, violet-bleuâtre sale, puis rouge brun ; *narcotine* : rouge-sang intense ; *papavé-rine* : violet, passant au violet-rougeâtre, au vert-bleuâtre et au jaune orangé ; *picrotoxine* : rouge-jaunâtre intense ; *pilocarpine* : orangé clair ; *pipérine* : rouge brun intense, allant jusqu'au brun. avec particu-les noires ; *physostigmine* : jaune verdâtre, passant au rouge carmin et au brun jaunâtre ; *quinidine* : vert bleuâtre faible ; *quinine* : orangé pâle, puis de vert bleuâtre à brun verdâtre ; *antifébrine* : rouge carmin passant au brun ; *antipyrine* : bleu verdâtre intense devenant bleu ; *kaïnine* : rose-rouge sale, passant au brun clair sale et au vert brunâtre ; *santonine* : pas de réaction ; *solanine* : brun-café. En opérant sur des gouttes, les bords des gouttes deviennent rouge carmin, jaune entre les bords et vert sale au centre. Au bout de deux h. les gouttes sont quasi-gélatineuse et color. en violet foncé intense. *strychnine* : bleu violet, passant au violet-rougeâtre, au rouge carmin et au rouge vif. Avec l'alcaloïde cristall. col. violette. *vératrine* : rouge brunâtre passant au violet rougeâtre foncé.

Johannson (*Colchicine*). — La colchicine ppte en blanc par une solution de bichlorure de mercure dans l'iodure de potassium, en présence d'acide sulfurique libre.

Johnson (*Arsenic*) — Production d'arséniure d'hydrogène en liqueur alcaline par l'aluminium métallique. C'est une réaction revendiquée par un grand nombre d'auteurs.

Johnson (*Mélange durcissant*). — Mélange de 70 part. de sol. de bichromate à 2,5 0/0, 10 part. d'ac. osmique à 2 0/0, 15 part. de chlorure de platine à 1 0/0 et 5 gr. d'acide acétique ou d'ac. formique.

Johnson (*Glucose*). — L'urine chauffée avec une sol. alcaline d'ac. picrique donne une col. rouge foncée en présence de glucose. Il faut auparavant séparer la créatinine par le bichlorure de mercure, car elle donne également une col. rouge et chasser l'excès de mercure par l'ammoniaque ; Voir R. de JAFFÉ.

Joliet (*Methode d'imprégnation*). Dissoudre dans l'eau de la gomme à consistance de sirop et ajouter de la glycérine ; y plonger l'objet ; laisser sécher et durcir pendant 2 ou 3 jours et diviser au microtome.

Johnstone (*Argent dans le plomb*). — On dissout le métal dans l'ac. nitrique, on neutralise presque complètement par la soude puis on plonge dans la sol. une lame de cuivre et une lame de zinc qui forment couple électrique. Le cuivre recueille tout l'argent, le zinc tout le plomb. Ce procédé bien suivi est d'une grande sensibilité.

Jolles (*Recherche du pyramidon*). — Pour rechercher le pyramidon ou diméthylamidoantipyrine dans l'urine, on superpose à l'urine un mélange de 1 cc. de teinture d'iode et 10 cc. d'eau. En présence de pyramidon, on observe un anneau violet très net qui passe au brun rouge au bout de quelque temps (*Allgem. Wien. Medz. Ztg.* XLII, 1898).

Jolles (*Recherche du mercure dans l'urine*). — 150 à 200 cc. d'urine sont additionnés de 5 à 10 cc. d'HCl pur et conc., puis de 1 à 2 gr. de chlorate de potasse. (En l'absence d'albumine on peut supprimer cet oxydant ce qui gagne beaucoup de temps). On chauffe ensuite à douce ébullition le liquide, en remplaçant l'eau évaporée par de l'eau distillée, aussi longtemps que l'odeur de chlore libre persiste et que l'iodure amidonné se colore en violet par une goutte de liquide. On place alors dans le liquide une électrode de platine dorée galvaniquement par le procédé de Heraeus d'Hanau, mesurant 8 centimètres de long et autant de large. A ce moment on ajoute 2 à 3 gr. de chlorure stanneux dans le liquide et suffisamment d'HCl conc. pour que le liquide redevienne limpide (soit 30 à 40 cc.) et on fait bouillir doucement pendant 1/4 d'heure. On retire la plaque de platine, on la lave à l'eau distillée et, dans une petite capsule de porcelaine on la plonge entièrement dans l'ac. nitrique étendu à 25 0/0. On chauffe au bain de sable jusqu'à ce que le vol. de l'acide soit réduit à 4 ou 5 cc. Ce résidu, versé dans un tube est additionné de 4 cc. de sol. aqueuse fraîchement préparée d'H^2S. En présence de mercure on obtient une color. allant du jaune au brun, suivant la quantité de mercure contenu. Il est indispensable de faire toujours un essai à blanc sur la plaque de platine avant de l'employer pour s'assurer qu'elle ne renferme pas trace de mercure. Ce procédé, très sensible, a été expérimenté et recommandé par Oppenheim, de Wien (*Sitz. ber. d. Kais. Akad. d. Wissens.* Wien, vol. CIX, Partie II, 1900).

Jolles (*Albumine*). — Le R. se prépare en dissolvant dans 500 cc. d'eau 10 gr. de sublimé, 20 gr. d'ac. succinique et 20 gr. de chlorure de sodium. On acidifie 5 cc. d'urine filtrée par 1 cc. d'ac. acétique à 30 0/0 puis on ajoute 4 cc. de réactif ; dans un deuxième tube on verse la même quantité d'urine et d'ac. acétique mais au lieu de R. on met 4 cc. d'eau distillée. On agite énergiquement les deux tubes. Par comparaison on arrive à déterminer avec certitude des traces d'albumine, qui par la méthode au ferrocyanure de potassium passeraient absolument inaperçues. Suivant l'auteur et suivant les recherches de F. Graul, indépendamment de sa sensibilité très grande, ce réactif a l'avantage de permettre de distinguer l'albumine de la mucine et de la nucléo-albumine qui ne sont pas précipitées (*Zeitsch. f. physiol. chem.* 21, p. 306 et *Zeitsch. f. Anal. chem.* 39, p. 146).

Jolles (*Brome dans l'urine*). — On emploie un papier réactif préparé avec une sol. à 0,1 0/0 de para-diméthylphénylène-diamine. Les vapeurs de brome donnent avec ce papier une tache dont l'intérieur est violet et dont les bords passent au bleu, au gris et au brun. En l'humectant d'eau la tache devient uniformément rouge-violet. Pour rechercher le brome dans un liquide ou dans l'urine, on en prend 10 à 20 cc., on y ajoute un peu

d'ac. sulfurique et du permanganate jusqu'à color. rouge nette. On place
au B. M., dans un petit ballon à col étroit et on expose le papier réactif
aux vapeurs qui se dégagent. Ce papier est très sensible : 10 milligr. par
litre (en Na Br) donnent la coloration caractéristique. (*Wiener Klinische
Rundschau*, 1898, n° 12).

Jolles (*Recherche de l'urobiline pathologique dans l'urine*). — Le procédé
a une grande analogie avec celui employé pour la bile ; dans une éprouvette bouchée à l'émeri on mélange 50 cc. d'urine avec 5 cc. de lait de
chaux fraîchement préparé et étendu et 10 cc de chloroforme. On agite
fortement, on laisse reposer, on sépare le chloroforme mélangé au ppté,
du liquide surnageant, on l'évapore à sec au B. M., on reprend le résidu
par 5 cc. d'alcool à 30 0/0 en présence d'un peu d'ac. nitrique et on filtre :
en présence d'urobiline pathologique le filtratum est brun-rouge ou rouge-
grenat, il possède le spectre d'absorption caractéristique de l'urobiline et
donne une fluorescence verdâtre par addition de chlorure de zinc et d'ammoniaque. En agitant une partie du filtratrum avec de l'alcool amylique,
ce dernier s'empare de la matière colorante et donne le spectre d'absorption (*Arch. f. d. ges. Phys.* 1895).

Jolles (*Iode dans l'urine*). — On mélange 10 cc. d'urine avec 10 cc.
d'HCl conc. et on superpose sans agiter qq. gouttes d'une sol. de chlorure
de chaux ; en présence d'iodures, il se forme un anneau brun jaune qui
vire au bleu intense par l'empois d'amidon. Sensibilité 1/382 pour cent :
39 millig. dans un litre (*Zeits. f. anal. chem.* 30, p. 289 et 33, p. 543).

Jolles (*Recherche de l'histone dans l'urine*). — L'auteur ayant observé
dans un cas de pseudo-leucoémie la présence de nucléohistone dans
l'urine a institué un procédé de recherche de cet albuminoïde et en a
reconnu la présence dans plusieurs affections, notamment l'albumosurie
pyogénique.

Acidifier 100 cc. d'urine par l'ac. acétique à 4 0/0 et ppter par le BaCl² en
léger excès ; filtrer après 1/2 heure et traiter le ppté par l'ac. chlorhydrique à 1 0/0, environ 10 cc. Au bout de 4 heures, neutraliser par un excès
de carbonate de soude, filtrer à nouveau, acidifier par HCl et enfin alcaliniser par l'ammoniaque : en présence d'histone on obtient un trouble plus
ou moins accentué. Sur une autre portion de la solution on fait la réaction
du biuret. L'histone est une nucléoalbumose ; elle est caractérisée par sa
propriété de ppter par l'ammoniaque.

Jolles (*Distinction du lait de femme et du lait de vache*). — Cette réaction distinctive est basée sur ce fait que le lait de femme ne donne pas de color. *immédiate* avec les diamines en présence d'eau oxygénée, tandis que le lait de vache réagit instantanément. A 10 cc. de lait on ajoute un peu de sol. à 1 0/0 de chlorhydrate de paraphénylénediamine puis 1/2 cc. d'eau oxygénée neutre à 1 0/0 : une col. immédiate indique la présence de lait de vache. Le lait de femme ne se colore qu'à la longue, sous l'influence de l'oxygène de l'air et de la lumière, et seulement très faiblement. Pour appliquer cette réaction il faut naturellement avoir affaire à du lait cru (*Communication au Ve Congrès de Chimie appliquée*, Berlin, 1903).

Jolles (*Pigments biliaires*). — Dans un entonnoir à séparation agiter 50 cc. d'urine pendant qq. min. avec 5 cc. de chloroforme après acidification par qq. gouttes d'HCl, et addition de 5 cc. de BaCl^2 à 10 0/0. Au bout de 1/4 d'heure, séparer le chloroforme et le ppté formé avec une pipette ou en ouvrant le robinet et évaporer le mélange au B. M. à 80° C. Le résidu refroidi est additionné d'une ou deux gouttes d'acide nitrique conc. renfermant 30 0/0 d'acide fumant : avec des traces de bile dans l'urine on obtient nettement les réactions colorées de la bile (Voir R. de GMELIN) sous la forme d'un anneau vert et bleu (*Zeitsch. f. physiol. chem.* 1895, vol. XX).

Jolles (*Pigments biliaires*). — Modification au *modus operandi* ci-dessus permettant la recherche de traces excessivement faibles de bile. On mélange dans un tube 2 à 3 cc. de chloroforme, 10 cc. d'urine et 1 cc. de BaCl^2 à 10 0/0 ; agiter et centrifuger. Décanter l'urine qui se superpose à la couche de chloroforme et de ppté barytique, ajouter un volume égal d'eau distillée et centrifuger à nouveau. Pour les urines très colorées répéter encore une fois ce lavage. Après avoir décanté enfin le liquide surnageant, mélanger le chloroforme et le ppté avec 5 cc. d'alcool, agiter fortement, ajouter 2 ou 3 gouttes de la solution d'iode (dont la composition est indiquée ci-dessous) et filtrer. En présence des plus faibles traces de bile, la sol. montre après quelques instants la *color. verte caractéristique*. On peut accélérer la réaction en chauffant un instant le liquide au B. M. vers 70° C. Ni l'indican ni la méthémoglobine ne gênent la réaction. La solution d'iode dont il est fait usage se prépare en dissolvant 0 gr. 63 d'iode et 0,75 de sublimé dans 125 cc. d'alcool chacun séparément ; on mélange et on ajoute 250 cc. d'HCl conc. ; à conserver en flacons jaunes (*Deutsches arch. f. Klin. med.* 1903, vol. LXXVIII).

Jolles-Neurath (*Recherche des sels ferreux dans les eaux*). — Le R. se prépare en pptant par le phosphate de soude une sol. molybdique. Le ppté de phosphomolybdate d'ammoniaque est filtré, lavé soigneusement avec de l'alcool à 60 0/0 et dissout dans l'ammoniaque. La solution ammoniacale abandonne par évaporation des cristaux ayant la composition suivante : $(NH^4)^3 PO^4, 5(NH^4)^2 Mo^2O^7$. On en fait une sol. aqueuse à 0,5 0/0 ; c'est cette solution qui constitue le réactif. On doit la conserver dans l'obscurité. Plus concentrée elle se décompose facilement. Ce réactif donne avec les sels ferreux une color. bleue nette. Pour essayer une eau, on en mesure un certain volume, on y ajoute 1 cc. de réactif ; on opère de même sur une sol. type filtrée de sulfate ferreux et on compare l'intensité des teintes bleues obtenues. On peut ainsi effectuer simultanément la recherche et le dosage des sels ferreux (*Zeitsch. f. ang. chem.* 1898, p. 315 ; et *Sitzber. der Kais. Akad. d. Wiss. in Wien*, 1898).

Jones (*Chlorures, bromures et iodures*). — L'auteur déplace ces trois halogènes par l'ac. sulfurique et MnO^2, et en opérant avec précaution, il chasse successivement par addition graduelle d'acide au MnO^2 d'abord l'iode (vapeur violette), puis le brome (vapeur brune), puis le chlore (gaz verdâtre). Ce procédé très exact en théorie. parait impraticable, et peu sensible.

Jong (de) (*Arsenic*). — Modification au R. de BETTENDORF. On remplace ce dernier par une sol. de protochlorure d'étain dans l'éther. On prend 25 gr. de chlorure d'étain, 100 cc. d'éther et 20 cc. d'HCl ; on agite et on décante ; pour l'essai on superpose ce réactif à la sol. d'arsenic et on chauffe doucement à 40° C. La présence d'une quantité d'arsenic égale à 2 centièmes de milligr. se manifeste par un anneau rouge brun. Voir la R. de BETTENDORF.

Jordan (*Milieu d'inclusion*). — Mélange d'une partie d'huile de cèdre avec 4 part. de sol. de celloïdine à 3 0/0 (*Merck's Reagentien Verzeichnis*, p. 75).

Jorissen (*Alcool amylique et furfurol*). — En agitant 10 cc. d'alcool dans lequel on veut rechercher l'huile de fusel avec 2 gouttes d'HCl et 10 gouttes d'aniline incolore on obtient une color. rouge. Avec de très petites quantités de cette impureté il est nécessaire de procéder d'abord à une séparation en agitant l'alcool avec un dissolvant, le chloroforme, et évaporant celui-ci. Cette col. n'est pas dûe à l'alcool amylique mais bien au furfurol, produit secondaire de la fermentation qui accompagne toujours l'alcool amylique,

Jorissen (*Alcaloïdes*). — Le R. de JORISSEN se prépare en dissolvant 1 gr. de zinc pur dans 30 cc. d'ac. chlorhydrique et 30 cc. d'eau. Les alcaloïdes évaporés doucement à sec avec ce R. donnent des col. caractéristiques (1).

Jorissen (*Dulcine ou sucrol*). — La dulcine étant extraite et purifiée (Voir BELLIER) est redissoute dans 3 cc. d'eau bouillante et versée dans un tube à essais, on ajoute qq. gouttes de sol. de nitrate mercurique et on chauffe au B. M. sans s'occuper du ppté qui peut parfois se former, on ajoute un peu de bioxyde de plomb et après repos on observe la col. de la couche surnageante qui doit être violette dans le cas de la dulcine. On peut retrouver 5 milligr. de ce corps par litre, par ce procédé.

Jorissen (*Acide nitreux*). — Le R. est une sol. de fuchsine à 0,010 dans 100 cc. d'acide acétique glacial ; une trace de nitrite décolore 2 cc. de ce R. en passant d'abord au violet, au bleu, vert foncé, vert jaunâtre, jaune rougeâtre puis incolore.

Jorissen (*Acides minéraux dans le vinaigre*). — Une col. rouge pourpre pure se développe en ajoutant au vinaigre 25 gouttes d'ac. acétique glacial et 1 goutte de baume de gurjun.

Jorissen (*Hydrastinine*). — Le R. de NESSLER donne avec le chlorhydrate d'hydrastinine un ppté qui noircit pour ainsi dire instantanément. Cette réaction est presque caractéristique car les autres alcaloïdes ou ne réduisent pas ce réactif ou le réduisent seulement lentement (morphine, apomorphine, picrotoxine).

Jorissen (*Morphine*). — En présence d'SO^4H^2 conc. et de sulfate ferreux, au B. M. l'NH^3 donne, au point de contact des gouttes une color. rouge, passant au violet se développe.

Jorissen (*Apiol*). — A une sol. d'apiol ajouter de l'eau de chlore puis de l'ammoniaque : color. d'un beau rouge, disparaissant assez rapidement ; très intense avec l'apiol pur ; faible avec l'apiol falsifié.

Jorissen (*Iodures dans les bromures*). — Faire bouillir la sol. à essayer avec du chlorate de K jusqu'à disparition de coloration, puis ajouter qq. gouttes d'une sol. de morphine à 1 0/0 dans l'eau légèrement acidulée par SO^4H^2 : l'iode est déplacé à son tour.

(1) Voir HAGER, *Pharm.*, *Praxis*, 1886, III, 1230.

Jorissen (*Alpha-naphtol*). — Traité directement par une sol. d'iode dans l'iodure de potassium et un excès de soude, l'alpha-naphtol donne une color. violette. Le béta-naphtol ne donne rien.

Joseph (*Masse d'injection*). — Diluer une sol. filtrée de blanc d'œuf avec une sol. de carmin à 2 ou 5 0/0. Cette masse demeure liquide à froid mais coagule par immersion dans les sol. acides (nitrique, chromique, osmique, etc.).

Joulie (*Acidité dans l'urine*). — Le R. pour le dosage de l'acidité se prépare en dissolvant 10 gr. de chaux vive en poudre et 20 gr. de sucre dans un litre d'eau. On titre avec de l'HCl N/10. L'indicateur du terme de la réaction avec ce R. est la formation de phosphate de chaux insoluble en liqueur neutre, (*dans l'urine*).

Jousset (*Méthode inoscopique*). — La méthode inoscopique (inos, fibrine) se propose de dissoudre les filaments de fibrine et les caillots à l'exclusion des microbes, et de rechercher ceux-ci par les méthodes habituelles de coloration dans le résidu centrifugé.

Elle est particulièrement applicable à la recherche du bacille de Koch.

Elle trouve sa raison d'être dans ce fait d'expérience qu'il est fort difficile de déceler les microbes dans les masses volumineuses de liquides spontanément coagulables (liquides pleuraux, sang) ou dans l'urine. On emploie pour pptoniser les éléments fibrineux la sol. suivante :

Pepsine en paillettes.	1 à 2 gr.
Glycérine pure	10 cc.
Ac. chlorhydrique conc.	10 cc.
Flurorure de sodium.	3 gr.
Eau distillée	1000 cc.

La technique opératoire varie légèrement selon qu'on a affaire à un liquide spontanément ou non spontanément coagulable. Voir pour détails *Bull. des Sciences Pharmacologiques* 1903, p. 52, n° 2. L'inoscopie permet de retrouver le bacille de Koch et de diagnostiquer la tuberculose dans un grand nombre de cas où ce bacille échappe aux recherches ordinaires.

Julius (*Benzidine*). — Un ppté volumineux bleu foncé se forme en ajoutant à la sol. aqu. du bichromate.

Julhiard (*Glucose*). — La teinture de tournesol, en présence de soude, se décolore en jaune sale à l'ébullition par le glucose.

Jungmann (*Alcaloïdes*). — Le ppté obtenu par l'ac. molybdique avec les alcaloïdes (R. de Sonnenschein), traité par l'ammoniaque fournit avec qq. alcaloïdes une teinte verte ou bleue (1).

Just (*Dosage du fer dans les nucléines et nucléo-albumines ferrugineuses*). — Le dosage du fer dans l'hémoglobine, l'hématéine, etc., est assez difficultueux. L'auteur le ppte à l'ébullition par l'ammoniaque en présence d'une sol. conc. de persulfate d'ammoniaque. Le peroxyde de fer se ppte en flocons. Cette méthode est applicable à l'hémoglobine et à l'hématéine.

(1) Voir Hager, *Pharm. Praxis*, 1886, I, p. 203.

K

Kaatzer (*Coloration des tubercules*). — Les préparations sont plongées
pendant 24 heures dans une sol. alcool. saturée de violet gentiane à froid ;
à 80° il suffit de 3 min. — Décolorer ensuite dans une sol. de 100 cc.
d'alcool à 90°, 20 cc. d'eau et 20 gouttes d'HCl ; laver à l'alcool fort et
faire une seconde coloration dans la vésuvine aqueuse.

Kaiser (*Color. au brun-Bismarck*). — Colorer pendant 2 jours à 60° C.
dans une sol. saturée dans l'alcool à 60 0/0 ; laver avec de l'alcool de
même force additionné de 2 0/0 d'HCl et 3 0/0 d'ac. acétique glacial.

Kaiser (*Coloration de la cellulose du bois*). — La cellulose se colore en
rouge, en violet ou en bleu, selon concentration par le R. amylsulfurique.
Ce R. se prépare en chauffant au B. M. un mélange de vol. égaux d'SO^4H^2
conc. et d'alcool amylique exempt de furfurol. Un papier à journal devient
vert puis plus tard bleu par ce R. Le papier à filtrer de Suède pur devient
rouge, les qualités inférieures, violet. On active la réaction en chauffant
doucement ou exposant à l'air.

Kalbrunner (*Morphine*). — Il se forme une col. bleue en ajoutant
5 ou 6 gouttes d'une sol. aqueuse de chlorure ferrique, puis 3 ou 4 gouttes
de ferricyanure de potassium au 1/120.

Kastie (*Bromures et iodures*). — Le R. est la benzolsulfonamide bichlo-
rée qui met en liberté les deux halogènes de leurs combinaisons. Ce R. a
sur le chlore l'avantage qu'un excès n'est pas nuisible.

Kastenbine (*Taches de sang*). — Humecter les taches avec de l'eau et
appliquer une feuille de papier buvard blanc en pressant légèrement ;
toucher ensuite la tache sur le papier avec de la teinture de gaïac et de
l'eau oxygénée : col. bleue s'il y a du sang.

Kauzmann (*Morphine*). — Une sol. de morphine après exposition à l'air se colore en rouge par une goutte d'ac. nitrique. Réaction très sensible.

Kayser (*Saccharine*). — Extraire la substance par un mélange d'éther et de benzine ; évaporer l'extrait ; essayer le résidu pour la saveur.

Keller (*Cornutine*). — Dissoudre l'ergotine 0 gr. 5 dans 0 gr. 5 d'eau et extraire par l'éther après avoir alcalinisé par l'ammoniaque ; dissoudre le résidu de l'évaporation de l'éther dans 1 gr. 5 d'ac. acétique et une trace de chlorure ferrique. Sous-stratifier une couche d'SO^4H^2 conc. la cornutine donne une color. violet-bleuâtre à la zone de contact.

Keller (*Principes de la digitale*). — Dissoudre dans l'ac. acétique glacial, ajouter du chlorure ferrique dilué, une goutte, et superposer à une couche d'ac. sulfurique : la *digitonine* donne une zone rose-rouge, disparaissant rapidement ; *digitaline* : rouge-carmin, permanente ; *digitaléine* : rouge, fugace ; *digitoxine* : d'abord brun-verdâtre sale. puis la portion supérieure de l'acide se colore en rouge-brunâtre et la couche sous-jacente donne une bande vert bleuâtre.

Keller (*Ergotinine dans l'ergot de seigle*). — Extraire l'alcaloïde par l'éther ; puis le ppter en acidifiant l'éther par HCl ; sur le ppté faire la R. suivante : dissoudre dans 2 cc. d'ac. acétique conc. et superposer à une couche d'ac. sulfurique conc. renfermant une trace de chlorure ferrique : color. bleue.

Kemp (*Alcaloïdes*). — Voir le R. d'HAGER à base d'acide picrique.

Kerner (*Xanthine*) — Les sol. de xanthine acidifiées par l'ac. nitrique pptent en jaune par l'ac. phosphomolybdique (*Merck's Reagentien Verzeichnis*, p. 76).

Kern (*Or*). — Color. et ppté orangé-rougeâtre en ajoutant une goutte de chlorure d'or à un large excès de sulfocyanure de potassium.

Kern (*Uranium*). — Le ferrocyanure de potass. donne un ppté brun, sol. dans HCl ; la sol. acide devient verte en la chauffant avec qq. gouttes de NO^3H.

Kerner (*Créatine et créatinine*). — Tandis que la créatinine ppte par l'ac. phosphotungstique ou phosphomolybdique de ses sol. acides, même diluées, la créatine donne naissance à un composé soluble.

Kerstal (*Tellurium*). — On obtient une color. violette en agitant un minerai pulvérisé renfermant du tellure avec un peu d'eau et de mercure puis ajoutant un peu d'amalgame de sodium.

Keutmann (*Salophène*). — 0 gr. 20 de salophène humecté d'un mélange nitrosylsulfurique composé d'ac sulfurique et d'un peu de nitrite de potasse donne immédiatement une masse brun rougeâtre. La couleur disparaît en ajoutant un peu d'alcool ; si on ajoute maintenant un excès d'alcali il se produit une col. jaune qui disparaît en acidifiant.

Kieffer (*Acides minéraux libres*). — Le R. est une sol. de sulfate de cuivre ammoniacal préparée en ajoutant graduellement de l'ammoniaque étendue à une sol. de sulfate de cuivre jusqu'à redissolution exacte du pté (Il semble que le R. serait plus sensible encore en ne redissolvant par tout l'oxyde par l'NH^3 et filtrant ; de cette façon le plus léger excès même d'alcali se trouverait évité). Les solutions de sels neûtres qui cependant rougissent le tournesol ne produisent pas de trouble avec ce réactif. S'ils renferment des acides libres le mélange d'abord trouble redevient clair par un excès.

Kieffer (*Morphine*). — La morphine réduit les sels ferriques ; l'auteur utilise cette propriété : un mélange de chlorure ferrique et de ferricyanure de potassium ppte en bleu au contact de la morphine.

Kippenberger (*Alcaloïdes*). — L. R. se prépare avec 12 gr. 7 d'iode (N/10), 60 gr. de KI et un litre d'eau. Les alcaloïdes pptent par ce réactif mais non les glucosides. On peut les mettre en liberté en traitant le ppté par l'acétone qui redissout une partie de l'iode, saturant par un alcali puis par une petite quant. d'acide, séparant l'acétone et finalement saturant la petite quant. d'iode qui peut encore être libre par un peu d'hyposulfite de soude. On rend alcalin et on extrait la solution par un dissolvant approprié, éther ou chloroforme.

Kirkby (*Solution alcaline pour le montage*). — Mélange de 4 part. de glycérine, 3 p. d'eau distillée et 1 p. de potasse. Très recommandable pour le montage extemporané des coupes de végétaux.

Kirk (*Albumine*). — Solution d'acide chromique à 5 0/0. Ce R. a été indiqué par ROSENBACH.

Kirkby (*Méthode de blanchiment*). — Placer les préparations à blanchir dans une sol. limpide et fraichement préparée de chlorure de chaux jusqu'à ce qu'elles soient complètement blanches, environ 5 min. ; laver à l'eau distillée bouillante à trois reprises, puis à l'ac. acétique à 1 0/0 et enfin à l'eau distillée. Les préparations peuvent alors être traitées par une quelconque méthode de coloration.

Kitasato-Salkowski (*Indol dans les cultures bactériennes*). — L'indol donne une color. rouge par l'ac. sulfurique en présence d'une trace de nitrite alcalin. Lorsque l'acide sulfurique seul développe cette color. dans une culture, c'est qu'il y a à la fois sécrétion d'indol et de composés nitreux, comme c'est le cas pour le bacille du choléra.

Kjeldahl (*Dosage de l'azote organique total*). — Ce procédé très employé repose sur le principe suivant : l'acide sulfurique conc. et bouillant décompose les mat. azotées en sulfate d'ammoniaque retenu par l'acide et en carbone qui s'échappe à l'état de CO^2. L'opération a lieu en présence de mercure qui sert d'oxydant intermédiaire, ou de sulfates alcalins qui élèvent un peu le point d'ébullition de l'acide On opère sur 1 à 2 gr. de matière. Le résidu incolore de l'attaque est dilué fortement, alcalinisé par la soude, après avoir ppté le mercure par le NaS, et distillé. On titre l'ammoniaque produite par une double titration — 1 cc. SO^4H^2 N/10 = 0,0017 NH^3 = 0.00886 d'albuminoïdes. (La présence des nitrates en quantité sensible peut exercer un trouble en donnant naissance par réduction à de l'ammoniaque en présence du métal).

Klein (*Coloration du gonocoque de Neisser*). — Employer une sol. aqueuse conc. de bleu de méthylène renfermant 0,5 0/0 d'éosine.

Klein (*Solution dense pour minéraux*). — Solution saturée de boro-tungstate de cadmium. Sa D = 3.3. Voir dans le même but la sol. de THOULET.

Kleinenberg (*Acide picro-sulfurique*). — Il existe plusieurs formules ; voici la plus simple : Acide picrique 1, ac. sulfurique 6. Eau. 100. — On peut faire varier les proportions selon le but à atteindre.

Klett (*Indican dans l'urine*). — Modification à la méthode ordinaire consistant à employer le persulfate d'ammoniaque comme oxydant.

Kletzinsky (*Quinine*). — Le R. est une sol. saturée de ferricyanure de potassium à laquelle on ajoute 5 fois son volume de perchlorure de fer saturé, qu'on rend fortement alcaline par l'ammoniaque et qu'on filtre. Une sol. de quinine additionnée d'abord d'un excès d'eau de chlore puis du R. ci-dessus donne une color. rouge sang.

Kliebahn (*Pyrogallol*). — La recherche de ce corps repose sur sa transformation en acide rufigallique par fusion avec de l'oxalate d'ammoniaque, on décèle ce dernier par divers réactifs (*Merck's Réagentine Verzeichnis*, p. 78).

Klunge (*Aloës*). — Une sol. très étendue d'aloës additionnée d'un peu de sulfate de cuivre, puis d'ac. cyanhydrique très dilué, ou d'eau de laurier-cerise donne une color. rouge.

Klunge (*Berbérine*). — L'eau de chlore produit une color. rouge dans les solutions acidifiées.

Klunge (*Aloïne*). — Cette réaction est aussi connue sous le nom de réaction de la cupraloïne. En sol. même très étendue l'aloës donne par le sulfate de cuivre une color. jaune. En ajoutant un peu de NaCl et en chauffant, la col. passe au rouge. En ajoutant de l'alcool, la color. rouge se produit même à froid, spontanément.

Klunge (*Phénol*). — Une color. bleue se développe en ajoutant quelques gouttes d'*oxaniline* puis un peu d'ammoniaque.

Knapp (*Glucose*). — Sol. de 10 gr. de cyanure de mercure dans 100 gr. de lessive de soude et 900 gr. d'eau. A l'ébullition le glucose ppte du mercure métallique. D'autre corps réducteurs agissent de même.

Knauer (*Liquide pour nettoyer les lamelles*). — Solution de lysol à 10 0/0. Faire bouillir les lamelles pendant 1/2 heure.

Knorr (*Antipyrine*). — Le perchlorure de fer colore en rouge sang les sol. étendues d'antipyrine. Sensibilité 10 gr. dans un litre.

Kobell (*Bismuth*). — Une color. rouge écarlate se produit, par voie sèche, sur le charbon de bois en chauffant un sel de bismuth avec de l'iodure de potass. et du soufre.

Kobert (*Hémoglobine*). — Le zinc en poudre ou les sels de zinc pptent les sol. d'hémoglobine. Le ppté se colore en rouge par les alcalis.

Kobert (*Morphine, Dionine, Codéine, Héroïne et Péronine*). — Le R. se prépare *au moment de l'emploi* en ajoutant 2 à 3 gouttes de formol à 40 0/0 à 3 cc. d'SO^4H^2 conc. *Morphine* : color. rouge pourpre immédiate, passant au violet, au violet-bleu, puis au bleu pur. — *Dionine* : color. bleue foncée, stable. — *Codéine* violet-rougeâtre, puis violet-bleuâtre. — *Héroïne* : violet-rougeâtre, puis bientôt bleuâtre. — *Péronine* : violet-rougeâtre stable pendant plusieurs heures.

Koch (*Méthode de coloration du bacille de Koch*). — Plonger les préparations en coupes dans le bleu de méthylène pendant 24 h. ou pendant

1 heure à 40° C. ; puis dans une sol. de vésuvine aqueuse pendant 2 min. et laver à l'eau distillée. Sécher à fond et monter au baume.

Autre méthode : Préparer de l'eau d'aniline en agitant 2 cc. d'aniline avec 20 cc. d'eau et filtrant sur filtre humide. Ajouter de la fuchsine ou du violet gentiane en sol. alcoolique jusqu'à saturation. Employer cette sol.

Koch (*Solutions colorantes*). — 1° *Violet de Méthyle* : mélanger 1 cc. de sol. sat. de violet de méthyle dans l'alcool absolu avec 200 cc. d'eau distillée ; 2° *Bleu de Méthylène* : 1 cc. de sol. saturée dans l'alcool absolu de bleu de méthylène, 2 cc. de potasse caustique à 10 0/0 et 200 cc. d'eau distillée.

Koch-Ehrlich (*Color. des tubercules*). — Sécher, fixer et colorer dans la sol. de Weigert-Koch à l'eau d'aniline ; laisser en contact 12 heures puis plonger dans l'ac. sulfurique à 25 0/0 pendant un temps très court et laver à l'alcool à 60 0/0. Faire une double coloration à la Vésuvine ou au bleu de méthylène.

Koch-Ehrlich (*Méthode de coloration*). — Plonger d'abord pendant 12 heures dans une sol. de violet gentiane ou de fuchsine dans l'eau d'aniline composée de : alcool absolu, 10 cc. ; eau d'aniline, 100 cc. ; sol. saturée de colorant, 11 cc. Plonger ensuite dans un mélange acide d'ac. nitrique conc. à 25 0/0. Rincer dans l'alcool à 90 0/0, puis colorer à nouveau dans une sol. alcoolique de Vésuvine à 0,5 0/0 dans l'alcool à 20 0/0 ou de bleu de méthylène à 0,25 0/0 dans l'alcool au même titre. La Vésuvine s'emploie après le violet gentiane, le bleu après la fuchsine. Enfin rincer, déshydrater et monter au baume. L'action de l'ac. nitrique pouvant être trop violente pour certaines préparations sensibles, certains auteurs ont conseillé de supprimer ce bain et de faire la contre coloration dans une sol. de bleu de méthylène acidulée par l'acide formique (1 0/0).

Kolossow (*Méthode de coloration à l'or*). — Plonger les préparations pendant 3 heures dans du chlor. d'or à 1 0/0 acidulé avec 1 0/0 d'ac. chlorhydrique, puis pendant 3 jours dans la chambre noire dans une sol. d'ac. chromique à 0,01 ou 0,02 0/0 (1).

Kolossow (*Coloration osmique*). — Le réactif est une sol. d'ac. osmique à 0,5 0/0 dans une sol. à 2 ou 3 0/0 d'acétate ou de nitrate d'urane.

Kolter (*Acide hypochloreux*). — En présence de mercure métallique et par agitation il se forme de l'oxychlorure de mercure brun.

_____

(1) Voir Dragendorff, *Ermittelung der Gifte*, p. 283.

Koninck (**de**) (*Potassium*). — Une sol. de nitrite de soude à 10 0/0, de chlorure de cobalt et d'acide acétique ppte par les sels de potasse du nitrite double de potasse et de cobalt.

Koninck (**de**) (*Solution de brome*). — Cet auteur a indiqué l'emploi d'une sol. de brome dans du bromure de potassium à 10 0/0, dans diverses recherches analytiques (*Merck's Reagentien Verzeichnis*, p. 80).

Kopp (*Acide nitrique*). — Mélanger un peu d'ac. sulfurique conc. avec quelques petits cristaux de diphénylamine et diluer avec de l'eau. Le réactif donne une coloration bleue avec les nitrates mais plusieurs substances, ac. sulfureux, hypochlorite, sels ferreux, etc., donnent une color. analogue. Voir le R. de POLLET, absolument analogue. L'acide nitreux donne également la réaction.

Koppen (*Coloration des fibres élastiques*). — La sol. renferme 100 gr. de phénol à 5 0/0 et 5 gr. de sol. saturée alcoolique de violet gentiane.

Koch (*Coloration pour bactéries*). — Plonger les préparations dans une sol. de carbonate neutre de potasse demi-saturée pendant 5 minutes ; déshydrater à l'alcool après lavage ; passer à l'huile de cèdre et monter au baume.

Koch (*Méthode au copal*). — Colorer dans la masse de petites pièces puis les déshydrater à l'alcool fort ; Les plonger ensuite dans une sol. chloroformique de copal que l'on évapore doucement à consistance telle qu'elle s'étire en fils et se prenne en masse fragile par le refroidissement. Retirer les objets, les égoutter et les laisser sécher pendant qq. jours, pour en faire ensuite des coupes. On peut enlever le copal dans le chloroforme après la coupe puis colorer suivant les méthodes ordinaires.

Koch (*Albumine*). — Ajouter à la sol. d'albumine une sol. saturée d'ac. sulfosalicylique. Réaction très sensible. Le ppté se colore fortement par les sels de fer.

Kodis (*Coloration des centres nerveux*). — C'est une sol. d'hématoxyline molybdique. On dissout 1 gr. d'hématoxyline crist. et 1,5 gr. d'ac. molybdique dans 100 cc. d'eau oxygénée à 0,5 0/0.

Koehler (*Picrotoxine*). — Dissoudre dans l'ac. sulfurique : la sol. est couleur safran ; en ajoutant une goutte de bichromate de potasse, la couleur passe au violet rouge et bientôt au vert.

Kohler (*Alcaloïdes*). — Mélanger l'alcaloïde avec 4 ou 5 fois son poids de nitrate de potasse, ajouter qq. gouttes d'SO^4H^2 puis de la soude caustique : on obtient des réact. colorées distinctives. C'est la **réaction de** LANGLEY.

Kolisch (*Créatinine*). — Ppte par le réactif suivant : acétate de soude, 1 gr. ; bichlor. de mercure, 30 gr. ; alcool absolu, 125 gr. ; ac. acétique, qq. gouttes.

Kœttstorfer (*Indice de*). — L'indice ou nombre de KŒTTSTORFER indique la quant. de potasse caustique, exprimée en milligrammes, nécessaire pour saponifier 1 gramme d'une matière grasse. On l'appelle aussi indice de saponification.

Kossel (*Hypoxanthine*). — On réduit la sol. à essayer par le zinc en présence d'HCl, puis on rend alcalin : coloration rouge rubis, passant au brun.

Kossinski (*Méthode de double coloration*). — Colorer dans une sol. aqueuse de carmin d'indigo pendant 1/4 d'h. à 1/2 h. laver à l'eau, à l'alcool, puis recolorer dans la safranine à 0,5 0/0, déshydrater et monter.

Kotzebue (*Morphine et Thalline*). — Le R. est une sol. à 10 0/0 d'ac. phosphomolybdique dans l'eau. Ce réact. est infiniment sensible ; il suffit de 1.000.000 (1 milligr. dans 1 litre) de morphine pour obtenir un ppté jaune-blanchâtre qui, au contact de l'ammoniaque, donne une col. bleue par réduction. La thalline se comporte de même mais la réact. est encore plus sensible (1/2 milligr. dans un litre).

Kowalewski (*Albumine*). — Solution à 2 0/0 d'acétate d'urane. Avec l'albumine ce R. donne un ppté jaune.

Kowarsky (*Glucose dans l'urine*). — Formation de glucosazone cristall. par la phénylhydrazine en présence d'ac. acétique et de chlorure de sodium. Voir la R. de FISCHER.

Kral (*Hydrogène sulfuré*) — Papier réactif préparé avec une solution légèrement ammoniacale de nitroprussiate de soude. Ce papier se colore en rouge en présence de H^2S.

Krause (*Mélange triacide*). — On mélange 4 cc. de sol. de *Rubine* à 20 0/0, 7 cc. d'orangé G à 8 0/0 et 8 cc. de vert de méthyle à 8 0/0. Ce réact. est une modification de celui d'EHRLICH-BIONDI.

Krehbiel (*Bile*) — Ajouter à l'urine 1/4 de son vol. d'ac. chlorhydrique conc. et ajouter goutte à goutte du chlorure de chaux : color. verte. Même réact. par l'eau de brome. Voir R. de DUMONTPALLIER.

Kreis (*Huiles d'olive*). — C'est une modification et un perfectionnement à la réact. de Bellier. Le R. est une sol. de phloroglucine à 1 0/00 dans l'éther. On agite l'huile à essayer avec volume égal de ce R. et le même vol. d'ac. nitrique D = 1. 4 : les huiles d'arachide, sésame, coton, noix, noyaux de pêches, ricin et certaines autres se colorent (c'est-à-dire la sol. éthérée qui surnage) très nettement en rouge-framboise. Dans les mêmes conditions l'huile d'olive, le saindoux et le beurre ne donnent aucune color. ou seulement du jaune rougeâtre faible (1).

Kreis (*Huile de Sésame*). — Modification rationnelle à la réaction d'Hauchecorne : Dans un verre agiter 5 cc d'huile, 5 cc. SO⁴H² à 75 0/0 et 0,3 cc d'eau oxygénée à 3 0/0. Après qq. temps il se produit une color. verte intense et, si l'on dilue, la couche acide devient jaune clair avec fluorescence verte. On peut retrouver 5 0/0 d'huile de sésame en mélange avec d'autres huiles (*Revue Int. Falsif.* 1903, p. 167).

Kreis (*Huile de Sésame*). — Tout récemment Kreis a découvert la présence dans l'huile de sésame d'un principe qu'il a dénommé Sésamol et qu'il extrait par l'alcool, ou par agitation de l'huile avec l'eau. La sol. aqueuse de Sésamol traitée par l'ac. diazonaphtonique se colore en rouge écarlate et teint la laine en bain acide. L'auteur attribue à cette substance les R. de Bishop et Bishop-Kreis. Certaines huiles du commerce ne renferment pas de sésamol par suite de sa destruction par les traitements variés subis par l'huile (2).

Kreis (*Cholestérine et Phytostérine*). — Le R. de Nielzer donne avec ces substances une coloration analogue à celle fournie par la picrotoxine : violet-rouge disparaissant par dilution.

Kreis (*Thiophène*). — Une sol. étendue de thalline dans la benzine additionnée de thiophène et agitée avec de l'ac. nitrique conc. se colore en violet intense, qui n'est pas stable et qui vire bientôt au rougeâtre puis au jaune ; par dilution elle disparaît. Le méthylthiophène provoque une color. bleue. Cette réaction est très sensible et peut servir à caractériser également la thalline (Ether tetrahydroparaoxyquinoléineméthylique).

Kremel (*Colchicéine*). — Réaction pour la recherche de cet alcaloïde en présence de colchicine. Si, à une sol. aqueuse de colchicéine on ajoute

---

(1) Voir *Revue internationale des Falsifications*, 1903, p. 17.
(2) Voir *Chemiker Ztg.* 1903, page 1030 et *Rev. internat. des Falsifications* 1903, page 167.

du perchlorure de fer, on obtient en l'absence de colchicine une col. verte (*Merck's Réagentien Verzeichnis*, p. 81).

Kronecker (*Solution physiologique de*). — Dans 1 litre d'eau : 6 gr. de NaCl ordinaire et 0,06 de soude caustique.

Krüeger (*Indicateur*). — La fluorescéine donne avec les alcalis une fluorescence verte détruite par les acides.

Kubel (*Colchicine*). — L'ac. nitrique conc. donne une sol. brun violet, qui devient jaune par dilution et qui passe au jaune orange, ou orangé-rouge par un excès de potasse.

Kuborne (*Distinction entre la cocaïne et l'atropine*). — Evaporer à sec en présence d'NO^3H, et chauffer le résidu avec une solution éthylique ou mieux amylique de potasse : avec l'atropine on a *à froid* une belle color. violette ; avec la cocaïne la color. ne se développe qu'à chaud.

Küehne (*Colorants à l'aniline ou à l'essence de girofle*). — Cette sol. colorante se fait avec les différentes couleurs de la houille usitées. On broye une pincée de couleur avec 15 gr. d'aniline pure ou avec 15 gr. d'essence de girofle. Décanter sans filtrer.

Kuehne (*Méthode de coloration sèche*). — Plonger pendant 1/4 d'heure dans une sol. de carbonate d'ammoniaque à 1 0/0 colorée au bleu de méthylène. Rincer, décolorer dans HCl à 1 0/0, sécher dans un fort courant d'air (souflet), laver au xylène et monter au baume.

Kuehne (*Fuchsine au phénol*). — Dissoudre 1 gr. de fuchsine ou 1 gr. de brun-noir dans 10 cc. d'alcool absolu et diluer dans 100 cc. de phénol aqueux à 5 0/0.

Kuehne (*Bleu de méthylène au phénol*). — Même préparation que le réactif ci-dessus. On plonge les préparations dans cette sol. pendant 1 à 2 h., on rince, on lave à l'eau acidulée légèrement par HCl (0,5 0/0), puis dans une sol. faible de carbonate de lithine, dans l'eau et enfin dans une sol. très faible de bleu de méthylène dans l'alcool absolu. On termine dans le bleu à l'aniline ci-dessus. On clarifie dans l'aniline pure puis dans l'essence de girofle, on lave au xylène et monte au baume.

Kuehne (*Autre méthode de coloration*). — Plonger dans une sol. conc. d'ac. oxalique pendant 10 min. laver, déshydrater. Colorer au carbonate d'ammoniaque à 1 0/0 renfermant 0,5 0/0 de bleu de méthylène, ou dans la fuchsine à l'eau d'aniline. Déshydrater, clarifier avec l'essence de girofle puis au xylène, et finalement monter au baume.

Kuehne (*Mélange pour macération*). — Solution de chlorate de potasse dans 4 ou 5 fois son poids d'ac. nitrique. Ceci paraît plutôt une liqueur désagrégeante.

Kuehne (*Méthode pour les coupes d'anthrax*). — Colorer en 5 min. dans le brun-noir au phénol ci-dessus, passer dans une sol. très étendue de carbonate de lithine (carbonate aqueux 1 cc., eau 30 cc.) puis dans l'alcool fort. Colorer à nouveau en 5 min. dans la fuchsine au phénol, décolorer dans une sol. de 1 gr. de fluorescéine dans 50 cc. d'alcool absolu. Déshydrater et monter au baume.

Kuehne (*Méthode pour les coupes de tubercules*). — 10 min. ou 1/4 d'h. dans la fuchsine au phénol, laver à fond à l'eau, décolorer dans la fluorescéine à 2 0/0 dans l'alcool absolu, laver au xylène et monter au baume. On peut faire une contre coloration au vert de Méthyle dissous dans l'aniline (Voir ce Réactif ci-dessus) pendant 5 à 10 min.

Kuehne (*Solution de violet de méthyle*). — 1 gr. de colorant dans 200 cc. d'alcool à 50 0/0.

Kuehne (*Méthode au bleu de méthylène*). — Coloration en une heure dans le bleu de méthylène au phénol, lavage à l'eau, puis à l'eau légèrement acidulée jusqu'à color. bleu pâle, puis dans une sol. très faible de carbonate de lithine. Déshydrater dans une sol. faible de bleu de méthylène dans l'alcool absolu, plonger dans la sol. de bleu de méthylène à l'aniline, rincer à l'aniline, éclaircir au xylol et monter au baume.

Kuehne (*Méthode de* GRAM *modifiée par*). — Colorer au carmin qui teint les noyaux, puis plonger dans la sol. de violet méthyle dans le carbonate d'ammoniaque à 1 0/0, diluée de 5 vol. d'eau, pendant 4 ou 5 min. ou bien dans une sol. composée de 80 cc. d'eau, 20 cc. d'alcool et 0 gr. 25 de bleu Victoria. Rincer à fond à l'eau et plonger dans la solution de GRAM pendant 3 min. ; rincer à nouveau, et enlever l'excès de colorant par la fluorescéine à 2 0/0 dans l'alcool absolu. Déshydrater à l'alcool absolu, à l'aniline, au xylol et monter au baume.

Kuehne (*Méthode de coloration pour les bacilles du choléra et du typhus*). — On prend part. égales de sol. de bleu méthylène aqueux saturé à froid et de carbonate d'ammonium à 1 0/0. Colorer en 10 à 15 min., laver à l'HCl à 1 0/0.

Kuehne (*Syntonine*). — Dissoudre la substance dans l'eau de chaux, ou alcaliniser avec ce réactif et faire bouillir, la syntonine seule coagule.

Kuehne (*Méthode de coloration double pour les tubercules*). — Colorer à la fuchsine au phénol pendant 10 min. laver à l'eau, puis à la fluorescéine à 2 0/0 dans l'alcool absolu, colorer ensuite au vert de méthyle dissout dans l'aniline pendant 5 min., éclaircir à l'ess. de girofle, puis au xylène, puis monter. — Ou bien, colorer à la fuchsine au phénol, passer à l'ac. nitrique à 30 0/0, laver à l'alcool à 60 0/0 jusqu'à teinte rose faible, laver, déshydrater et colorer au vert de méthyle dans l'aniline.

Kuehne (*Méthode de coloration triple pour les tubercules*). — Colorer légèrement dans l'hématoxyline (sol. de DELAFIELD), laver à l'eau, déshydrater, colorer en 10 min. à la fuchsine au phénol, rincer, laver à la fluorescéine à 2 0/0 dans l'alcool absolu, rincer à l'alcool, à l'essence de girofle, au xylène, puis colorer triplement dans une sol. d'auramine dans l'aniline. Monter au baume. On obtient trois couleurs, avec des tons bien tranchés.

Külz (*Bile*). — Modification à la R. de PETTENKOFER qui consiste à évaporer qq. gouttes d'urine au B. M. en présence de sucre. On ajoute ensuite sur le résidu une goutte d'acide concentré. Voir la R. de PETTENKOFER.

Kundrat (*Alcaloïdes*). — Voir le R. de MANDELIN. C'est une sol. à 1 0/0 de vanadate d'ammoniaque dans l'ac. sulfurique conc.

Kupfer (*Coloration des bactéries*). — *Bleu de méthylène* : solution à 3 0/0 dans l'eau. — *Fuchsine* : sol. aqueuse concentrée. Cette dernière s'emploie pour les centres nerveux.

Kuskow (*Liquide de digestion*). — Solution fraîche de 1 gr. de pepsine dans 200 cc. d'eau et 6 gr. d'ac. oxalique.

L

Labarraque (*Liqueur de*). — Solution d'hypochlorite de soude à différentes concentrations. On donne aussi ce nom à l'eau de javel qui était autrefois, au xviiie siècle, préparée à Javel (XVe arrt de Paris, d'où son nom). A l'origine l'eau de Javel était à base de potasse ; on la prépare aujourd'hui exclusivement avec de la soude.

Labiche (*Huile de graines de coton*). — On mélange 25 gr. de graisse fondue avec 25 cc. d'acétate de plomb à 50 0/0 chauffé à 35° C. et 5 cc. d'ammoniaque conc. On agite vigoureusement jusqu'à mélange homogène. En présence d'huile de graines de coton il se produit une col. rouge orangé. Voir R. de Deiss.

Laborde (*Acides libres dans le suc gastrique*). — Le suc gastrique traité à chaud par le sulfate d'aniline et le peroxyde de plomb donne une color. vert foncé s'il renferme de l'acide chlorhydrique libre ; l'acide lactique libre donne une teinte rouge pourpre.

Lachaux (*Indicateur à la coralline et au vert malachite*). — On dissout 3 gr. 10 d'ac. rosolique dans 150 cc. d'alcool fort, on neutralise et on ajoute 0,5 gr. de vert malachite dissous dans 50 cc. d'alcool. Avec les alcalis color. rouge, verte avec les acides.

Lacroix (*Titane*). — Les sol. chlorhydrique de titane donnent avec une sol. de morphine dans l'ac. sulfurique une color. rouge-vin.

Ladendorf (*Sang*). — On ajoute au liquide suspect de la teinture de gaïac et de l'ess. d'eucalyptus ; on agite : la couche inférieure se colore en bleu, la couche supérieure en violet s'il y a du sang.

Lafon (*Digitaline*). — Le R. de Lafon se prépare en dissolvant 1 gr. de séléniate ou tellurate de soude dans 20 gr   d'ac. sulfurique conc. Il donne une col. vert bleuâtre avec la digitaline.

Lagrange (*Glucose*). — Modification à la liqu. de FEHLING.

Laguesse (*Solutions fixantes*). — 1° Acide osmique à 2 0/0, 4 cc. ; ac. chromique à 1 0/0, 4 cc. ; ac. acétique cristallisable, 2 gouttes. — 2° Ac. osmique à 2 0/0, 4 cc. ; bichlorure de platine à 1 0/0, 4 cc. ; ac. acétique crist., 2 gouttes. — Ces deux solutions donnent d'excellents résultats pour l'étude du zymogène qui a l'inconvénient de se dissoudre dans la plupart des autres réactifs acétiques.

Laillier (*Huile d'olive*). — Agiter l'huile avec 1/4 de son vol. d'une sol. d'ac. chromique 1 : 4. Comme pour toutes ces réactions empiriques il faut soi-même faire de nombreux essais préparatoires sur des huiles d'origine pour se faire la main et l'œil aux phénomènes qui accompagnent l'essai.

Lalande-Tambon (*Huile de sésame dans l'huile d'olive*). — On agite dans un tube 15 cc. d'huile suspecte et 5 cc. d'NO³H incolore D = 1.40. La color. jaune de l'acide, après repos, est déjà un indice de la présence de l'huile de sésame. Avec les huiles d'olive, d'arachide, de coton, ce liquide reste incolore, sauf cependant avec quelques très vieilles huiles d'olives. Si on décante maintenant l'acide et qu'on dilue avec de l'eau distillée la présence du sésame se révèle par un trouble plus ou moins accentué. L'huile de sésame pure donne un ppté abondant. Avec les autres huiles précitées la liqueur reste absolument limpide.

Lainer (*Distinction entre le benzène et la benzine*). — L'iode colore le premier en rouge carmin, la seconde en violet. En ajoutant au liquide une trace d'alcool et agitant, le benzène se trouble tandis que la benzine demeure limpide.

Lamal (*Morphine*). — Evaporer un peu de la sol. au B. M. en présence d'acétate d'urane et d'acétate de soude : color. rouge clair permanente, l'oxymorphine, l'ac. salicylique, l'ac. gallique, l'ac. tanique, l'ac. pyrogallique donnent également cette réaction mais beaucoup d'alcaloïdes ne la donnent pas.

Landerer (*Strychnine*). — Color. violette par l'SO⁴H² en présence d'un iodate.

Landois (*Oxyde de carbone dans le sang*). — On dilue 1 cc. de sang avec 30 cc. d'eau et y ajoute une sol. aqueuse étendue de pyrogallol et quelques gouttes de potasse. Le sang normal donne un trouble et une color. brun sale tandis que le sang oxycarboné conserve sa color. rouge clair.

Landois (*Mixture de macération*). — Remplace la sol. ordinaire d'acide chromique et se compose de 5 gr. de sol. conc. de chromate jaune d'ammoniaque, de phosphate de potasse et de sulfate de soude et 100 p. d'eau distillée.

Landolt (*Ac. phénique*). — L'eau de brome en excès donne un ppté blanc de tribromophénol dans les sol. d'ac. phénique. Le crésol, l'ac. oxybenzoïque, l'indol, l'indican, etc., donnent également un ppté.

Landott (*Paraffine dans la cire*). — La paraffine, l'ozokérite sont très peu attaquées par l'ac. sulfurique conc. qui au contraire carbonise la cire et les mat. grasses. D'où un procédé de recherche et même de dosage.

Lang (*Solution fixante*). — Solution aqueuse contenant 10 0/0 de NaCl, 8 0/0 d'ac. acétique, 6 à 10 0/0 de bichlorure de mercure et 0,5 0/0 d'alun. Ce dernier peut être supprimé dans certains cas ; on emploie cette solution pour les *planaria*.

Lang (*Taurine*). — L'oxyde de mercure fraîchement précipité ppte la taurine en blanc.

Langbeck (*Indicateur*). — Le nitrophénol se colore en jaune par les alcalis ; il est incolore en sol. neutre ou acide.

Langbeck (*Alcool méthylique dans l'éther*). — Mélanger l'éther avec une sol. à 2 0/0 de nitrate d'argent : au bout de 24 h. la zone du contact est colorée en violet-rouge et il y a un ppté d'oxyde d'argent réduit, s'il y a de l'alcool méthylique.

Langerhan (*Milieu à la glycérine et à la gomme*). — Dissoudre de la gomme arabique dans son propre poids d'eau et ajouter à la sol. la moitié de son poids de glycérine et son poids d'acide phénique à 5 0/0.

Langley (*Pepsinogène*). — Le carbonate de soude détruit la pepsine mais n'agit pas sur le pepsinogène.

Langley (*Picrotoxine*). — Mélanger du nitrate de potasse en excès avec de l'ac. sulfurique ; en ajoutant ensuite un excès de potasse, color. jaune-rougeâtre.

Langley et Langley-Koehler (*Alcaloïdes*). — Même réaction que ci-dessus pour la picrotoxine ; les différents alcaloïdes donnent des réactions parfois caractéristiques.

Lannoy (*Technique pour l'emploi des fixateurs*) (1). — L'auteur résume sous forme didactique les règles générales de cette technique :

1° Le *fragment à fixer* sera prélevé au moyen d'un rasoir à face plane et suivant différents sens ; on ne se servira jamais de ciseaux.

2° *a*) Le *volume du liquide fixateur* sera toujours au moins 50 fois supérieur au vol. du fragment à fixer. *b*) On se servira *toujours parallèlement de plusieurs fixateurs.*

3° Le *volume du fragment* ne dépassera pas pour les réactifs osmiqués *une épaisseur de 1 mm.* ; pour les autres réactifs, à pénétration plus rapide il pourra avoir comme dimensions de 2 à 3 millim. d'épaisseur et qq. centim. de surface.

4° Le *temps de fixation* varie de 1 à 24 heures. On ne peut formuler de règle fixe à ce sujet. On considère qu'un fragment d'organe plongé dans le bichlorure de mercure est totalement fixé quand il a pris un aspect blanc opaque uniforme, ce qui demande de 1 à 12 heures. On compte générale- ment *une heure* par millimètre d'épaisseur. Il faut procéder à des tàton- nements.

5° Le flacon dans lequel s'effectue la fixation sera toujours *bouché soi- gneusement* et tenu, si possible, à l'abri de la lumière ; il devra, de plus, être *placé verticalement*, surtout si l'on se sert de réactifs à l'ac. osmique et de bouchons de liège.

6° *Au sortir du liquide fixateur* on procèdera au lavage de la pièce fixée, à l'eau courante, au moyen d'un appareil *ad hoc* Pour les réactifs osmi- ques, le temps de lavage est égal au temps de fixation. Les pièces fixées à l'ac. picrique sont plongées immédiatement dans l'alcool à 70 0/0 au sortir du réactif.

7° *Après le lavage*, on portera les pièces dans l'alcool à 70 0/0 et on les y conservera jusqu'à l'inclusion ; l'alcool à 70 0/0 sera renouvelé jusqu'à complète décoloration. Une précaution spéciale doit être prise avec les fixateurs au sublimé qui déposent souvent des cristaux microscopiques de bichlorure : on évitera ce désagrément en portant les pièces après lavage à l'eau dans l'alcool iodé (alcool à 70 0/0, 100 cc. ; teinture d'iode 3 cc.). L'alcool iodé sera renouvelé tant qu'il se décolorera.

Lanz (*Méthode de coloration*). — Le liquide se prépare en mélangeant

(1) *Bulletin des Sciences Pharmacologiques*, 1902, p. 167, vol. 5.

1 part. de sol. aqueuse à 2 0/0 de phénol saturée de fuchsine avec 3 part. de sol. saturée de thionine dans la même sol. de phénol. Laisser les préparations en contact pendant 1/2 min. au plus, et laver à l'eau. Les gonocoques prennent la thionine, les cellules prennent les deux couleurs.

Lapeyreire (*Extrait de bois de campêche dans le vin rouge*). — On prépare un papier réactif avec une sol. d'acétate de cuivre concentrée. En présence d'extrait de campêche, coloration violette. Le vin naturel donne un color. grisâtre.

Lassaigne (*Gomme arabique*). — Les sol. de gomme arabique donnent un ppté jaune transparent et gélatineux par le sulfate ferrique.

Lassaigne (*Acide cyanhydrique*). — Alcaliniser légèrement par la potasse, ajouter qq. gouttes de sulfate de cuivre et réacidifier légèrement par HCl : ppté blanc de cyanure de cuivre.

Lassaigne (*Composés azotés organiques*). — Chauffer dans un tout petit tube une très petite quant. de matière avec vol. égal de sodium ; reprendre par l'eau, aciduler et ajouter 1 goutte de mélange ferroso-ferrique : ppté de bleu de Prusse (L'azote a été transformé en cyanure).

Lassar-Cohn (*Alcool dans l'éther*). — On agite l'éther avec de l'eau, on oxyde le liquide par le bichromate de potasse en présence d'ac. sulfurique, on distille et on recherche l'aldéhyde dans le distillat.

Latschenberger (*Recherche de l'ammoniaque dans l'urine*). — Déféquer l'urine par son volume de sol. saturée de sulfate de cuivre, neutraliser avec de l'eau de baryte, filtrer et rechercher l'NH^3 par le réact. de Nessler.

Launoy (*Solution albumineuse pour le collage des coupes*). — Albumine d'œuf, 30 cc. ; eau distillée, 5 cc. ; glycérine à 30°, 10 cc. On filtre. Pendant le mélange on évite de battre. On assure la conservation en ajoutant qq. cristaux de menthol au liquide filtré, au lieu du salicylate de soude préconisé par Mayer. Pour l'emploi on verse 25 gouttes de cette solution dans 50 cc. d'eau.

Launoy (*Méthode à l'orcéine pour les fibres élastiques*). — La sol. se prépare avec : eau, 20 cc. ; orcéine pour fibres élastiques, 0 g. 50 ; alcool à 95 0/0, 45 cc. ; ac. nitrique, 20 gouttes. On laisse les préparations en contact 24 h. dans cette solution ; on lave aux alcools. S'il y a coloration trop abondante on différencie à l'alcool chlorhydrique faible en quelques minutes.

Laurent (*Narcotine*). — En chauffant de la narcotine avec de l'ac. sulfurique on obtient une color. verte. En reprenant la masse verte par l'eau on obtient un ppté vert foncé, insoluble dans l'eau, soluble dans l'alcool.

Lauth (*Paratoluidine*). — Ajouter de l'ac. nitrique à une sol. sulfurique de ce corps : color. bleue, violette, puis rouge, et enfin brune.

Lauth (*Hydrogène sulfuré*). — Ce gaz colore en violet les solutions légèrement acides et additionnées de chlorure ferrique de paraphénylène-diamine. Voir aussi la R. de CARO-FISCHER.

Lavdowsky (*Milieu à la sandaraque*). — Sol. de 30 gr. de sandaraque dans 50 cc. d'alcool absolu. En diluant cette sol. elle sert à clarifier les préparations.

Lave (*Vératrine*). — Le R. se prépare en mélangeant 4 gouttes de sol. aqueuse de furfurol avec 1 cc. d'ac. sulfurique conc. On superpose au réactif 5 gouttes de la sol. à essayer : il se produit graduellement des stries d'abord bleu foncé, puis bleu-violet, puis au bout de longtemps, vertes. En agitant on obtient une color. verte, puis bleue, puis violette peu à peu.

Lawrence (*Gelée glycérinée*). — Faire gonfler de la gélatine pure dans l'eau froide ; la fondre et après suffisant refroidissement pour éviter la coagulation y ajouter 1/50 de blanc d'œuf ; faire bouillir alors, filtrer, ajouter de la glycérine et un peu de camphre.

Lebach (*Acide benzoïque*). — Ce procédé repose sur la transformation de l'ac. benzoïque en ac. salicylique par oxydation. On traite 0,05 ou 0,10 gr. de résidu de l'extraction à l'éther ou au chloroforme dans un grand tube à essai avec 6 cc. SO^4H^2 puis ajoute petit à petit 0 g. 8 de péroxyde de baryum en refroidissant dans l'eau ; laisser reposer 1/2 heure, ajouter 25 à 30 cc. d'eau, agiter et refroidir ; filtrer et extraire à l'éther ou au chloroforme ; rechercher l'acide salicylique dans le résidu de cette extraction. Il est important que pendant l'oxydation de l'acide benzoïque la température ne s'élève pas au-dessus de la temp. ordinaire. Il est bien entendu nécessaire de s'assurer au préalable de l'absence de l'ac. salicylique ainsi que de celle de la saccharine qui fournit elle aussi de l'ac. salicylique par oxydation.

Lebbin (*Formol*). — Une sol. sodique de résorcine se colore en rouge à l'ébullition par la formaldéhyde ; le chloroforme, les albuminoïdes gênent la réaction.

Leber (*Méthode d'imprégnation au bleu de Prusse*). — Plonger les tissus pendant quelques min. dans une sol. diluée de sulfate ferreux (à 0,5 0/0) puis dans une sol. à 1 0/0 de ferrocyanure de potass. Laver à l'eau légèrement pour enlever l'excès de bleu.

Lecco (*Recherche du sperme*). — Le procédé, comme celui de FLORENCE est basé sur la caractérisation de la choline à l'état d'iodure de choline cristallisé. Voir la R. de FLORENCE.

Lechini (*Sang dans l'urine*). — Essai bien peu concluant : 10 c. d'urine acidifiés par 1 goutte d'ac. acétique et agités avec 3 cc. de chloroforme doivent colorer ce dernier en rouge.

Leconte (*Acide phosphorique*). — Le nitrate d'urane ppte en jaune par l'ac. phosphorique et les phosphates (également par les arséniates). Cette réaction est utilisée pour le dosage volumétrique de l'ac. phosphorique. On peut employer comme indicateur le ferrocyanure de potassium (à la touche) ou la teinture de cochenille (color. verte).

Lee (*Coloration à l'acide osmique et au pyrogallol*). — Fixer les tissus dans la sol. fixante d'HERMANN ou de FLEMMING en une 1/2 heure puis plonger dans une sol. étendue de pyrogallol soit aqueuse, soit alcoolique. On peut faire une contre-coloration avec la safranine.

Lee (*Milieu de montage à la térébenthine et à la colophane*). — Dissoudre de la colophane claire dans de l'essence de térébenthine rectifiée et pure, en chauffant à l'étuve. La solution doit être sirupeuse et limpide. On la filtre à chaud dans une étuve. Ce milieu est très recommandé. La solution de KLEINENBERG est préparée de même.

Lefort (*Morphine*). — En présence d'acide iodique, puis d'ammoniaque, il se développe une color. jaune ou jaune-brun.

Legal (*Aldéhydes*). — Le nitroprussiate de soude, suivi de qq. gouttes d'ac. acétique donne avec les corps à fonction aldéhyde une belle color. rouge. Voir ci-dessous l'application de cette réaction à la recherche de l'acétone dans l'urine.

Legal (*Acétone dans l'urine*). — Distiller et recueillir les premières portions. Qq. cc. du distillat additionnés de nitroprussiate de soude et de soude donnent une col. rouge. Celle-ci disparaît bientôt ; on acidifie par l'ac. acétique : une color. rouge pourpre se développe. La créatinine donne également une col. rouge fugace tout d'abord mais ne donne pas la seconde col. rouge ; elle donne du bleu ou du vert. Voir la R. de LE NOBLE.

Legal (*Carmin aluné à l'acide picrique*). — Mélanger 10 volumes de carmin aluné de GRENACHER avec un vol. de sol. saturée d'acide picrique.

Léger (*Aloës*). — Les différents aloës traités par le bioxyde de sodium deviennent jaune brun, puis finalement rouge cerise. L'aloës de natal seul ne donne pas cette coloration (Pour détails voir *Soc. de Pharm. de Paris. 5 février* 1902).

Léger (*Bismuth Cinchonine*). — Les sels de bismuth donnent une color. rouge foncé par une sol. de nitrate de cinchonine dans l'iodure de potassium. Cette col. peut servir à reconnaître l'un ou l'autre de ces corps.

Léger (*Alpha-Naphtol et beta-Naphtol*). — Avec une sol. d'hypobromite de soude l'α-naphtol donne une col. violet sale. Avec le β-naphtol il se produit d'abord une col. jaune, puis verdâtre, puis jaune à nouveau. Cette dernière réaction avec le β-naphtol est beaucoup moins sensible que celle avec l'α-naphtol.

Legler (*Formol*). — On distille le liquide suspect ; le distillatum est alcalinisé par un excès d'ammoniaque. On évapore pour chasser presque entièrement l'excès d'ammoniaque ; en ajoutant ensuite de l'eau de brome on obtient un ppté jaune de bromure d'héxaméthylènetetramine.

Le Goff (*Sang des diabétiques*). — Les globules rouges des diabétiques ont une affinité particulière pour les couleurs basiques d'aniline ; si l'on plonge une lamelle couverte de sang de diabétique fixé par la chaleur dans une sol. de la combinaison *éosine bleu de méthylène*, les hématies diabétiques s'emparent du bleu de méthylène, tandis que les hématies du sang normal s'emparent de l'éosine. Cette réaction est dûe suivant les expériences de l'auteur à la présence simultanée de l'hémoglobine et du glucose.

Legros-Grimbert (*Lactose-Peptone-Milieu nutritif*). — On fait bouillir 2 gr. de lactose pur. 0 g. 50 de peptone et 100 cc. d'eau ; on y ajoute un peu de carbonate de chaux bien lavé et très pur, on filtre au bout de 5 minutes et on stérilise le liquide qui doit être absolument neûtre. Ce milieu nutritif remplace avantageusement celui de PETMCHESKY qui a de nombreux inconvénients.

Lehmann-Petri (*Indicateur*). — Le nitrosylsulfonate de phénol donne une col. bleue avec les alcalis, rouge avec les acides.

Leismer (*Glucose*). — Le R. est une sol. de safranine à 1 gr. par litre. En présence du glucose et d'une forte alcalinité elle se décolore à l'ébullition.

Le Noble (*Acétone*). — L'urine, ou un liquide renfermant de l'acétone, donne par le nitroprussiate de soude et l'ammoniaque une color. violette. Voir R. de LEGAL.

Leo (*Acide chlorhydrique libre dans le suc gastrique*). — On additionne le suc gastrique à essayer d'un excès de carbonate de chaux ; on filtre et on compare l'acidité avant et après traitement. Il est nécessaire auparavant d'extraire le suc par l'éther pour séparer les acides gras libres et l'ac. lactique. Cet essai repose sur ce fait que les phosphates acides n'attaquent pas le carbonate de chaux, suivant l'auteur (assertion sujette à caution).

Léon (*Francéine au borax*). — On dissout dans 100 cc. d'eau bouillante 1 gr. de francéine et 2 gr. de borax ; on laisse refroidir, on ajoute 300 gr. d'alcool à 95 0/0 et on filtre (La francéine est une mat. color. dont la préparation indiquée par ISTRATI se fait en traitant de pentachlorobenzol par l'ac. sulfurique fumant).

Léon (*Picro-francéine*). — On dissout 1 gr. de francéine dans 15 cc. d'eau alcalinisée par l'ammoniaque ; on laisse cette solution à l'air libre pendant qq. jours puis on ajoute 60 cc. d'ac. picrique en sol. aqueuse saturée.

Léonard (*Formol*). — En chauffant le lait avec de l'ac. chlorhydrique conc. on obtient une col. violette en présence d'aldéhyde formique. Sensibilité : 1 milligr. dans un litre.

Léonardi (*Alcool dans les huiles essentielles*). — La fuchsine reste insoluble dans les huiles essentielles pures.

Léonardi (*Huile de ricin dans l'huile d'olive*). — Cet essai repose sur la solubilité de l'huile de ricin dans l'alcool ; 10 cc. d'huile suspecte sont agités avec 10 cc. d'alcool à 95 0/0 dans un tube gradué. Après repos la couche alcoolique ne doit pas avoir augmenté de volume. Peut servir à la recherche dans d'autres huiles.

Lenz (*Anis de Sikimi dans l'anis étoilé*). — Extraire par l'alcool bouillant, filtrer et diluer : l'*anis étoilé* donne un liquide trouble par suite de la présence de l'*anéthol* peu soluble ; le *sikimi* donne une solution claire. L'extrait à l'éther de pétrole laisse une odeur agréable d'anis avec l'anis vrai, et désagréable dans le cas du *Sikimi*.

Lenz (*Alcaloïdes*). — Certains alcaloïdes donnent par la potasse caustique, en les chauffant très fortement, des color. caractéristiques : la *quinine* et la *quinidine* donnent une color. verte ; la *cinchonine* et *cinchonidine*, vert bleuâtre, la *cocaïne*, jaune-verdâtre. La potasse à employer dans cet essai doit être de concentration telle qu'elle se solidifie à froid mais fonde au B. M.

Lepage (*Alcaloïdes*). — Le R. de LEPAGE se prépare en dissolvant 10 gr. d'iodure de cadmium et 20 g. d'iodure de potassium dans 60 cc. d'eau. Les alcaloïdes donnent des pptés blancs ou jaunes. Voir R. de MARMÉ.

Letheby (*Aniline*). — Traitée par l'ac. sulfurique et l'ox. puce de plomb, color. bleue ou pourpre. Même color. par l'ac. sulfurique et le ferricyanure de K. Par électrolyse d'une sol. sulfurique diluée, color. bleue ou rose. En remplaçant l'ox. puce par du Mno^2 dans la réaction ci-dessus, même color. en chauffant à $50°$ C. Toutes ces réactions colorées reposent sur l'oxydation.

Letulle (*Vert d'iode phénolé*). — Solution de phénol à 2 0/0 renfermant 1 0/0 de vert d'iode.

Letulle (*Coloration des bactéries à la rubine*). — On prépare une sol. d'acide phénique à 2 0/0 et on la sature de rubine S. Filtrer.

Leube (*Quinine*). — Color. rouge en faisant agir de l'eau de chlore, du ferrocyanure de potass. et de l'ammoniaque.

Leuchs (*Eau dans les huiles essentielles*). — En agitant l'huile essentielle avec du pétrole rectifié il se produit un trouble qui indique la présence de l'eau.

Leuscher et **Riechelmann** (*Santal dans le cacao*). — Voir RIECHEL-MANN et LEUSCHER.

Lewin (*Acroléine et autres aldéhydes*). — Faire un mélange de pipéridine et de nitroprussiate de soude comme Réactif. Ce mélange se colore en violet-gentiane bleu par l'acroléine et passe au violet par l'ammoniaque ; la soude donne du violet rougeâtre, puis du rouge-rouille ; l'ac. acétique glacial donne du vert-bleuâtre ; les acides forts du brun-rouille qui redevient bleu par dilution. L'eau oxygénée donne du brun-sale. On peut remplacer la pipéridine par la diméthylamine.

Cette réaction est également fournie par les aldéhydes suivants : Acetaldéhyde, paraldéhyde, aldéhyde propionique, aldéhyde formique, trichlo-

raldéhyde, isobutyraldéhyde, benzaldéhyde, salicylaldéhyde, phénacetyl-
aldéhyde, l'œnanthol, le furfurol et sans doute d'autres aldéhydes.

Lewin (*Huile de sésame*). — Modification à la R. de Baudouin.
Placer dans un tube 0 g. 5 de sucre de canne, un peu d'ac. sulfurique et 2 cc. d'huile à essayer ; puis ajouter 1 cc. HCl D = 1.18 et
mélanger très doucement : il se produit en qq. minutes une zone rose-
rouge.

Lewis-Bevan (*Coloration au bleu-noir pour les nerfs centraux*). — On
colore les coupes pendant une heure dans une sol. aqueuse à 0,25 de
bleu-noir d'aniline et on lave dans une sol. de chloral à 2 0/0. Déshydrater et monter au baume.

Lewis-Bevan (*Méthode de durcissement pour le cerveau*). — Plonger dans
l'alcool dénaturé pendant 24 h. au frais, puis dans la solution de Mueller pendant 3 jours au bout desquels on change la sol. pour de nouvelle
pendant 3 autres jours ; on substitue alors une sol. de bichromate à 2 0/0,
puis au bout de 15 j. une solution à 4 0/0. S'il est nécessaire, employer
enfin une sol. d'acide chromique.

Lewy (*Chlorhydrate de cocaïne*). — Le borax ppte les sol. aqueuse de
ce sel ; le ppté est soluble dans la glycérine à froid, moins soluble à
chaud, se redissolvant par refroidissement.

Lex (*Ammoniaque*). — Le phénol et le chlorure de chaux donnent une
color. verte qui vire au bleu en chauffant. C'est la réaction du phénol renversée. Voir Cotton.

Leys (*Chromate dans le lait*). — Évaporer puis calciner 100 à 200 cc. de
lait ; reprendre les cendres par l'eau et filtrer : la sol. est légèrement jaune
en présence de chromate ; on fait les réact. des chromates.

Leys (*Carbonate neutre dans le bicarbonate de soude*). — Le R. est une
solution saturée aqueuse de sulfate de chaux. On dissout le bicarbonate à
essayer dans l'eau et on ajoute un volume égal de R. En présence de carbonate neutre il se produit un ppté *immédiat* cristallin de carbonate
neutre de chaux. Le bicarbonate de soude pur ne donne pas de ppté par
suite de la solubilité du bicarbonate de chaux.

Leys (*Saccharine*). — La saccharine diluée, même au 1/2500 se colore
en violet par l'eau oxygénée et le perchlorure de fer au bout de 1/2 à
1 heure (Formation d'ac. salicylique).

Lidforss (*Glucose*). — Le R. est une sol. alcoolique légèrement acidulée par l'ac. acétique d'acétate de cuivre auquel on ajoute un peu de glycérine et une sol. alcoolique de potasse.

Lidoff (*Tissus et fibres*). — La soie est facilement soluble dans l'ac. oxalique fondu ; la cellulose est peu soluble, la laine insoluble.

Liebermann (*Thiophène dans le benzol*). — Le R. est une sol. de nitrite de soude à 8 0/0 dans l'ac. sulfurique conc. renfermant 5 0/0 d'eau. En ajoutant 5 gouttes de réactif à 8 ou 10 cc. de benzol à essayer et agitant vigoureusement il se produit une coloration verte, puis bleu clair s'il y a du thiophène en présence.

Liebermann (*Acide sulfureux dans les vins*). — Réduire SO^2 en H^2S par l'amalgame de sodium en présence d'un peu d'HCl et distiller dans une sol. d'ac. iodique dont l'iode est mis en liberté par H^2S (L'énergique réduction par l'amalgame peut exercer son action sur d'autres composés sulfureux normaux du vin, en petite proportion il est vrai.)

Liebermann (*Cholestérine*). — En présence d'ac. acétique conc. et de chloroforme, col. rose-rouge, devenant bleue puis verte par SO^4H^2. Voir R. de Burchard.

Liebermann (*Lanoline*). — Dissoudre 0 gr. 10 à 0,20 de lanoline dans 5 cc. d'ac. acétique et ajouter qq. gouttes d'ac. sulfurique conc. La même color. qu'avec la cholestérine se développe. Les graisses ordin. ne donnent pas cette réaction.

Liebermann (*Fibres textiles*). — Plonger pendant 30 min. les fibres dans une sol. de fuchsine add de soude caustique jusqu'à teinte jaune claire ; au bout de ce temps laver abondamment à l'eau : la soie se colore en rouge foncé ; la laine en rouge clair ; le chanvre en rose ; le coton ne prend pas la couleur.

Liebig (*Cobalt en présence de nickel*). — A la sol. contenant les chlorures des deux métaux on ajoute un excès de cyanure de potassium : le nickel se ppte à l'état d'hydrate de sesquioxyde tandis que le cobalt reste en solution à l'état de cobalticyanure de potassium.

Liebig (*Cyanure*). — La R. repose sur la transformation en sulfocyanure par évaporation du liquide suspect au B. M. avec qq. gouttes de sulfhydrate d'ammoniaque et qq. gouttes de soude caustique ; reprendre le résidu sec par l'eau acidulée par HCl et essayer par le chlorure ferrique : coloration rouge-sang en présence de cyanure dans le liquide primitif.

Liebig (*Urée*). — L'urée évaporée et chauffée avec du nitrate d'argent fournit du nitrate d'ammoniaque et du cyanure d'argent.

Lifschnetz (*Cellulose*). — La cellulose se dissout dans un mélange nitro sulfurique concentré.

Lightfoot (*Produits pyroligneux dans l'ac. acétique*). — La R. repose sur les propriétés réductrices de ces produits vis-à-vis du permanganate de potasse. Après neutralisation de l'acide par du carbonate de soude pur on ajoute qq. gouttes de permanganate qui se décolorent en peu de temps.

Linde (*Recherche de la glycérine*). — Rendre la sol. légèrement alcaline par le carbonate de soude, ajouter du borax en poudre et porter une parcelle du mélange sur un fil de platine dans la flamme : coloration verte de la flamme, en présence de glycérine. Cette réact. élégante repose sur la propriété qu'a la glycérine, alcool triatomique de modifier certaines propriétés de l'ac. borique, et notamment sa capacité de saturation acide. L'essai suivant repose sur le même fait : Un papier de tournesol rouge plongé dans le borax devient bleu puis plongé dans une sol. de glycérine très légèrement alcaline (ou la sol. suspecte) redevient rouge plus ou moins rapidement. Voir la R. de HAGER.

Linde-Molisch (*Glucose*). — Voir la R. de MOLISCH.

Lindo (*Saccharine*). — Evaporer la saccharine avec de l'NO^3H conc. et reprendre le résidu sec par de la potasse alcoolique étendue et chauffer : il se produit une série de colorations : bleu, violet, pourpre et rouge.

Lindo (*Santonine*). — En sol. sulfurique froide, le perchlorure de fer très dilué donne une color. violette.

Lindo (*Alcaloïdes*). — Donnent des réact. colorées par l'ac. sulfurique étendu en présence de perchlorure de fer.

Lindo (*Brucine et glucose*). — Le glucose en sol. alcaline (soude ou potasse) se colore par une sol. nitrique de brucine en jaune, passant au bleu intense. Cette réaction peut servir à reconnaitre l'un ou l'autre de ces corps.

Lindo (*Nitrates et Nitrites*). — Une goutte d'HCl, une goutte de résorcine, et un excès d'SO^4H^2 conc. fournissent par une sol. de nitrates ou de nitrites une col. rouge pourpre.

Lindo (*Morphine*). — Une sol. de sulfate de cuivre à 10 0/0 rendue ammoniacale donne avec la morphine une col. vert émeraude.

Lindsay (*Solution fixante*). — Bichromate de potasse à 25 0/0, 70 cc. ; acide osmique à 1 0/0, 10 cc. ; bichlorure de platine à 1 0/0, 15 cc. ; ac. acétique cristall., 5 cc.

Linke (*Alcaloïdes*). — Le R. est une sol. de formol dans l'acide sulfurique. Il donne avec quelques alcaloïdes des colorations caractéristiques : *codéine*, col. bleue ; *apomorphine*, col. violette ou bleu foncé ; *morphine*, color. rouge cerise ou violette, etc. La caféine, la cocaïne, la pilocarpine, l'éserine, etc. ne donnent aucune coloration.

Lintner (*Diastases*). — Le réactif est constitué par de l'eau oxygénée étendue additionnée de qq. gouttes de teinture de gaïac au moment de l'emploi ; il donne avec les diastases en général une color. bleue immédiate.

Lipowitz (*Huile d'olive*). — C'est un des nombreux essais empiriques, autrefois fort en honneur et qui disparaissent peu à peu. La pureté de l'huile est appréciée d'après ses propriétés émulsives avec un 1/8 de son poids de chlorure de chaux.

Lipliavsky (*Acide acéto-acétique dans l'urine*). — On mélange 6 cc. d'une sol. à 1 0/0 de para-amido acétophénone acidulée par l'ac. chlorhydrique, avec 3 cc. de nitrite de potasse à 1 0/0 et 9 cc. d'urine ; on ajoute 1 ou 2 gouttes d'ammoniaque et on agite. Il se produit une color. rouge. Suivant la teneur présumée en acide acéto-acétique on prend de 10 gouttes à 2 cc. de ce mélange, on y ajoute 20 cc. d'ac. chlorhydrique conc.' 3 cc. de chloroforme et 2 à 4 gouttes de perchlorure de fer. On agite doucement en évitant d'émulsionner. Même en présence de traces d'ac. acéto acétique le chloroforme prend une color. violette caractéristique. En l'absence il est jaune ou faiblement rougeâtre (*Merck's Reagentien Verzeichnis*, p. 89).

List (*Coloration à l'hématoxyline et à l'éosine*). — Employer la solution d'hématoxyline-glycérinée de RENAUT quelques gouttes dans 250 gr. d'eau et y plonger les préparations pendant 24 heures puis pendant qq. minutes dans un mélange de 1 part. de sol. aqueuse d'éosine à 0,25 0/0 et 3 part. d'alcool absolu.

List (*Coloration au vert de méthyle et à l'éosine*). — Colorer dans la sol. d'éosine employée ci-dessus, laver et plonger dans une sol. à 0,5 0/0 aqueuse de vert de méthyle. Laver, déshydrater, clarifier et monter au baume.

Lister-Armitage (*Morphine*). — Un mélange fraîchement préparé de ferricyanure de potassium et de perchlorure de fer donne en présence de morphine un ppté immédiat de bleu de prusse.

Livache (*Huiles*). — L'essai de LIVACHE consiste à broyer les huiles avec de l'oxyde de plomb finement pulvérisé et à noter l'augmentation de poids qui en résulte.

Lloyd (*Alcaloïdes*). — L'auteur mélange l'alcaloïde avec de l'hydrastine, puis ajoute de l'ac. sulfurique conc. Plusieurs alcaloïdes donnent des réactions intéressantes (1).

Lœffler (*Coloration des bactéries*). — Plonger les coupes ou préparations dans une sol. conc. aqueuse de colorant, puis dans l'ac. acétique à 0,5 0/0, dans l'alcool absolu, et dans l'huile de cèdre ; monter au baume.

Lœffler (*Coloration pour bactéries*). — Préparer une sol. de 5 cc. de sulfate ferreux saturé à froid, de 1 cc. de sol. alcool. ou aqueuse de fuchsine, violet-méthyl ou noir pour laine et 10 cc. de tanin à 20 0/0. Pour le bacille typhique il faut ajouter à cette solution 1 cc. de solution de soude à 1 0/0 ; pour le bacille *subtilis*, 30 gouttes ; pour le bacille de l'œdeme malin, 35 à 40 gouttes. Au contraire pour le bacille cholérique ajouter 1 goutte d'ac. sulfurique, et pour le *Spirillum rubrum*, environ 10 gouttes. Cette solution sert comme mordant. Après avoir préparé et fixé à la flamme les couvre-objets les plonger dans cette sol. en chauffant 1/2 min., puis laver à l'eau et enfin à l'alcool. Colorer ensuite dans une sol. de fuchsine dans l'eau d'aniline exactement neutralisée par la soude à 0,1 0/0.

Lœffler (*Solutions pour macération*) — 1re formule : ajouter goutte à goutte jusqu'à teinte violet-foncé du sulfate ferreux à 10 cc. de tanin à 20 0/0, puis 3 cc. d'infusion à 12 0/0 de bois de campêche. Une quant. trop forte de cette infusion serait nuisible. On peut ajouter 4 à 5 cc. de sol. phéniquée à 5 0/0 pour conserver. Le mélange d'abord violet foncé devient noir foncé en quelques jours. A conserver avec soin en flacon bien bouché ; 2e formule : 10 cc. de tanin à 20 0/0, 5 cc. de sulfate ferreux saturé et 1 cc. de sol. de fuchsine, violet de méthyle ou noir pour laine dans l'eau ou l'alcool.

(1) Voir *Merck's Report*, X, p. 258.

Lœffler (*Eau d'aniline*). — Saturer d'aniline 100 cc. d'eau par agitation prolongée, filtrer et ajouter 1 cc. de soude à 1 0/0.

Lœffler (*Solution colorante*). — A 100 cc. d'eau alcalinisée très faiblement (1 : 10.000) par la potasse ajouter 30 cc. de sol. alcool. conc. de bleu de méthylène. Filtrer. Colorer en qq. minutes sauf pour les coupes de tubercules qui demandent plusieurs heures et enlever l'excès de colorant par un lavage dans l'ac. acétique à 5 0/0, très court. Déshydrater, clarifier, monter au baume.

Lœw-Bokorny (*Albumine organisée*). — Ce R. est une sol. alcaline de nitrate d'argent. On mélange 10 cc. d'ammoniaque D = 0,96, 13 cc. de potasse D = 1.33, 80 cc. d'eau, 1 cc. de nitrate d'argent à 1 0/0 et on complète le volume de 1 litre. On traite les coupes microscopiques par ce réactif ; les cellules vivantes renfermant de l'albumine le réduisent seules, les cellules mortes ne le réduisent pas.

Lœwenthal (*Glucose*). — Le R. de Lœventhal s'emploie comme la liqueur de Fehling : il donne un ppté brun à l'ébullition. On le prépare en dissolvant 60 g. d'ac. tartrique, 240 g. de carbonate de soude et 5 g. de perchlorure de fer pur dans 500 cc. d'eau .

Longi (*Acides nitrique, nitreux, chlorique, bromique, iodique, chromique et manganique*). — Une sol. aqueuse de paratoluidine, additionnée de son vol. d'ac. sulfurique conc. donne une zone de contact *rouge* avec les sol. d'ac. nitrique ou de nitrates L'acide nitreux donne du *jaune*, passant au rouge et les autres acides oxydants précités donnent du bleu.

Longstaff (*Protochlorure d'étain*). — Les sol. de protochlorure d'étain même très étendues donnent avec une sol. de molybdate d'ammoniaque une color. bleue. Sensibilité : 0 milligramme 70 dans un litre. Il ne faut pas oublier que l'hydrogène et d'autres réducteurs donnent la même coloration.

Lopresti (*Alun dans le vin*). — On évapore 50 cc. de vin au B. M. à environ 15 cc. On décolore au noir animal pur, on filtre et lave ; on neutralise *exactement* le filtrat par de la soude en présence d'une goutte de tournesol et on complète le volume initial de 50 cc. Qq. cc. de liquide sont alors agités avec de l'alcool à 90 0/0 et de la teinture alcoolique de campêche à 5 0/0 : coloration violette ou violet-bleu.

Lorin (*Saccharose dans le lactose*). — On fond le lactose à essayer avec de l'ac. oxalique au B. M. En présence de saccharose la masse se colore rapidement en jaune brun, allant jusqu'au noir. On peut reconnaître de cette façon 1 0/0 de saccharose.

Lossen (*Cocaïne*). — Voir la R. de BIEL.

Lonbian (*Indican*). — Dans le procédé indiqué par HAMMARSTEN, l'auteur substitue à l'hypochlorite, réactif délicat à manier, l'eau oxygénée, pour convertir l'indican en indigo.

Lowett (*Ciment*). — Pulvériser très finement et mélanger 2 part. de blanc de plomb et 3 p. de litharge et au moment de l'emploi mélanger à du vernis japonais.

Lowy (*Solution antiseptique*). — Mélanger 5 gr. de sol. saturée de sublimé, 5 gr. de sol. saturée de sulfate de soude et 5 gr. de sol. saturée de chlorure de sodium. Etendre avec 300 cc. d'eau.

Lowit (*Méthode à l'or pour l'épiderme*). — Faire tremper de petits morceaux de peau dans l'acide formique étendu jusqu'à ce que l'épiderme pèle et à ce moment plonger dans une sol. de chlorure d'or à 1 0/0 pendant 1/4 d'h. Traiter à nouveau dans l'ac. formique étendu, à l'abri de la lumière, puis dans le même acide concentré. Faire ensuite des coupes fines et monter à la gomme dammar ou à la glycérine.

Luchini (*Vératrine*). — Le bichromate de potasse dissous dans l'ac. sulfurique conc. donne avec la vératrine une coloration jaune.

Luck (*Indicateur*). — Le phénolphtaléine a été indiquée par LUCK le premier : incolore aux acides, rouge avec les alcalis.

Luebert (*Formol dans le lait*). — On place 5 gr. de sulfate de potasse en poudre et 5 cc. de lait dans un tube puis on fait couler doucement 10 cc. d'SO^4H^2 D = 1.84. En présence de formol on a en qq. minutes une color. violette à la zone de contact. En l'absence de formol color. brune puis noire. Sensibilité 1/250.000 (4 miligr. dans un litre).

Luebimoff (*Fuchsine boratée*). — Dissoudre 0 gr. 50 d'ac. borique et 0 gr. 50 de fuchsine dans 20 cc. d'eau distillée, et 15 cc. d'alcool.

Luebimoff (*Coloration du bacille de la lèpre*). — Colorer les préparations dans la fuchsine boriquée ci-dessus, pendant 1 à 24 heures, décolorer dans l'ac. sulfurique à 20 0/0 jusqu'à teinte jaune brun clair, laver à l'alcool, à l'essence de girofle et monter au baume.

Luecke (*Acide hippurique*). — En évaporant à sec une sol. d'ac. hippurique avec de l'ac. nitrique conc. et chauffant fortement le résidu, on perçoit une odeur de nitrobenzol.

Luettke (*Phénacétine*). — Une sol. chlorhydrique chaude de phénacétine se colore en rouge sang par une goutte de perchlorure de fer.

Lugol (*Coloration de bactéries*). — Colorer dans une sol de violet gentiane dans l'eau saturée d'aniline puis plonger dans la sol. de GRAM,
puis dans l'alcool absolu jusqu'à décoloration. Certains bacilles retiennent
la couleur, notamment celui du charbon ; d'autres, choléra, typhus,
b. coli, sont décolorés.

Lumière (*Cryogénine*). — Voir la R. de BARRAJA.

Lunge (*Indicateurs*). — Le Pr LUNGE a signalé deux indicateurs : la
Tropéoline ou méthylorange qui vire au rouge par les acides minéraux mais
qui reste indifférent à l'ac. carbonique et à l'ac. sulfhydrique, — et la
Phénacétoline qui s'obtient en chauffant ensemble pendant plusieurs heures
une molécule de phénol, d'ac. sulfurique et d'ac. acétique cristallisable
et qui donne une teinte brune par les alcalis.

Lunge-Lwoff (*Acide nitreux*). — Nombreux sont les procédés de
recherche de cet acide. Le présent procédé permet en même temps un
dosage colorimétrique ; il repose sur la même réaction qu'utilise GRIESS,
c'est-à-dire sur l'emploi de l'ac. sulfanilique et de l'alphanaphtylamine.
Cependant au lieu de dissoudre la base organique dans l'ac. sulfurique
l'auteur préfère une solution acétique. Voici comment on opère pour le
dosage :

0 g. 10 d'α-naphtylamine est dissous dans 100 cc. d'eau et 5 cc. d'ac.
acétique glacial et d'autre part 1 gr. d'ac. sulfanilique dans 100 cc. d'eau.
On prépare, d'autre part une sol. normal type de nitrite contenant $\frac{1}{100}$ de
milligr. d'*Azote nitreux* par chaque cc. en dissolvant 49 milligr. 3 de
nitrite de soude dans 100 cc. d'eau et diluant 10 cc. de cette solution
avec 90 cc. d'ac. sulfurique conc. pur. On fait l'essai avec 1 cc. de réactif
comparativement avec la sol. type et la solution à essayer avec la précaution et le *modus operandi* habituels aux dosages colorimétriques.

Lunge-Lwoff (*Dosage colorimétrique de l'acide nitrique en présence de
l'acide nitreux*). — Le dosage repose sur la color. fournie par l'acide
nitrique en présence d'ac. sulfurique avec la brucine. On prépare une
sol. de 0,20 gr de brucine dans 100 cc. d'ac. sulfurique conc. pur et une
solution type normale de nitrate contenant **72** milligr. 10 de nitrate de
potasse dans 100 cc. d'eau. Pour l'emploi, 10 cc. de cette dernière sol.
sont dilués avec 90 cc. d'ac. sulfurique conc.

On prend 1 cc. de sol. à essayer et 1 cc. de réactif dans un tube ; dans un autre tube 1 cc. de liqueur type (sulfurique) et 1 cc. de réactif ; on dilue tous les deux à 50 cc. avec de l'ac. sulfurique conc. pur, on chauffe à l'étuve à 60-80°, on laisse refroidir et on compare l'intensité des deux colorations. La sol. normale sulfurique de nitrate dont la formule est donnée ci-dessus renferme $\frac{1}{100}$ de milligr. d'*Azote nitrique* par chaque cc.

Lustgarten (*Chloroforme*). — Une solution de naphtol α ou β ou de chloral dans la potasse chauffée avec un liquide renfermant du chloroforme donne naissance à une coloration bleue.

Lustgarten (*Iodoforme*). — L'iodoforme donne avec la potasse et le phénol, en chauffant un ppté rouge, soluble dans l'alcool, en rouge ; une sol. de résorcine dans l'alcool, traitée par un grain de sodium puis mélangée à une sol. d'iodoforme dans l'éther donne une col. rouge cerise, que les acides font disparaitre mais que les alcalis rétablissent.

Lustgarten (*Coloration du bacille lépreux*). — Colorer dans une sol. de fuchsine dans l'eau saturée d'aniline et décolorer dans une sol. de chlorure de chaux à 1 0/0 pendant qq. minutes, puis rincer. Le bacille de Koch se différencie en ce qu'il se décolore plus vite que celui de la lèpre.

Lustgarten (*Naphtols α et β et chloral*). — C'est la réaction du chloroforme ci-dessus renversée.

Lustgarten (*Coloration du bacille de la Syphilis*). — Colorer les coupes d'après la méthode de Koch-Ehrlich au violet gentiane dissous dans l'eau d'aniline, à la temp. ordinaire en 12 à 24 h., puis pendant 2 h. à 40° C. Plonger ensuite pendant qq. minutes dans l'alcool absolu, puis qq. secondes dans du permanganate à 1,5 0/0. puis laver à l'ac. sulfureux. Si le fond n'était pas bien décoloré il faudrait répéter la seconde partie du procédé. Enfin déshydrater, clarifier et monter au baume.

Lutesch (*Méthode de coloration*). — Mordancer avec une sol. récente d'acétate ferrique légèrement acidulée par l'ac. acétique, laver à l'eau, puis à l'ac. acétique à 20 0/0, puis laver à nouveau à l'eau à fond et enfin colorer dans une sol. chaude de fuchsine ou de violet gentiane dans l'eau d'aniline.

Luther-Udransky (*Glucose*). — Dans un tube à essai on verse 1 cc. d'ac. sulfurique conc. puis on y superpose 0,5 cc. d'eau additionnée d'une goutte de sol chloroformique à 10 0/0 d'alpha-naphtol. Si l'on verse ensuite une goutte de sol. à essayer, sans agiter on obtient graduellement, en présence de glucose une zone de réaction bleue ou violette. La sensibilité de cette réaction est telle qu'elle permet de déceler 1 centième de milligramme de glucose (*Mercks's Réagentien Verzeichnis*, p. 92).

Luttke (*Suc gastrique*). — L'acide chlorhydrique libre dans le suc gastrique se décèle en l'essayant avec la tropéoline 00 qui se colore en rouge par l'ac. libre.

Lutz (*Réactif colorant microscopique*). — Décolorer *exactement* par l'NH³ une sol. sat. de vert de méthyle dans l'alcool à 90 0/0 et rajouter de l'eau acétique juste assez pour redissoudre le léger ppté formé. On fait macérer les coupes dans cette solution puis on les plonge dans l'eau acidulée par l'ac. acétique qui développe une col. verte sur les éléments qui ont fixé la première solution. La color. est plus intense en chauffant légèrement ; elle est spécialement propice pour les examens microscopiques à la lumière artificielle.

Lutz (*Tanin dans les plantes et drogues médicinales*). — Traiter les plantes ou drogues avec une sol. de sulfate de cuivre 2 gr. dans 100 cc. d'eau et suffisamment d'ammoniaque pour redissoudre exactement le ppté formé tout d'abord. Monter les coupes au baume du Canada ou à la glycérine gélatinée : le tanin apparaît en taches très distinctes brun-foncé ou noir.

Lutz-Gueguen (*Milieu nutritif*). — C'est un milieu minéral neutre destiné à remplacer dans certains cas celui de RAULIN qui est acide. Il renferme dans 1500 cc. d'eau, sucre candi, 70 gr. ; tartrate neutre de potasse, 6 gr. 50 ; azotate d'ammoniaque, 4 gr. 50 ; phosphate de potasse, 0 gr. 60 ; carbonate de magnésie, 0 gr. 40 ; sulfate de potasse, 0 gr. 25 ; sulfate de zinc, sulfate de fer et silicate de potasse, de chacun 0,07. Filtrer, stériliser.

Lutz-Unna (*Color. double du bacille lépreux*). — Cette méthode est désignée sous le nom de « Méthode à l'iode et à la pararosaniline. » Colorer les préparations dans une sol. faible de gentiane-violet dans l'eau d'aniline puis les passer successivement dans une sol. d'iodure de potass., dans l'alcool absolu renfermant 20 0/0 d'NO³H puis dans l'alcool absolu pur. Répéter la deuxième partie du traitement à l'exception du bain d'iodure de potassium jusqu'à obtention d'une teinte vert bleuâtre, clarifier au thymol et monter au baume.

Lux (*Huiles dans les huiles minérales*). — Dans 2 tubes à essai placer un peu d'huile à essayer ; y ajouter dans l'un, un fragment de sodium ; dans l'autre un peu de soude caustique et chauffer dans un bain d'huile à 200° pendant 1/4 d'h. En présence de 2 0/0 d'huile grasse les deux essais ou seulement un seul se solidifient en une masse dure.

Lythgoë (*Orangé d'aniline dans le lait*). — Le lait, mélangé de son volume d'HCl conc. D. = 1.20 et agité donne une mousse légèrement rosée, anormale.

M

Mac-Lagan (*Essai du chlorhydrate de cocaïne*). — Cet essai se propose
la recherche des alcaloïdes étrangers qu'on trouve dans les sels de cocaïne
mal purifiés. Il est fondé sur cette observation que la cocaïne se ppte à
l'état cristallin de ses solutions à une certaine concentration, tandis que
les alcaloïdes-impuretés donnent un trouble laiteux. Cette réaction
demande à être faite avec des quant. bien déterminées, et toujours comparativement avec un chlorhydrate pur. 1º Mode opératoire de MAC LAGAN :
dissoudre 0,06 de chlorhydrate de cocaïne à essayer dans 60 cc. d'eau et
ajouter 2 gouttes d'ammoniaque. En agitant vivement pendant 1/4 d'heure
et ayant soin de frotter les parois du verre avec l'agitateur on doit obtenir un ppté cristallin assez abondant au bout de ce temps. Un trouble
laiteux se produit avec une teneur de 4 0/0 au moins d'autres alcaloïdes.
2º *Modification de Merck* (Merck's index 1902, p. 76) : On pèse 0,10 de
chlorhydrate qu'on dissout dans 85 cc. d'eau ; on ajoute 2 dixième de cc.
d'ammoniaque à 10 0/0 et on agite vivement. Le ppté cristallin doit
apparaître en 5 minutes (Dans plusieurs cas en opérant exactement
dans ces conditions nous n'avons rien obtenu ni ppté amorphe ni ppté
cristallin. La quantité d'eau semble trop grande).

Mac Munn (*Indican*). — Voir la R. D'HAMMARSTEN. MAC MUNN
chauffe l'urine avec l'acide et laisse refroidir. Il examine le chloroforme au spectroscope pour apercevoir les bandes d'absorption de
l'indigo.

Mac William (*Albuminoïdes*). — Le R. est une sol. aqueuse d'ac.
sulfo-salicylique. Il est assez intéressant en ce qu'il se comporte différemment avec différ. albumines : l'albumine, la globuline, la myosine
pptent en bleu ; les albumoses donnent un ppté qui se redissout à chaud ;

les peptones ne pptent pas, hormis en présence d'une sol. saturée de sulfate d'ammoniaque.

Magini (*Coloration pour les centres nerveux*). — C'est une modification à la méthode de GOLGI. Durcir de petits cubes de substance dans la solution de MUELLER pendant très longtemps — 2 ou 3 mois — les laver à l'eau distillée et les placer pendant 10 jours dans une sol. de chlorure de zinc de 0,1 à 1 0/0, changée fréquemment ; préparer ensuite des coupes, laver à l'alcool, clarifier partiellement dans la créosote et monter à la gomme d'ammar.

Magnier de la Source (*Acide urique*). — Evaporer la substance (sédiment d'urine) en présence d'eau de brome : col. rouge brique ; redissoudre le résidu dans la potasse, color. bleue ; en employant l'ammoniaque la col. est rouge.

Maisch (*Huile de croton*). — Pour rechercher cette huile dans une huile traiter par la potasse alcoolique, diluer, aciduler par HCl et appliquer sur la peau les ac. gras séparés : action vésicante caractéristique.

Maisch (*Curcuma*). — La R. repose sur l'action bien connue de l'ac. borique sur la curcumine contenue dans le curcuma : coloration brunrouge, plus claire en présence d'acide chlorhydrique. La rhubarbe peut être falsifiée par le curcuma ; on l'extrait par l'alcool absolu et on fait la réaction sur l'extrait limpide. Voir R. de HOWIE.

Maisch (*Quinine*). — Les acétates alcalins conc. pptent la sol. de sulfate de quinine : le ppté est volumineux, cristallin, mais cependant d'apparence un peu gélatineuse.

Malassez (*Sérum*). — 1° Solution de NaCl à D = 1.022. — 2° Solut. de sulfate de soude D = 1.022. — 3° Solution de gomme arabique à 8 0/0. On filtre ; on mélange 100 cc. de chacune des deux premières sol. et on y ajoute 45 cc. de la troisième. On conserve avec qq. fragments de camphre (*Merck's Reag. Verz.*, p. 92).

Malerba (*Acétone*). — La diméthyle-para-phénylène-diamine donne avec l'acétone une color. rouge R. très sensible. La color. possède le spectre de l'oxyhémoglobine.

Mallory (*Solutions d'hématoxyline*). — 1° 1 gr. d'hématoxyline crist. ; 1 cc. de sol. à 10 0/0 d'ac. phosphomolybdique ; 10 gr. d'hydrate de chloral ; 100 cc. d'eau. 2° 1 gr. d'hématoxyline crist., 20 gr. d'ac. phosphotungstique, 2 gr. d'eau oxygénée, 1000 gr. d'eau. — Ces sol. s'emploient pour colorer les éléments du système nerveux, les cylindres provenant des reins, etc.

Maly *(Bilirubine)*. — L'eau de chlore donne les mêmes color. que l'ac. nitrique dans la R. de GMELIN.

Mandel *(Albuminoïdes)*. — Le R. est constitué par une sol. à 5 0/0 d'acide chromique. Il est très sensible puisqu'il donne un trouble appréciable avec des dilutions au 1/50.000 (20 milligr. dans un litre).

Mandelin *(Réactif pour alcaloïdes)*. — C'est une sol. de 1 gr. de vanadate d'ammoniaque dans 200 cc. d'ac. sulfurique conc. Avec les alcaloïdes on obtient différentes color. qui, pour quelques-uns, sont caractéristiques. La strychnine, par exemple, donne d'abord une color. foncée, puis bleu, puis vermillon, puis jaune-rougeâtre. En rendant alcalin on obtient une teinte rose ou rouge stable.

Manfredi *(Color. à l'or)*. — Plonger les pièces ou préparations dans une sol. à 1 0/0 de chlorure d'or pendant 1/2 heure puis dans l'ac. oxalique à 0,5 0/0, laver et monter à la glycérine.

Manget et **Marion** *(Formol dans le lait)*. — Le lait normal légèrement saupoudré à la surface avec de l'amidol ou de l'amido-phénol prend au bout de qq. min. une color. rose. saumon. En présence de formol même à la dose seulement de 1/50.000 (20 milligr. dans un litre) il se colore en jaune-serin.

Mangin *(Tissus et fibres textiles)*. — Les différentes fibres se comportent variablement avec une solution rouge d'oxychlorure de ruthénium ammoniacal.

Mangin *(Coloration de la cellulose pour sa recherche microscopique)*. — Faire macérer les coupes dans une sol. d'iode dans l'iodure de K, puis plonger dans l'ac. sulfurique étendu (1 : 2) la cellulose est colorée en bleu. On peut aussi employer une sol. d'iode dans l'acide iodique qui colore la cellulose en bleu foncé noir.

Mangini *(Alcaloïdes)*. — Le R. se prépare avec KI, 3 part. ; iodure de bismuth, 16 part. ; ac. chlorhydr., 3 part. ; il donne avec les alcaloïdes des pptés colorés en brun et ne diffère du R. de DRAGENDORFF que par l'avantage qu'il possède sur ce dernier de rester limpide par dilution aqueuse.

Mann *(Mélange osmique pour les centres nerveux)*. — Mélanger vol. égal d'ac. osmique à 1 0/0 et une sol. saturée de bichlorure de mercure dans une sol. normale de sel marin à 0,75 0/0.

Mann (*Mélange picrotannique*). — Dissoudre 1 part. d'ac. picrique et 1 de tanin dans 200 cc. de sel marin à 0,75 0/0 saturé de $HgCl^2$. — On peut préparer une sol. alcoolique avec 100 cc. d'alcool absolu, 4 gr. d'ac. picrique, 15 gr. de bichlorure et 6 à 8 gr. de tanin.

Mann (*Eau dans l'alcool, ou dans l'atmosphère*). — Le R. est un papier imbibé d'une sol. de 1 d'ac. molybdique fondu avec 2 d'ac. citrique, et desséché à + 100° C. Ce papier qui est bleu devient blanc en absorbant l'humidité atmosphérique ou lorsqu'on le trempe dans un liquide, alcool ou éther renfermant de l'eau.

Manseau (*Différenciation de la morphine de l'héroïne*). — L'héroïne est un éther diacétique de la morphine dont les réact. sont analogues à celles de la morphine. On peut la distinguer en la traitant par 2 cc. d'une sol. d'urotropine dans SO^4H^2 à 10 0/0 : on obtient une col. bouton d'or qui devient peu à peu bleu foncé. Avec la morphine la color. est immédiatement violette et devient bleue ensuite.

Manseau (*Phénol et phénols*). — En ajoutant à une sol. d'ac. phénique qq. gouttes d'ammoniaque, puis de la teinture d'iode, on obtient en qq. instants une color. verdâtre qui persiste même après acidification ou chauffage. La même réaction pratiquée sur la *créosote de hêtre* et le *gaïacol* donne une col. vert-brunâtre d'autant plus distinctement verte que le phénol est présent en quantité plus grande. Le *Thymol* donne du rouge-brique ; la *résorcine* du jaune-cognac ; le *naphtol*, du jaune-citron ; la *pyrocatéchine*, une teinte cachou ; le *pyrogallol*, du noir ; l'*hydroquinone*, du rouge brunâtre ; l'*orcine*, du violet ; l'*ac. salicylique*, du jaune verdâtre, passant au brun et donnant naissance à un ppté.

Manseau (*Cryogénine*). — Une trace de cryogénine additionnée de 2 cc. d'eau oxygénée à 10 vol. se dissout à chaud en donnant une belle color. bouton d'or, passant ensuite au jaune rougeâtre puis au rouge sang. Cette color. n'est pas influencée par la teinte légèrement rosée que présentent généralement les sol. de cryogénine aqueuses car l'eau oxygénée détruit cette teinte immédiatement à froid.

Manseau (*Acide phénique*). — L'ac. phénique en sol. alcoolique alcalinisée par l'ammoniaque donne par la teinture d'iode une color. verte. L'HCl ne détruit pas la color. mais l'ac. azotique et l'ac. sulfurique la détruisent. Cette réact. ne se produit pas avec les autres phénols, elle est absolument caractéristique de l'ac. phénique ; avec les autres phénols on obtient dans les mêmes conditions ou des color. différentes, ou rien (Voir ci-dessus).

Marcano (*Solution fixante pour les préparations de sang*). — 100 cc. d'eau ; 1 cc. de formol à 40 0/0 et 1 gr. de NaCl. A diluer de 2 vol. d'eau avant l'emploi (*Mercks. Reag. Verzeichnis*, p. 94).

Marchand (*Matières organiques en suspension dans l'eau*). — Il s'agit ici seulement d'un dispositif d'observation qui permet de reconnaître les matières ténues flottant dans l'eau. On place l'eau dans une fiole entourée de papier noir opaque ne laissant passer qu'un rayon de lumière par deux ouvertures opposées : on observe les particules qui sont visibles comme les poussières qui dansent dans un rayon de soleil.

Maréchal (*Pigments biliaires*). — Ajouter 2 ou 3 gouttes de teinture d'iode à l'urine neutre ou acide : color. vert émeraude en présence de pigments biliaires. SMITH a conseillé de superposer la couche d'iode étendu et d'observer la zone de réaction, ce qui est plus sensible.

Marina (*Solution fixante*). — On dissout 1 gr. d'ac. chromique et 50 gr. de formol à 40 0/0 dans 1 litre d'alcool fort. Pour le système nerveux.

Marion et **Manget** (*Formol*). — Voir MANGET et MARION.

Marmé (*Cadmium ou thallium dans l'urine*). — Ajouter du chlorate de potasse et de l'ac. chlorhydrique, concentrer et électrolyser. Il convient d'examiner à la fois l'anode et la cathode.

Marque (*Spartéine*). — Chauffée avec un peu d'ac. chromique elle s'oxyde, donne une color. verte et développe une odeur pénétrante de cicutine.

Marquis (*Morphine*). — Le R. est une sol. de 10 gouttes d'acide oxyméthylsulfonique dans 10 cc. d'ac. sulfurique.

Marsh (*Arsenic*). — La méthode de recherche de l'arsenic découverte par MARSH repose sur le principe bien connu que l'arsenic à l'état d'ac. arsénique dans un appareil producteur d'hydrogène se dégage à l'état d'arséniure qui, passant dans un tube de verre chauffé au rouge sombre se décompose et dépose un miroir métallique noir.

Marson (*Glucose*). — On fait bouillir 10 cc. d'urine avec 0 gr. 10 de sulfate ferreux et 0 gr. 25 de potasse caustique. Le ppté est vert foncé ou noir, et la sol. brun-rouge en présence d'une forte proportion de sucre. Avec moins de 0,5 0/0 la sol. est à peine colorée et le ppté vert foncé (*Merck's Réag. Verzeichnis*, p. 94).

Martin (*Coloration à la benzoazurine*). — Plonger les préparations dans une solution aqueuse étendue de benzoazurine pendant une heure, puis laver dans l'alcool à 70 0/0 acidulé par 0,5 0/0 d'HCl.

Martin (*Acide nitrique*). — Une sol. de diphénylamine dans SO^4H^2 donne avec des traces d'ac. nitrique une color. du bleu au noir.

Martinotti (*Coloration à la picronigrosine*). — On plonge les préparations pendant plusieurs heures dans une sol. saturée de nigrosine dans une sol. saturée d'acide picrique dans l'alcool. Laver dans l'ac. formique additionné du double de son volume d'alcool jusqu'à ce que la différentiation des teintes soit satisfaisante. Laver, déshydrater et monter.

Martinotti-Resegotti (*Méthode à la safranine*). — Fixer les coupes à l'alcool, les colorer légèrement à la safranine et différencier dans un mélange de 1 part. d'ac. chromique à 0,1 0/0 et 9 part. d'alcool absolu ; puis laver à l'alcool pur et à l'essence de bergamote. D'après cet auteur, on fixe les tissus élastiques dans une sol. chromique, on lave, on teint pendant 48 h. dans la solution de *Safranine* de Pfitzner, on lave à nouveau, on déshydrate, clarifie et monte au baume. Par ce traitement les fibres élastiques sont colorées en noir foncé.

Marx-Ehrnroth (*Sang humain*). — On racle la tache récente ou ancienne et le produit du râclage est mélangé avec une sol. aqueuse de NaCl à 6 0/0 ; on place une goutte de ce mélange sur une lame de verre, on y ajoute une goutte de sang humain recueilli séance tenante à l'extrémité des doigts ; on agite, on recouvre d'une lamelle et on examine au microscope ; si la tache était formée par du sang humain, les globules rouges du sang frais restent isolés sans tendance à se grouper et normaux ; si au contraire il s'agit du sang d'un animal quelconque, les globules du sang humain frais s'agglutinent et deviennent méconnaissables.

Les taches de sang de singe se comportent de la même manière à peu près. On peut cependant les distinguer au moyen de cette remarque qu'en présence de sang de singe les globules humains frais se ratatinent et prennent des contours polygonaux, tandis qu'en présence de sang humain ils prennent des contours épineux et crénelés.

Maschke (*Acide nitreux*). — En ajoutant 6 à 10 gouttes d'ac. acétique étendu et une sol. d'acide molybdique on obtient une teinte bleuâtre qui disparaît s'il y a de l'ac. nitrique.

Maschke (*Indicateur*). — L'hématoxyline donne par les alcalis une color. jaune-brunâtre allant jusqu'au rouge pourpre.

Maschke (*Glucose*). — Le R. est une sol. de tungstate de soude crist. 30 gr., dans 75 gr. d'ac. acétique à 30 0/0 et 120 gr. d'eau. Il s'emploie en présence d'une sol. de nitrate basique de bismuth dans la soude ou la potasse et donne dans ces conditions un ppté noir par le glucose à l'ébullition.

Massie (*Huiles*). — La réaction de MASSIE s'effectue en mélangeant 5 gr. d'ac. nitrique conc. et 10 gr. d'huile ; agiter pendant 2 min. puis ajouter 1 gr. de mèrcure, agiter à nouveau et noter les color. obtenues.

Masson (*Solution fixante*). — Solution alcoolique renfermant de l'iode et du bichromate de potasse. On y ajoute un peu de camphre.

Mathieu (*Saccharine*). — 1° Au sujet du goût sucré du résidu éthéré considéré comme caractéristique l'auteur fait remarquer qu'il est nécessaire d'évaporer à froid pour que ce caractère conserve sa valeur, car, à chaud, le goût sucré peut être remplacé par une saveur acide brûlante dûe à une transformation de la saccharine ; 2° en ce qui concerne la R. de REMSEN il fait remarquer qu'elle a été observée avec des vins et des bières non-saccharinées et qu'il faut la confirmer par d'autres réactions.

Mathieu-Plessy (*Glucose, saccharose, pyrogallol*). — Fondre un mélange de 54 p. de nitrate d'ammoniaque, 34 p. de nitrate de plomb et 21 p. d'ox. de plomb hydraté. Ce mélange, qui fond à 105° C, donne avec le *glucose* une color. rouge-cerise ; avec le *sucre de canne* brun-jaunâtre et avec le *pyrogallol*, vert chrome.

Matignon (*Acide vanadique*). — Le tanin, l'ac. gallique et l'ac. pyrogallique donnent avec les sol. de vanadate d'ammoniaque une belle color. bleue ; la réaction est très sensible. Les autres phénols, résorcine, hydroquinone, gaïacol, phloroglucine ne donnent aucune réaction (C. R. A. des sciences, Paris, 1904, 11 janvier).

Maüle (*Lignine*). — Plonger les coupes dans une sol. de permanganate à 1 0/0 dans l'eau distillée ; laver, plonger ensuite dans l'HCl étendu, laver, rendre ammoniacale la coupe : les parties constituées par de la lignine se colorent en rouge foncé, les autres parties demeurent incolores.

Maumené (*Huiles*). — La R. de MAUMENÉ, comme beaucoup de R. empiriques, donne des résultats très variables selon le mode opératoire employé. Elle consiste à mesurer la température produite en mélangeant de l'huile à essayer avec de l'acide sulfurique concentré. Les huiles siccatives dégagent beaucoup plus de chaleur que les autres. Sous le nom de

Thermo-oléomètre, M. Tortelli a construit un appareil qui permet d'obtenir d'excellents résultats comparatifs par cette réaction. Voir *Revue internationale des Falsifications*, n° 2. 1905.

Mayençon-Bergeret (*Arsenic*). — L'hydrogène arsénié donne une tache jaunâtre ou brunâtre avec un papier au bichlorure de mercure.

Mayer (*Fixatif à l'albumine pour lamelles*). — Mélanger intimement puis filtrer 50 cc. de blanc d'œuf, 50 cc. de glycérine et 1 gr. de salicylate de soude.

Mayer (*Alcaloïdes*). — Ce R. qui ppte également l'albumine est connu aussi sous le nom de Tanret, Planta, Delf et Winckler. C'est une sol. d'iodure mercuro-potassique préparée en dissolvant 13 gr. 546 de $HgCl^2$ et 49 gr. 8 de KI dans l'eau et diluant à un litre.

Mayer (*Méthode de blanchiment*). — Placer les substances à blanchir dans l'alcool à 80 0/0 avec un excès de chlorate de potasse en cristaux et ajouter qq. gouttes d'HCl, jusqu'à ce que le gaz Cl commence à se dégager.

Mayer (*Solution alcoolique de carmin*). — Faire bouillir du carmin en excès avec 100 gr. d'alcool légèrement acidulé par 1 ou 2 gouttes d'HCl jusqu'à solution limpide. ou bien faire bouillir 4 gr. de carmin dans 15 gr. d'eau et 30 gouttes d'HCl puis, après solution ajouter 95 cc. d'alcool fort et neutraliser par l'ammoniaque jusqu'à ce que le carmin commence à ppter.

Mayer (*Carmin au chlorure d'aluminium*). — Dissoudre 1 gr. d'acide carminique pur et 3 gr. de Al^2Cl^3 dans 200 cc. d'eau.

Mayer (*Carmin aluné*). — Dissoudre 1 gr. d'ac. carminique et 10 gr. d'alun dans 200 cc. d'eau distillée, filtrer et ajouter un peu de thymol et 0,2 d'ac. salicylique ou 1 gr. de salicylate de soude.

Maupy (*Huile de ricin dans le baume de copahu*). — Chauffer 10 gr. de baume dans une capsule d'argent avec un excès de potasse en morceaux et agiter jusqu'à expulsion complète des principes volatils. En présence d'huile de ricin on perçoit une odeur d'acide sébacique et d'alcool caprylique ; en outre il se forme deux zones, l'une, supérieure résineuse, l'autre inférieure liquide et blanche. Cette dernière est séparée et bouillie avec 50 cc. d'eau dist. ; on filtre et par refroidissement il se précipite des cristaux d'ac. sébacique s'il y a de l'huile de ricin en présence. Le même procédé peut être employé pour rechercher cette huile dans l'huile de croton et dans d'autres substances.

Mayer (*Coloration à la cochenille*). — Faire macérer pendant quelques jours dans 10 cc. d'alcool à 70 0/0, 1 gr. de cochenille en poudre, en agitant fréquemment ; filtrer pour l'emploi. L'auteur a également indiqué une autre formule un peu plus complexe : broyer dans un mortier 5 gr. de cochenille avec 5 gr. de chlorure de calcium sec et 0 gr. 50 de chlorure d'aluminium ; faire macérer dans 100 cc. d'alcool et 8 à 10 gouttes d'NO³H, faire bouillir et après qq. jours de macération, filtrer. Avant de colorer les préparations avec cette sol. il faut les plonger dans de l'alcool de même force.

Mayer (*Hémalum* et *glychemalum*). — Sous ces noms l'auteur désigne respectivement un mélange d'hématéine et d'alun, ou d'hématéine, d'alun et de glycérine.

L'*Hémalum* de MAYER se prépare en dissolvant 1 gr. d'hématéine dans 50 cc. d'alcool à 90 0/0 et ajoutant 50 gr. d'alun dissous dans 1 litre d'eau. Pour conserver, ajouter qq. cristaux de thymol. L'*Hémalum* acide s'obtient en ajoutant 2 0/0 d'ac. acétique à cette solution. On peut remplacer l'hématéine, 1 gr., par le produit de l'opération suivante : dissoudre 1 gr. d'hématoxyline dans 20 cc. d'eau distillée chaude, filtrer si nécessaire et ajouter 1 cc. d'ammoniaque conc. puis évaporer à basse température, à sec.

Le *glychemalum* est un mélange de 0,4 gr. d'hématéine, 5 gr. d'alun, 30 gr. de glycérine et 70 gr. d'eau distillée.

Mayer (*Méthode de désiliciation*). — On plonge la matière à débarrasser de silice dans un vase enduit intérieurement de paraffine, ou fabriqué en gutta, renfermant de l'alcool auquel on ajoute de temps à autre, goutte à goutte, de l'acide fluorhydrique.

Mayer (*Fixatif à la gomme laque*). — Chauffer de la gomme laque blanche pulvérisée avec de l'ac. phénique crist. jusqu'à dissolution et filtrer.

Maysel (*Coloration au brun Bismarck*). — Employer une solution de ce brun dans l'acide acétique.

Mazzara (*Glucose*). — Une solution de chlorure de nickel alcalinisée par la potasse en excès donne un ppté vert à chaud.

Meabes (*Milieu de montage*). — On le prépare en fondant ensemble avec les précautions utilisées en pareil cas, 60 gr. de soufre et 20 gr. de brome et ajoutant à la masse fondue **26 gr.** d'arsenic finement pulvérisé. Après refroidissement on dissout la masse dans l'eau. La solution a un pouvoir réfringent très élevé, env. 2. 4.

Meau (*Acide citrique*). — On chauffe l'acide citrique avec les 2/3 de son poids de glycérine jusqu'à émission de vapeurs d'acroléine, on reprend la masse par l'ammoniaque, filtre, évapore et ajoute de l'ac. nitrique étendu de 4 vol. d'eau. On obtient par l'ac. citrique, de cette façon, une color. verte devenant bleue à chaud. L'ac. tartrique et l'ac. malique ne donnent pas cette color. (*Merck's Réag. Verzeich.*, p. 97).

Mecke (*Alcaloïdes et glucosides*). —Le R. de MECKE se prépare en dissolvant 0 gr. 50 d'acide sélénieux dans 100 cc. d'ac. sulfurique conc. Il donne, soit à froid, soit à chaud, des color. variées, parfois caractéristiques avec beaucoup d'alcaloïdes et de glucosides.

Méhu (*Albumine*). — Le R. de MÉHU se compose d'acide phénique, 1 part. ; d'ac. acétique, 1 part. ; et d'alcool à 90 0/0, 2 part. Il s'emploie en présence d'un excès d'acide azotique et donne un ppté floconneux avec l'albumine.

Meillere (*Réactif molybdique*). — Pour obtenir un bon réactif de l'acide phosphorique, on dissout 30 gr. de molybdate d'ammoniaque dans 200 cc. d'eau ; on ajoute 25 cc. d'ac. sulfurique à 50 0/0 et 30 cc. d'ac. nitrique concentré. Tenir qq. jours à température tiède et décanter.

Mein (*Absinthine*). — Par l'ac. sulfurique elle donne une color. brunâtre, passant au bleu-verdâtre puis au bleu foncé en ajoutant de l'eau.

Meldola (*Acide nitreux*). — Le R. est une solution de 1/2 gr. de para-amido-benzène-azodiméthylaniline dans 1 litre d'eau acidulée par HCl. Les nitrites, même en sol. très étendues traités par qq. gouttes de ce réactif et qq. gouttes d'HCl, puis par un excès d'ammoniaque, donnent une color. bleue. Le R. est très stable.

Melnikoff (*Solution antiseptique pour conserver les préparations anatomiques*). — Dissoudre séparément 5 gr. de HCl, 30 gr. d'acétate de soude, ajouter 100 cc. de formol à 40 0/0 et compléter un litre.

Melzer (*Alcaloïdes et glucosides*). — La Réaction de MELZER se pratique en ajoutant à une trace de substance dans un verre de montre 1 ou 2 gouttes d'une sol. de benzaldéhyde à 20 0/0 dans l'alcool absolu, puis une goutte d'SO⁴H² conc. On obtient avec un grand nombre de corps des réactions colorées caractéristiques.

Melzer (*Nicotine*). — On dissout une goutte de nicotine dans 3 cc`
d'épichlorhydrine et on fait bouillir : color. rouge foncé. La conéine ne
donne rien dans ces conditions.

Melzer (*Conéine*). — On verse qq. gouttes de sulfure de carbone
dans une sol. alcoolique de conéine puis une sol. aqueuse de sulfate de
cuivre à 0 g. 5 0/0 : selon la concentration on obtient un ppté ou une
color. allant du jaune au brun foncé. En agitant avec de l'éther, celui-ci
se colore en brun. Réaction très sensible. La nicotine dans les mêmes
conditions se colore en jaunâtre.

Ménier (*Gélose dans les confitures*). — Procédé basé sur la présence de
certaines diatomées, spécialement l'*Arachnoïdus japonicus*, de forme caractéristique, dans la gélose et par suite dans les confitures qui en renferment.
On dilue et soumet à la dialyse 100 gr. de confitures ; le résidu qui se
dépose sur la membrane du dialyseur est repris par l'eau et filtré ; on lave
le filtre et on le brûle par un mélange de 1 part. d'ac. sulfurique
et 3 part. d'ac. nitrique ; lorsque l'attaque est terminée on étend d'eau
et on laisse reposer 24 h. Le sediment est examiné au microscope pour y
rechercher le squelette siliceux de l'*arachnoïdus japonicus* qui permet de
conclure nettement à la présence de la gélose. M. Desmoulières a démontré que les progrès réalisés dans l'industrie des confitures permettent
maintenant aux fabricants de séparer par filtration les diatomées contenues dans la gélose qui est elle-même d'ailleurs devenue beaucoup plus
pure à ce sujet depuis 1879, époque à laquelle Ménier publiait son procédé
à Nantes. Voir R. de Desmoulières.

Mercier (*Solutions d'hématoxyline*). — 1º *Solution forte* : 1 gr. d'hématoxyline pure, 1 gr. d'alun, 60 gr. d'alcool ; 65 gr. d'eau et 25 gr. de
glycérine. 2º *Solution faible* : Mêmes proportions sauf pour l'alcool, 50 gr.,
l'eau 50 gr. et la glycérine, 50 gr.

Mercier (*Beurre de coco dans le beurre*). — Ce procédé est basé sur
l'examen microscopique des cristaux de glycérides obtenus d'une sol.
alcoolique de la mat. grasse. On agite doucement 1 cc. de beurre fondu
et filtré avec 30 cc. d'alcool à 90º dans un tube plongé au B. M. à 50º C. en
évitant d'émulsionner, puis on laisse reposer à la même temp. pendant
20 min. On décante l'alcool, on laisse refroidir à 30 ou 40º et on filtre le
li quide légèrement trouble. Le filtrat se trouble peu à peu en continuant
de se refroidir. Au bout de 3 h. on a un ppté floconneux assez volumineux *beaucoup plus rapide* avec la margarine qu'avec le beurre, ce qui est

un premier indice à noter, et très lent avec le beurre de coco. On filtre avec précaution et on examine les cristaux au microscope à un grossissement de 100 diamètres au plus. Le beurre de coco se révèle par des cristaux en aiguilles et en houppes très caractéristiques ; le beurre de vache et la margarine donne des cristaux massifs très confus comme forme. Il est bon de faire un essai comparatif avec des produits purs pour se familiariser avec cette méthode.

Merck (*Opium*). — Alcaliniser par la potasse et extraire par l'éther. Une bandelette de papier plongée dans d'extrait éthéré, puis humectée d'HCl et exposée dans la vapeur d'eau bouillante se colore en rouge.

Merget (*Mercure*) — Une bande de papier filtre imbibée de nitrate d'argent ammoniacal et séchée se colore en noir par les vapeurs de mercure. Un fil de cuivre plongé dans une sol. renfermant du mercure puis frotté sur ce papier, après lavage donne également une tache noire. On put rechercher les vapeurs avec un papier sur lequel on a seulement tracé des raies avec du nitrate d'argent ammoniacal. Celles-ci se colorent en noir : le procédé est encore plus sensible.

Merget (*Papier-réactif*). — Papier imprégné d'une solution renfermant 5 0/0 de palladium métallique sous forme de chlorure : il se colore en noir sous l'influence de l'ozone, de l'H^2S, du méthane, éthane, gaz d'éclairage.

Merckel (*Solution durcissante*). — Mélange par parties égales d'acide chromique et de chlorure de platine en sol. au 1/400. Les préparations ou objets à durcir doivent y séjourner plusieurs heures, parfois plusieurs jours puis être lavés dans l'alcool à 60 0/0. Un mélange 3 ou 4 fois plus concentré peut être utilisé comme fixant ; il agit également fort lentement mais les couleurs sont très fixes.

Merckel-Schiefferdecker (*Celloïdine pour inclusions*). — Solution de celloïdine à 5 0/0 dans le mélange éthéro-alcoolique (par parties égales).

Mermet (*Oxyde de carbone*). — On emploie une sol. de nitrate d'argent à 2 pour 1.000 et une solution légèrement teintée de permanganate acidulée par qq. gouttes d'NO^3H exempt de chlore, renfermant 1 gr. de permanganate de potasse par litre. Le réactif définitif, préparé au moment de l'emploi, se compose de 20 cc. de nitrate d'argent, 1 cc. de permanganate et 1 cc. d'acide nitrique pur ; le tout dilué à 50 cc. : L'oxyde de carbone décolore cette solution, l'hydrogène sulfuré également.

Mermet (*Sulfocarbonates*). — Une solution de sulfocarbonate, ou du sulfure de carbone donnent avec une sol. très étendue d'un sel de nickel ammoniacal une coloration rouge.

Merz (*Huiles*). — Ce procédé, assez ingénieux et pourtant très simple, peut donner d'utiles indications : mélanger l'huile suspecte avec un échantillon d'huile de pureté certaine et observer la façon dont les deux liquides se mélangent : si l'huile est adultérée ou modifiée d'une façon quelconque, sa miscibilité se trouve altérée et on observe des stries anormales.

Merz (*Huile d'olive*). — Chauffée, l'huile d'olive pure pâlit sensiblement. On prend deux échantillons semblables dont l'un sert de témoin et on chauffe l'autre, sans surchauffer au bain d'huile vers 250°.

Messner (*Eau dans l'iodoforme*). — En traitant 1 gr. d'iodoforme par 10 cc. de benzol on doit obtenir une sol. absolument claire. En présence d'eau, la sol. est d'autant plus trouble qu'il en existe plus dans l'iodoforme. On peut remplacer le benzol par l'éther de pétrole qui est plus sensible encore (*Merck's Reagent. Verzeichnis*, p. 99).

Metzger (*Cocaïne*). — Les sels de cocaïne même dilués pptent en jaune orangé par le chromate de potasse en présence d'une légère acidité chlorhydrique.

Meyer-Retzius (*Solution fixante*). — S'emploie pour fixer les préparations à colorer au bleu de méthylène. C'est une solution d'ac. picrique dans la glycérine, neutralisée par l'ammoniaque.

Meyer (*Huile de foie de morue*). — Agitée avec 1/10 de son volume d'un mélange par parties égales d'ac. nitrique et sulfurique concentrés elle se colore d'abord en rose-rouge puis en jaune-citron, tandis que les autres huiles de poisson donnent des réactions plus foncées.

Meyer (*Solutions conservatrices*). — Pour conserver les larves, nématodes, etc., ajouter 1 vol. de vinaigre salicylé à 3 vol. de glycérine et 7 vol. d'eau. Pour les infusoires 1 vol. de vinaigre salicylé, 2 vol. de glycérine et 8 vol. d'eau. Le vinaigre salicylé se prépare en dissolvant 1 0/0 d'ac. salicylique dans de l'acide pyroligneux. D = 1.04.

Meyer (*Thiophène*). — Une sol. d'isatine dans l'ac. sulfurique conc. colore le thiophène et ses homologues en bleu.

Mialhe (*Huiles de crucifères*). — Saponifier avec de la potasse alcoolique ; et ajouter du nitrate d'argent : coloration noire. Cette réaction repose sur la présence de soufre dans ces huiles.

Mibelli (*Safranine pour la coloration des fibres élastiques*). — On emploie des sol. à 1 0/0 soit aqueuses, soit alcooliques. On peut aussi mélanger les deux sol. et les chauffer ensemble.

Millard (*Résine podophyllum*). — Le podophyllum de l'Inde se colore en rouge orangé par l'ac. sulfurique conc , celui d'Amérique donne du jaune ou du brun. En outre le podophyllum de l'Inde ou *P. Emodi* traité par 3 cc. d'alcool étendu D = 0,92 et 0,5 cc. de potasse pour 0 gr. 40 de résine se solidifie en une masse gélatineuse en qq. instants tandis que la résine américaine, *Pod. peltatum* traitée de la même façon ne se solidifie pas, même après plusieurs jours.

Miller (*Indicateur*). — Le méthylorange, également appelé tropéoline, donne avec les acides minéraux du rouge écarlate ; les alcalis le ramènent au jaune ; l'ac. carbonique et l'ac. sulfhydrique sont sans action. La priorité de l'indication de ce réactif revient, croyons-nous au P. Lunge, de Zurich.

Milliau (*Recherche de l'huile de ricin dans les huiles de sésame à fabrique*). (1). — On agite pendant une minute 10 cc. d'huile avec 4 gouttes d'acide sulfurique pur à 66° ; on ajoute une goutte d'acide azotique à 40° et on agite vivement. L'huile de sésame pure noircit immédiatement. L'huile de sésame contenant du ricin reste jaune trouble.

Milliau (*Recherche de l'huile de ricin dans toutes les huiles*). — Dans un tube à essai on mélange par agitation un volume de l'huile et deux volumes d'éther de pétrole, puis on plonge dans un mélange réfrigérant à — 16° C. Au bout de quelques instants la masse se coagule et l'huile se sépare si elle contient du ricin, tandis qu'elle reste liquide et homogène si l'huile est pure.

Milliau (*Recherche de l'huile de coton dans une autre huile*). — On saponifie 15 cc. de cette huile par la soude caustique à 40° B. On dissout le savon dans l'eau chaude ; on le décompose par addition d'acide sulfurique au dixième. Les acides gras montent à la surface du liquide sous forme pâteuse ; on en recueille immédiatement une certaine quantité dans un gros tube à essais et on les lave 3 fois dans ce tube avec de l'eau distillée

---

(1) Par huile à fabrique il faut entendre huiles non comestibles destinées aux usages industriels.

froide que l'on égoutte complètement. On les additionne alors de 10 cc.
d'alcool à 95° pur et de 2 cc. d'une solution aqueuse de nitrate d'argent
à 3 0/0. On porte le tube au bain-marie à 80°. La présence du coton dans
l'huile est décelée par la réduction du nitrate d'argent qui communique
une teinte brune à la couche des acides gras fondants. La sensibilité de la
réaction permet de reconnaître 2 à 3 0/0 d'huile de coton. Ce mode opératoire supprime les causes d'erreurs inévitables si l'on opère directement
sur la matière grasse.

Milliau (*Recherche de l'huile de sésame*). — On prépare les acides gras
à l'état naissant comme ci-dessus. Sitôt déplacés par l'acide sulfurique, on
les recueille, on les lave à l'eau distillée froide, on les égoutte et on les
place dans une étuve chauffée à 105°. Lorsque la majeure partie de l'eau
est éliminée et qu'ils commencent à fondre, on les verse sur leur demi-
volume d'acide chlorhydrique pur et concentré dans lequel on vient de dissoudre à froid jusqu'à saturation du sucre blanc pulvérisé. On agite vivement le tube à essai pendant une minute. La présence de l'huile de sésame
est toujours nettement indiquée par la coloration rose ou rouge que
prend la couche acide.

Ce mode opératoire présente les mêmes avantages indiqués ci-dessus.

Milliau (*Pureté de l'huile de coprah*). — On neutralise d'abord l'huile
en l'agitant avec deux fois son poids d'alcool pur à 95°. On facilite la séparation de l'huile en plongeant le tube dans de l'eau à 35° environ. On
prélève ensuite avec une pipette une certaine quantité de l'huile neutralisée que l'on place dans un tube gradué ; on chasse l'excès d'alcool au
bain marie bouillant. Cela fait on ajoute un volume d'alcool absolu double de celui de l'huile ; on porte au bain marie à 31° C., on agite vivement
et on replace dans le bain marie. A cette température l'huile de coprah
pure se dissout complètement et la solution reste limpide. Toute addition
d'un autre corps gras entraine sa précipitation, la matière en dissolution
étant dans un état d'équilibre moléculaire que la moindre modification
détruit.

Milliau (*Pureté de l'huile de palmiste*). — Le mode opératoire est identique au précédent en opérant avec 4 volumes d'alcool absolu pour 1 vol.
d'huile.

Milliau (*Pureté de l'huile de sésame*). — On agite 10 cc. de l'huile
d'abord avec 5 gouttes d'acide sulfurique à 53° B. pendant une minute
puis avec 5 gouttes d'acide azotique à 28° B. La masse, dans le cas d'un

sésame pur, est nuancée progressivement par des teintes graduées allant du vert clair au rouge en passant par le vert foncé et le noir. Cependant les huiles industrielles obtenues à chaud peuvent donner, quoique pures, des résultats négatifs.

Milliau (*Huile de lin dans l'huile d'olive*). — Saponifier 40 gr. d'huile par un léger excès de potasse alcoolique à 20 0/0 en chauffant au B. M. jusqu'à expulsion de l'alcool ; reprendre par l'eau chaude, ajouter un léger excès d'HCl, séparer les ac. gras et les dissoudre dans 20 cc. d'alcool ; 2 cc. d'NO^3Ag à 3 0/0 ajoutés à cette sol. en chauffant à 90° C. développent une col. brune s'il y a de l'huile de lin.

Millon (*Albumines et phénols*). — Le R. est une solution de mercure dans l'ac. nitrique renfermant du sel mercureux et du sel mercurique et des ac. nitreux et nitrique libres. L'albumine donne, surtout en chauffant, un ppté rouge-brique. Beaucoup d'autres substances fournissent également des réactions colorées : la *résorcine*, color. jaune ; l'*hydroquinone*, orangé ; le *pyrogallol*, brun, etc. Voir aussi GALLOIS, HOFFMANN, ALMEN et PLUGGE.

Mindes (*Réactions différentielles de la dionine, de l'héroïne et de la péronine*). — Consulter l'article original dans *Pharm. Post.* 1902, p. 592 ou dans *Apoth. Ztg*, 1902, p. 884.

Minervini (*Méthode à la safranine et au fer*). — On dissout dans l'eau bouillante 1 gr. de safranine et 1 gr. de résorcine, on filtre, on laisse refroidir et on ajoute 25 cc. de perchlorure de fer officinal D = 1,30. On chauffe à l'ébullition, on filtre, on lave le ppté à l'eau puis on le dissout dans 100 cc. d'alcool à 90 0/0 et 1 cc. d'HCl conc.

Minkowsky (*Acide oxybutyrique dans l'urine*). — On évapore à sec un grand vol. d'urine et l'on extrait le résidu par l'alcool fort ; on filtre, on évapore à sec l'alcool, on reprend par l'eau acidulée par SO^4H^2 et on extrait par l'éther. Le résidu de l'évapor. de l'éther est repris par l'alcool et décoloré au noir animal ; on le neutralise par la soude, on l'évapore à consistance épaisse et on y ajoute une goutte ou deux gouttes de sol. saturée de nitrate d'argent. On obtient ainsi, en présence d'ac. oxybutyrique un ppté épais de fines aiguilles d'oxybutyrate d'argent (*Merck's Reag. Verz.*, p. 101).

Minot (*Méthode de macération pour l'épithélium*). — Employer une sol. de sel marin à 0,6 0/0 renfermant comme antiseptique du thymol 1 : 1000.

Minovici (*Picrotoxine*). — Ajouter à la substance ou sa solution, d'abord qq. gouttes d'ac. sulfurique, puis, après contact, 1 goutte ou 2 de solution alcoolique d'aldéhyde anisique. La picrotoxine donne d'abord une col. safran avec l'acide ; puis avec l'aldéhyde, les particules de picrotoxine s'entourent d'une zone indigo-violet passant au bleu. S'il s'agit d'une solution on a, en chauffant au B M., une color. rouge foncé, ou violet rougeâtre, ou rouge pâle, suivant les dilutions. Sensibilité : 1/1500 (0 gr. 60 dans un litre).

Miquel (*Bouillon de culture*). — Peptone, 20 ; NaCl, 5 ; Cendres de bois, 0,1 ; eau, 1.000.

Mitchell (*Vanadium -Acide oxalique*). — En mélangeant une sol. d'ac. oxalique à 1 0/0 avec une sol. de metavanadate de potasse également à 1 0/0 on obtient une color. jaune vif qui, en chauffant, par réduction, passe au bleu magnifique avec dépôt de cristaux bleus lorsque les sol. sont très concentrées. L'ac. tartrique et l'ac. malique donnent également cette réact., mais à un degré beaucoup plus faible. Les vanadates se colorent en présence d'HCl et d'eau oxygénée en rouge rubis par addition d'ac. oxalique. Cette réaction permet de distinguer les vanadates des chromates et peut servir à caractériser l'ac. oxalique *en l'absence de réducteurs minéraux tel que SO^2* par ex.

Mitscherlich (*Phosphore*). — Procédé de recherche basé sur la luminosité des vapeurs de phosphore dans l'obscurité. On distille dans un appareil *ad hoc*, dans une pièce noire en présence d'SO^4H^2. L'éther, l'alcool et la térébentine empêchent la luminosité.

Mobiu (*Liquides pour macération*). — L'un se compose de 1 partie d'eau de mer avec 6 parties de chromate de potasse à 0,5 0/0, l'autre d'eau de mer dans laquelle on dissout 0,25 0/0 d'acide chromique ; 0,1 0/0 d'ac. osmique et 0,1 0/0 d'ac. acétique. Le deuxième est recommandé pour les lamellibranches.

Moer (**Van de**) (*Cytisine*). — Donne par le perchlorure de fer et l'eau oxygénée étendus, une color. d'abord rouge puis bleue.

Moerk (*Vanilline*). — Ajouter à la sol. à essayer un petit excès de brome (odeur) puis du sulfate ferreux non oxydé. En présence de vanilline il se produit une coloration bleu-verdâtre, sensible à 1 : 200.000 (5 milligr. par litre). La Coumarine souvent employée, pour falsifier les extraits, ne donne pas cette réaction.

Moermer (*Acétone*). — L'acétone chauffé avec un peu d'iodure de potassium et un excès de Fe^2Cl^2 donne des vapeurs fortement irritantes.

Mohler (*Ac. tartrique*). — C'est une réaction très sensible ; une trace de tartrate ou d'acide tartrique chauffée assez fortement avec un peu de sol. sulfurique de résorcine donne une coloration rouge vin intense.

Mohler (*Aldéhyde*). — Voir le R. de GAYON-MOHLER.

Mohr (*Acides minéraux libres*). — Préparer un réactif composé de qq. gouttes de sulfocyanure de potassium mélangées à une sol. d'acétate ferrique exempte d'acétates alcalin et neutre (colorée en jaune clair).Ce R. devient rouge sang en présence de traces d'acides minéraux libres. L'addition d'un peu d'acétate de soude fait disparaitre la réaction. De même en présence d'acétate ferrique l'empois d'amidon ioduré se colore par les acides libres.

Mohr (*Nitroglycérine*). — Extraire la substance par l'éther ou le chloroforme, ajouter qq. gouttes d'aniline, évaporer et ajouter qq. gouttes SO^4H^2 : Coloration du vert foncé au rouge pourpre. Cette réaction peut servir à reconnaître la glycérine en transformant celle-ci en nitro-composé.

Mohr (*Potassium*). — Les sels de potassium pptent par le bitartrate de soude et l'ac. tartrique.

Mola-Vitali (*Acide chlorhydrique libre*). — On fait bouillir avec un excès de quinidine la liqueur à essayer ; on filtre, on agite le filtrat avec du chloroforme et de l'alcool et on sépare le dissolvant. Après évapor. de ce dernier il reste un résidu de chlorhydrate de quinidine dans lequel on décèle facilement le chlore. Ce chlorhydrate ne peut se former qu'en présence d'HCl libre.

Moleschott (*Cholestérine*). — C'est une R. microscopique. En faisant venir en contact dans le champ du micro, de l'ac. sulfurique avec la substance, les éléments perdent leur forme et les bords se colorent en rouge-carmin passant au violet en ajoutant un peu d'eau iodée.

Molisch (*Différenciation des fibres végétales et des fibres animales*). — La méthode repose sur la transformation de la cellulose en glucose par l'ac. sulfurique. On recherche ensuite la glucose par les réactions habituelles de ce corps et notamment par celle indiquée par cet auteur (V ci-dessous). Les fibres animales ne donnent pas de glucose dans ces conditions.

Molisch (*Hydrates de carbone*). — Ajouter 2 ou 3 gouttes d'une sol.

alcoolique d'α-naphtol ou de thymol à 1 cc. de sol. à essayer, puis un vol. égal d'ac. sulfurique conc. On obtient une color. violette — Réaction du furfurol — en présence des hydrates de carbone, qui peut se résoudre en un ppté violet par addition d'eau, soluble en jaune dans l'alcool, l'éther et la potasse. Un grand nombre de corps donnent cette réaction.

Molisch (*Indican dans les végétaux*). — Extraire les plantes à l'ébullition pendant quelques minutes avec une sol. d'ammoniaque à **2** 0/0, filtrer, laisser refroidir et extraire au chloroforme ; le résidu est ensuite extrait à nouveau, cette fois avec de l'ac. chlorhydrique à **2** 0/0. On agite avec du chloroforme également. S'il y a de l'indican, color. bleue dans l'un ou dans les deux cas.

Molisch (*Papier à la pâte de bois*). — Le R. est une solution de thymol à 20 0/0 dans l'alcool absolu diluée avec de l'eau et filtrée après avoir séjourné qq. temps avec des cristaux de chlorate de potasse. Le papier de pulpe de bois plongé dans cette solution, puis humecté d'une goutte d'HCl se colore en bleu vif.

Monier (*Albumine*). — L'albumine décolore l'iodure d'amidon ; l'iode ppte l'albumine en chauffant.

Monier (*Albumine*). — Si l'on fait bouillir une solution renfermant de l'albumine avec de l'empois d'amidon renfermant un excès d'iode on obtient un liquide incolore tandis qu'en l'absence d'albumine le liquide reste coloré par suite de l'excès d'iode.

Moore (*Procédé de montage à l'essence d'anis*). — Les coupes solidifiées et coupées sont placées directement dans le baume de Canada sans autre traitement à l'alcool.

Moore (*Coloration pour le sang*). — Colorer la tache ou la préparation pendant **2** ou **3** minutes dans une sol. d'éosine à 0,5 0/0 ; laver, puis colorer pendant le même temps dans une sol. aqueuse de vert méthyle : les globules rouges apparaissent en rouge ; les leucocytes en bleu-vert.

Moore-Pelouze (*Glucose*). — En présence d'un excès de potasse les sol. de glucose se colorent à l'ébullition du jaune au brun-foncé, selon la teneur en sucre. Très vieille réaction (1844).

Morgan (*Mercure*). — Une goutte de liquide et une goutte d'iodure de potassium placées sur une surface brillante de cuivre donnent un miroir argentin de mercure.

Mörner (*Tyrosine*). — Le R. est une sol. de 1 vol. de formol à 40 0/0 dissous dans 45 vol. d'eau et 55 vol. d'NO³H conc. A l'ébullition ce réactif donne une color. verte persistante et très nette par la tyrosine qui semble absolument caractéristique car les substances les plus voisines de ce corps ne la produisent pas.

Moro-Hamburger (*Lait de femme*). — En mélangeant du lait de femme avec de la serosité d'un hydrocèle *d'origine inflammatoire et renfermant de la substance fibrinogène*, ce dernier liquide est immédiatement coagulé ou tout au moins se transforme en une masse gélatineuse. Cette réaction qui a quelque analogie avec celle des sérums précipitants en diffère cependant en ce que c'est le liquide de l'hydrocèle qui est coagulé. De plus le lait bouilli conserve sa propriété coagulante. Il est probable que d'autres liquides d'origine inflammatoire jouissent de la même propriété que celui de l'hydrocèle.

Morpurgo (*Nitrobenzène*). — Faire bouillir 2 gouttes de phénol crist. 3 gouttes d'eau, un grain de soude et un peu de liquide à examiner : il se produit une col. cramoisie. Si on ajoute du chlorure de chaux la col. devient vert-émeraude. Pour rechercher le nitrobenzène dans les savons il faut les dissoudre dans l'eau puis ajouter un excès de lait de chaux et extraire par l'éther.

Morpurgo (*Glycyrrhizine*). — Procédé de dosage dans le suc de réglisse. On dissout 20 gr. de suc de réglisse dans 100 cc. d'eau au B. M. en présence d'un peu d'ammoniaque; on ajoute ensuite 5 cc. d'oxalate d'ammoniaque à 10 0/0 et on maintient une heure la temp. de 50° C. On complète alors le vol. à 500 cc. avec de l'eau chaude; on ajoute qq. grammes de terre d'infusoires et on laisse reposer 24 h. On filtre; on mesure 250 cc. de liquide et on y ajoute vol. égal d'alcool à 90° après 12 h. de repos, à nouveau on prélève la moitié, correspondant à 5 grammes de suc, on évapore à 50 cc., on laisse refroidir et on acidule nettement par SO⁴H² qui met en liberté la glycyrrhizine. Celle-ci se dépose, on la lave avec de l'eau saturée d'éther, on filtre, on redissout le ppté sur le filtre par l'ammoniaque, lave à l'alcool et évapore à sec la sol. de glycyrrhizine. On pèse après dessicc. à + 100° C.

Morpurgo (*Sucrol ou dulcine*). — Évaporer le liquide en présence de 5 0/0 de son poids de carbonate de plomb, au B. M. et reprendre la pâte presque sèche par de l'alcool. L'extrait alcoolique sec est repris par l'éther : on reconnait le sucrol ou la dulcine au goût sucré, et en chauffant le résidu avec 2 gouttes de phénol, 2 gouttes d'ac. sulfurique conc. puis reprenant par l'eau et ajoutant un peu d'alcali superposé : zone de contact colorée en violet-bleu.

Morrell (*Huile de lin*). — L'huile de lin pure se colore en vert de mer ou vert-jaunâtre en la mélangeant avec 1/3 d'ac. nitrique ordinaire. L'huile falsifiée se colore fréquemment en jaune-clair.

Moud-Lauger-Quincke (*Recherche du nickel en présence de cobalt*). — Ce procédé est basé sur la formation de nickelcarbonyle. On ppte les métaux à l'état d'oxyde, on les réduit par l'hydrogène à 375-380°, puis on les soumet à un courant de CO pur à 55-60° C. Le gaz qui se dégage est desséché puis débarrassé d'oxygène par passage dans une colonne de cuivre en tournure chauffée au rouge ; on sèche à nouveau et on fait passer dans un tube capillaire en verre vert chauffé à 400° C. Le nickel carbonyle se décompose et donne un anneau métallique. Un milligramme de nickel pur donne un anneau de 7 à 8 centimètres de longueur. Malheureusement le procédé est long et pénible et la sensibilité de la réaction diminue au fur et à mesure que la proportion de cobalt augmente.

Moulin (*Asparagine*). — Chauffer l'alcaloïde avec un peu d'ac. sulfurique conc. renfermant de la résorcine en solution. Reprendre par l'eau et alcaliniser par la soude : on observe une fluorescence verte comme dans le cas de la saccharine. D'autres réactions de cette dernière permettent de la différencier.

Moulin (*Mercure*). — Pour appliquer la R. de CAZENEUVE à la recherche du mercure dans ses combinaisons halogénées il suffit d'employer une sol. de diphenylcarbazide à 2 0/0 dans l'alcool fort acidulé par 10 0/0 d'acide acétique et d'opérer en présence d'acétate de soude ; on obtient une belle color. bleue ; la réaction est très sensible.

Mueller (*Acétanilide ou antifébrine dans l'urine*). — Porter l'urine à l'ébullition avec 1/4 de son vol. d'HCl et après refroid. ajouter 2 cc. de phénol à 3 0/0 et une goutte d'ac. chromique : color. rouge devenant bleue par l'NH^3. Cette R. est connue sous le nom de R. du paramidophénol.

Mueller (*Hydrogène sulfuré*). — Une solution chlorhydrique de paramidodiméthylamine contenant une trace de perchlorure de fer se colore en bleu par H^2S.

Mueller (*Soude caustique dans le carbonate neutre*). — En présence de soude libre le permanganate vire au vert ; le carbonate neutre est sans action.

Mueller (*Solution durcissante*). — Cette solution très fréquemment employée se prépare en dissolvant 2 gr. de bichromate de potasse et 1 gr. de sulfate de soude dans 100 cc. d'eau. En ajoutant, dans certains cas, 30 0/0 d'alcool fort à la sol. on rend son action beaucoup plus rapide.

Mueller (*Fluide au bleu-Berlin pour injection*). — On l'obtient en pptant une sol. de bleu de Berlin par l'alcool à 90 0/0. Le ppté obtenu est dans un état de division extrême et le liquide tout à fait neutre. Ce procédé est préférable à celui de Beale.

Mueller (*Cystine*). — Dissoudre le sédiment urinaire dans qq. gouttes de potasse, diluer et ajouter du nitroprussiate de soude : color. violet-pourpre.

Mueller (*Méthode de coloration à l'argent*). — Plonger, à l'obscurité, les préparations dans une sol. de nitrate d'argent à 1 0/0. Au bout de 3 minutes ajouter au liquide une petite quant. d'iodure d'argent dissous dans l'iodure de potassium ; laver à l'eau distillée, transférer dans une sol. neuve d'azotate d'argent à 1 0/0 et exposer le tout à la lumière pendant 2 jours.

Mulliken-Sender (*Alcool méthylique*). — Oxyder une spirale de fil de cuivre dans la flamme et tandis qu'elle est rouge encore la plonger dans 3 cc. de sol. alcoolique à essayer. Répéter l'opération plusieurs fois, puis ajouter 1 goutte de sol. de résorcine et superposer le liquide à une couche d'SO^4H^2 : en présence d'alcool méthylique, zône de contact rose-rouge.

Munk (*Urines hemaphéiques*). — Les urines verdâtres renfermant de la rhubarbe ou du séné, ou celles contenant de la santonine donnent les réactions suivantes :

	Rhubarbe ou Séné	Santonine
	coloration :	
Par les alcalis	rouge.	rouge.
— carbonates alcalins	rouge immédiatement et durable.	rouge se formant lentement puis disparaissant.
— Zinc en poudre. .	le rouge par les alcalis disparaît.	le rouge par les alcalis ne disparaît pas.
Baryte ou lait de chaux. .	ppté coloré, filtrat incolore.	filtrat coloré, ppté incolore.

Munk (*Acide sulfocyanhydrique*). — Ce procédé s'applique à la recherche dans l'urine mais il peut servir dans d'autres substances : Acidifier par l'ac. nitrique un vol. assez grand et ppter par le nitrate d'argent en excès ; filtrer ; décomposer le ppté par un courant d'H²S, distiller et essayer le distillat avec un mélange ferroso-ferrique.

Murexide (Réaction de la) (*Recherche de l'ac. urique*). — Chauffer une parcelle de substance avec qq. gouttes NO³H, évaporer à sec, reprendre par une goutte d'ammoniaque : l'ac. urique donne une magnifique coloration pourpre.

Musculus (*Papier au Micrococcus urew*). — Ce papier réactif est assez curieux ; il est à la fois bactériologique et chimique. On le prépare en filtrant une urine en état de décomposition uréique, lavant le filtre et le colorant avec une sol. faible de curcuma. On le sèche et conserve. Mis en contact avec une sol. renfermant de l'urée, le papier par son micrococcus attaque l'urée, et donne du carbonate d'ammoniaque qui colore en brun le curcuma. D'autres papiers réactifs pourraient être préparés d'après le même principe.

Musset (*Hyposulfite de soude dans le bicarbonate*). — On mélange et on broye dans un mortier 5 gr. de bicarbonate de soude et 0 gr. 10 de calomel avec qq. gouttes d'eau. En présence d'hyposulfite la masse se colore en noir.

Muter (*Huile dans le baume de copahu*). — Saponifier 4 ou 5 gr. de baume au B. M. par la soude alcoolique et acidifier ensuite par SO⁴H², puis saturer exactement par la soude pour avoir une solution à peu près limpide. Evaporer à sec et reprendre le résidu par un mélange de part. égales d'alcool et d'éther à 3 reprises différentes. Cet extrait éthéré ne doit renfermer qu'un peu de sulfate de soude ; s'il y a de l'huile mélangée au baume, l'oléate de soude formé, soluble dans l'éther passe dans ce résidu. On le reconnaît en reprenant par l'eau tiède et un peu d'HCl : si le baume est pur on n'obtient que qq. taches légères, résineuses ; s'il est falsifié par de l'huile, on obtient de l'ac. oléique.

Mya (*Albumine*). — Le R. est une sol. aqueuse de nitroprussiate de potasse. S'emploie en liqueurs acidifiées par l'ac. acétique.

Mylius (*Bile*). — Cette réaction est une modification à celle de PETTENKOFER. On ajoute 1 goutte de sol. de furfurol et 1 cc. SO⁴H² conc. à 1 cc. de sol. alcoolique des acides biliaires. La col. rouge qui en résulte persiste qq. temps, puis passe graduellement au violet. Voir aussi la modification de UDRANSKY.

N

Nadler (*Morphine*). — En liqueur fortement alcaline, coloration bleu-verdâtre par le sulfate de cuivre ammoniacal ; en chauffant d'autre part le liquide à essayer avec de l'SO⁴H² , laissant refroidir, ajoutant de l'ammoniaque en excès puis extrayant par le chloroforme, celui-ci se colore en rouge.

Naegeli (*Aldéhydes et cétones*). — Ces corps traités par l'hydroxylamine dans de certaines conditions se transforment en oximes. Voir pour détails *Zeitsch. f. Anal. chem. 13*, p. 235.

Nagelvoort (*Pilocarpine*). — Dissoudre une parcelle de matière dans 5 cc. d'eau, alcaliniser par NH³ et extraire par le chloroforme ; évaporer ce dernier et mélanger le résidu avec du calomel au moyen d'un agitateur : il se produit une coloration noire par réduction, même sans humecter d'eau, par suite de la grande hygrospicité de la pilocarpine.

Nakayama (*Bile*). — Modification à la R. de Huppert. Les réactifs employés sont : 1° une solution d'acide chlorhydrique à 1 0/0 dans l'alcool à 95 0/0 additionnée de 0,4 0/0 de perchlorure de fer ; 2° une sol. de BaCl² à 10 0/0. — 5 cc. d'urine sont pptés par 5 cc. de sol. de chlorure de baryum ; on centrifuge, on décante le liquide clair surnageant et on humecte le sédiment avec qq. gouttes du réactif n° 1. On agite et on fait bouillir : la liqueur se colore en vert ou bleu-verdâtre ; en ajoutant de l'ac. nitrique nitreux la color. passe au violet et au rouge.

Napier (*Humidité dans l'éther*). — Un papier imprégné de chlorure de cobalt bleu devient rose.

Naschold (*Bleu d'aniline et carmin d'indigo*). — Faire bouillir le colorant avec de la soude à 10 0/0 et ajouter ensuite de l'ac. chlorhydrique : la soude détruit la couleur ; dans le cas du bleu d'aniline, l'acide la rétablit tandis que dans celui de l'indigo la solution reste incolore.

Naylor-Braithwaite (*Acide arsénieux*). — L'acide arsénieux réduit le réactif NAYLOR-BRAITHWAITE dont la composition est très voisine de celle de la liqueur de FEHLING.

Neelsen (*Fuchsine phénolée*). — Cette solution très employée pour colorer le bacille de KOCH dans les crachats tuberculeux se prépare en dissolvant 1 gr. de fuchsine dans 10 cc. d'alcool absolu et ajoutant 100 cc. d'eau phéniquée à 5 0/0. Voir les R. semblables d'EHRLICH et de ZIEHL.

Negri (*Huile de blé*). — L'huile de blé est extraite des pousses de blé. Elle se prend en masse à + 15° C., elle est insol. à froid dans l'alcool absolu, sol. dans 30 part. d'alcool bouillant, soluble à chaud dans l'ac. acétique glacial. Réactions colorées : Réactif D'HEYDENREICH : color. jaune orangé avec stries violettes ; R. de BRULLÉ color. rose clair devenant lentement rouge vif ; solidification en 24 h. ; R. de SCHNEIDER, pas de color. ; R. de BECCHI et R. de MILLIAU, légère color. brune ; R. de BAUDOUIN, pas de coloration.

Neisser (*Coloration du gonocoque de Neisser*). — Plonger les préparations dans une sol. conc. d'éosine alcoolique, que l'on chauffe ensuite. Enlever l'excès de couleur avec un papier filtre puis plonger dans une sol. de bleu de méthylène pendant 15 secondes, et rincer à l'eau.

Neisser (*Coloration des spores*). — Colorer dans la fuchsine phénolée ci-dessus chauffée, rincer rapidement dans l'eau aiguisée d'ac. sulfurique au 1/100, faire une double coloration dans la sol. de bleu de méthylène de LŒFFLER, ou bien colorer d'abord dans une sol. de violet de méthyle dans l'eau d'aniline, laver dans l'eau acidulée d'ac. sulfurique, et recolorer dans une sol. de brun-acide.

Neisser (*Méthode de coloration pour spores de bacilles*). — Les préparations sur lamelles sont plongées 20 min. dans la fuchsine à l'eau d'aniline composée de 11 cc. de sol. alcoolique absolue saturée de fuchsine, 100 cc. d'eau d'aniline et 10 cc. d'alcool absolu. Après ce temps on élève doucement la température jusqu'à 80-90° C., on rince à l'eau, à l'alcool, ou à l'eau acidulée suivant le cas et on fait une seconde coloration avec une sol. aqueuse de bleu de méthylène ; laver à l'eau, sécher et monter au baume. Les spores sont teints en rouge, les bacilles en bleu.

Neisser-Bienstock (*Coloration des spores*). — Méthode semblable
à la précédente sauf le lavage dans l'alcool acidulé par HCl ; colore les
spores en rouge, les bacilles en bleu.

Neitzel (*Sucre et glucosides*). — C'est une modification à la R. de Molisch qui consiste à remplacer l'alpha-naphtol ou le thymol proposés
par cet auteur, par le camphre. Ce dernier a l'avantage d'être indifférent
aux nitrites qui peuvent se trouver en sol. éventuellement. Voir aussi la
R. d'Udransky.

Nencki (*Indol*). — L'indol donne une col. rouge ou un ppté par l'acide
nitrique nitreux. Voir R. de Baeyer.

Nessler (*Ammoniaque et sels ammoniacaux*). — Le principe est qu'une
sol. de chlorure mercurique dans l'iodure de potassium donne avec les
sels ammoniacaux un ppté ou une coloration, suivant la quantité, dont la
couleur varie du jaune au brun rougeâtre. Ce R. a donné lieu à de nombreuses formules :

Formule de Kubel : Dissoudre 50 gr. de KI dans 50 cc. d'eau chaude et
ajouter une sol. saturée de $HgCl^2$ jusqu'à ppté permanent. Après filtration dissoudre 150 gr. de potasse caustique dans 30 gr. d'eau et l'ajouter,
puis compléter à 1000 cc.

Formule de Ludwig : Dissoudre 2 gr. de KI dans 5 cc. d'eau, ajouter
4 gr. de $HgCl^2$, en chauffant ; un excès de ppté doit demeurer insoluble ;
laisser refroidir, ajouter 20 gr. d'eau, filtrer et ajouter 30 cc. de potasse
caustique (50 : 100).

Nessler (*Aldéhydes*). — Le R. de Nessler pour l'ammoniaque ci-
dessus donne avec les aldéhydes un ppté brun-noirâtre qui se distingue
du ppté par l'ammoniaque non seulement par sa col. plus foncée, mais
par son insolubilité dans le cyanure de potassium.

Nessler (*Acide tartrique libre dans les vins*). — Évaporer à consistance
de sirop et extraire par l'alcool fort : l'acide tartrique se dissout et ppte
par l'acétate de potasse.

Nesteroffsky (*Procédé à l'or*). — Plonger les préparations dans une
sol. de chlorure d'or puis dans l'eau additionnée d'une goutte de sulfhydrate d'NH^3 ; finir la réduction dans la glycérine.

Nestler (*Thé épuisé*). — On peut reconnaitre le thé épuisé par l'essai
suivant : en chauffant le thé réduit en poudre entre deux verres de montre
on obtient sur le verre supérieur au bout de 10 min. de petits cristaux de

théine visibles au microscope ou seulement à la loupe. Le thé épuisé (ayant servi déjà) ne donne pas ces cristaux. On peut sur ces cristaux faire les réactions de la théine (caféine).

Neubauer (*Bile*). — Modification à la R. de PETTENKOFER. Evaporer à sec doucement qq. gouttes d'urine au B. M., ajouter 1 goutte de sol. de sucre de canne à 2 p. 1000 et 1 goutte d'SO^4H^2 : color. violet-rougeâtre en présence de bile.

Neubauer (*Chloroforme dans l'urine*). — Faire passer un courant d'air dans l'urine et ce courant d'air dans un tube chauffé au rouge puis dans une sol. de NO^3Ag, qui ppte en blanc s'il y a du chloroforme. Il est bon d'avoir un tube témoin de nitrate d'argent avant le passage dans le tube chauffé au rouge pour constater l'absence de chlore ou HCl.

Neubauer (*Hydroquinone*). — Après administration de phénol ou de benzol, il n'est pas rare de trouver de l'hydroquinone dans l'urine ; dans ce cas, après alcalinisation, ces urines s'oxydent à l'air et brunissent.

Neubauer (*Pyrocatéchine*). — Le R. se prépare en ajoutant 1 goutte d'ac. tartrique conc. puis de l'ammoniaque à une sol. étendue de perchlorure de fer. Il donne avec une urine renfermant de la pyrocatéchine une color. violette, devenant jaune-verdâtre par l'acide acétique et repassant au violet par l'ammoniaque.

Neubauer (*Acide urique*). — L'ac. urique et les urates réduisent le chlorure ferrique en chlorure ferreux en donnant de l'urée et de l'ac. oxalique.

Neubauer et **Vogel** (*Gamme type de couleurs pour les urines*).

Neuberg (*Formol*). — Le R. est une sol. de chlorhydrate de para-dihydrazinediphényle. Le formol colore cette sol. en jaune. En sol. conc. il se forme un ppté. La R. est beaucoup moins sensible que beaucoup de celles qui ont été proposées pour la recherche de cet antiseptique.

Neuberg (*Acide succinique*). — Rendre ammoniacale la solution, évaporer presque à sec, ajouter un excès de poudre de zinc et chauffer. Quand l'excès d'alcali est évaporé plonger une esquille de sapin humectée d'HCl dans le liquide qui se colore en rouge en présence d'au moins 1/2 milligr. d'acide succinique. D'autres corps donnent cette réaction.

Neuberg (*Acide succinique*) (?). — Cette réaction repose sur la transformation du succinate d'ammoniaque en pyrrol par chauffage au rouge avec du zinc en poudre (*Merck's Réagentien Verzeichnis*, p. 105).

Neukomm (*Bile*). — Réaction de PETTENKOFER en opérant sur l'extrait alcoolique de l'urine.

Neumann-Wender (*Alcaloïdes*). — Voir R. de WENDER.

Neumann-Wender (*Glucose*). — Le bleu de méthylène à 1 p. 1000 se décolore par le glucose en présence de potasse caustique.

Nickel (*Acides minéraux dans les acides organiques*). — Le bois se colore par la phloroglucine seulement en présence des acides minéraux. Si à du vinaigre renfermant au moins 0,5 0/0 d'HCl on ajoute de la phloroglucine puis une esquille de sapin cette dernière se colore par l'*ébullition*.

Nicklès (*Huiles*). — L'auteur distingue les huiles entr'elles d'après leurs caractères d'émulsibilité par l'eau de chaux (1).

Nicolle (*Méthode au tannin*). — Cette méthode s'applique aux bactéries qui ne prennent pas le GRAM. Elle consiste à colorer au bleu de méthylène, puis à mordancer les préparations au tanin à 10 0/0. On verse pour cela quelques gouttes de cette solution fraîchement préparée, à plusieurs reprises sur la préparation. On lave ensuite à l'eau et on monte à la manière ordinaire. Ce procédé a été préconisé, en substituant la *thionine* au bleu de méthylène, pour la coloration du gonocoque.

Niebel (*Viande de cheval*). — Le procédé préconisé par cet auteur repose sur la recherche du glycogène.

Niggl (*Lignine*). — Traiter la substance dans une sol. aqueuse d'indol, puis dans l'ac. sulfurique D = 1,12 il se développe une color. rouge sur la lignine.

Nikitine (*Recherche du cuivre dans les pois de conserve*). — Faire bouillir les légumes pendant 3 minutes dans l'ac. sulfurique à 10 0/0 : si les pois sont colorés au cuivre ils conservent leur coloration ; s'ils sont au naturel ils deviennent brun foncé.

Nikiforow (*Borocarmin*). — On fait bouillir 15 gr. de carmin dans 1/2 litre de borax à 5 0/0 en ajoutant de l'ammoniaque en quant. suffisante pour dissoudre tout le carmin. On évapore la sol. à la moitié de son volume et on l'acidifie par l'ac. acétique jusqu'à disparition de la teinte rouge cerise. Ce réactif s'emploie pour la color. des noyaux (*Merck's reagentien Verzeichnis*, p. 106).

Nissen (*Coloration au violet gentiane*). — Voir la méthode de BIZZOZERO.

____

(1) Voir *Am. journ. Pharm.* 38ᵉ année, p. 299.

Celle-ci n'en diffère que par la suppression du traitement à l'acide osmique.

Nissl (*Coloration à la fuchsine pour les cellules nerveuses*). — On durcit des fragments de substance sèche du volume de 1 cc. dans une sol. d'ac. chromique dans l'alcool à 70 0/0 pendant 2 jours puis dans l'alcool absolu pur pendant 5 jours. On prépare les coupes ensuite et on colore dans une sol. sat. de fuchsine que l'on chauffe doucement dans un verre de montre. Laver dans l'alcool absolu, plonger dans l'essence de girofle, égoutter et monter au baume.

Nissl (*Méthode au bleu de méthylène*). — On durcit les coupes de matière fraîche dans l'alcool à 96 0/0, puis on les plonge dans une sol. savonneuse de bleu chauffée à 70°. Cette sol. se prépare avec 3 gr. 75 de bleu de méthylène. 1 gr. 75 de savon pur et 1 litre d'eau. Ensuite on passe dans un bain d'aniline dissoute dans l'alcool à 95 0/0 (10 0/0 d'aniline) ou on laisse complètement dégorger la couleur. Sécher au papier filtre, clarifier à l'essence de cajeput, puis à la benzine et monter avec de la colophane à la benzine.

Nivière (*Fluorures dans les vins ou bières*). — Rendre le liquide légèrement alcalin par le carbonate d'ammoniaque, ajouter du $CaCl^2$ pour ppter les fluorures à l'état de fluorure de calcium et filtrer après repos. Incinérer le résidu dans lequel on caractérise le fluor par les méthodes habituelles.

Nobele (de) (*Sang humain*). — L'auteur prépare un sérum précipitant suivant la technique de Wassermann-Schutze. Pour faire la pptation il emploie de très petits tubes effilés dans le bas à la façon de pipettes fermées ce qui favorise le rassemblement du ppté dans la partie effilée et rend plus sensible, plus apparent le ppté. Il a constaté que le sérum de lapins injectés ne donne aucun ppté avec le sang de chien, cheval, chat, lapin, cobaye, mouton, porc ou vache ; mais il ppte en présence des différents liquides d'excrétions humaines tels que sérum du lait de femme, sérum du pus, salive, secretion nasale du coryza, urine albumineuse. Le sang humain putréfié conserve la propriété de réagir. Lorsque le sang était desséché il était redissous à l'aide de la sol. physiologique de chlorure de sodium ou avec de la soude à 0,1 0/0. Les taches récentes (entre plusieurs jours et 2 mois) donnent très nettement la réaction ; mais des linges imprégnés de sang depuis 9 ans n'ont pas donné de réaction. Du sang porté séparément sur trois lames de verre à 75, 100 et 125° C. respectivement a ppté dans les deux premiers cas.

En administrant du sang humain aux lapins par voie stomacale l'auteur n'a pu obtenir un sérum actif.

Nobele (de) (*Sang humain*). — En desséchant dans le vide le sérum de lapin précipitant on obtient de petites lamelles qui se conservent plusieurs mois dans des tubes scellés à la lampe sans perdre leur propriété spécifique. Voir les R. de ULHENHUTH, WASSERMANN-SCHUTZE, BARTHE.

Nobell (*Baume de copahu ou de gurjun dans l'urine*). — L'urine acidifiée par HCl donne une col. rouge (Réaction bien incertaine et peu caractéristique).

Noll (*Procédé de corrosion*). — Cet auteur emploie l'hypochlorite de soude puis l'acide acétique ; sa méthode s'applique surtout aux éponges fraiches ; on lave ensuite à l'alcool, à l'essence de girofle et on monte au baume.

Noll (*Milieu à la gomme et au vinaigre salicylique*). — C'est un mélange par part. égales de vinaigre salicylique de MEYER et de solution de FARRANT. On l'emploie pour les montages délicats de crustacés et leurs larves, ainsi que pour durcir et colorer les méduses, les cœlenterés, etc.

Norris-Shakespeare (*Carmin et carmin d'indigo*). — Voir le R. analogue de MERKEL.

Nowak-Kratschmer (*Alcaloïdes*). — On obtient des réactions colorées intéressantes avec l'ac. phosphorique sirupeux.

Nylander (*Glucose*). — Ce réactif comme celui d'ALMEN et de plusieurs autres auteurs est une solution de bismuth en présence d'alcali et d'ac. tartrique qui donne du sous-oxyde noir de bismuth, à l'ébullition par réduction par le glucose. On dissout 2 gr. de sous-nitrate de bismuth et 4 gr. de tartrate neutre de potasse dans 100 gr. de soude à 8 0/0. On décante après repos ; également connu sous le nom d'ALMEN-NYLANDER.

O

Oberdorfer (*Alcool dans les essences*). — Exposer un mélange d'essence et de noir de platine à l'air sous une cloche, en présence d'un papier de tournesol qui vire au rouge sous l'influence de l'acide acétique formé par l'oxydation de l'alcool.

Obermayer (*Indican*). — Voir le R. de HAMMARSTEN.

Obreggia (*Méthode à l'or*). — 1° sol. de 1 gr. de chlorure d'or dans 10 cc. d'alcool et 10 gouttes d'ac. acétique ; 2° solution d'hyposulfite de soude à 10 0/0. On traite par ces solutions les coupes imprégnées avec la solution de GOLGI au sublimé ou au nitrate d'argent. C'est une modification à la méthode de GOLGI (*Merck's Reag. Verz.*, p. 106).

Oeschner de Coninck (*Urée*). — Le R. pour le dosage de l'urée selon la méthode de cet auteur (Comptes Rend. de la Soc. Biologie) est une sol. de 60 gr. de chlorure de chaux dans 600 gr. d'eau. On filtre et on ajoute 120 gr. de soude et on complète à un litre.

Ogston (*Hydrate de chloral*). — Par le sulfhydrate d'ammoniaque on obtient une col. brune et, en chauffant, un ppté rouge.

Ohlmacher (*Coloration au formol*). — L'auteur emploie le formol à 2 ou 4 0/0 comme mordant pour les couleurs d'aniline, soit par un bain préalable dans le formol soit en l'ajoutant directement à la solution de colorant.

Oliver (*Acides biliaires*). — Les acides de la bile pptent par une sol. de 30 gr. de peptone, 4 gr. d'ac. salicylique et un peu d'ac. acétique dans l'eau.

Onfroy (*Gélatine dans le chocolat*). — On pulvérise 5 gr. de chocolat, qu'on délaye dans 50 cc. d'eau bouillante, on défèque par 5 cc. d'acétate de plomb à 10 0/0 ; on filtre et dans la liqueur filtrée on ajoute qq. gouttes d'ac. picrique saturé : en présence de gélatine il se produit un ppté jaune très apparent. Réact. sensible au 1/10.000.

Oppenheimer (*Acétone*). — Le R. se prépare en dissolvant 5 gr. de mercure dans un mélange de 20 cc. d'ac sulfurique et 80 cc. d'eau. On mélange l'urine avec un excès de R., on laisse déposer, on filtre, on rajoute du réactif, de l'ac sulfurique conc. puis on fait bouillir. L'acétone — et l'ac. acétique — se manifestent par la formation d'un ppté blanc, sol. dans l'ac. chlorhydrique. Réaction très sensible : 20 milligr. dans un litre (*Merck's Réagent. Verzeichnis*, p. 107).

Oppermann (*Liquide clarifiant*). — L'auteur emploie l'eugénol ou des sol. éthérées d'eugénol. Spécialement approprié à l'examen des poudres végétales (*Merck's Réag. Verzeich.*, p. 107).

Oppitz (*Coloration à l'argent*). — On obtient une réduction très rapide en plaçant la préparation sortant du bain d'argent pendant 2 min. dans une sol. à 0,5 0/0 de chlorure stanneux.

Orlow (*Phénols*). — Les différents phénols donnent avec les sels d'urane des réactions variées qui permettent de les distinguer.

Orlow-Horst (*Alcaloïdes*). — Le R. est une sol. de persulfate d'ammoniaque. Il donne les réactions suivantes : *Cocaïne*, ppté incolore ; *strychnine*, ppté grenu ; *chélidonine* (avec SO^4H^2), color. jaune, puis verte, puis brune ; *morphine*, orangé pâle ; *codéine orangé*, etc., etc.

Orth (*Carmin à la lithine*). — Dissoudre 2 gr. 50 de carmin et 1 gr. 50 de carbonate de lithine dans 100 cc. d'eau, filtrer.

Osann (*Arsenic*). — On sépare électrolytiquement l'arsenic et on le caractérise dans l'appareil de Marsh. BLOXHAM a proposé également un procédé semblable.

Oser-Kalmann (*Indicateur*). — On fait agir du permanganate de potasse en présence d'acide sulfurique sur de l'acide gallique et on fond le produit avec de la potasse caustique. Rouge en présence des alcalis, jaune par les acides.

Ost (*Sucre*). — Solution cuivrique pour le dosage des sucres.

Ott (*Bilirubine*). — C'est une modification à la R. de SALKOWSKY. On ppte par du $CaCl^2$ l'urine alcalinisée, on filtre, on lave et redissout par HCl. En chauffant cette sol elle devient bleue ou verte si elle renferme de la bile. Dans le cas contraire elle demeure incolore. On peut y ajouter de l'ac. nitrique qui donne du vert, du bleu, du rouge et finalement du violet.

Otto (*Alcool*). — En présence d'SO^{4}H^2 et d'acétate de soude, à l'ébullition, il se dégage une odeur caractéristique d'éther acétique.

Otto (*Digitaline*). — Dissoudre dans SO^{4}H^2 conc. puis ajouter un excès d'eau de brome : coloration pourpre claire. L'ac. phosphomolybdique donne avec les sol. aqueuses une belle color. verte qui passe au bleu par NH^3.

Otto (*Morphine*). — Par l'ac. chlorhydrique, le ferricyanure de potassium et le perchlorure de fer, on obtient en présence de morphine, par réduction, du bleu de Prusse.

Otto (*Picrotoxine*). — Une sol. dans SO^{4}H^2 conc. se colore en rouge brun par le bichromate, à la zone de contact ; en vert après mélange.

Otto-Stas (*Méthode pour les recherches toxicologiques*). — Elle est basée sur l'extraction successive par l'alcool en présence d'ac. tartrique ou oxalique, puis par l'éther et l'alcool et différents dissolvants.

Oudernaus (*Quinamine*). — L'ac. sulfurique légèrement nitreux donne à la zone de contact une teinte brun châtaignier ou rouge orange. Par addition d'eau, passe au pourpre.

Overbeck (*Coton dans la laine*). — Plonger le tissu dans une sol. à 10 0/0 d'alloxanthine, puis, après dessiccation exposer aux vapeurs d'ammoniaque : la laine se colore en cramoisi, le coton reste blanc.

Overton (*Blanchiment des préparations traitées à l'ac. osmique*). — On termine le traitement dans l'alcool additionné d'eau oxygénée.

Overton (*Fixation aux vapeurs d'iode*). — Chauffer de l'iode dans un tube incliné et exposer la préparation aux vapeurs qui se dégagent. On chauffe ensuite doucement la lamelle pour chasser l'excès d'iode et on monte.

P

Pacini (*Solutions antiseptiques*). — Eau, 113 ; glycérine à 25° B., 13 ; sublimé, 1 et NaCl, 2. — Ou bien eau, 275 ; ac. acétique, 2, glycérine, 43 ; sublimé, 1.

Pagenstecher (*Ac. cyanhydrique*). — C'est un papier réactif à base de teinture de gaïac à 3 0/0 renfermant 0,20 0/0 de sulfate de cuivre ; donne une teinte bleue Voir la R. de Schönbein.

Pagnoul (*Matières colorantes dans les vins*). — Le R. est une sol. de savon. Les vins naturels traités par ce réactif se décolorent tandis que les colorants de la houille restent inaltérés.

Pain (*Santonine*). — En présence d'éther nitrique et d'alcool, à chaud, et en ajoutant un peu de potasse il se développe une col. violet-rougeàtre.

La coloration ne se produit que par l'addition de KOH, ce qui distingue la santonine de l'aloïne et de la résorcine qui donnent directement une color. rouge par le nitrate d'éthyle.

Pal (*Solut. décolorante*). — 200 d'eau, 1 gr. d'ac. oxalique, 1 gr. de sulfate neùtre de potasse.

Pal (*Sol. d'hématoxyline*). — Dissoudre 0,75 gr. d'hématoxyline crist. dans 10 cc. d'alcool absolu et ajouter 90 cc. d'eau. Au moment de l'emploi mélanger 4 gouttes de sol. saturée (1 gr. 5 0/0) de carbonate de lithine à 10 cc. de réactif.

Paladino (*Coloration à l'iodure de palladium*). — Cette méthode s'applique surtout aux fibres nerveuses que l'on durcit d'abord au bichromate ou au sublimé. Les morceaux de tissus, par trop épais, sont plongés pendant 48 heures dans un excès de sol. de chlorure de palladium à 1 0/0.

On plonge ensuite dans l'iodure de K à 1 0/0, on déshydrate et on monte au baume.

Palas (*Huile de colza*). — L'huile de colza agitée avec son vol. de bisulfite de rosaniline développe une color. rose qui augmente graduellement. Cette réact. permet de déceler cette huile dans l'huile de lin ou l'huile de colza. Le R. se prépare en mélangeant 30 cc. de sol. à 1 0/0 de fuchsine, 20 cc. de bisulfite de soude, 5 cc. d'SO^4H^2 et 200 cc. d'eau. Le R. doit être incolore.

Palm (*Alcaloïdes*). — Le R. est une solution de sulfoantimoniate de soude qui donne avec les alcaloïdes des pptés jaunes ou rouge-bruns. — Le chlorure de plomb dissous dans le chlorure de sodium donne également des pptés mais incolores et cristallisés.

Palm (*Acide lactique*). — Traitées par un sel de plomb soluble les sol. renfermant de l'ac. lactique donnent un ppté blanc de lactate de plomb insoluble.

Palm (*Albumine*). — L'auteur a indiqué plusieurs réactifs pour la pptation de l'albumine. Ce sont des solutions alcooliques des sels suivants : acétate basique de fer, acétate basique de cuivre, acétate de plomb et chlorure de plomb (*Merck's Reagentien Verzeichnis*, p. 108).

Papasogli (*Cobalt*). — Color. rouge-sang par le cyanure de potassium en excès suivi d'un peu de NH^4S.

Papasogli (*Nickel*). — En présence d'un excès de cyanure de K et d'une lame de zinc, la sol. se colore en rouge. Dépôt noir sur le métal.

Papasogli (*Acide malique*). — Dégage une odeur de fruit blet par chauffage avec du bichromate de potasse et de l'ac. sulfurique.

Papasogli (*Saccharose*). — Donne une belle color. violette stable par le nitrate de cobalt et un excès de soude. Le glucose donne du bleu passant au vert-sale. Cette réaction révèle encore le saccharose en présence d'un excès de glucose (8 à 10 fois plus). Les vins doivent être décolorés préalablement au noir animal. La lactose donne du bleu fugace. Voir la R. de Reich.

Pape (*Digitaline*). — La digitaline incorporée à de l'empois d'amidon donne par SO^4H^2 des grains d'amidon brun-noirâtre ; vert foncé par NO^3H. Cette réaction a surtout lieu avec la digitaline amorphe.

Papenheim (*Coloration des bactéries*). — On mélange 3 p. de sol. conc. aqueuse de vert de méthyle et 1 p. de sol. aqueuse conc. de pyronine (*Merck's Reag. Verz.*, p. 108).

Parker (*Ciment à la térébentine*). — Dissoudre de la térébentine de Venise véritable dans une pet. quant. d'alcool, filtrer, évaporer aux 3/4, c'est-à-dire jusqu'à ce que la masse devienne solide par refroidissement. Ce ciment s'emploie pour fixer solidement les couvre-objets dans le montage à la glycérine. Après avoir enlevé l'excès de glycérine appliquer le ciment, en très petite quantité, avec un fil de métal chauffé dans la flamme s'il est nécessaire. Ce ciment durcit immédiatement.

Parker-Floyd (*Solution de formol pour durcir*). — Solution renfermant 2 0/0 de formol commercial à 40 0/0. Pour durcir le cerveau. Ce mélange ayant tendance à gonfler les tissus on l'additionne si l'on veut de 1 à 2 vol. d'alcool qui corrige ce défaut. Antiseptique puissant.

Partheil (*Cystine*). — Le R. est une sol. d'iodure double de potassium et de bismuth. Avec les sol. de cystine il donne un ppté jaune-brun.

Partheil (*Margarine*). — On ajoute à la graisse une sol. de diméthyldioazobenzène dans de l'huile, puis un acide minéral : color. rouge en présence de margarine.

Portsch (*Carmin de cochenille à l'alun*). — Faire bouillir la cochenille avec une sol. d'alun à 5 0/0, filtrer et conserver avec un peu d'ac. salicylique.

Pasteur (*Milieu nutritif*). — Pasteur a indiqué de nombreuses formules. En voici deux des plus employées : sucre candi, 10 gr. ; carbonate d'ammoniaque, 1 gr. ; cendres de levure, 1 gr. ; eau, 100 gr. — Ou bien sucre candi, 10 gr. ; cendres de levure, 0 gr. 75, ; eau, 100 gr.

Pasteur (*Glucose*). — Modification à la liqueur de FEHLING.

Patein (*Cocaïne*). — En évaporant au B. M. un mélange de cocaïne et d'ac. nitrique fumant et ajoutant au résidu un peu de potasse alcoolique on perçoit une odeur d'éther éthylbenzoïque.

Patein (*Cocaïne*). — Evaporer au B. M. la sol. dans un verre de montre, reprendre par qq. gouttes d'alcool à 95° et un peu de KOH. En agitant avec une baguette on perçoit nettement l'odeur d'éther benzoïque même avec moins d'un milligramme de cocaïne.

Patein-Dufau (*Défécation de l'urine*). — Le R. est destiné à remplacer avantageusement la solution d'acétate basique de plomb qui donne des

résultats imparfaits. On dissout 20 gr. de nitrate mercurique dans 60 cc.
d'eau, on alcalinise la solution par la soude jusqu'à obtention d'un léger
ppté persistant et on complète à 100 cc. avec de l'eau. Pour déféquer
l'urine avec ce réactif on verse de ce dernier jusqu'à cessation de ppté et
on complète un volume connu ; on filtre et on polarise ou on titre
l'urine.

Paton (*Globuline*). — Ppte par une sol. conc. de sulfate de magnésie.
On peut faire la réaction par superposition, on obtient alors une zone
blanchâtre.

Paul (*Bile*). — L'urine normale (ou sucrée ou albumineuse) après
addition de méthyl-violet se colore normalement ; en présence de bile le
violet de méthyle se teinte en rouge sang.

Paul (*Cinchonidine dans le sulfate de quinine*). — La séparation repose
sur plusieurs cristallisations successives dans l'eau bouillante ; les eaux
mères renfermant la cinchonidine sont évaporées et sur le résidu on
recherche la cinchonidine.

Paul-Cownley (*Céphéline*). — Dissoudre dans HCl les alcaloïdes de
l'ipéca, alcaliniser et extraire par l'éther ; séparer l'éther, alcaliniser à
nouveau et extraire avec de l'éther ammoniacal. La céphéline passe dans ce
second extrait et crist. par évaporation. Les auteurs ont établi un procédé
de dosage des alcaloïdes de l'ipéca qui donne d'excellents résultats. Voir
Tests and Reagents, page 229.

Pavy (*Glucose*). — Modification à la liqueur de Fehling.

Payen (*Acides minéraux dans le vinaigre*). — On chauffe pendant
1\2 heure 100 cc. de vinaigre avec 0 gr. 050 d'amidon et après refroidissement on essaye la réaction de l'iode sur l'amidon dans le liquide. En
présence d'ac. minéraux l'amidon étant entièrement saccharifié on n'obtient plus aucune coloration bleue.

Payer (*Acide cyanhydrique*). — Réaction basée comme celle de Schœnbein sur l'action du cuivre et du gaïac.

Pegna (*Nitrobenzine dans l'essence d'amandes amères*). — Mélanger l'essence avec de l'alcool, alcaliniser par la soude, ajouter du perchlorure de
fer et distiller. Le distillat chauffé avec de la potasse devient noir s'il y
a de la nitrobenzine. En ajoutant du chlorure de chaux, color. violette.

Pellagri (*Brucine*). — En présence d'HCl, puis d'acide sulfurique, et par neutralisation subséquente avec du bicarbonate de soude il se développe une col. bleue.

Pellagri (*Indicateur*). — Colorer exactement en pourpre par un acide, une solution de phyllocyanine : les alcalis colorent en vert ce réactif, un excès donne du vert, puis du vert très foncé presque noir.

Pellagri (*Morphine*). — En évaporant au B. M. une sol. conc. dans HCl et SO^4H^2 il se produit une color. rouge pourpre. Si on reprend par HCl, puis qu'on neutralise par du bicarbonate de soude et qu'enfin on ajoute de la teinture d'iode on obtient une col. vert chrome foncé.

Peltrisot (*Bacille de Koch dans les crachats*). — Après avoir étalé sur une lamelle une parcelle de crachat on colore à la fuchsine phéniquée de ZIEHL et l'on chauffe à 60-70° C. pendant une minute. On lave à grande eau, on égoutte et on plonge dans la solution suivante : bleu de méthylène alcoolique à 10 0/0, 1 cc. ; acétone, 9 cc. ; soude à 0,1 pour 1000, 10 cc. Après color. on lave, sèche et monte. Avec cette formule de bleu à l'acétone on obtient un fond presque incolore, les bacilles de KOCH sont colorés en rouge et les noyaux et autres microorganismes sont colorés en bleu. — *Second procédé* : Cet autre procédé est moins rapide mais plus sûr. On colore à chaud par la fuchsine phéniquée de ZIEHL, puis on plonge dans une sol. de bleu préparée avec : bleu de méthylène alcoolique à 10 0/0, 10 cc. ; soude à 0,1 0/0, 30 cc. ; on laisse de 10 à 20 minutes, jusqu'à substitution complète du bleu à la fuchsine ; on lave, sèche et monte.

Peltrisot (*Bleu à l'acétone*). — Solution de bleu de méthylène alcoolique à 1 0/00, 1 vol. ; acétone purifiée, 9 vol. ; sol. de soude à 0,1 pour mille, 10 cc. — Employé dans le procédé ci-dessus.

Pellet (*Glucose*). — Une des nombreuses modifications à la composition de la liqueur de FEHLING.

Pelletier (*Quinine*). — La quinine en suspension dans l'eau se dissout par un courant de gaz chlore en donnant du rouge clair, du violet et graduellement du rouge foncé.

Pelletier (*Strychnine*). — La réaction repose sur la formation de trichlorostrychnine par l'action du chlore gazeux sur les sol. aqueuses de strychnine. On obtient un ppté blanc, cristallin (*Merck's Réagent. Verz.*, p. 110).

Pelletier (*Distinction de la laine et de la soie*). — Traiter la fibre par un mélange de part. égales d'ac. sulfurique conc. et d'ac. nitrique conc. : la soie se dissout en se détruisant, la laine se colore en jaune (acide picrique). ·

Penot (*Huile*). — Les huiles donnent avec l'acide chromique des réactions colorées quelquefois caractéristiques.

Penzoldt (*Acétone*). — Distiller le liquide suspect et y ajouter une sol. d'orthonitrobenzaldéhyde ; puis ajouter de la soude : color. jaune, puis verte et enfin ppté bleu-indigo.

Penzoldt (*Naphtaline*). — L'acide sulfurique colore la zone de contact en vert-foncé en présence d'une trace de naphtaline.

Penzoldt (*Glucose dans l'urine*). — Le R. est une sol. à 2 0/0 d'acide diazobenzenesulfonique. Voir pour le détail la R. d'EHRLICH tout à fait analogue.

Penzoldt (*Thalline*). — L'extrait chloroformique agité avec une goutte de perchlorure de fer se colore en vert foncé.

Penzoldt et **Fischer** (*Aldéhydes ; Phénol*). — Le réactif ci-dessus servant pour le glucose est très employé aussi pour la recherche des aldéhydes dans l'analyse des alcools ; en liqueur alcaline et en présence d'un peu d'amalgame de sodium il donne une coloration rouge passant au violet. Avec le phénol il donne également une color. rouge foncée. Voir R. d'EHRLICH.

Percy-Pain (*Santonine*). — Voir la R. de PAIN. La coloration rouge dans cette réaction ne se produit que par l'addition de la potasse, ce qui distingue de l'aloïne et de la résorcine que le nitrite d'éthyle colore directement en rouge.

Perenyi (*Solution fixante*). — Acide nitrique, 4 part. ; alcool, 3 part. ; sol. d'ac. chromique à 0,5 0/0, 3 part. Fixer dans cette solution pendant 5 heures, laver à l'alcool à 70 0/0 puis de plus en plus fort jusqu'à l'alcool absolu en prolongeant le contact pour déshydrater. S'emploie aussi comme solution durcissante.

Persoz (*Distinction entre les fibres textiles*). — Faire une sol. de 10 gr. de ZnCl² dans son poids d'eau et ajouter 2 gr. d'oxyde de zinc. Ce chlorure basique, à la temp. de 35° C. env. dissout la soie mais non les autres fibres.

Pesci (*Alcaloïdes*) — Le Réact. de PESCI se prépare avec du sulfate de cuivre et de l'hyposulfite de soude, acidulés par SO⁴H².

Peska (*Glucose*). — Modification au R. de FEHLING. On prépare deux solutions que l'on conserve séparément et qu'on mélange seulement au moment de l'emploi. *a*) Solution de 6 gr. 93 de sulfate de cuivre dans 160 cc. d'ammoniaque à 25 0/0 ; compléter à 500 cc. ; *b*) solution de 34 gr. 50 de sel de seignette (tartrate double de potasse et de soude) et 70 cc. de soude à 15 0/0, compléter à 500 cc. (*Merck's Reag. Verz*, p. 110).

Pettenkoffer (*Bile*). — Cette réaction est une des plus fréquemment citées ou employées. Beaucoup d'auteurs s'en s'ont occupés pour la modifier. Elle consiste à ajouter à l'urine ou à une sol. de bile les 2/3 de son volume d'ac. sulfurique conc., puis goutte à goutte en évitant une température supérieure de 60° C. une sol. de sucre de canne à 20 0/0 : en présence des pigments biliaires il se produit une coloration violet intense ou rouge pourpre. STRASSBURG, DRECHSEL, UDRANSKY, NEUBAUER et beaucoup d'autres ont modifié cette réaction tout en respectant les éléments primordiaux, dans le but de la rendre plus évidente et partant plus sensible.

Pettenkofer (*Saccharose*). — C'est la réaction ci-dessus renversée ; Le réactif se prépare en ajoutant de l'SO^4H^2 conc. à une sol. de bile jusqu'à redissolution du ppté formé tout d'abord : en présence de saccharose ce réactif donne une color. violette.

Petit-Launay (*Méthode d'inclusion*). — Méthode rapide, d'après celle de GILSON. On porte le fragment d'organe préalablement déshydraté aux alcools et à l'éther, dans une capsule remplie de collodion très liquide (alcool absolu, 1 partie ; éther, 4 vol. ; collodion officinal, 1 vol.) et placée sur la platine chauffante ; on obtient une pénétration rapide ; on monte dans le collodion épais et on immerge dans l'alcool glycériné (glycérine à 30°, 1 vol. ; alcool à 80 0/0, 2 vol.). En quelques heures l'inclusion est prête pour être passée au microtome.

Petruchsky (*Milieu nutritif*). — A base de petit lait. On chauffe doucement du lait frais avec une quantité suffisante d'HCl pour le cailler ; on filtre et on neutralise par la soude jusqu'à réaction très faiblement acide. On chauffe à l'autoclave, à + 100 pendant 1 ou 2 heures pour ppter totalement l'albumine, on filtre, on neutralise exactement, on colore au tournesol et on stérilise.

Pfeiffer (*Réaction du sérum cholérique*). — Le principe de cette réact. est le suivant : une trace de sérum de sang de cobaye immunisé contre le choléra tue le bacille chlolérique contenu dans le sérum normal d'un cobaye, en présence d'un peu de bouillon de culture. Les vibrions ressemblant à ce bacille ne sont pas influencés par ce sérum immunisé ; d'autres réact. analogues à celle du bacille typhique peuvent aussi être effectuées. Voir la R. de WIDAL.

Pfitzner (*Solution de dammar*). — Solution de cette résine dans un mélange de benzine et de térébentine.

Pfitzner (*Coloration à la safranine*). — Solution de 1 gr. de safranine dans 300 cc. d'alcool à 30 0/0.

Pfeiffer-Wellheim (*Solution fixante*). — On mélange 1 vol. de formol conc. du commerce, 1 vol. de vinaigre de bois et 1 vol. d'alcool méthylique. Cette sol. s'emploie pour fixer et durcir les algues d'eaux douces.

Pfluger-Bleibtreu (*Urée*). — Le R. se prépare en additionnant 90 cc. d'une sol. d'ac. phosphotungstique à 10 0/0, de 10 cc. d'HCl conc. (D. = 1.124). Ce R. ppte l'urée et permet de la séparer des autres substances azotées de l'urine, acide urique, bases xanthiques, etc. (Voir *Répertoire de Pharm.* 1898, 148).

Pfluger-Nerking (*Glycogène ; dosage*). — Faire digérer au B. M. 50 gr. de viande finement broyée avec 200 cc. de potasse à 2 0/0 ; refroidir et remplacer l'eau évaporée ; filtrer ; laver ; traiter 200 cc. de liqueur filtrée par 10 gr. de KI et 1 gr. de KOH ; ajouter 50 cc. d'alcool à 90 0/0 et laisser reposer une nuit. Le glycogène se ppte ; on filtre et on lave avec une sol. composée de 100 cc. d'eau, 50 cc. d'alcool à 90 0/0, 1 gr. de potasse et 10 gr. de KI ; on lave ensuite avec de l'alcool à 60 0/0 renfermant 7 milligr. de NaCl par litre, on redissout dans l'eau et on ppte les traces d'albumine qui peuvent exister par le R. de TANRET (qq. gouttes). On reprécipite par l'alcool à 95 0/0, filtre, lave à l'alcool à 95 0/0 renfermant 7 milligr. de NaCl par litre, puis à l'éther et on pèse. On peut en outre hydrolyser le ppté par l'HCl et faire un dosage au FELHING : le résultat en sucre réducteur multiplié par le cœfficient 0,9 donne le glycogène.

Pfuhl-Pétri (*Coloration des tubercules*). — Colorer pendant 2 minutes dans une solution chaude composée de 10 cc. de sol. alcoolique saturée de fuchsine et de 100 cc. d'eau. Décolorer dans l'ac. acétique étendu, rincer à l'eau, et faire une double coloration avec une sol. aqueuse de vert malachite ; laver, sécher, monter au baume.

Phipson (*Franguline*). — L'ac. sulfurique conc. donne une color. vert-émeraude, passant ensuite au pourpre et au rouge foncé.

Pianese (*Coloration au bleu de méthylène et à l'éosine*). — Voir le R. de Chenzinsky auquel on ajoute une forte proportion de carbonate de lithine.

Piccini (*Acide nitrique en présence d'acide nitreux*). — La réaction repose sur la destruction de l'acide nitreux par l'urée. On ajoute au liquide à essayer un excès d'SO^4H^2 puis de l'urée. Après cessation de dégagement d'azote on peut rechercher l'ac. nitrique par ses réactions ordinaires.

Pichard (*Nitrites*). — Une trace de brucine et une goutte d'HCl donnent une color. rouge vermillon ou seulement jaunâtre en présence d'une trace de nitrites. Sensibilité 1 : 640.000 exprimé en azote, c'est-à-dire 1,5 milligr. d'azote dans un litre d'eau. Les nitrates ne donnent rien. Voir les R. de Griess, Tromsdorff et Piccini.

Pick (*Méthode de coloration pour gonocoques*). — Colorer les préparations dans une solution de 15 gouttes de fuchsine au phénol de Ziehl et 8 gouttes de bleu de méthylène alcoolique conc. dans 20 cc. d'eau.

Pickering (*Indol et scatol*). — En acidulant la sol. par l'ac. formique, chauffant et ajoutant goutte à goutte une sol. à 0,1 0/0 de chlorure d'or il se produit une color. bleue. Voir la R. d'Axenfeld (albumine).

Pinerna (*Acides organiques*). — Le R. est une sol. à 2 0/0 de β-naphtol dans SO^4H^2 conc. Il donne par chauffage des réact. colorées distinctives avec les acides organiques : l'*acide tartrique* donne du bleu ou du vert, en diluant, jaune-rougeâtre ; *acide citrique*, bleu, devenant incolore par dilution ou seulement jaune très clair ; *acide malique*, vert jaunâtre, jaune-clair ou orangé par dilution.

Piron-Delin (*Sublimé dans le calomel*). — On triture 0 gr. 200 de calomel avec une goutte d'une sol. alcoolique à 10 0/0 de savon, 1 goutte de teinture alcoolique fraîche de gaïac et 2 cc. d'éther. En présence de sublimé, on observe, après évaporation du dissolvant, une color. verte qui permet de reconnaître 1 : 30.000 de sublimé, 33 milligr. dans un kilogr.

Piutti (*Bois ; lignine*). — Les fibres de bois se colorent en jaune intense par l'ortho-bromophénétidine. La cellulose, les fibres textiles, la chitine, la kératine ne donnent pas cette coloration. On peut donc par cette réaction rechercher la fibre de bois partout où elle est susceptible de se rencontrer, notamment dans la pâte à papier.

Plattner (*Solution fixante*). — Solution aqueuse ou alcoolique (60 0/0) à 2,8 0/0 de perchlorure de fer.

Plattner (*Coloration des centres nerveux*). — On emploie une solution de perchlorure de fer et de dinitrorésorcine qui donne une color. verte.

Plattner (*Coloration à la nigrosine*). — L'auteur recommande l'emploi d'une sol. aqueuse concentrée de nigrosine (Voir la R. de Sabouraud).

Plugge (*Ammoniaque*). — Le R. se prépare en dissolvant 30 gr. de soude, puis à froid 20 gr. de brome dans cette solution. Diluer à un litre. Une solution alcoolique d'ammoniaque alcalinisée par la soude se colore en violet par une ou 2 gouttes de ce réactif. La color. disparait assez rapidement. (?)

Plugge (*Acide nitreux, phénol*). — On obtient une color. rouge en chauffant 5 cc. de nitrate mercureux étendu avec le même volume d'eau phéniquée au 1\100 et ajoutant un grand volume de liquide à essayer. Cette réaction retournée peut servir à caractériser le phénol.

Plunket (*Potassium*). — Le R. est une sol. aqueuse saturée de tartrate acide de soude. Avec les sol. aqueuses de potasse, suffisamment concentrées on obtient un ppté blanc cristallin de bitartrate de potasse (*Merck's Réag. Verz.*, p. 113).

Podwyssotzki (*Emetine*). — Une goutte de sol. saturée de phospholybdate de soude dans l'ac. sulfurique conc. colore l'émetine en brun, passant au bleu par une goutte d'HCl.

Podwyssotzki (*Coloration à la safranine*). — Colorer dans la safranine conc. et différencier pendant 2 ou 3 minutes dans une sol. fortement alcoolique d'ac. picrique, puis laver à l'alcool.

Pœlzam (*Milieu de montage et d'inclusion*). — Ce réactif, connu aussi sous le nom de savon transparent est une sol. préparée à chaud de 10 gr. de savon dur sec dans 35 gr. d'alcool à 90 0/0 et 22 gr. de glycérine (*Reagent Verz.*, 113).

Pokrowsky (*Solution de celloïdine*). — C'est une simple solution de celloïdine dans l'éther. Employée pour l inclusion (*Merck's Reagent. Verz.*, p. 113).

Posner (*Peptones et albumines*). — C'est la R. du biuret. On rend alcaline l'urine par la soude et on superpose une sol. très diluée, presque incolore de sulfate de cuivre. Color. violette à la zone de contact.

Potain (*Solution*). — On prépare des sol. de sulfate de soude, de chlorure de sodium et de gomme arabique à 1,020 de densité et on les mélange.

Cette sol. est employée pour diluer le sang pour l'examen des corpuscules sanguins.

Pouchet (*Méthode de blanchiment*). — Faire macérer les coupes dans la glycérine additionnée d'un peu d'eau oxygénée.

Poutet (*Huile*). — Mélanger 10 gr. d'huile, 5 gr. d'ac. nitrique à 40° Bé et 1 gr. de mercure. Agiter énergiquement dans un flacon pendant 3 minutes, laisser réagir au repos pendant 20 minutes, agiter à nouveau pendant une min. et observer la coloration et les phénomènes de solidification. Cette réaction qui a été modifiée par plusieurs auteurs est également connue sous le nom de R. de l'élaïdine.

Power (*Elatérine*). — L'ac. sulfurique conc. donne une color. rouge foncée ; en ajoutant du bichromate de potasse la col. est brune ou vert-clair.

Pozzi-Escot-Couquet (*Palladium*). — En présence d'un excès de soude ou d'ammoniaque et de nitrite de soude, on obtient avec le chlorure de palladium de beaux cristaux orthorhombiques.

Pozzi-Escot (*Cuivre*). — Sol. de cuivre additionnées d'ammoniaque puis d'iodure de potassium ou d'ammonium : on obtient une col. vert jaunâtre et immédiatement un ppté de petits cristaux rhomboëdriques brun noir mêlés d'autres cristaux orangés d'une autre forme.

Pozzi-Escot (*Ittrium, erbium, didyme*). — Les sels de ces métaux pptent par le chromate d'ammonium. Les pptés obtenus sont cristallins et doivent être examinés au microscope.

Pozzi-Escot (*Acide molybdique, tanin*). — Lorsqu'on ajoute qq. gouttes de sol. de tanin à une sol. d'ac. molybdique ou d'un molybdate on obtient une color. orangée tirant sur le rouge si la sol. est concentrée, sur le jaune si elle est diluée. La réaction, très sensible avec 1/10.000 d'ac. molybdique est encore visible avec 1/100.000. Il faut opérer en sol. aussi neutre que possible ; la présence d'un acide diminue beaucoup la sensibilité. Les acides gallique et pyrogallique donnent la même réaction ; elle semble même plus sensible avec ce dernier. La méthode ne se prête pas à une détermination colorimétrique quantitative. Le fer en petite quantité ne gêne pas la réaction. Dans le cas où il donnerait lieu à un ppté noirâtre de tannate de fer il suffirait de déposer une goutte du mélange sur une feuille de papier blanc ; le tannate se dispose immédiatement et l'on peut observer la coloration sur les bords de la tache.

Pradines (*Fuchsine dans le vin*). — Chasser l'alcool par ébullition et alcaliniser par l'ammoniaque, puis agiter avec de l'éther.

Prelinger (*Guanidine*). — Le R. est une sol. aqueuse d'ac. picrique. Il donne avec la guanidine et ses dérivés des pptés très peu solubles et parfois cristallins.

Pritchard (*Mélange durcissant*). — Solution de 1 part. d'ac. chromique, dans 120 p. d'eau et 20 p. d'alcool.

Pritchard (*Solution réductrice*). — Solution aqueuse renfermant 1 0/0 d'alcool amylique et 1 0/0 d'ac. formique. Sert à réduire les tissus imprégnés de chlorure d'or.

Proelss (*Cocaïne et ecgonine*). — La cocaïne se transforme facilement en ecgonine. Voici les réact. différentielles de ces substances :

	Cocaïne	Ecgonine
Calomel.	Coloration noire se formant lentement.	Color. noire immédiate.
Ac. sulfurique et bichromate de potasse.	Col. verte à chaud.	Color. verte à froid.
Ac. sulfurique et acide iodique.	Pas de color.	Col. rouge à chaud.
Evaporation avec l'eau de chlore, puis addition d'ac. sulfurique.	Pas de color.	Color. verte.
Evaporation avec de l'eau de brome.	Color. rouge ne se modifiant pas par l'addition d'ac. sulfurique.	Pas de color., en ajoutant de l'ac. sulfurique ensuite, color. rouge
Ac. nitrique et ac. iodique.	Pas de color. en aucun cas.	Pas de color. à froid ; color. rouge à chaud.

Proksch (*Rhubarbe dans l'urine*). — Acidifier l'urine par l'ac. chlorhydrique et extraire par le xylol. Le xylol est ensuite superposé à une lessive de potasse : la zone de contact se colore en rose ; en remplaçant le xylol par le chloroforme la zone est violette ; dans ce second essai, si l'on traite d'abord l'urine par l'ac. sulfureux il se forme une zone rose au lieu de violette. Enfin en agitant l'urine simultanément avec de l'ac. sulfanilique et du xylol il se forme deux couches : l'une inférieure rouge vin, l'autre supérieure rose faible. Le séné donne les mêmes réactions, mais plus faiblement.

Purdy (*Glucose*). — Modification à la liqueur de FEHLING.

Pusch (*Acides citrique et tartrique*). — Chauffé au B. M. avec de l'ac.

sulfurique en excès, l'acide citrique se colore en jaune citron, tandis que l'ac. tartrique donne du brun et même du noir.

Puscher (*Alcool dans les essences*). — On fait bouillir l'essence dans un tube dont l'orifice est en partie obstrué par un tampon très lâche de coton hydrophile saupoudré de fuchsine : l'alcool, s'il y en a, en se condensant dissout la fuchsine et teint le coton.

Q

Quincke (*Copahu dans l'urine*). — Après l'absorption de copahu, les urines des malades se colorent en rouge pourpre par les ac. minéraux et donnent à la longue un ppté violet sale. Examinées au spectroscope les urines colorées en rouge de cette façon donnent un spectre d'absorption dans l'orangé et dans le bleu (*Merck's Reagentien Verzeichnis*, p. 114).

Quincke (*Nickel*). — Voir la Méthode de Mond-Langer-Quincke.

Quirini (*Glucose*). — Le R. est une sol. à 0,5 0/0 d'ac. orthonitrophénylpropiolique dans la soude caustique. On fait bouillir et on ajoute quelques gouttes d'urine : coloration bleue par formation d'indigo en présence de glucose. Voir le R. d'Hoppe-Seyler. L'urine normale peut donner une légère teinte verte parfois.

R

Raabe (*Albumine*). — L'ac. trichloracétique saturé à froid coagule l'al-bumine mais ne ppte ni la mucine ni les peptones. Ajouté au ppté par la chaleur il ne redissout aucune albumine, au contraire de l'ac. acétique qui en redissout quelques-unes.

Rabl (*Acide chromo-formique*). — Se prépare avec 200 cc. d'eau, 0,60 d'ac. chromique et 5 gouttes d'ac. formique conc.

Rabl (*Picro-sublimé et platino-sublimé*). — 1° un vol. de sol. saturée de bichlorure de mercure et un vol. d'ac. picrique également saturé. Ajouter 2 vol. d'eau distillée ; 2° vol. égaux de sol. de chlorure de platine à 1 0/0 ; de bichlorure de mercure et d'eau distillée. Ces deux solutions sont employées surtout pour les embryons des vertébrés.

Rabl (*Méthode de coloration*). — Colorer avec l'hématoxyline (sol. de Delafield) très étendue, pendant 24 heures, laver à l'eau puis à l'alcool acidulé par HCl puis faire une seconde coloration dans la sol. de Pfitzner à la safranine.

Rabuteau (*Acide chlorhydrique libre dans le suc gastrique*). — Colore en bleu l'empois d'amidon additionné d'iodure et d'iodate de potasse.

Raby (*Codéine*). — En présence d'ac. sulfurique conc. l'eau de javelle colore la codéine en bleu.

Raby (*Esculine*). — Dans les mêmes conditions que la réaction ci-des-sus (codéine) l'esculine donne une coloration violette.

Raikow (*Chlore, brome et iode organiques*). — Le R. est une sol. de nitrate d'argent dans l'ac. sulfurique conc. Ce réactif détruit la combinai-son organique et met en liberté l'halogène, lequel est ppté à l'état de sel d'argent ou se dégage, selon les conditions d'expérience.

Ralfe (*Acétone*). — Superposer au liquide suspect une sol. alcaline d'iodure et d'iode : la zone de contact est jaune par formation d'iodoforme. Beaucoup de substances donnent également cette réaction : l'alcool éthylique, l'ac. lactique, etc.

Ramon-Cajal (*Solutions colorantes*). — Voir CAJAL.

Ramsay (*Solution décolorante*). — Solution d'hypochlorite de magnésie appelée également solution de CROUVELLE.

Ramsay (*Chlorure de carbone dans le chloroforme*). — En agitant le liquide avec de l'eau de baryte on obtient après repos et séparation des liquides en deux couches, une zone blanchâtre de carbonate de baryte dans le cas de la présence du chlorure de carbone.

Ranvier (*Masse d'injection au carmin et à la gélatine*). — Faire gonfler entièrement 5 gr. de gélatine dans de l'eau, puis la fondre au B. M. dans sa propre humidité. Ajouter une solution de 2 gr. 5 de carmin dans un litre d'eau et une quant. d'ammoniaque juste suffisante pour dissoudre le colorant. Neutraliser exactement le mélange par de l'acide acétique à 30 0/0 en évitant soigneusement la formation de masses granuleuses. Filtrer dans une chausse.

Ranvier (*Méthode à l'acide formique*). — Imbiber la matière d'une sol. formée par le mélange de 4 volumes de chlorure d'or à 10 0/0 et 1 vol. d'ac. formique, bouillie et refroidie. Réduire le sel d'or par simple exposition à la lumière dans l'eau acidulée, ou par une solution formique assez forte, dans l'obscurité.

Ranvier (*Méthode au jus de citron*). — Imbiber les préparations de jus de citron pendant 10 min., laver et plonger un temps suffisant dans du chlorure d'or à 1 0/0 — une heure au plus — puis exposer à la lumière dans une solution très étendue d'ac. acétique, pendant 1 ou 2 jours. On peut d'une part remplacer le jus de citron par une sol. d'ac. citrique, d'autre part effectuer la réduction à l'obscurité par de l'ac. formique à 20 ou 25 0/0. Mais dans ce dernier cas il faut craindre une légère détérioration de l'épithélium.

Ranvier (*Alcool au tiers*). — Ce fixatif très doux est universellement employé. On le prépare comme on l'indique avec 2 vol d'eau et 1 vol. d'alcool à 90° ou 95°. En Allemagne on l'appelle « *Drittelalcool* » ou « *Ranviersche alcohol dilutus* » en Italie « *Alcool al terzo* », en Amérique et en Angleterre. « *One-third alcool* ».

Ranvier (*Formule de picro-carmin*). — Dissoudre 20 gr. d'ac. picrique
et 10 gr. de carmin dans 50 gr. d'ammoniaque et compléter à un litre.
Laisser vieillir en flacon fermé pendant plusieurs mois, puis exposer largement à l'air jusqu'à ce que l'évaporation réduise le volume au quart.
Recueillir les cristaux formés, les laver, filtrer et dissoudre dans l'eau dans
la proportion de 10 0/0, avec une trace de thymol pour conserver.

Ranvier (*masse d'injection au bleu de Prusse*). — Préparer du bleu de
Prusse en présence d'un excès de ferro cyanure et laver le ppté puis le
dissoudre. A 1 part. de gélatine gonflée dans l'eau et fondue au B. M.
ajouter peu à peu 25 part. de la sol. de bleu chaude. Filtrer. Employer à
la temp. de + 40° C. On peut à volonté ajouter 1/4 de gélatine.

Ranvier-Vignal (*Solution osmique*). — Solution récente à 1 0/0
d'ac. osmique dans l'alcool à 90°. On y fixe les tissus puis on lave à l'alcool, puis à l'eau. On colore au picro-carmin ou à l'hématoxyline. Très
approprié pour les insectes.

Ranvier (*Carmin à l'ammoniaque*). — Dissoudre le carmin en présence
d'un léger excès d'ammoniaque et laisser la solution se dessécher à l'air
libre. On redissout le résidu dans l'eau et on filtre.

Ranvier (*Solution décalcifiante*). — Solution d'ac. chlorhydrique à 50 0/0
additionnée fortement de sel marin pour éviter l'action désagrégeante de
l'acide.

Ranvier-Frey (*Sérum iodé*). — On dissout 0 gr. 2 à 2 gr. de NaCl et
15 gr. d'albumine d'œuf dans 135 gr. d'eau et on ajoute 3 cc. de teinture
d'iode. On filtre (*Merck's Réagentien Verzeichnis.*, p. 115).

Ranvier (*Alcool absolu*). — L'obtention d'alcool chimiquement absolu
qui est nécessaire pour certains cas est délicate. RANVIER conseille de partir d'alcool à 95 0/0 et d'y ajouter un excès de sulfate de cuivre en poudre blanche desséchée. On répète le traitement plusieurs fois.

Rath (*Solutions fixantes*). — 1° 1 gr. de chlorure de platine dissous dans
10 cc. d'eau ; 25 cc. de sol. à 20 0/0 d'acide osmique ; 200 cc. de sol. d'ac.
picrique saturée ; 2 cc. d'ac. acétique. — 2° 100 cc de sol. d'ac. picrique
saturée et 100 cc. de sol. de subliné saturée à chaud ; ajouter 2 cc. d'ac.
acétique (*Merck's reagent. Verzeichn.*, p. 116)

Raudolf (*Peptones*). — C'est la réaction de MILLON légèrement modifiée : on alcalinise très légèrement l'urine, on y ajoute 2 ou 3 gouttes
de KI saturé et 3 ou 4 gouttes de R. de MILLON : les peptones don-

nent un ppté jaune. Les acides biliaires ne donnent rien. Sensibilité
1/17.000 = 65 milligr. dans un litre.

Raulin (*Liquide de Raulin*). — C'est le prototype des milieux nutritifs
minéraux. Il est très employé pour la culture des champignons inférieurs ;
son acidité permet d'éliminer les bactéries qui pourraient les accompa-
gner. Voici sa formule : on dissout dans 1500 cc. ; d'eau sucre candi,
70 gr. ; ac. tartrique, 4 gr. ; azotate d'ammoniaque, 4 gr.; phosphate
d'ammoniaque et carbonate de potasse, 0 gr. 60 de chacun ; carbonate de
magnésie, 0 gr 40 ; sulfate d'ammoniaque, 0 gr. 25 ; sulfate de zinc, sulfate de fer, silicate de potasse, de chacun 0 gr. 07. On filtre et stérilise à
120° C.

Rawitz (*Méthode de coloration*). — Plonger les coupes pendant 24 heures dans la sol. fixante de FLEMMING Laver ensuite et plonger dans une
sol. à 2 0/0 d'émétique à la temp. normale du corps humain pendant
3 heures. Laver et colorer avec une quelconque des couleurs d'aniline
suivantes : gentiane ou méthyle violet, fuchsine, vert émeraude, safranine.
Différencier avec l'alcool ou avec une sol. de tannin à 2 0/0, clarifier
et monter. On obtient une color. inverse.

Rawson (*Différenciation des acides tannique et gallique*). — Le tanin
ppte en blanc, devenant rapidement rougeâtre par l'ammoniaque et le
chlorhydrate d'ammoniaque. L'acide gallique donne une col. rouge mais
ne ppte pas dans les mêmes conditions

Reale (*Acide chlorhydrique libre*). — L'ac. phénique donne en présence
de perchlorure de fer et d'ac. chlorhydrique libre une coloration verdâtre. Un excès d'acide détruit cette col. — En l'absence, col. violette.

Redenbaugh (*Anesthésie*). — Employer le sulfate de magnésie en
solution concentrée ou saturée pour les petits animaux marins et les
annélides.

Regnault (*Chloroforme*). — En chauffant du chloroforme avec de la
potasse il se forme du KCl et du formiate d'éthyle, qui en présence d'un
excès de potasse donne lui-même par saponification du formiate de
potasse.

Rehm (*Coloration pour cylindres rénaux*). — Colorer les coupes durcies
à l'alcool dans du carmin ammoniacal à 1 0/0; laver a l'alcool fort acidifié
par NO³H puis à l'alcool pur. Ensuite colorer en 1/2 minute dans le bleu
de méthylène à 1 p 0/00, laver à l'alcool. clarifier à l'huile d'origan et
monter à la colophane.

Reich (*Saccharose et glucose*). — Une sol. de potasse ou soude et une sol. de nitrate de cobalt ajoutées à du sucre de canne donne une color. violette. Le *glucose* ne donne pas cette réaction non plus que la glycérine, la lactose ni le sucre inverti. La dextrine et les gommes qui pourraient se confondre avec la saccharose peuvent être déféquées par l'acétate de plomb.

Reichard (*Morphine; Titane*). — Le R. est une sol. conc. préparée à chaud d'anhydride titanique TiO^2 dans SO^4H^2. En y ajoutant une trace de morphine il se produit une color. noire au point de contact qui disparaît en diluant. En agitant on obtient une color. brune rouge qui persiste. Cette réaction renversée peut servir à la recherche du titane.

Reichard (*Potassium, Cæsium, Rubidium*). — L'acide picrique et le picrate de soude sont d'excellents réactifs de ces métaux. La meilleure façon d'effectuer la réaction est de verser la sol. à essayer dans une sol. saturée d'ac. picrique ou de picrate de soude. Le picrate de potasse dans ces conditions n'est soluble qu'à 0,4 0/0 c'est-à-dire moins que le chloro-platinate de potasse et permet de reconnaître les sol. de potassium à 0,5 0/0. Le réact. est encore plus sensible pour le cœsium et le rubidium. Il est utile de chasser toujours les sels ammoniacaux par calcination et de transformer les carbonates en chlorures. Avec le cyanure de potassium on obtient en même temps qu'un ppté une color. rouge foncée dûe à l'acide isopurpurique (picrocyanique).

Reichard (*Cobalt en présence de nickel*). — L'ortho arsénite de soude ppte les sels de nickel et de cobalt ; les pptés de ces métaux traités par le peroxyde de baryum se comportent différemment : celui de nickel ne se modifie pas à part une très légère color. bleuâtre ; celui de cobalt au contraire, de violet clair devient jaune à froid, puis brun, puis noir, surtout en chauffant légèrement. Cette color. se produit même en présence d'un grand excès de nickel (1).

Reichardt (*Arsenic dans l'urine*). — Application de la méthode de Marsh au résidu de 200 cc. d'urine évaporés en présence de soude puis acidifié.

Reichardt (*Brucine ; acide nitrique*). — C'est la réaction bien connue des nitrates : brucine, ac. sulfurique et nitrates donnent une col. rouge. Sensibilité 1 : 100.000 = 10 milligr. de NO^3H dans un litre d'eau.

---

(1) Voir pour les détails *Zeitsch, f. Analyt. Chemie* 1903, p. 10.

Reiche (*Gomme arabique*). — La gomme bouillie avec une sol. chlorhydrique d'orcine donne un ppté bleu et une color. rouge ou violette ; le ppté est soluble dans l'alcool en vert qui devient violet fluorescent par les alcalis.

Reichert-Meissl (*Indice de*). — Très employé dans l'analyse des graisses, cet indice exprime le nombre de cc. de liqueur alcaline, potasse ou soude,*décinormale* nécessaire pour neutraliser les acides gras volatils de 5 gr. de mat. grasse. Ces acides volatils sont séparés d'après un procédé spécial. Il ne faut pas confondre cet indice avec celui de Reichert autrefois très employé qui en est le prototype, mais qui se rapporte seulement à 2 gr. 50 de graisse, conséquemment toujours deux fois plus faible. Voir le mode opératoire ci-dessous :

Reichert-Meissl (*Graisses étrangères dans le beurre*). — Peser 5 gr. de beurre fondu, 2 cc. de soude à 50 0/0, 30 cc. d'alcool, chauffer dans un ballon muni d'un réfrigérant à reflux et saponifier en 20 min. Chasser l'alcool *intégralement* ; ajouter 100 cc. d'eau chaude puis 40 cc. SO^4H^2 et distiller avec précautions ; titrer l'acidité volatile dans le distillatum par la soude $\frac{N}{10}$ en présence de phénolphtaléine. Si le beurre est pur le distillatum de 5 gr. consomme entre 24 et 32 cc. d'alcali $\frac{N}{10}$ suivant Reichert-Meissl.

Reichl (*Glycérine*). — En chauffant avec un mélange d'ac. sulfurique et phénique à 120° C. reprenant par l'eau et alcalinisant par l'ammoniaque on obtient une belle color. rouge. En faisant bouillir une sol. glycérinée avec un peu d'ac. pyrogallique, qq. gouttes SO^4H^2, puis ajoutant du chlorure stannique on obtient également une coloration qui est rouge violet.

Reischl-Mikosch (*Albumine*). — 1 ou 2 gouttes de sol. alcoolique de benzaldéhyde, un excès d'ac. sulfurique étendu de son volume d'eau et qq. gouttes de perchlorure de fer : on obtient une color. bleue foncée avec les solutions d'albumine. On peut chauffer.

Reinitzer (*Pentoses*). — Les pentoses chauffées en présence d'ac. chlorhydrique avec de l'orcine donnent une color. rouge ou violet-bleuâtre puis un ppté floconneux sol. dans l'alcool. Voir la R. d'Allen-Tollens.

Reinsch (*Arsenic*). — R. également connue sous le nom d'Hager. Une sol. arsenicale chlorhydrique est réduite par le cuivre métallique et dépose de l'arsenic sur le métal. L'antimoine et le mercure donnent également cette réaction ; il faut examiner le dépôt grisâtre à leur endroit.

Reischauer (*Saccharine*). — Voir la R. d'HERZFELD-REISCHAUER.

Reissner (*Nucléo-albumine dans l'urine*). — Filtrer l'urine pour l'obtenir bien limpide et y ajouter un excès d'ac. acétique. S'il se produit un trouble ou un ppté cela indique la présence de nucléo-albumine.

Remack (*Solution durcissante*). — Mélange de part. égales de sulfate de cuivre à 20 0/0 et d'alcool à 20 0/0 légèrement acidifié par 2 0/0 d'ac. acétique.

Remsen (*Saccharine en présence d'ac. salicylique*). — Extraire par l'éther, évaporer l'éther, reprendre par l'eau, alcaliniser par la soude et ppter par un excès de nitrate mercurique ; filtrer, laver. Le ppté après dessiccation est examiné par la méthode de BORNSTEIN pour y rechercher la saccharine.

Remsen (*Saccharine*). — Le résidu de l'extraction à l'éther est chauffé avec de la résorcine et de l'ac. sulfurique conc. : on obtient une color. jaune rouge, puis vert foncé en même temps qu'il se dégage un peu d'ac. sulfureux. Après refroid. et dilution la liqueur alcalinisée par la potasse devient rougeâtre avec fluorescence verte.

Renard (*Huile d'arachide*). — Cet essai repose sur la séparation de l'acide arachidique qui a un point de fusion très élevé (75°C.) et qui est par cela même reconnaissable. On saponifie l'huile par le plomb et on extrait le savon de plomb par l'éther qui dissout l'arachidate de plomb.

Renaut (*Hématoxyline à la glycérine*). — Colorer fortement par une sol. d'hématoxyline dans l'alcool fort, une sol. saturée d'alun dans la glycérine. Laisser au jour pendant une semaine ; filtrer. On peut monter les préparations non colorées avec cette solution : au bout de peu de temps elles absorbent l'hématoxyline et se colorent elles-mêmes.

Renaut (*Hématoxyline à l'éosine*). — Mélanger 40 cc. de sol. alcool. conc. d'hématoxyline avec 30 cc. de sol. aqu. conc. d'éosine. Ajouter 130 cc. d'alun de potasse en sol. glycérinée saturée. Laisser reposer 1 ou 2 mois et filtrer. Mêmes propriétés que la solution précédente

Renzone (*Kaïrine dans l'urine*). — Donne, par addition de perchlorure de fer, une col. violette ou brun rougeâtre qui passe au rouge clair par l'ac. sulfurique.

Reoch (*Acides minéraux libres*). — Le R. est une sol. neutre incolore de sulfocyanure de potassium additionnée d'un sel ferrique. En présence d'une trace d'ac. minéral libre ce R. se colore en rouge. L'ac. lactique ne le colore pas.

Reoch (*Acide oxalique dans l'urine*). — On rencontre fréquemment dans ce cas des cristaux caractéristiques d'oxalate de chaux. En ajoutant un excès d'alcool à l'urine on ppte entièrement l'ac. oxalique à l'état d'oxalate de chaux.

Retterer (*Solution fixante*). — Solution de 2.5 0/0 de chlorure de platine et de 2,5 0/0 d'ac. acétique dans le formol à 40 0/0 étendu de son vol. d'eau.

Reuss (*Atropine*). — Par oxydation cet alcaloïde dégage une odeur agréable ; chauffer avec SO^4H^2 et un oxydant quelconque inodore.

Reynold (*Acétone*). — Distiller le liquide suspect et agiter le distillateur avec du mercure ; filtrer. S'il y a de l'acétone, il se forme une combinaison mercurique soluble et on trouve du mercure dans le liquide filtré. Gunning emploie l'oxyde jaune de mercure fraîchement précipité.

Ribbert (*Solution de violet dahlia*). — Le R. se prépare en ajoutant 12 cc. d'ac. acétique glacial et 50 gr. d'alcool à 100 gr. d'une sol. aqueuse conc. de violet dahlia.

Richard (*Morphine*). — En chauffant une sol. de morphine avec 3 cc. d'une sol. incolore à 0,1 0/0 de métavanadate d'ammoniaque et d'ac. sulfurique, il se forme une color. vert clair permanente, en sol. diluée vert bleuâtre ; avec du tungstate de soude on obtient du bleu clair ou du violet.

Richardson (*Papier réactif au sérum typhoïdique*). — Papier préparé avec du sérum frais de typhique ; employé à la place du sérum dans la R. de Gruber-Widal.

Riche et Bardy (*Alcool méthylique dans l'alcool éthylique*). — Mélanger 10 cc. de l'alcool à essayer, 15 gr. d'iode (!) et 2 gr. de phosphore rouge ; distiller et recueillir dans 30 cc. d'eau. Mélanger ensuite le distillatum avec 5 cc. d'aniline, laisser en contact une heure, étendre d'eau, alcaliniser par un excès de soude et faire bouillir. Prélever 1 cc. de la couche huileuse surnageante et la mélanger avec 10 gr. de sable pur contenant 2 0/0 de sel marin, et 3 0/0 de nitrate de cuivre. Chauffer dans un tube de verre au bain marie à 90° C. pendant 7 à 8 heures ;

reprendre par l'alcool, filtrer, diluer à 100 cc. avec de l'alcool. On obtient ainsi une liqueur colorée en rouge en l'absence de toute trace d'alcool méthylique mais en violet plus ou moins intense s'il y a une trace de ce dernier.

Richmond-Boseby (*Formol*). — Par ébullition avec une sol. de diphénylamine dans l'eau et avec de l'ac. sulfurique on obtient un ppté blanchâtre floconneux. Les nitrates en même temps donnent comme on sait une coloration.

Rideal (*Antimoine, Etain, Arsenic*). — L'antimoine et l'arsenic peuvent être décelés à l'état de traces très faibles par le R. MARSH. Par contre il est difficile de retrouver des traces d'étain par voie chimique. En employant la méthode électrolytique au moyen d'un couple platine-fer cuivre-platine ou zinc-or l'auteur ppte les plus faibles traces de ces métaux (1).

Ridenour (*Acide salicylique*). — Procédé de dosage colorimétrique basé sur la coloration rouge produite par l'eau oxygénée en présence de carbonate d'ammoniaque.

Riechelmann et **Leuscher** (*Bois de santal dans le cacao*). — On agite dans un tube 2 à 3 gr. de poudre avec 10 cc. d'alcool absolu : si le cacao est pur l'alcool reste incolore ou à peine coloré ; la soude y provoque un ppté blanc et le perchlorure de fer n'y donne aucune color. Si le produit renferme du santal, à condition toutefois que celui-ci n'ait pas été extrait préalablement, on obtient avec la soude une color. violette ainsi que par le perchlorure de fer. Lorsqu'on obtient de prime abord un extrait coloré c'est un indice peu favorable.

Riecker (*Arsenic*). — On doit opérer en sol. aussi neutre que possible. Par l'addition de nitrate d'argent on obtient un ppté rouge d'arséniate d'argent. Il faut naturellement que l'arsenic soit au maximum d'oxydation.

Riegler (*Acide urique*). — A 5 cc. du liquide à essayer, on ajoute une goutte d'ac phosphomolybdique, puis 10 gouttes de lessive de soude conc. En présence d'ac. urique ou d'urates on obtient une color. bleue intense. Cette R. est assez sensible : 1/10.000. En présence de traces seulement la color. est fugace. La guanine, l'alloxane et l'alloxanthine donnent aussi cette coloration.

(1) Voir *Chemical News*, XXXXIX, p. 173.

Riegler (*Albumine*). — Le R. se prépare en dissolvant 4 0/0 d'asaprol (ou naphtolsulfonate de chaux) et 4 0/0 d'ac. citrique dans l'eau. Il indique des traces d'albumine par un trouble. — En outre, l'ac. β-naphtalinsulfonique en sol. à 5 0/0 indique par un trouble la présence de l'albumine. Sensibilité 1/40.000 soit 25 milligr. dans 1 litre. Les albumoses et les peptones sont également pptées mais le ppté est soluble à chaud.

Riegler (*Albumoses et peptones*). — Le R. se prépare avec 5 gr. de paranitraniline, 25 cc. d'eau, 6 cc. d'SO^4H^2 ; d'autre part 3 gr. de nitrite de soude dans 25 cc. d'eau. Mélanger les solutions et compléter 1/2 litre, filtrer et conserver dans l'obscurité. Mélanger 10 cc. de R. et 10 cc. de liquide à essayer, puis ajouter 30 gouttes de soude : col. jaune-orangé allant jusqu'au rouge sang suivant la quantité en présence. En acidifiant par SO^4H^2 il se forme un ppté orangé ou brunâtre.

Riegler (*Mouillage dans le lait*). — Le procédé est basé sur ce fait d'observation que le lait ne renferme jamais de nitrites ni de nitrates tandis que l'eau qu'on a pu y ajouter peut en renfermer fréquemment ; l'essai n'est donc concluant que dans l'affirmative. On emploie le R. de RIEGLER ci-dessus pour les nitrites.

Riegler (*Aldéhydes et glucose*). — Chauffer une pet. quant. de liquide à essayer avec 1 centigr. de chlorhydrate de phénylhydrazine et 0 gr. 50 d'acétate de soude. Lorsque le liquide bout ajouter 30 gouttes de soude caustique étendue : en présence de 0,005 0/0 de glucose, le liquide devient rapidement violet-rouge. En l'absence, coloration rose clair. Cette réaction se produit également avec les aldéhydes et suivant JOLLES l'albumine la contrarie.

Riegler (*Bile*). — L'urine alcalinisée et additionnée d'un excès de paradiazonitraniline donne, en présence des acides et pigments biliaires des flocons violet-rougeâtre, solubles avec la même coloration dans le chloroforme, l'alcool, le benzène, etc.

Riegler (*Indicateur*). — Le diazoparanitraniline-gaïacol donne du rouge par les alcalis et du vert jaunâtre par les acides.

Riegler (*Acide nitreux*). — Le R. est un mélange par part. égales d'acide naphtionique et de β-naphtol pur. A 10 ou 20 cc. de liquide à essayer, on ajoute 0 gr. 03 du R., qq. gouttes d'HCl et 1 cc. d'ammoniaque. Ce dernier réactif étant superposé avec précaution au mélange agité des autres. Coloration rouge à la zone de contact. On peut préparer un

R. liquide en dissolvant dans 200 cc. d'eau 1 gr. d'ac. naphtionique (ou acide naphtylamine sulfonique), 1 gr. de β-naphtol et 0 gr. 50 de soude.

Righini (*Myrrhe*). — La myrrhe pure se dissout dans son propre poids de chlorhydrate d'ammoniaque dissous dans 15 fois son poids d'eau.

Rimini (*Aldéhydes*). — Le R. est une sol. d'acide hydroxylamine sulfonique. En chauffant avec une sol. alcoolique d'aldéhyde il se forme un composé d'acide hydroxamique et d'aldéhyde qui, par une trace de chlorure ferrique, donne une color. violet rouge intense. R. excessivement sensible.

Rimini (*Formol*). — Voir la R. de RIEGLER sur le glucose et les aldéhydes. Dans ces conditions le formol donne une col. d'abord bleue puis rouge foncé. Peut être appliquée au lait.

Rimini (*Alcool vinylique dans l'éther*). — L'éther contient toujours des traces d'eau oxygénée et d'alcool vinylique. On peut reconnaitre ce dernier en traitant l'éther par l'oxychlorure de mercure qui donne un ppté blanc de vinyloxychlorure de mercure. On peut débarrasser l'éther de cette impureté en le rectifiant sur de la soude ou en présence de phénylhydrazine.

Rinnmann (*Zinc*). — C'est une réact. par voie sèche. L'ox. de zinc chauffé fortement après avoir été humecté avec du nitrate de cobalt, sur le charbon de bois, donne une masse verte (vert de RINNMANN).

Ripart (*Liquide pour montage*). — Parties égales d'eau camphrée et d'eau distillée, 0,70 0/0 d'ac. acétique crist. et 0.20 de chacun d'acétate de cuivre et chlorure de cuivre. Ce liquide peut aussi servir comme antiseptique ou comme solution fixante. On peut dans ce dernier but le renforcer par du bichlorure de mercure.

Ritsert (*Sulfonal*). — Chauffé avec de l'acide pyrogallique il dégage une odeur de mercaptan.

Ritthausen (*Protéine*). — C'est une variante à la réaction du biuret. Dissoudre la substance azotée dans SO^4H^2 conc., ajouter un excès de soude et qq. gouttes de sulfate de cuivre étendu.

Roberts (*Albumine*). — Superposer l'urine soit à une couche de sol. saturée de NaCl acidifiée par HCl, soit à une sol. saturée de sulfate de magnésie additionnée d'acide nitrique : zone blanchâtre.

Robin (*Indicateur*). — C'est une solution dans l'alcool d'une décoction à 5 0/0 de fleurs de mimosa. Le réactif est jaune paille mais pratiquement incolore pour l'emploi. Les alcalis le colorent en jaune d'or ; les acides le décolorent. Cet indicateur se comporte comme la phtaléine du phénol.

Robin (*Alcaloïdes*). — Mélanger la substance à essayer avec le double de son poids de sucre de canne et humecter avec qq. gouttes d'SO^4H^2 : *Atropine*, violet, passant au brun ; *morphine* : rose passant au violet ; *salicine* : rouge brique ; *strychnine* : rougeâtre, passant au brunâtre ; *vératrine*, vert foncé ; *codéine*, rouge-cerise, passant au violet.

Robinet (*Morphine*). — Les sels neutres de morphine donnent une col. bleue fugace par le perchlorure de fer renfermant un peu d'oxychlorure.

Robins (*Masses gélatineuses*). — Cet auteur a donné de nombreuses formules de masses gélatineuses colorées. Toutes sont à base des proportions suivantes : 1 partie de gélatine dans 8 à 10 p. d'eau. La *masse au ferrocyanure de cuivre* se prépare avec 3 parties du véhicule ci-dessus et 1 partie du mélange suivant : sol. conc. de ferrocyanure de K, 20 p. ; glycérine 50 p. Ajouter sulfate de cuivre saturé 35 p. et glycérine 50 part. La *masse gélatineuse au cadmium* se prépare avec 40 p. de sulfate de cadmium saturé, 30 p. de sulfure de sodium sat. et 100 p. de glycérine. Mélanger avec le véhicule dans la proportion de 1 : 3. La masse *gélatineuse au vert de Scheele* se prépare avec 80 p. d'arsenite de potasse saturé, 40 p. de sulfate de cuivre sat. et 100 p. de glycérine. Mélanger 1 : 3 avec le véhicule ci-dessus.

Roche (*Albuminoïdes*). — Une solution aqueuse conc. d'acide salicylsulfonique ppte les albumines, globulines, myosines et les albuminoïdes dérivés. Les albumoses donnent un ppté à froid soluble à chaud. Les peptones ne pptent pas directement mais pptent en sol. saturée de sulfate de magnésie. En combinant ces deux réactifs on peut séparer et reconnaitre ces divers albuminoïdes.

Rochleder (*Caféine*). — En chauffant avec HCl et un oxydant (Cl, ClO^3K, AzO^3H) et évaporant à sec ou à un résidu jaune rougeâtre se dissolvant en violet dans NH^3.

Rodilon (*Pyramidon*). — La diméthylamido-diméthyloxyquinizine connue sous le nom de pyramidon présente la propriété de bleuir en sol. aqueuse par l'addition d'une sol. aqueuse de gomme arabique. Cette oxydation semble dùe à une oxydase car elle ne se produit plus avec la gomme chauffée à 85° selon DENIGÈS.

Roger (*Étain*). — Le molybdate d'ammoniaque se colore en bleu par le chlorure stanneux même au 1 : 250.000 (4 milligr. dans un litre) (Cette colorat. bleue étant le résultat d'une simple réduction n'est pas spécifique de la présence de l'étain).

Rohrback (*Solution dense*). — Une solution saturée d'iodure double de baryum et de mercure possède une densité de 3,5. On l'emploie pour la séparation qualitative des minéraux.

Romanowsky (*Bleu de méthylène-Eosine*). — *a*) On dissout 2 gr. de bleu de méthylène exempt de chlorure de zinc dans 200 cc. d'eau, on ajoute 10 cc. de sol. décinormale de soude, on fait bouillir 1/4 d'heure, on laisse refroidir et on ajoute 10 cc. de sol. décinormale d'ac. sulfurique pour neutraliser ; *b*) on dissout 1 gr. d'éosine dans 1 litre d'eau. — Pour l'emploi on mélange 1 vol. de *a*) avec 6 vol. de *b*) (*Merck's Reagentien Verzeichnis*, p. 122).

Roman-Leduc (*Urobiline*). — Aciduler l'urine par l'ac. acétique et l'extraire (100 cc. au moins) par le chloroforme. A qq. cc. de l'extrait chloroformique superposer une sol. au 1/1000 d'acétate de zinc dans l'alcool à 95 0/0 : à la zone de contact, il se forme une fluorescence verdâtre, visible surtout sur un fond noir.

Rondelet (*Matières minérales dans les farines*). — L'auteur examine au microscope la farine traitée par une sol. aqueuse d'aniline, de fuchsine et de teinture d'iode : la cellulose est ainsi colorée en rouge brunâtre, l'amidon en bleu foncé, les mat. minérales en jaune.

Roosevelt (*Coloration au pyrogallate de fer*). — Sol. de 20 gouttes de sulfate ferreux saturé et 20 gouttes d'acide pyrogallique saturé fraîchement préparé dans 30 cc. d'eau.

Rose (*Albuminoïdes*). — Voir R. du BIURET. Cette réaction est surtout connue sous ce dernier nom. Voir aussi BRUECKE et POSSNER.

Rosemberg (*Acide urique*). — En mélangeant de l'urine avec une sol. à 5 0/0 d'acide phosphotungstique et une goutte de soude on obtient une color. bleue. Beaucoup de substances réduisent également ce réactif à froid.

Rosenbach (*Coloration des éléments figurés du sang*). — On emploie une sol. aqueuse saturée de bleu de méthylène, 50 cc dissoute dans 20 cc. de sol. saturée aqueuse de phloxine, 30 cc. d'alcool à 95 0/0 et 60 cc. d'eau.

Rosenbach (*Glucose et lactose*). — Les sol. même étendues donnent en présence d'un excès de soude et de nitroprussiate de soude une color. variant du rouge orangé au rouge brun.

Rosenberg (*Coloration en histologie végétale*). — Le R. est une sol. alcoolique de prodigiosine et de vert malachite.

Rosenfeld-Silber (*Indicateur*) — La « Rubrescine » se colore en rouge intense par les alcalis avec fluorescence. Elle est beaucoup plus sensible que la phénolphtaléine qui se décolore rapidement lorsque l'alcalinité est excessivement faible. Pour la préparation de cet indicateur voir les détails dans *Tests and Reagents*, A. I. COHN, 1903, page 259, N.-York.

Rosenthal (*Solution antiseptique pour conserver les préparations anatomi-ques et microscopiques*). — On dissout 5 gr. de chlorhydrate de quinoline et 6 gr. de NaCl dans 1 litre de glycérine à 10 0/0.

Rosenstiehl (*Paratoluidine*). — Une sol. de cette base dans l'ac. sul-furique devient violet-bleuâtre, puis rouge et enfin brune par l'NO^{3}H.

Ross (*Acide phosphorique*). — A la perle de borax, en présence de tungs-tate de soude et dans une flamme réductrice, coloration bleue de la perle.

Rossbach (*Toxicité des alcaloïdes*). — La toxicité est estimée par l'ac-tion comparative de poids connus sur des infusoires.

Rossel (*Sang dans l'urine*). — Repose comme beaucoup de réactions similaires sur la présence d'une oxydase dans le sang ; mais ici, on cher-che à isoler ce principe pour essayer son action sur une substance oxy-dable.

Aciduler fortement l'urine et l'extraire par propre volume d'éther ; ajouter à l'extrait un peu d'eau, 10 gouttes d'essence de térébentine oxy-dée, ou 10 gouttes d'eau oxygénée, puis 10 gouttes de sol. alcoolique de barbaloïne à 2 0/0 : color. rouge au bout de qq. minutes. Cette réaction soigneusement conduite serait plus sensible que l'examen spectroscopique, d'après l'auteur.

Roucher (*Essence de menthe*). — L'essence de menthe mélangée d'un excès d'ac. acétique à 10 0/0 donne au bout d'une demie-heure une color. bleue qui passe graduellement au vert et au jaune.

Rouget (*Coloration à l'argent*). — Plonger dans une sol. de nitrate d'argent au millième, puis laver à l'eau ; répéter plusieurs fois. Réduire dans la glycérine à la lumière.

Roux (*Bleu de Roux*). — Ce bain colorant se prépare en mélangeant 1 partie de solution A et 2 part. de sol. B, ainsi constituées :

Solution A : Violet dahlia, 1 gr. ; alcool à 90 0/0, 10 gr. ; eau, 90 gr.

Solution B : Vert de méthyle, 1 gr. ; alcool à 90 0/0, 10 gr. ; eau, 90 gr. Employé pour la coloration des bacilles.

Roy (Le) (*Chlore libre*). — En présence d'ac. chlorhydrique, la diphénylamine donne une coloration bleue par le chlore libre.

Royere (De la) (*Acidité des huiles*). — On ajoute à l'huile de la fuschsine exactement décolorée par de l'ammoniaque. L'acidité libre de l'huile rétablit la coloration. Mais il convient de ne pas oublier que cette acidité peut être étrangère à l'huile (acides minéraux d'origines diverses) ou qu'elle peut avoir disparu sous l'influence d'un traitement préalable (saponification partielle par agitation avec des alcalis).

Rubner (*Glucose*). — D'après cet auteur on obtiendrait en chauffant l'urine avec de l'ammoniaque et de l'acétate de plomb un ppté rouge. Même réaction avec la lactose.

Rudolf-Fischer (*Acétanilide*). — Chauffé avec son poids de chlorure de zinc anhydre on obtient de la flavaniline, mat. colorante jaune qui se dissout avec fluorescence verte.

Ruempler (*Acides gras libres dans les huiles*). — Agitées avec du carbonate de soude neutre absolument exempt de soude libre, les huiles qui renferment des acides pas libres s'émulsionnent plus ou moins. Le réactif est sans action sur les huiles neutres.

Ruggeri (*Dulcine*). — On mélange la mat. à essayer avec un peu de nitrate d'argent ou de sublimé et on évapore au B. M. Le résidu, en présence de dulcine est coloré en violet. Traité par l'alcool chaud il donne une sol. rouge. Voir la R. de Morpurgo.

Ruini (*Glucose dans l'urine*). — Le R. est une sol. d'acide ortho-nitrophénylpropiolique dans la soude à 6 0/0. On fait bouillir 5 cc. de R. pendant 1/2 min. avec qq. gouttes d'urine à essayer. En présence de glucose il se produit une col. bleue, sol. dans le chloroforme (*Merck's Reagentien Verzeichnis*, p. 124).

Runge (*Aniline*). — Une sol. étendue, même très diluée d'aniline sous forme de sel colore en jaune une esquille de sapin. En l'absence de sels ammoniacaux, l'eau de chlore ou le chlorure de chaux donnent une col. rouge pourpre, devenant rose par les acides.

Runge (*Phénol*). — Colore en bleu une esquille de bois blanc trempé préalablement dans HCl conc.

Rupp (*Recherche de l'alcool méthylique dans l'alcool éthylique*). — Voir la R. de RICHE-BARDY.

Rupp (*Recherche de l'alcool éthylique dans l'alcool méthylique*). — On chauffe l'alcool méthylique à essayer avec de l'ac. sulfurique, puis on étend d'eau et l'on distille. Le distillat, additionné d'ac. sulfurique, de permanganate et d'hyposulfite de soude se colore en violet par une sol. étendue de fuchsine si l'alcool à essayer renfermait de l'alcool éthylique.

Rupeau (*Acide picrique dans les bières*). — Le R. se prépare en dissolvant 5 gr. de sulfate ferreux, et 5 gr. d'ac. tartrique dans 200 cc. d'eau. On mélange à cette sol. un vol. égal de sol. conc. de NaCl. On essaye la bière en la superposant à qq. cc. de réactif et ajoutant 2 ou 3 gouttes NH^3 : Coloration rouge à la zone de contact.

Ruppin (*Viande de cheval*). — Ce procédé de recherche est basé sur le principe des sérums précipitants. On injecte deux fois par semaine dans le péritoine de lapins des quantités croissantes de suc de viande de cheval allant jusqu'à 20 cc. à la fois. Les animaux sont ensuite sacrifiés et fournissent un sérum qui, au contact de décoctions de viandes ou saucissons renfermant du cheval, additionnées de 1 0/0 de NaCl, donne un trouble ou une pptation caractéristiques. Une cuisson légère des viandes ne détruit pas le pouvoir réactionnel, mais une longue cuisson arrive à l'affaiblir et même à le supprimer ; le fumage, les antiseptiques sont indifférents (1).

Rusting (*Cobalt*). — Réaction distinctive du cobalt en présence du nickel ; on ajoute à la sol. légèrement acide du sulfocyanure de potassium

(1) *Pharmaceutische centrahalle*, 1902, p. 269.

puis on verse un mélange éthéro-alcoolique qui se colore en beau bleu par suite de la sol. du sulfocyanure de cobalt dans ce dissolvant. Sensibilité : 1/1.000. En présence de fer la color. rouge dûe à celui-ci masque totalement la réaction. Voir à ce sujet la modification de BETTINK.

S

Sabanin (*Acide citrique*). — Chauffé en tube scellé au bain d'huile à 120° pendant plusieurs heures avec un excès d'ammoniaque on obtient un liquide coloré en jaune, qui abandonné à l'air pendant plusieurs heures passe au bleu.

Sabatier (*Cuivre*). - Une goutte du liquide supposé contenir du cuivre est ajoutée à 1 cc. d'ac. bromhydrique conc. : color. rouge pourpre en présence d'une quant. importante de cuivre ; lilas en présence de traces ; cette réaction est excessivement sensible : une sol. au 0,0001 0/0 la donne encore nettement. On peut aussi remplacer HBr par un mélange · de KBr et d'ac. phosphorique sirupeux.

Sabatier (*Nitrites*). — Une solution sulfurique d'oxyde cuivreux se colore en violet-pourpre intense par les moindres traces de nitrites. Les sels cuivreux donnent tous cette réaction ; les sels cuivriques ne la donnent pas.

Sabouraud (*Méthode de coloration*). — Cette méthode encore peu répandue donne d'excellents résultats pour la microphotographie des bacilles ; le R. est une solution aqueuse saturée de nigrosine. On en verse qq. gouttes sur la préparation, on égoutte au bout d'un instant l'excès de colorant avec un papier filtre, on sèche et monte au baume. Toute la masse est colorée en noir intense, les microbes seuls apparaissent incolores. On peut préalablement les colorer en bleu ou rouge et obtenir ainsi une double coloration excellente

Sachs (*Bouillon nutritif*). — Dissoudre dans un litre d'eau 1 gr. de nitrate de potasse, 1 gr. de NaCl, 0,5 gr. de sulfate de chaux, 0,5 de sulfate de Mg, 0,5 de phosphate de calcium et ajouter qq. gouttes de perchlorure de fer.

Sahli (*Bleu de méthylène au borax*). — A 25 cc. de sol. aqueuse saturée de bleu ajouter 15 cc. de borax à 5 0/0 et 40 cc. d'eau dist.

Sahli (*Coloration des centres nerveux*). — Durcir les coupes dans le bichromate, les laver à l'eau et colorer très foncé dans le bleu de méthylène conc. aqueux. Laver à l'eau et colorer une seconde fois dans la fuchsine acide aqueuse. Laver abondamment à l'eau, après avoir rincé à l'alcool. On peut préférablement différencier dans la potasse à 0,1 0/0. Le bleu de méthylène au borax ci-dessus donne une excellente coloration des tubes nerveux.

Salkowski (*Pentosanes dans l'urine*). — 1º L'urine, mélangée avec son volume d'HCl conc. et chauffée avec un peu d'orcine donne une color. fugace violette passant au vert si elle renferme des pentoses. L'alcool amylique s'empare de cette coloration. 2º Le R. est une sol. de phloroglucine dans l'ac. chlorhydrique conc. renfermant un léger excès de ce phénol. Dans deux tubes semblables on verse 3 à 4 cc. de réactif et, dans le premier 1/2 cc. d'urine normale, dans le second 1/2 cc. d'urine suspecte : par comparaison, en plongeant les deux tubes dans l'eau bouillante, l'urine renfermant des pentoses donne une color. rouge intense qui se développe graduellement, l'urine normale n'est pas sensiblement modifiée (*Merck's Reagentien Verzeichnis*, p. 126).

Salkowsky (*Oxyde de carbone dans le sang*). — Diluer 1 : 20 le sang à examiner et ajouter 1 part. de soude concentrée pure : le sang normal donne du brun sale ; le sang oxycarbonique devient trouble, blanchâtre, puis rouge brillant et après quelque temps de repos il se sépare des flocons rouge dans un liquide rose clair.

Salkowsky (*Cholestérine*). — La cholestérine est extraite par le chloroforme et cette sol. agitée avec qq. cc. d'SO⁴H² : le dissolvant se colore en rouge sang et l'acide devient fluorescent (verdâtre).

Salkowsky (*Bile*). — On alcalinise légèrement l'urine par du carbonate de soude puis on ajoute un peu de chlorure de calcium. Le ppté est filtré, recueilli et lavé avec de l'alcool additionné d'ac. chlorhydrique qui le dissout. En chauffant légèrement cette sol. on obtient en présence de bile une color. verte ou bleu-verdâtre.

Salkowsky (*Acide oxalique*). — Ppter l'urine par CaCl², après l'avoir alcalinisée par l'eau de chaux, ajouter de l'alcool conc., filtrer, laver, reprendre par HCl et reprécipiter la sol. en la rendant ammoniacale.

Examiner le ppté au microscope : cristaux octaédriques caractéristiques. Le ppté est insol. dans l'ac. acétique, sol. dans l'HCl.

Salkowsky (*Peptone*). — On ppte l'urine acidulée par HCl, par l'acide phosphomolybdique ; on redissout le ppté dans la soude et on fait la réaction du *biuret* sur cette solution. L'urobiline agit de même ; il faut s'assurer de son absence.

Salkowsky (*Ac. phénique*). — Se colore en bleu ou bleu-verdâtre par l'ammoniaque et le chlorure de chaux, surtout en chauffant doucement.

Salkowsky-Leubes (*Mucine*). — Ppter l'urine par le double de son volume d'alcool absolu, filtrer et redissoudre le ppté dans l'eau. L'ac. acétique ppte ou trouble la solution ; le trouble est insoluble dans un excès d'acide acétique mais soluble dans l'ac. nitrique ou chlorhydrique.

San Felice (*Iodohematoxyline*). — On dissout séparément 0 gr. 7 d'hematoxyline dans 20 cc. d'alcool et 0 gr. 20 d'alun dans 60 cc. d'eau et on mélange les solutions. On laisse macérer le mélange quelques jours au soleil, on filtre et on ajoute 12 gouttes de teinture d'iode officinale.

Sanglé-Ferrière et **Cuniasse** (*Alcool méthylique dans les spiritueux*). — On distille et on oxyde par 1 cc. d'SO^4H^2 et 5 cc. de permanganate saturé le distillat ; le permanganate étant entierement détruit on alcalinise très légèrement par du carbonate de soude ; on filtre et on ajoute une sol. de phloroglucine au 1/1000 et un peu de KOH : l'alcool méthylique donne une col. rouge *très nette*. Il n'y a pas lieu de tenir compte d'une réaction jaune, rosée ou violette. On peut contrôler cette réaction par la suivante : on acidule la sol. précédente filtrée après add. de carbonate de soude ; on y ajoute un peu d'ac. gallique en poudre, on agite et on superpose à une couche d'SO^4H^2 conc. : la zône de contact est bleue.

Sanglé-Ferrières (*Abrastol*). — 200 cc. de vin sont additionnés de 8 cc. d'HCl ; on fait bouillir pendant 1 heure avec un réfrigérant descendant ; on laisse refroidir, on extrait par 50 cc. de benzine ; le résidu d'évaporation de la benzine est repris par 10 cc. de chloroforme qu'on porte à l'ébullition en y ajoutant un petit fragment de soude caustique : color. bleu de prusse, passant rapidement au vert, puis au jaune. Réaction sensible au 1/80.000 (13 milligr. par litre).

Sankey (*Coloration des centres nerveux*). — Employer le noir-bleu d'aniline à 1/2 0/0 aqueux et différencier avec une sol. d'hydrate de chloral.

Sauer (*Solution fixante pour les nerfs*). — Solution alcoolique renfermant 10 0/0 d'ac. nitrique dans l'alcool à 90 0/0.

Saul (*Curcuma*). — L'acide sulfurique en présence d'acool colore le curcuma en violet. Un excès d'alcool, ou une addition d'eau détruisent la color.

Saul (*Esérine*). — Les sol. bouillantes sont colorées en orangé par l'NO³H conc. passant au violet par la soude en excès, et repassant à l'orangé par les acides.

Saul (*Tanin*). — Le thymol en sol. alcoolique à 20 0/0 en présence d'un excès d'ac. sulfurique conc. donne avec le tanin une sol. trouble colorée en rouge-rose. L'acide gallique ne donne pas de coloration.

Saul (*Lait cru*). — 10 cc. de lait traités par 1 cc. d'une sol. à 1 0/0 de sulfate d'orthométhylaminophénol puis par une goutte d'eau oxygénée donne une belle col. rouge foncée excessivement sensible. Les alcalis, un excès d'eau oxygénée détruisent la réaction. L'isomère para du réactif, connu sous le nom de Métol, donne dans les mêmes conditions une color. café au lait.

Savalle (*Huile de fusel dans les alcools*). — Chauffer l'alcool à essayer avec son volume d'SO⁴H² conc. jusqu'à l'ébullition : l'huile de fusel, de même que tous les alcools supérieurs donnent une color. brune. Les aldéhydes également. Si l'on veut éliminer ces derniers il faut ajouter à l'alcool un peu de chlorhydrate de métaphénylénediamine et chauffer pendant une demi-heure ; on distille ensuite et on essaye le distillat aveec SO⁴H². Cette réaction peut servir comme dosage colorimétrique.

Scala (*Lait de chèvre*). — Le principe de cette R. est le suivant : Le pancréas de chaque espèce animale secrète une caséase spéciale, sorte de diastase capable de dissoudre la caséine de cette même espèce animale mais ne dissolvant pas la caséine du lait des autres espèces. Il y a donc là le principe d'une réaction d'identité pouvant s'appliquer à tous les laits. L'addition de lait de chèvre au lait de vache est une falsification qui se pratique quelquefois et qui permet un assez fort mouillage. Pour opérer la recherche on ppte la caséine du lait à essayer en acidifiant par l'ac. acétique ; un morceau de caséine est placé dans un tube avec 10 cc. d'eau qq. gouttes de carbonate de soude et 1 à 2 centigr. de diastase pancréatique extraite d'un pancréas de veau. On agite et on laisse digérer à l'étuve à + 37° C. Au bout de 2 heures le coagulum doit être dissous si le lait de vache ne renferme pas de lait d'une espèce étrangère. En reprenant le résidu avec de la caséase de chèvre on peut s'assurer s'il s'agit bien d'une addition de lait de cette espèce

Schaal (*Indicateur*). — L'alizarine se colore en jaune par les acides et rose-rouge par les alcalis.

Schacht (*Acide benzoïque*). — L'acide benzoïque provenant du benjoin de Siam décolore le permanganate de potasse ; celui d'autre origine donne seulement une teinte verte.

Schack (*Essence de menthe*). — En chauffant l'essence avec de l'ac. salicylique fondu on obtient une col. verte soluble dans l'alcool avec fluorescence, rouge par réflexion, bleue par transmission.

Schaeffer (*Essai du chlorhydrate de cocaïne*). — Il est fort difficile dans un essai rapide de déceler les impuretés qui accompagnent souvent le chlorhydrate de cocaïne sous la forme d'alcaloïdes voisins. Voici la méthode de cet auteur : le R. est une sol. aqueuse à 3 0/0 d'ac. chromique. On dissout 0,050 de sel à essayer dans 20 cc. d'eau à + 15° C. 5 cc. de Réact. et 5 cc. d'ac. chlorhydrique conc. y sont mélangés : si la cocaïne est pure la solution reste claire ; dans le cas contraire le trouble est d'autant plus accentué qu'il existe plus d'alcaloïdes voisins.

Schaeffer (*Jaune de naphtol et jaune de Martius dans les pâtes alimentaires*). — Broyer les pâtes et les chauffer avec de l'alcool à 60 0/0 ; acidifier par HCl une partie de l'alcool : le jaune de Martius donne dans la sol. concentrée par évaporation un ppté blanchâtre floconneux de dinitro-alpha naphtol, soluble en jaune dans l'éther. Le jaune de naphtol qui est un sulfo dérivé du jaune de Martius ne ppte pas par HCl, mais ppte par la soude, et la solution alcoolique se décolore par l'acide chlorhydrique. Au contraire le safran reste coloré en présence de l'acide et le jaune métanile se colore en rouge.

Schaeffer (*Lait cru et lait cuit*). — Ajouter au lait à essayer une goutte d'eau oxygénée et 1 goutte de sol. de paraphénylenediamine : le lait cru est immédiatement coloré en bleu sous l'influence d'une oxydase qu'il contient naturellement tandis que le lait cuit étant privé de cette oxydase détruite par la chaleur reste incolore.

Schaefer (*Cinchonidine dans le sulfate de quinine*). — Peser 1 gr. de sulfate de quinine à essayer et le dissoudre dans 9 grammes d'alcool absolu et 3 gr. d'SO^4H^2 à 5 0/0. Après repos de 24 h. la cinchonidine à l'état de tétrasulfate peu soluble est pptée. Séparer, redissoudre, ppter par la soude. Pt de fusion de l'alcaloïde + 199° C.

Schaer (*Morphine*). — Le R. est une solution aussi neutre que possible de chlorure ferreux très étendue. Il donne une coloration bleue avec la morphine.

Schaer (*Sang*). — Le R. se prépare avec alcool 100, essence de térébentine 100, acide acétique étendu (2 : 1) d'eau, 3.   Mélanger l'urine ou le liquide à essayer avec 1 cc. de R. et 1 cc. de teinture de gaïac : on obtient une zone de réaction bleue. Comme la précédente, cette réaction est dûe à la présence d'une oxydase.

Schardinger (*Lait cru et lait cuit*). — Le R. est une sol. de bleu de méthylène et de formol. On mélange 5 cc. de sol. alcoolique saturée de bleu et 5 cc. de formol conc., on dilue à 200 cc. 1 cc. de ce réactif mélangé avec 20 cc. de lait à la temp. de 45-50° C. est décoloré rapidement si le lait est cru. Le lait cuit est sans action, probablement aussi par suite de la destruction des oxydases consécutive à l'ébullition.

Scheele (*Acide arsénieux-cuivre*). — Les sels de cuivre en sol. alcalines, neutres ou peu acides pptent par les arsénites alcalins en vert-clair (Vert de *Scheele*).

Scheibler (*Alcaloïdes*). — L'acide phosphotungstique et le phosphotungstate de soude se comportent vis-à-vis des alcaloïdes de la même façon que les composés correspondants du molybdène. Ce R. se prépare en dissolvant 200 gr. de tungstate de soude et 150 gr. de phosphate de soude dans l'eau, et acidulant fortement ensuite par NO^3H Compléter un litre. Voir les R. d'Otto, de Sonnenschein, de Jungmann et de De Vrij.

Schell (*Cocaïne*). — Cet alcaloïde et ses sels noircissent le calomel par réduction. La pilocarpine donne aussi cette réaction. Il faut remarquer que beaucoup de réducteurs peuvent aussi réduire le protochlorure de mercure.

Schenk (*Fuchsine au phénol*). — Dissoudre 1 gr. de fuchsine dans 5 gr. de phénol cristallisé et 100 cc. d'alcool à 10 0/0. Après l'usage, ou lave les préparations dans l'alcool puis on éclaircit dans l'essence de girofle. Il existe plusieurs autres formules de ce colorant indiquées par d'autres auteurs.

Schenk (*Solution fixante*). — L'auteur emploie une solution d'acétate d'urane qui est très pénétrante et en même temps un fixatif très doux. Se prête à l'emploi du vert de méthyle comme colorant.

Scherer (*Inosite*). — Evaporer la sol. presque à sec en présence d'ac. nitrique, alcaliniser le résidu par NH^3 puis ajouter une trace de chlorure de calcium et continuer l'évaporation : une col. rouge rosé se produit.

Scherer (*Leucine*). — En évaporant en présence d'NO^3H puis chauffant le résidu avec une goutte de soude on obtient une sol. jaune qui finit par se contracter en une goutte huileuse non adhérente.

Scherer (*Tyrosine*). — Par oxydation, en évaporant avec de l'NO^3H il se forme de l'ac. oxalique et de la nitrotyrosine, laquelle se colore en rouge par une goutte d'alcali.

Schering (*Iodates dans les iodures*). — En ajoutant de l'ac. tartrique à une sol. de l'iodure à essayer il se produit une col. jaune qui donne du bleu par l'empois.

Schering (*Urotropine*). — Une sol. aqueuse saturée de brome donne avec l'urotropine une color. orangé-jaune caractéristique en présence d'un excès de R. On effectue la R. directement sur l'urine *non-albumineuse*, à froid (Voir détails dans *Tests and Reagents*, *H. I. Cohn*).

Schermer (*Santonine*). — Chauffer modérément quelques grains d'alcaloïdes avec un peu de cyanure de potassium et, après fus·on, observer la coloration qui est rouge, devenant jaune brun dans le cas de la santonine. On reprend par l'eau qui donne une sol. fluorescente, brune et verte.

Schidrowitz (*Acides minéraux dans le vinaigre ou dans les acides organiques*). — Le procédé est à la fois quali et quantitatif. On titre la solution en présence de méthylorange comme indicateur en ayant soin d'opérer en liqueur renfermant 50 0/0 d'alcool ; le virage est très net ; si la solution est colorée on emploie le procédé à la touche sur du papier au méthylorange.

Schiefferdecker (*Liquide de digestion*). — Solution aqueuse de pancréatine. On fait digérer à la température de + 37° C pendant quelques heures.

Schiefferdecker (*Mixture dissociante à l'alcool méthylique*). — Cette solution est employée surtout pour dissocier la rétine et le système nerveux central. On la prépare avec 100 cc. d'eau, 50 cc. de glycérine et 5 cc. d'alcool méthylique.

Schiff (*Urée*). — L'urine ou une sol. d'urée traitée simultanément par du furfurol et de l'HCl donne une coloration violette et une matière brune.

Schiff (*Aldéhydes*). — Voir le R. de GAYON.

Schiff (*Cholestérine*). — Une sol. de Fe^2Cl^2 très fortement acidifiée par l'SO^4H^2 ou l'HCl, mélangée à de la cholestérine et évaporée donne une col. violette du résidu. On obtient une col. rouge en traitant la cholestérine par SO^4H^2 conc. ou bien en l'évaporant en présence d'NO^3H puis alcalinisant par NH^3.

Schiff (*Acide urique*). — L'ac. urique réduit le nitrate d'argent ammoniacal (D'après ce que nous savons cette réduction est assez difficile et n'a lieu qu'à chaud. En effet l'urate d'argent se ppte à froid sans aucune espèce de réduction en présence d'ammoniaque).

Schimmel (*Essence de coriandre*). — Cette essence se différencie des autres essences en ce qu'elle est soluble complètement dans 3 parties d'alcool à 70 0/0 en volume. Les autres essences sont insolubles ou incomplètement dans les mêmes conditions.

Schindelmeister (*Nicotine*). — Si à de la nicotine on ajoute une goutte de formol conc. exempt d'ac. formique puis une goutte d'ac. nitrique conc on obtient une color. rose intense. Avec 0,5 milligr. de nicotine la R. est encore très sensible. La conicine et les ptomaïnes ne donnent pas cette réaction qui est caractéristique de la nicotine suivant l'auteur.

Schindelmeister (*Nicotine*). — Ajouter qq. gouttes de formol à 30 0/0 exempt d'ac. formique, ensuite ajouter 1 goutte d'No^3H conc. : en présence de nicotine (non résinifiée) coloration rose. En présence de beaucoup de nicotine, color. rouge ; en présence de nicotine résinifiée, rouge sang.

Schindler (*Macis de Bombay*). — 1° On extrait à deux reprises le macis suspect avec un peu plus que son poids d'alcool presque absolu. On mélange les deux premiers extraits puis on fait une troisième et une quatrième extraction qu'on recueille séparément. Si maintenant on verse qq. gouttes d'acétate de plomb dans les trois liquides on observe les colorations suivantes :

Macis vrai ou Macis Banda : l'extrait (1 + 2) donne un fort ppté du jaune au rouge, l'extrait (3) un faible ppté et l'extrait (4) ne donne rien.

Macis de Bombay ou mélange des deux : La coloration est plus intense dans les derniers extraits que dans les premiers.

2o *Autre réaction* : Si l'on alcalinise par l'ammoniaque un extrait alcoolique de macis suspect on obtient une coloration rouge sang allant jusqu'au brun avec le Macis de Bombay ; le Macis vrai se colore en jaune clair seulement.

Schlagdenhauffen (*Différenciation des alcaloïdes des glucosides*). — Le R. est une sol. de 3 0/0 de résine de gaïac dans une sol. aqueuse saturée de sublimé. Les alcaloïdes seuls pptent par cette solution à froid, ou à chaud donnent vers 60° C. une color. bleue.

Schlagdenhauffen (*Magnésium*). — Les sels de magnésie traités par une sol. d'iode dans la soude ou la potasse à 2 0/0 (sol. colorée en jaune clair) donnent une col. brun rougeâtre ou un ppté.

Schlossberger (*Fibres textiles*). — Le R. est une sol. concentrée dans l'ammoniaque d'hydroxyde de nickel. Il dissout la soie mais n'attaque pas le coton ni la laine. Voir le R. de Persoz.

Schmaus (*Carmin à l'urane*). — On fait bouillir 200 gr. d'eau avec 2 gr. de carmin pur ou mieux de carminate de soude et 1 gr. de nitrate d'urane. Après 20 à 30 minutes d'ébullition, en remplaçant l'eau évaporée. On laisse refroidir et on filtre.

Schmid (*Saccharine*). — Recherche basée sur la transformation de la saccharine en salicylate de soude en chauffant l'extrait éthéré de la substance acidifiée par HCl, avec un peu de soude, reprenant par l'ac. sulfurique étendu, et extrayant à nouveau. On trouve dans ce dernier extrait de l'ac. salicylique qui se colore en violet par le perchlorure de fer.

Schmiedberg (*Chloroforme*). — La réaction repose sur la décomposition de ce corps par la chaux vive au rouge, donnant du chlorure de calcium qu'on peut ensuite peser à l'état de chlorure d'argent pour faire le dosage (*Merck's Reag. Verz.*).

Schmidt (*Métaux*). — Une sol. de phosphore dans le sulfure de carbone donne avec certains métaux des pptés intéressants.

Schmidt (*Ac. nitrique*). — Le R. est une sol. de 20 gouttes d'aniline dans 10 gr. d'SO^4H^2 étendu et 90 cc. d'eau. Mélanger un peu de ce R. avec la sol. à essayer et superposer à une couche d'SO^4H^2 conc. : il se forme une zone rouge plus ou moins foncée.

Schmitt (*Oxydases*). — Réaction indiquée dès 1875 ; repose sur l'action bien connue et très employée des oxydases sur la gaïacine ou la teinture de gaïac.

Schneider (*Carmin acétique*). — Saturer de carmin de l'ac. acétique à 45 0/0 bouillant. Diluer à 1 0/0.

Schneider (*Alcaloïdes*). — Voir la R. de ROBIN. SCHNEIDER emploie plus de sucre. La R. dépendant de la formation de furfurol peut être effectuée avec ce dernier à la place de sucre.

Schneider (*Recherche ducyana te dans le cyanure de potassium*). — Faire une sol. conc. de cyanure à essayer et y faire passer à refus un courant de CO_2 qui expulse HCN ; dessécher, pulvériser et reprendre par l'alcool fort qui laisse insoluble le carbonate et dissout le cyanate et ajouter au filtrat une sol. d'acétate de cobalt ; en présence de cyanate il se forme du cyanate de cobalt bleu d'outremer.

Schneider (*Huile de crucifères dans l'huile d'olive*). — Essai basé sur la présence de composés sulfurés dans ces huiles ; dissoudre l'huile à essayer dans deux parties d'éther et ajouter qq. cc. de sol. alcoolique de NO_3Ag. Laisser reposer dans l'obscurité : au bout de 12 heures le mélange noircit s'il y a une huile de crucifère.

Schœnbein (*Eau oxygénée*). — L'eau oxygénée met en liberté l'iode de l'iodure de cadmium (empois) Voir R. de BŒTTGER. En présence de gaïac, et d'un ferment tel que le malt elle colore le mélange en bleu. Enfin elle ppte en bleu un mélange limpide de chlorure ferrique et de ferricyanure de potassium.

Schœnbein (*Cuivre, acide cyanhydrique*). — Les sels de cuivre en présence de KCN et de teinture de gaïac donnent une col. bleue. Réciproquement, en présence de cuivre et de gaïac, une col. bleu indique l'ac. cyanhydrique ou un cyanure soluble.

Schœnbein (*Sang*). — Voir la R. D'ALMEN.

Schœnbein (*Acide nitreux*). — En ajoutant à une eau potable d'abord de l'ac. pyrogallique puis de l'ac. sulfurique on obtient une color. brune. 2º Un R. composé d'une sol. d'indigo chlorhydrique exactement décolorée par l'addition goutte à goutte de pentasulfure de sodium et bien limpide se recolore en bleu en présence de nitrites. Ces réactions sont moins sensibles que celles qui ont été signalées depuis.

Schœnbein (*Papier réactif pour l'ozone*). — Papier à l'iodure de potassium amidonné (Tous les oxydants le colorent en bleu).

Scholvien (*Phosgène dans le chloroforme*). — Le R. est une solution d'aniline dans du benzol. En présence de phosgène, il donne dans le chloroforme un trouble dû à la formation de phénylurée.

Schonn (*Eau oxygénée, Acide titanique*). — Le mélange de ces deux corps donne une color. allant du jaune rougeâtre au rouge foncé.

Schonvogel (*Distinction des graisses animales des graisses végétales*). — Toutes les huiles végétales, à l'exception de l'huile d'olive forment, suivant l'auteur, des émulsions assez durables par agitation avec une sol. saturée de borax. Les huiles animales ne s'émulsionnent pas. L'auteur appliquant cette méthode au beurre en sépare les huiles végétales s'il en existe frauduleusement mélangées.

Schonleben (*Aloès*). — On fait une sol. d'aloès au millième et on la sature d'un excès de borax : au bout d'un quart d'heure il se produit une belle fluorescence verte. La nataloïne ne donne pas cette réaction. Sensibilité : 0 gr. 100 dans un litre.

Schultz (*Alcaloïdes*). — Le R. qui porte ce nom se prépare en ajoutant goutte à goutte une solution de chlorure d'antimoine à une sol. d'ac. phosphorique, ou en mélangeant 4 parties de phosphate de soude avec 1 p. de chlorure d'antimoine. Ce réactif fournit avec les alcaloïdes des pptés analogues à ceux fournis par les acides phosphotungstique et molybdique.

Schultze (*Coloration de la cellulose*). — Le réactif se prépare en dissolvant 25 parties de $ZnCl^2$ anhydre, 8 p. de KI dans 9 part. d'eau et de l'iode à saturation. Il existe des formules modifiées de ce réactif. Toutes colorent la cellulose en bleu.

Schultze (*Milieu de montage*). — Solution très concentrée d'acétate de potasse.

Schultze (*Coloration de bacilles*). — Colorer pendant plusieurs heures dans le bleu de méthylène aqueux, différencier dans l'ac. acétique à 0,5 0/0, déshydrater dans l'alcool, clarifier et monter au baume.

Schulze (*Guanidine*). — Le R. de Nessler donne un ppté jaune pâle, d'abord floconneux, puis devenant plus dense.

Schumpelitz (*Vératrine*). — Par évaporation de qq. gouttes de sol. avec du chlor. de zinc fondu et de l'HCl il se produit, à sec, une color. rouge.

Schuster (*Bières, mat. colorantes*). — Une sol. de tannin décolore la bière pure mais ne décolore pas les bières colorées artificiellement.

Schütz (*Coloration des bactéries*). — Plonger les préparations dans une sol. renfermant part. égales de potasse au 1/10.000 et de sol. conc. alcoolique de bleu de méthylène. Au bout de 12 à 24 heures rincer à l'eau légèrement acidulée par l'ac. acétique puis à l'alcool de plus en plus fort ; monter au baume du Canada.

Schutze-Wassermann (*Sang humain*). — Voir la R. de WASSERMANN-SCHUTZE.

Schutzenberger (*Anthraquinone*). — L'acide hydrosulfureux qui a été découvert par cet auteur, et l'hydrosulfite de soude colorent en rouge les solutions alcalines d'anthraquinone.

Schuyten (*Acide nitreux*). — Le R. se prépare avec : antipyrine 1 part. ; ac. acétique, 10 part. ; eau, 90 part. En mélangeant parties égales de R. et de sol. à essayer on obtient, en présence d'ac. nitreux, une color. verte.

Schwabe (*Quinine*). — Les sels de quinine donnent une color. cramoisie par le cyanure de potassium.

Schwartzenbach (*Caféine*). — Évaporées en présence d'eau de chlore les solutions de caféine se colorent en rouge pourpre ; si l'on chauffe assez fortement la coloration passe au jaune ou jaune brun et redevient d'un rouge pourpre magnifique par une goutte d'ammoniaque.

Schwartzenbach (*Alcaloïdes*). — En traitant les alcaloïdes à chaud par l'ac. nitrique, puis consécutivement par de l'ammoniaque on obtient des réactions colorées particulières.

Schweiger-Seidel (*Carmin acide*). — Saturer une sol. ammoniacale de carmin par l'ac. acétique et filtrer. La solution légèrement acide que l'on obtient ainsi est très appropriée à la coloration des noyaux de cellules. Après coloration faire macérer les préparations dans la glycérine additionnée de 0,5 0/0 d'HCl, laver à l'eau et monter à la glycérine. Les noyaux seuls sont colorés.

Schweitzer (*Cellulose et fibres*). — Le R. de SCHWEITZER a été pendant longtemps le seul dissolvant connu de la cellulose. Il se prépare en dissolvant dans l'ammoniaque à 20 0/0, jusqu'à saturation de l'hydroxyde de cuivre fraîchement précipité. On peut aussi employer le carbonate de cuivre. Ce réactif dissout le coton, le lin, la soie, etc., mais n'attaque pas la laine. Pour les réactions microscopiques il donne de très bons résultats ; il ne dissout pas la lignine.

Schwicker (*Acétone dans l'urine*). — Recueillir les premières portions de distillatum et faire la réaction usuelle de l'iode en liqueur alcaline donnant de l'iodoforme.

Sclavo (*Méthode de coloration*). — Plonger les préparations dans une sol. de tannin à 1 0/0 dans l'alcool à 5 0/0 ; laver et passer dans une sol. d'acide phosphomolybdique concentrée, laver à nouveau et colorer enfin, à chaud, dans une sol. de fuchsine saturée dans l'eau d'aniline. Laver, sécher, monter au baume.

Seaman (*Gelée glycérinée*). — Dissoudre de la colle de poisson dans assez d'eau pour former une gelée ferme à la température ordinaire, ajouter un dixième de glycérine et un peu de borax, de camphre et d'acide phénique. Filtrer sur mousseline, à chaud, et ajouter un peu d'alcool.

Seiler (*Baume à l'alcool*). — Chauffer du baume du Canada jusqu'à ce qu'il devienne ferme et cassant par le refroidissement et le dissoudre dans l'alcool absolu chaud. Cette solution est surtout employée pour le montage des préparations colorées au carmin.

Selden (*Dissolvant pour le sédiment urinaire*). — Lorsqu'on veut rechercher le bacille de la tuberculose dans le sédiment urinaire on traite celui-ci par une sol. de 4 parties de borax et 4 p. d'ac. borique dans 100 p. d'eau qui dissout les éléments minéraux et organiques.

Selmi (*Alcaloïdes*). — Le R. est une solution sat. d'ac. iodique dans l'ac. sulfurique conc. que l'on dilue au 1/6. L'auteur a également indiqué comme réactif une sol. de péroxyde de plomb dans HCl conc. ou dans l'ac. acétique crist.

Selmi (*Taches de sang*). — Laver ou extraire avec de l'ammoniaque ; filtrer et ppter ensuite par le tungstate de soude et l'ac. acétique. Le ppté est lavé, puis traité par une solution étendue d'ammoniaque dans l'alcool absolu ; on filtre, on évapore doucement l'alcool, et on traite le résidu par un peu de sol. de sel marin et d'acide acétique ; on obtient des cristaux d'hémine de forme caractéristique au microscope.

Siever (*Activité motrice de l'estomac*). — Administrer 2 gr. de salol dans une capsule ou un cachet : en 3/4 d'heure ou 1 heure au plus, on doit trouver, normalement, de l'acide salicylurique dans l'urine par la réaction du chlorure ferrique.

Simon (*Indicateur*). — L'isopyrotritarate de fer donne des solutions neutres de couleur orangée qui virent au rose et au violet par les acides et au jaune paille par les alcalis. Ces deux virages correspondent à ceux de l'hélianthine et de la phtaléine de sorte que ce nouvel indicateur peut remplacer l'emploi combiné de ces deux corps. Voir *Rev. Int. des falsifications*, 1902, p. 187.

Simon (*Aldéhyde éthylique*). — En présence de qq. gouttes de sol. de triméthylamine, puis de qq. gouttes de nitroprussiate de soude, l'aldéhyde éthylique donne une col. bleue, même en dilution au 1/250.000 (4 milligr. dans un litre.) Cette color. disparaît en 1/4 d'heure. Elle est *caractéristique* de l'aldéhyde éthylique.

Smith (*Pigments biliaires*). — Modification à la R. de Maréchal : on superpose une couche de teinture d'iode faible à l'urine et on observe la zone de réaction ; colorat. verdâtre.

Smith (*Acides libres*). — Le Réactif est une sol. de chlorure d'argent fraîchement ppté dans l'ammoniaque faible. Cette sol. doit être absolument saturée de AgCl. Elle ppte en blanc par les acides libres.

Smith-Hopewell (*Décalcification des dents*). — Placer les dents dans de l'HCl à 10 0/0 ; au bout de 10 à 15 heures ajouter de l'ac. nitrique 1/8 du vol. d'HCl, puis au bout de 2 jours une seconde portion d'NO³H. Lorsque la décalcification est complète, laver les dents dans une sol. conc. de carbonate de lithine.

Solera (*Sulfocyanure*). — En traitant un sulfocyanure par l'ac. iodique il y a mise en liberté d'iode qu'on peut déceler par l'empois d'amidon. Le R. est très sensible.

Soltsiens (*Huile de sésame*). — Le R. est une solution à 50 0/0 de chlorure stanneux dans HCl. On fond au B. M. 2 à 3 parties de graisse à essayer avec 1 part. de Réactif : la présence de l'huile de sésame se manifeste par une col. rouge cerise ou rouge vin de la couche chlorhydrique ; Cette réaction permet de retrouver 1 0/0 d'huile de sésame en mélange avec d'autres huiles.

Sollmann (*Glucose*). — Modification à la liqueur de Fehling dans laquelle le sel de cuivre est remplacé par un sel de cobalt ou de nickel. Avec le premier la solution bleu verdâtre devient rouge brun par réduction, avec le second la solution vert pomme devient jaune serin.

Sonnenschein (*Alcaloïdes*). — Le Réactif se prépare en faisant passer un courant de chlore dans une sol. de potasse tenant en suspension de l'oxyde céreux jusqu'à oxydation complète en oxyde cérique jaune-brun. Recueillir, filtrer, laver et sécher l'hydroxyde et en ajouter une trace à une sol. d'alcaloïde dans SO^4H^2. Pour le détail des réactions colorées voir HAGER, *Pharm. Praxis*, 1886, p. 207, 1er vol.

Sonnenschein (*Sang*). — Extraire la tache par l'eau distillée, ppter par le tungstate de soude fortement acidifié par l'ac. acétique et alcaliniser par NH^3 : fluorescence rouge-verdâtre.

Souchère (*Huile d'arachide*). — Séparer les acides gras de la mat. grasse suspecte et les dissoudre dans l'alcool bouillant : L'acide arachidique se sépare sous forme de perles cristallines caractéristiques par le refroidissement.

Souza (**de**) (*Solution durcissante à la pyridine*). — La pyridine pure est recommandée par l'auteur comme liquide fixant, durcissant, déshydratant et en même temps clarifiant. On peut colorer ensuite les préparations avec des couleurs d'aniline dissoutes dans la pyridine également ou par les sol. ordinaires. Bons résultats pour le cerveau.

Spaeth (*Colorants artificiels dans les viandes*). — La viande ou le saucisson sont finement divisés et chauffés à 100° pour écumer la majeure partie de la graisse. On achève de dégraisser avec de l'éther de pétrole dans un appareil de SOXHLET. Puis on extrait au bain marie pendant une heure avec une sol. à 5 0/0 de salicylate de soude. On fait un second traitement, on réunit les deux liqueurs, on acidifie par l'ac. sulfurique et on fait un essai de teinture à l'ébullition en présence d'un mouchet de coton, essai qui doit rester négatif.

Spee (*Paraffine pour coupes*). — Chauffer de la paraffine fondant à 50° C. jusqu'à émission de vapeurs blanches irritantes et jusqu'à ce que la masse devienne jaune brunâtre et prenne par refroidissement une apparence savonneuse, le point de fusion s'étant notablement élevé.

Spica (*Saccharine*). — Extraire la substance par l'éther de pétrole et diviser celui ci en 2 portions ; la première est additionnée de chaux chauffée jusqu'à col. brune, reprise par l'eau, décantée, acidulée par HCl et réduite par le zinc pendant 1/4 d'heure ; décanter, ajouter qq gouttes de nitrite et une goutte de naphtylamine (delta) : en présence des plus faibles traces de saccharine, coloration rouge carmin, la seconde portion est acidifiée par SO^4H^2, additionnée de MnO^4K, chauffée, puis décolorée par l'ac. oxalique ; on décante et on ajoute qq. gouttes de sol. de diphénylamine dans l'SO^4H^2 conc. : coloration bleue.

Spica (*Sumac*). — Méthode d'essai colorimétrique. Faire une décoction de 5 gr. de sumac à essayer dans 500 cc. d'eau. Prélever 25 cc. que l'on défèque par 5 cc. d'acétate basique de plomb D = 1.184 et 15 cc. de potasse à 18 0/0. Filtrer et évaporer la sol. au volume de 15 cc Si la coloration est rouge brun et la sol. à peu près limpide on a affaire à du sumac pur. Si elle est jaune et très trouble l'échantillon est falsifié.

Spiegel et Maass (*Molybdène*). — Le R. se prépare en dissolvant 10 gr. de phénylhydrazine incolore dans 40 gr. d'ac. acétique à 50 0/0. On fait bouillir part. égales du R. et de la sol. de molybdène : color. rouge vineux intense. Le chloroforme et l'éther acétique dissolvent cette coloration. Il est nécessaire que la phénylhydrazine soit en grand excès. La R. est très sensible et permet de déceler 1/100e de milligr. de molybdène dans 10 cc. de solution.

Spiegler (*Albumine*). — Le R. se prépare en dissolvant 8 gr. de bichlorure de mercure, 4 gr. d'ac. tartrique, 200 gr. d'eau et 20 gr. de saccharose. Par superposition avec l'urine on obtient une zone blanche. La délicatesse de l'essai dépend de la teneur en NaCl de l'urine.

Squire (*Glycérine acidulée*). — Diluer de moitié la glycérine et ajouter 1 0/0 d'ac. acétique (dans le cas de l'emploi du milieu de FARRANT pour le montage ; voir ci-dessous) ou 1 0/0 d'ac. formique si la glycérine est employée pour le montage.

Squire *Milieu de Farrant*). — Solution de 1 gr. d'acide arsénieux et 130 gr. de gomme arabique dans 200 cc. d'eau distillée et 100 cc. de glycérine.

Squire (*Baume de Canada*). — Chauffer du baume au B. M. jusqu'à ce que, par refroidissement, il se prenne en une masse cassante et ajouter la moitié de son poids de benzène ou de xylène.

Squire (*Solution de dammar*). — 100 gr. de gomme dammar sont dissous dans 100 cc. de benzène ou dans 200 cc. d'ess. de térébentine. Dans ce dernier cas ajouter 50 gr. de mastic en larmes dissous dans 200 cc. de chloroforme.

Squire (*Coloration à l'hématoxyline*). — Dissoudre 0 gr. 5 de carbonate d'ammoniaque et 2 gr. d'hématoxyline crist. dans 40 cc. d'alcool étendu et exposer à l'air 1 ou 2 jours ; compléter le vol. initial, chauffer pour redissoudre les cristaux formés et ajouter 2 gr. d'alun ammoniacal dissous dans 80 cc. d'eau distillée, 100 cc. de glycérine, 80 cc. d'alcool fort et

10 cc. d'ac. acétique glacial. On obtient ainsi une solut. concentrée qui doit être diluée au dixième pour l'usage.

Squire (*Solution d'acétate de potasse*). — Sol. très conc préparée en dissolvant 250 gr. de ce sel dans 100 cc. d'eau en chauffant. Filtrer. Employé comme milieu de montage.

Stahre (*Acide citrique*). — En oxydant l'ac. citrique par le permanganate et ajoutant ensuite de l'eau de brome on obtient un ppté blanc soluble dans l'éther : il s'est d'abord formé par oxydation de l'acide acétone-dicarbonique qui ppte par l'eau de brome du pentabromacétone blanc. On obtient aussi dans la solution, de l'ac. oxalique comme produit d'oxydation secondaire.

Stas-Otto (*Alcaloïdes*). — La méthode de Stas-Otto pour la recherche toxycologique des alcaloïdes est basée sur la division de ceux-ci en 3 groupes : le 1er groupe renferme les alcaloïdes passant dans l'éther, de leurs solutions acides ; le 2e, ceux qui passent dans le même dissolvant, en sol. alcaline ; enfin le 3e ceux qui dans ces conditions ne passent ni dans le 1er ni dans le 2e groupe. Voir aussi Otto-Stas et pour plus de détails, Dragendorff.

Steenbuch (*Examen microscopique des farines*). — Séparer l'amidon par l'action de la diastase, puis dissoudre les albuminoïdes par une sol. faible de soude : examiner le résidu au microscope.

. **Stirling** (*Milieu désagrégeant*). — Solution de sulfocyanure alcalin à 10 0/0. On y fait macérer les préparations d'épithélium pendant 1 ou 2 jours.

Stock (*Tolypyrine et antipyrine*). — Ces deux corps sont homologues. Les sol. de tolypyrine se distinguent de celles d'antipyrine en ce qu'elles se troublent par la potasse même lorsqu'elles sont étendues tandis que celles d'antipyrine ne se troublent que lorsqu'elles sont concentrées.

Stoddart (*Milieu pour le bacille typhique*). — Se prépare en mélangeant part. égales de bouillon de viande ordinaire (pour bactériologie), de sol. de peptone et d'agar à 1 0/0 et de peptone-gélatine à 10 0/0. Ce milieu est solide à + 35° C. Il renferme 5 0/0 de gélatine et 0.5 0/0 d'agar-agar.

Stœnesco (*Sang humain*). — Au sujet de la méthode d'Uhlenhuth, l'auteur préconise de dissoudre les taches de sang dans une sol. de soude à 1 0/0 de préférence à l'eau distillée ou à la sol. de sel marin physiologique. Avec cette sol. on parvient à obtenir des résultats concluants avec des taches qui ne donnent rien avec les deux liquides ci-dessus.

Stolba (*Sels de potassium*). — Le fluoroborate de soude ou d'ammoniaque donne avec les sels de potasse un ppté cristallin qui colore la flamme en vert, puis en violet.

Storch (*Huile de résine dans les huiles*). — On agite avec de l'ac. acétique glacial un vol. égal de l'huile à essayer et on laisse reposer ; on décante la couche d'ac. acétique et on la traite par 1 goutte ou 2 d'SO^4H^2 conc. En présence d'huile de résine, col. violette.

Strohl (*Ac. minéraux dans le vinaigre*). — En présence d'ac. minéraux le vinaigre, additionné de $CaCl^2$, puis d'oxalate d'ammoniaque ne ppte pas.

Struve (*Choline dans le cognac*). — 50 cc. de cognac sont distillés ; le résidu est évaporé en présence de qq. gouttes d'SO^4H^2 puis broyé avec de la chaux vive ou de l'oxyde de plomb ; on extrait à l'alcool à 97.0/0 et on évapore l'extrait puis on reprend par un peu d'eau. Cette solution renferme maintenant la choline que l'on y recherche par la R. de FLORENCE (cristaux de Florence). Suivant STRUVE la présence de la choline indiquerait un cognac artificiel. MANSFELD affirme au contraire que tous les cognacs naturels en renferment.

Struve (*Sang*). — Extraire les taches suspectes avec de la potasse caustique et ajouter du tanin : une col. brun rougeâtre indique la présence du sang ; par l'ac. acétique on obtient un ppté qui redissous et traité par l'ac. acétique et le NaCl donne des cristaux d'hémine. Voir la R. de SELMI.

Strzyzowski (*Albumine*). — Les persulfates alcalins à 10 0/0 pptent l'albumine de ses solutions aqueuses. Sensibilité 1/100.000 = 10 milligr. par litre. Ils ne pptent ni les peptones ni les urates. En présence de pigments biliaires, si l'on superpose les solutions, on a une zone verdâtre.

Strzyzowski (*Alcaloïdes*). — On obtient des réactions intéressantes par l'action du chloral, du bromal, paraldéhyde, acide orthonitrophénylepropiolique et furfurol. Voir *Merck's Report*, VII, p. 534.

Suchannek (*Milieu de montage*). — Solution claire, décantée, de térébenthine de Venise dans parties égales d'alcool absolu.

Swoboda (*Acide picrique*). — On mélange à froid la sol. d'ac. picrique avec une sol. de bleu de méthylène qui donne un ppté floconneux de couleur violette, sol. dans l'eau chaude et l'éther en donnant du bleu.

Szabo (*Ac. chlorhydrique dans le suc gastrique*). — Un mélange jaunâtre de tartrate ferrico-sodique et de sulfocyanure d'ammonium à 0,5 0/0 se colore en rouge sang en présence d'HCl libre.

Szobolew (*Coloration à la safranine*). — Employer une solution éten-due de FLEMMING, laver à l'eau puis colorer dans une sol. saturée de safra-nine aqueuse.

T

Tafel (*Strychnine*). — Réduire la sol. chlorhydrique par le zinc et ajouter ensuite qq. gouttes de perchlorure de fer : coloration jaune rougeâtre.

Taguchi (*Masse d'injection noire*). — Broyer de l'encre de Chine avec de l'eau très intimement et injecter la préparation avec ce liquide, puis faire durcir dans une sol. durcissante quelconque.

Tambon (*Huile de sésame*). — Faire une sol. à 4 0/0 de glucose dans HCl et agiter 1 vol. de cette sol. avec 2 vol. d'huile pendant 3 min. En présence des moindres proportions d'huile de sésame une belle col. rose, allant jusqu'au violet et au rouge-cerise se développe. L'huile d'olive pure ne donne pas cette réaction. Avec une proportion de 5 0/0 la col. se développe en qq. min. avec 10 0/0, immédiatement.

Tambon (*Nouvelle méthode d'analyse pour reconnaître la falsification des huiles*). — Dans cette méthode nouvelle et générale d'essai des huiles d'olive on opère non plus sur l'huile en nature ou sur l'ensemble des acides gras comme on l'a fait jusqu'à ce jour, mais sur les *acides gras liquides* d'une part et sur les *acides gras solides* d'autre part qui constituent 2 groupes appelés G.A et G.B que l'on obtient par la saponification par la soude ou la potasse en milieu éthéro-alcoolique approprié, et *à froid*, évitant ainsi la chaleur, ce grand facteur de la polymérisation.

Technique opératoire. Saponification. — On pèse 10 grammes d'huile d'olive qu'on additionne de 100 cent. cubes d'éther sulfurique et de 60 cent. cubes d'alcool à 90° tenant en dissolution 5 grammes de soude caustique à l'alcool. Le tout est introduit dans un flacon à large ouverture, bouché à l'émeri de 250 cent. cubes. — On agite vigoureusement de loin en loin pendant une bonne heure et on attend 16 heures environ.

— On obtient un savon de consistance pâteuse qu'on soumet à un lavage généreux par macérations successives avec une liqueur éthéro-alcoolique renfermant 100 p d'éther pour 60 p. d'alcool à 90° $\left(\dfrac{100 \text{ p. E}}{60 \text{ p. A}}\right)$. Après plusieurs macérations (trois généralement sont suffisantes, suivies de décantation et de filtration), on obtient ainsi :

1° *Un liquide éthéro-alcoolique*, contenant, outre la partie insaponifiable, tous les sels à acides gras liquides, les matières colorantes, aldéhydes, résines, essences, etc. ;

2° *Un savon insoluble*, constitué par les sels de soude à acides gras concrets de l'huile examinée.

Groupe A. — **Huiles à rechercher dans ce groupe.** — *Réactions caractéristiques.* — Le liquide éthéro-alcoolique placé dans une boule à séparation, bouchée à l'émeri, est traité par l'acide sulfurique au 10ᵉ afin de décomposer les savons, puis lavé largement avec de l'eau distillée pour entrainer alcool et acide sulfurique. — Le résidu de l'évaporation spontanée de la solution éthérée constitue le Groupe A.

C'est dans ce groupe que l'on pourra caractériser les huiles étrangères à l'huile d'olive, sauf l'huile d'arachide :

1° *Huile de Sésame.* — Elle se caractérise par la réaction de l'acide chlorhydrique *sucré* (à froid) ou de l'acide chlorhydrique *glucosé* (à chaud) sur le groupe A (1 p. G. A pour 2 p. réactif) :

Réactif glucosé $\left\{\begin{array}{l} \text{acide chlorhydrique pur à 22° B}^c \text{ . . . . 100 p.} \\ \text{glucose cristallisé, chimiq. pur . . . . 5 p.} \end{array}\right.$

Il se produit dans ces conditions une coloration rouge, que l'on peut d'ailleurs obtenir par l'action directe de l'acide chlorhydrique glucosé sur l'huile examinée, *sans avoir à redouter les causes d'erreurs inhérentes aux huiles de Tunisie.*

2° *Huile de coton.* — Groupe A (2 gr. environ) dissous dans 15 cent. cubes d'alcool absolu et additionné de 5 cent. cubes d'une solution alcoolique (alc. absolu) de nitrate d'argent à 2 0/0 donne *un liquide d'une limpidité parfaite* qui chauffé à 85°, pendant 10 minutes, laisse apparaître un trouble plus ou moins marqué, suivi de la réduction du nitrate d'argent qui se manifeste par la formation d'une poudre *noire* (argent) laquelle se dépose par le refroidissement. — L'alcool présente une légère coloration verdâtre.

3° *Huile de colza.* — Le groupe A contient la totalité de l'essence sulfurée qu'on caractérise par la formation de sulfure d'argent quand on chauffe une partie du groupe A dans un creuset en argent.

4° *Huile d'œillette.* — Délaissée en raison de son prix élevé, elle est caractérisée par la réaction de CAILLETET (acide azotique et acide sulfurique) sur le groupe A ou sur l'huile à essayer.

5° *Huile de lin.* — Ajoutée rarement à l'huile d'olive en raison de son odeur et de sa saveur, se recherche pour les huiles industrielles dans le G. A, qui renferme sous un faible volume l'acide linoléique et les arômes de l'huile de lin.

6° *Huile de résine.* — L'huile de résine étant insaponifiable à froid on la retrouve indécomposée dans le G. A.

On la caractérise par son insolubilité dans l'acide acétique cristallisable ; on peut la caractériser également par l'acide sulfurique. Une partie du groupe A traitée par 1/2 vol. de cet acide s'y dissout complètement, mais si après un quart d'heure environ de contact on étend largement d'eau, les sulfo-acides gras liquides (sulfoleique — sulfolinoleique) se dissolvent et l'huile de résine insoluble se sépare. — Cette dernière réaction peut également servir pour déceler certaines résines.

7° *Huile de foie de morue.* — On effectuera la réaction de l'acide sulfurique donnant une coloration *violette* sur le G. A dissous dans la *ligroïne.*

8° *Huiles minérales.* — Pour séparer ces huiles des acides gras liquides il suffit de traiter le groupe A placé sur un entonnoir à robinet par q. s. d'alcool fort qui dissout les acides sans toucher à l'huile minérale entièrement insoluble dans ce dissolvant.

9° *Huile de faine.* — Groupe A traité par le réactif BRULLÉ donne une belle coloration vermillon vif.

Groupe B. — Recherche et Dosage de l'huile d'Arachide. — Nous arrivons enfin à l'huile d'arachide. — *Le savon insoluble* constitué par les sels de soude à acides gras solides est lavé une dernière fois, par macération, avec une liqueur éthéro-alcoolique plus riche en alcool (100 p. éther + 80 p. alcool à 90°) puis séparé par filtration, passé dans une capsule et évaporé à siccité pour se débarrasser des dernières traces d'éther et d'alcool. Le résidu savonneux sec est repris par l'eau distillée et décomposé par l'acide sulfurique au 1/10 ; les acides margarique et arachidique sont mis en liberté, recueillis sur filtre sans pli et lavés avec eau bouillante jusqu'à disparition des dernières traces d'acide minéral. — Les acides gras solides sont dissous dans q. s. d'alcool absolu bouillant (15 cc.) qu'on verse sur le filtre. La solution alcoolique est recueillie dans une capsule tarée qu'on porte à l'étuve à 100° pour chasser alcool. On pèse. La différence donne le poids P des *acides gras solides purs*. Supposons P = 0 gr. 600. Nous les faisons dissoudre, à un feu modéré, dans un volume d'alcool à 90° (de titre bien vérifié), *tel qu'un centimètre cube de ce liquide dissolve seulement 0 gr. 02 d'acides*, si l'on ne veut pas s'exposer à obtenir une cristallisation étrangère à l'acide arachidique. On acidule 1 goutte d'HCl et on laisse refroidir jusqu'à + 15° et *jamais au-dessous*.

Quand il y a de l'acide arachidique cet acide se précipite sous forme de fines aiguilles. — *Cette précipitation est caractéristique de l'huile d'arachide.*

Dosage de l'huile d'arachide. — Le ppté cristallin d'acide arachidique est recueilli avec soin sur un petit filtre sans pli. On lave avec 5 cc. d'alcool à 90° qu'on passe d'abord dans le verre qui renfermait l'acide arachidique puis avec 20 à 30 cc. d'alcool à 70° (bien vérifié). Le dépôt du filtre est dissous dans de l'alcool absolu bouillant, on reçoit la solution alcoolique dans capsule tarée qu'on porte à l'étuve à 100° pour chasser la totalité de l'alcool. — On opère après refroidissement. La différence donne le poids exact d'acide arachidique, auquel on ajoute toujours la quantité perdue par le fait de la solubilité dans l'alcool à 90°, chiffre facile à trouver, sachant par expérience que 100 cc. d'alcool à 90° dissolvent à + 15° 0 gr. 040 de cet acide. — D'autre part nous savons qu'un gramme d'huile d'arachide fournit 0 gr. 045 environ d'acide arachidique, il nous sera donc facile, à l'aide d'une simple proportion, de connaître le pourcentage de cette huile.

N. B. : En adoptant ce modus faciendi, la première cristallisation donne de l'acide arachidique fondant à 70°-71° ce qui est très suffisant pour caractériser l'huile d'arachide. Une seconde cristallisation permet d'atteindre 73°-74°. Cette nouvelle cristallisation doit-être obtenue en faisant redissoudre notre premier précipité dans 10 cc. d'alcool à 90°. Nous ne concluons qu'après examen microscopique et après vérification du point de fusion des acides gras. — Comme on ne dispose d'habitude que de très faibles quantités d'acide arachidique, pour éviter toute perte de cet acide, nous prenons le point de fusion de la façon suivante : Nous plaçons tout simplement la capsule renfermant l'acide arachidique sur un B. M. dans lequel plonge un thermomètre. Ces dispositions prises on élève lentement la température du bain et on note avec soin le moment où cet acide fond.

Nous avons constaté que lorsque l'arachide est accompagnée de coton, la première cristallisation ne donne jamais un point de fusion de 70° cela tient à la présence d'un acide gras spécial au coton qui se dépose en partie avec l'acide arachidique et dont le point de fusion qui est d'environ 40° diminue sensiblement celui de l'acide arachidique. Dans ce cas, et même toujours, on ne doit attacher de l'importance qu'au point de fusion de l'acide de la seconde cristallisation ; les laver à l'alcool à 90° et 70° que nous recommandons qui sépare entièrement cet acide du coton.

Dans le cas où l'on voudrait substituer la potasse caustique à l'alcool à la soude, la marche serait la même ; seules, les formules de saponification et des liqueurs éthero-alcooliques devraient être modifiées de la façon suivante :

$$\text{Formule de la saponification} \begin{cases} \text{Huile} \ . \ . \ . \ . \ . \ . \ . \ . & 10 \ \text{grammes} \\ \text{Ether sulf.} \ . \ . \ . \ . \ . \ . \ . & 100 \ \text{cent. cubes} \\ \text{alcool potassé} \begin{cases} \text{Alcool à 90}^\circ & = 20 \ \text{cc.} \\ \text{Potasse caustique} = 8 \ \text{grammes.} \end{cases} \end{cases}$$

La première liqueur destinée à l'obtention du G. A. serait composée de 100 p. d'éther pour 20 p. d'alcool à 90° $\frac{100.\ E}{20.\ A}$.

La deuxième liqueur devant servir au dernier lavage du savon insoluble avant la décomposition de ce dernier serait composée de 100 p. d'éther pour 50 cent. cubes d'alcool à 90° $\frac{100.\ E}{50.\ A}$.

Telle est, brièvement résumée, la méthode de recherche des huiles étrangères dans l'huile d'olive à l'aide de la saponification à froid des huiles par la soude caustique ou la potasse. Avec non moins de succès l'auteur a appliqué cette méthode à la recherche des huiles de graines dans l'huile de foie de morue, d'huiles de graines et d'oléo-margarine dans les beurres et les saindoux.

Tanret (*Albumine*). — Le R. de TANRET, est très sensible. Il se prépare en dissolvant 3.32 gr. de KI et 1.35 de sublimé dans 20 cc. d'ac. acétique ; étendre à 60 cc. Les albumines donnent un ppté blanchâtre, les peptones et les alcaloïdes donnent également un ppté mais qui est soluble à chaud, ou en ajoutant de l'alcool. Voir le R. de MAYER.

Tattersall (*Delphinine*). — Mélangée avec de l'ac. malique puis avec de l'ac. sulfurique, la delphinine se colore en orangé, devenant rose puis violet.

Teeter (*Sels de potasse*). — Une sol. d'ortho-nitrophénol à 2 0/0 dans l'alcool ppte des aiguilles prismatiques dans une sol. de chlorure de potassium dans l'alcool. Le composé qui prend naissance est du nitrophénate de soude.

Teichmann (*Sang*). — Traiter qq. cc. de la solution suspecte par qq. gouttes d'ac. acétique et un peu de NaCl et évaporer qq. gouttes de la sol. sur une lamelle ; examiner le résidu au microscope : en présence de sang on rencontre des cristaux rhombiques aiguillés brun-foncé d'hémine.

Tellienyeski (*Solution fixante*). — Cette solution fixante se prépare en ajoutant 5 0/0 d'ac. acétique glacial à une sol. de bichromate à 2.5 0/0. Elle est très appropriée pour le traitement des préparations qu'on veut colorer à l'hématoxyline de WEIGERT. Après avoir été fixées dans cette solution, on les mordance dans une solution d'acétate de cuivre à 1 0/0.

Terreil (*Cellulose*). — La cellulose se colore en bleu en la plongeant successivement dans un bain d'iodure de potassium à 1 0/0 puis, après dessiccation, dans l'ac. sulfurique.

Thater (*Santonine*). — Le R. est une sol. alcoolique de furfurol. On mélange qq. gouttes de R. et un vol. égal de sol. alcoolique de santonine et on ajoute 1 cc. d'ac. sulfurique. On chauffe au B. M. ; après évaporation de l'alcool on observe une color. rouge purpurine, passant graduellement au bleu foncé. Réaction très sensible (*Merck's Reagentien Verzeichnis*, p. 143).

Thiersch (*Carmin au borax*). — Dissoudre dans 28 cc. d'eau 0,5 gr. de carmin et 2 gr. de borax ; ajouter 60 cc. d'alcool absolu. Avant de colorer les coupes avec cette solution il faut les immerger dans de l'eau boriquée.

Thiersch (*Masse d'injection jaune au chromate de plomb*). — Mélanger 4 part. de gélatine dissoute dans l'eau (1 : 2) avec 2 part. de sol. de nitrate de plomb à 10 0/0, et d'autre part, 4 part. de la même sol. de gélatine avec 1 part. de chromate de potasse à 10 0/0. Mélanger les deux liquides préalablement chauffés à 30-35°, en agitant continuellement puis chauffer un peu plus fort et filtrer sur une flanelle. Cette masse ne peut se conserver parce que le chromate agit lentement sur la gélatine et la rend insoluble (*Tests and Reagents*).

Thiersch (*Masse d'injection verte*). — On mélange en proportion convenable pour avoir la teinte désirée une masse au bleu de prusse avec la masse ci-dessus.

Thiersch (*Carmin d'indigo à l'ac. oxalique*). — Faire une solution à 4 ou 5 0/0 de carmin d'indigo dans l'ac. oxalique également à 5 0/0. Ajouter de l'alcool s'il est nécessaire.

Thomas (*Strychnine et morphine*). — Ces deux alcaloïdes peuvent être séparés par le chloroforme qui dissout seulement la strychnine.

Thoms (*Cuivre*). — Les sels de cuivre en présence d'iodure de potassium mettent de l'iode en liberté d'après l'équation

$$2CuSO^4 + 4\ KI = Cu^2I^2 + 2SO^4K^2 + I^2$$

En présence d'empois d'amidon la R. est sensible au 1/500.000.

Thoms (*Phénols*). — Le formol dissous dans l'ac. sulfurique donne des réactions colorées avec un grand nombre de substances, notamment beaucoup de phénols :

A. salicylique : color. rose immédiatement ou rose rouge, pourpre en chauffant ; *Phénol* : rouge pourpre ; *Résorcine*, jaune, puis rougeâtre, puis orange ; *Trioxybenzène* (ou phloroglucine), rouge, *Ac. benzoïque*, rien ; *Créosote*, rouge sang foncé ; *Naphtol* : à froid, jaune, devenant vert sale ; *Acétone* brun ; *thymol*, jaune à froid, rose à chaud ; *benzène*, ppté brun ; *benzine*, rien ; *toluène*, ppté brun foncé ; *Xylène*, ppté orangé rouge, etc.

Thomson (*Vératrine*) — L'ac. sulfurique donne avec la vératrine une color. très faible qui augmente graduellement jusqu'au rouge-bleuâtre.

Thormaehlen (*Mélanine dans l'urine*). — L'urine contenant de la mélanine se colore en bleu foncé par le nitroprussiate de soude en présence de soude, puis en acidifiant par l'ac. acétique.

Thoulet (*Solution de*). — La sol. de THOULET s'emploie en minéralogie comme liquide dense ; on dissout 1 partie de KI et 1,239 part. de $HgCl^2$ dans l'eau et on évapore jusqu'à la densité de 3.196. Voir la solution de KLEIN.

Thudichum (*Matière colorante du jaune d'œuf*). — Cette matière colorante extraite par l'éther, par l'alcool ou par le chloroforme se colore par l'ac. nitrique d'abord en bleu puis en jaune et donne un spectre d'absorption caractéristique. Il faut remarquer que les produits commerciaux ne peuvent être essayés par cette réaction la mat. qui la produit étant détruite.

(1) Voir *Merck. Report*, IX, page 16.

Tocher (*Huile de sésame*). — L'auteur indique 4 essais différents qui permettent de déceler 1 0/0 d'huile de sésame dans les mélanges.

Essai au vanadate d'ammoniaque. — Le R. se prépare avec 2 gr. de vanadate, 50 cc. d'eau et 100 cc. d'SO^4H^2. Agitée avec ce R. l'huile de sésame donne une col. verte immédiate, passant au vert noirâtre. Les autres huiles ne donnent rien, ou seulement du noirâtre beaucoup plus tard.

Essai au formol. — Sol. de 10 cc. de formol dans 50 cc. d'eau et 100 cc. SO^4H^2. Agitée avec vol. égal de ce réactif l'huile de sésame acquiert une col. bleu noirâtre-intense et stable.

Essai à la résorcine. — Dissoudre 2 cc. d'huile dans une quantité égale de benzine et saturer de résorcine ; ajouter 2 cc. NO^3H conc. exempt d'ac. nitreux : l'huile de sésame acquiert immédiatement une col. violet bleu intense.

Réaction de Baudouin modifiée par Tocher. — Agiter ensemble une sol. de 1 gr. de pyrogallol dans 15 cc. d'HCl et 15 cc. d'huile ; après repos on sépare la couche d'acide et on la chauffe pendant 5 min. : color. rouge bleuâtre.

Tollens (*Aldéhydes, glucose, etc.*). — Une sol. de nitrate d'argent pptée exactement par la potasse puis redissoute par l'ammoniaque est réduite à chaud par l'aldéhyde en donnant un miroir métallique. Le glucose, l'ac. tartrique, plusieurs réducteurs donnent aussi la réaction, mais le miroir est plus ou moins net.

Tollens (*Pentoses*). — Les pentoses se colorent en rouge cerise par la phloroglucine et l'ac. chlorhydrique, en chauffant.

Tortelli (*Huile de graines de coton*). — C'est une modification à la R. de BECHI au lieu de la saponifier par un alcali et de la transformer en savon de plomb, l'huile est extraite par l'éther, la sol. éthérée est lavée à l'ac. chlorhydrique et le résidu de l'évaporation est traité par le nitrate d'argent.

Tortelli-Ruggieri (*Huile d'arachide*). — Après saponification on sépare les acides gras par l'ac. sulfurique et on les dissout dans l'alcool à 90 0/0, à la temp. de 60° C. Par refroidissement l'ac. arachidique cristallise en écailles brillantes nacrées et l'ac. lignocerique en petites aiguilles fines. Les autres huiles ne donnent lieu à aucune cristallisation. L'huile de coton peut donner un ppté amorphe.

Trapp (*Digitaline*). — L'acide phosphomolybdique se colore en vert avec les sol. de digitaline. En alcalinisant ensuite par l'ammoniaque on a une color. bleue.

Trapp (*Vératrine*). — L'HCl, en chauffant avec précaution, développe avec la vératrine une col. rouge-foncée ou violette.

Trenkmann (*Fluides pour macération*). — L'auteur recommande une solution renfermant 1 0/0 d'ac. tanique et 0,5 0/0 d'ac. chlorhydrique ou une sol. saturée de cachou (obtenue en faisant macérer du cachou en poudre pendant plusieurs jours) additionnée d'un quart de son volume d'eau phéniquée.

Trétrop (*Albumine dans l'urine*). — Chauffer à l'ébullition l'urine légèrement acide et ajouter qq. gouttes de formol.

Treumann (*Théobromine*). — En présence d'eau de chlore et évaporée à sec, elle laisse un résidu qui se colore en rouge pourpre par l'ammoniaque (Même réaction que la caféine).

Trillat (*Plomb et Manganèse*). — Le réactif se prépare en chauffant au B. M. un mélange de 30 gr. de diméthylaniline, 10 gr. de formol et 200 cc. d'eau renfermant 10 gr. SO^4H^2 ; au bout d'une heure on laisse refroidir, on alcalinise avec un grand excès de soude, on chasse entièrement l'excès de diméthylaniline par un violent courant de vapeur d'eau ; après refroidissement on obtient env. 20 gr. de cristaux de diphénylméthane tétraméthylée qu'on purifie par une recristallisation dans l'alcool. 5 gr. de cette base sont dissous dans 100 cc. d'eau et 10 cc. d'acide acétique pur. On conserve dans un flacon bouché à l'abri de la lumière. Il doit toujours être incolore au moment de l'emploi.

Plomb : pour rechercher le plomb on l'isole, on le transforme en bioxyde par l'hypochlorite de soude ; on chasse l'excès de chlore et on traite par le réactif à chaud ; les traces les plus faibles de bioxyde de plomb donnent une magnifique color. bleue disparaissant à froid.

Manganèse : même façon d'opérer ; il faut amener le manganèse à l'état de bioxyde.

L'oxyde de cuivre pourrait donner les mêmes réactions, mais plus difficilement.

Trillat (*Alcool méthylique*). — Le liquide suspect est distillé et fractionné pour isoler autant que possible l'alcool méthylique sous un faible volume. Puis on fait bouillir avec un léger excès de bichromate de potasse et d'acide sulfurique et on distille. Ce distillatum est agité avec 1 cc. de diméthylaniline pure dans un flacon fortement bouché et plongé pendant

2 ou **3** heures dans un B M. bouillant. On rend ensuite nettement alcalin par la soude et on distille jusqu'à disparition complète de l'odeur de la diméthylaniline dans le ballon ; on acidifie le résidu dans le ballon par l'ac. acétique et à une partie du liquide on ajoute de l'eau contenant en suspension **2** gr. de bioxyde de plomb : s'il y a de l'alcool méthylique dans le liquide primitif on obtient immédiatement une magnifique coloration bleue à l'ébullition, qui disparait par refroidissement mais reparait en chauffant à nouveau. — Une col. verte ou jaune verdâtre n'est pas concluante.

Trillat (*Gélatine dans les gommes et les matières alimentaires*). — La liqueur est filtrée après ébullition et évaporée à consistance sirupeuse ; on ppte la gélatine par 1 cc. de formol conc. qui forme avec elle un ppté insoluble ; on reprend par l'eau et on filtre. Le ppté peut être pesé et évalué comme gélatine pure, l'augmentation de poids par la combinaison de formaldéhyde étant très faible et compensée par les pertes au lavage en grande partie.

Triollet (*Pigments biliaires*). — Ppter l'urine par son volume de sol. saturée de sulfate d'ammoniaque et filtrer sur un tampon de coton ; ce dernier retient les pigments. On le lave au chloroforme qui dissout la bilirubine ; puis à l'alcool chaud qui dissout la biliverdine et la biliprasine ; ces deux résidus sont ensuite essayés chacun séparément avec l'ac. nitrique fumant : R. de GMÉLIN.

Trommer (*Glucose*). — R. basée sur la réduction des sels cupriques à chaud en liqueur alcaline. Voir R. de FEHLING (Voir pour détails *Tests and Reagents*, p. 304).

Troost (*Brome*). — On ajoute à la sol. suspecte de la fluorescéine qui se trouve ainsi transformée en éosine ou son dérivé trétrabromé. On peut employer un papier à la fluorescéine qui permet de retrouver facilement 1/10.000 de bromure alcalin (0 gr. 100 dans un litre). La réaction ne peut être employée en présence de l'iode.

Trottarelli (*Alcaloïdes*). — Évaporer la substance en présence d'ac. nitrique et traiter le résidu par la potasse : on obtient des réactions colorées parfois caractéristiques. Voir la R. de VITALI.

Trottarelli (*Ptomaïnes*). — Ajouter à la substance dissoute dans l'ac. sulfurique une solution de nitroferricyanure, puis du nitrate de palladium : on obtient des réactions colorées caractéristiques.

Truax (*Albumine*). — En superposant une couche d'alcool on obtient un ppté blanc avec les sol. d'albumine. Beaucoup d'autres substances donnent également un ppté. Pour détails voir *Pharm. Centralhall.* 1896, p. 81.

Truchot (*Soie artificielle*). — La soie à examiner est dissoute dans SO^4H^2 conc. On recherche ensuite les nitrates par la diphénylamine ou par toute autre réaction, de préférence peu sensible. Leur présence indique la soie artificielle.

Tschirch (*Sels de cuivre dans les légumes conservés*). — Faire une extraction à l'alcool, évaporer l'extrait à sec, laver le résidu à l'eau puis traiter par HCl : la chlorophylle pure se dissout en donnant une col. bleue foncée et un résidu soluble en brun dans l'éther. S'il y a du cuivre il est facile à caractériser par les réact. ordinaires. On peut déjà reconnaître sa présence en acidifiant l'extrait alcoolique par HCl : il se développe dans ce cas une color. verte significative.

Tschirikow (*Acide nitreux*). — Le R. est une sol. saturée d'alphanaphtylamine. On prend 100 cc. d'eau, on y verse 5 gouttes d'HCl. conc. et autant d'une sol. saturée d'acide sulfanilique. Au bout de qq. temps on ajoute qq. gouttes de R. En présence d'acide nitreux ou de nitrites on obtient une coloration rouge plus ou moins intense. Comparer avec la R. de Gniess (*Merck's Reagent. Verzeichnis*, p. 145).

Tschugaeff (*Cholestérine*). — En dissolvant la cholestérine dans l'ac. acétique glacial et ajoutant un excès de chlorure d'acétyle, puis un petit fragment de $ZnCl^2$ et chauffant, la sol. prend une col. rouge ou rose avec fluorescence jaune verdâtre. Cette réaction est très sensible. Elle permet de reconnaitre 1 : 80.000 de cholestérine = 12 milligr. dans un litre.

Tuck (*Alcool méthylique*). — Le R. est une sol. de 1 gr de biiodure de mercure et 1 gr. 6 de KI dans 30 cc. d'eau. On ajoute vol. égal de potasse. A l'ébullition l'alcool méthylique ppte abondamment par ce réactif (*Merck's Reagent. Verzeichnis*, p. 147).

Tusini (*Fluorures*). — On traite 100 cc. de liquide, vin ou bière par de l'ammoniaque et du chlorure de calcium, on fait bouillir, on filtre, on lave et on reprend le ppté par SO^4H^2 conc : on reconnaît le dégagement du gaz fluorhydrique au moyen d'un papier à base de teinture de fernambouc qui devient jaune au contact de ce gaz.

Tyson (*Albumoses dans l'urine*). — Aciduler l'urine légèrement par l'ac. acétique, ajouter le sixième de son volume de sol. de sel marin saturée, faire bouillir et filtrer. Le filtrat est refroidi ; s'il ppte alors, ou par une nouvelle addition de NaCl, on peut conclure à la présence d'albumoses.

U

Udransky (*Acides biliaires*). — Ajouter au liquide 1 goutte de solution de furfurol à 0,1 0/0 et superposer à une couche d'ac. sulfurique conc. : zone de réaction violet rouge en présence d'acides biliaires.

Udransky (*Scatol*). — Le R. est une sol. aqueuse de furfurol à 2 0/0. En présence d'ac. sulfurique conc. et à froid il donne avec les sol. de scatol une coloration rose pâle.

Udransky (*Tyrosine*). — Même réaction que ci-dessus. La zone de réaction est rose.

Udransky (*Urée*). — Ajouter du chlorure de benzoyle en présence d'un excès de soude caustique : si la sol. est suffisamment concentrée il se forme un ppté de benzoyle-urée. Beaucoup d'autres substances organiques et surtout des hydrates de carbone donnent un ppté dans ces conditions ; Voir la R. de Baumann, et celle de Molisch.

Uhlenhuth (*Sang humain*). — Cette méthode de recherche dite *Méthode des sérums précipitants* repose sur le principe suivant : si on injecte à un lapin à 2 jours d'intervalle 5 injections dans le péritoine de 10 cc. de sérum humain, 5 jours après la dernière injection le sang de l'animal sacrifié donne un sérum qui a la propriété de donner un ppté avec le sérum humain ou avec le liquide extrait des taches de sang humain. Le sang des autres animaux ne donne lieu à aucun ppté. La pptation est très sensible avec du sérum humain dilué au millième (1).

Ulex (*Résine de térébentine dans le baume de tolu*). — En broyant avec de

---

(1) Voir *Annales de chimie analytiques* 1901, p. 218 ; 1902, p. 150 et 226 ; 1903, p. 94 et 95.

l'ac. sulfurique conc. du baume de tolu on observe une odeur d'acide sulfureux en présence de résine ou colophane.

Ultzmann (*Pigments biliaires*). — Agiter 10 cc. d'urine avec 3 ou 4 cc.
de potasse puis ajouter un excès d'ac. chlorhydrique, color. vert émeraude magnifique.

Umikoff (*Lait de femme*). — A 5 cc. de lait ajouter 2 cc. 5 d'ammoniaque à 10 0/0 et chauffer à 60° C. au B. M. pendant 1/4 d'heure : le lait
de femme dans ces conditions prend une color. violet rouge, d'autant
plus intense que la période de lactation est plus avancée. Le lait de vache
et les laits des femelles herbivores dans ces conditions devient seulement
jaunâtre ou tout au plus jaune brunâtre.

Underwood (*Procédé de coloration à l'or pour les dents*). — Décalcifier
les dents et laver les coupes dans une sol. de bicarbonate de soude puis
les plonger dans une sol. à 1 0/0 neutre de chlorure d'or, laver à l'eau,
réduire dans une sol. d'ac. formique à 1 0/0, tiède et dans l'obscurité.
Les coupes deviennent cramoisies en une heure. On lave à l'eau froide et
monte avec une gelée glycérinée.

Unna (*Coloration à l'hématoxyline*). — L'auteur prévient l'altération de
la liqueur par excès d'oxydation en y ajoutant un agent réducteur, tel que
le soufre. Le réactif se prépare en dissolvant 1 gr. d'hématoxyline dans
100 gr. d'alcool et 10 gr. d'alun dans 200 gr. d'eau. Mélanger et laisser s'oxyder à l'air et à la lumière. Au bout de 2 jours, quand le liquide
est devenu fortement coloré, ajouter 2 gr. de fleur de soufre dans le but
précité. Cette sol. se conserve mais il est juste de dire qu'elle ne vaut pas
la plupart des autres formules.

Unverhau (*Helléboréine*). — Un mélange d'alcool et d'ac. sulfurique
donne une col. rouge clair. L'ac. sulfurique seul la colore en jaune puis
en brun.

Unverhau (*Strophantine*). — 1° Chauffée avec de l'ac. nitrique conc.
la strophantine donne une col. rouge-violet qui passe tout à coup au
jaune; 2° color. rouge par le nitroprussiate de soude et la soude ; 3° à
chaud, color. violette par l'ac. chlorhydrique et le phénol, devenant verte
(*Merck's Reagentien Verzeichnis*, p. 147).

Unna (*Bacille lépreux, double coloration par la méthode sèche*). — Colorer
dans la fuchsine à l'eau d'aniline pendant 24 h. et différencier dans une
solution nitrique à 20 0/0 jusqu'à color. jaunâtre générale ; passer dans

une sol. alcoolique diluée puis laver à fond à l'eau distillée au besoin légèrement ammoniacale pour chasser tout l'excès d'acide. Sécher au papier ou sur la flamme et monter en baume au chloroforme.

Unna-Tanzer (*Réactif colorant*). — Solution à 0,4 0/0 d'orcéine dans l'alcool à 20 0/0.

Unverdorben (*Réactif microscopique pour matières résineuses*). — Le Réactif est une sol. conc. aqueuse d'acétate de cuivre. Les tissus végétaux plongés quelques jours dans cette solution se colorent en vert-émeraude dans leurs parties résineuses.

Upson (*Solution fixante*). — C'est une solution de 1 à 3 0/0 de bichromate de potasse.

Ure (*Alcool méthylique*). — On mélange le liquide à essayer avec de l'oxyde de potassium anhydre (?) et on laisse exposer à l'air. Au bout d'une heure le liquide se colore en brun plus ou moins foncé s'il y a de l'alcool méthylique en présence (*Merck's Reagentien Verzeichnis*, p. 147).

Uschinsky (*Bouillon de culture pour bactéries*). — Se prépare en dissolvant, filtrant puis stérilisant un mélange de glycérine, 40 gr. ; NaCl, 7 gr. ; chlorure de calcium 0,1 gr. ; sulfate de magnésie, 0 gr. 4 ; phosphate de potasse, 2 gr. 5 ; lactate d'ammoniaque, 6 gr. ; et asparaginate de soude, 4 gr. dans un litre d'eau distillée.

Utz (*Lait cru*). — Modification à la R. de Du Roy et Kohler : mélanger 2 cc. de lait. 1 cc. d'eau oxygénée à 0,1 0/0 et 1 cc. d'iodure de potassium à 2 0/0 : le lait cru donne une coloration bleue en moins de 5 minutes. Dans une autre communication l'auteur emploie l'ursol D comme réactif.

Utz (*Sang*). — Le réactif est une solution alcaline de phénolphtaléine décolorée par la poudre de zinc.

Le liquide sanguinolent ou les vêtements, linges, bois, fer tachés sont additionnés ou lavés avec ce réactif ; on filtre, on ajoute quelques gouttes d'une solution très étendue (0,1 0/0) d'eau oxygénée : en présence de sang le réactif est réoxydé (oxydase) et la coloration rouge de la phtaléine réapparaît.

V

Vadam (*Acide borique*). — Il s'agit d'un procédé de dosage reposant comme le procédé à la glycérine sur la formation d'un corps conjugué acide avec la mannite. Seulement, tandis qu'avec la glycérine le terme de la réact. est difficile à saisir, il est très net avec la mannite. La sol. boriquée est exactement neutralisée, en présence de tournesol par de la soude $\frac{N}{10}$; on ajoute un excès de mannite qui en présence de l'ac. borique fait virer le tournesol au rouge et on titre à nouveau par la soude $\frac{N}{10}$: 1 cc. de soude $\frac{N}{10}$ = 0,0062 BoO^3H^3. Le procédé est à la fois qualitatif et quantitatif.

Valenta (*Distinction des graisses*). — Mélanger intimement volumes égaux de graisse et de l'ac. acétique glacial dans un tube à réaction et, si la sol. n'est pas complète chauffer. L'auteur divise en 3 classes ou groupes les mat. grasses suivant la façon dont elles se comportent : solubles à froid, solubles à chaud, insolubles. Pour les huiles se dissolvant à froid on détermine en outre la température exacte à laquelle, par refroidissement, apparaît un trouble.

Suivant BACH, on peut remplacer l'ac. acétique glacial par la sol. acétique d'alcool de DAVID et opérer sur les acides gras séparés des huiles au lieu d'opérer sur les huiles mêmes.

Van Gehuchten (*Solution fixante*). — Voir la R. de GEHUCHTEN (VAN).

Valzer (*Alcaloïdes*). — Modification à la R. de MAYER.

C'est une sol. aqueuse saturée de biodure de mercure dans l'iodure de potassium à 10 0/0 (Une autre formule indique à 5 0/0).

Vanderplanken (*Alun dans les farines et le pain*). — Le procédé classique de recherche de l'alun dans les farines est celui qui emploie la teinture de bois de campêche qui donne avec l'alun une color. bleue. Mais lorsque la farine est vieille et plus ou moins acide on obtient une teinte jaune générale due aux acides. L'auteur recommande d'opérer dans tous les cas de la façon suivante : 20 gr. de farine ou de mie de pain sont mis en pâte, on ajoute une pincée de NaCl neutre, 10 gouttes de teinture de campêche et 5 gr. env. de carbonate de chaux, ce dernier pour saturer l'acidité éventuelle. On dilue à 100 cc. avec de l'eau distillée, on agite et on laisse déposer : on obtient ainsi une color. bleue très nette de l'eau surnageant après repos, même à la dose de 1 gr. d'alun par kilog de farine.

Van Gieson (*Solution durcissante pour le cerveau*). — Solution de formol de 4 à 10 0/0 dans l'alcool à 95 0/0.

Vaudin (*Lait altéré par fermentation*). — On sait que le lait dès sa sortie du pis est le siège d'une évolution bactérienne qui en modifie graduellement la composition ; l'épreuve banale de l'ébullition n'est pas autre chose qu'un essai destiné à apprécier le degré d'altération normale bactérienne. L'auteur a remarqué après DUCLAUX, que si l'on colore un lait par qq. gouttes de carmin d'indigo cette color. disparaît plus ou moins rapidement ; ce phénomène est dû aux bactéries et d'autant plus rapide que le lait en est plus infesté. La temp. d'observation entre 15 et 25° est un très important facteur. L'auteur n'a pas fixé exactement ce temps : il serait de 12 heures environ à 15° C., 8 heures à 20° C. et 4 heures seulement au-dessus de cette température.

Vaulair (*Solution fixante*). — On dissout 1 gr. d'ac. osmique et 1 gr. de bichromate dans 100 cc. d'eau et on ajoute 40 cc. d'éosine à 2 0/0.

Vefers-Bettink (*Mannite*). — On dissout un peu de mannite dans 1 cc. d'ac. sulfurique puis on ajoute, d'abord 3 gouttes de bichromate de potasse puis de la soude ; on filtre et on ajoute 1 cc. de liqueur de FEHLING : il y a réduction par suite de la transformation de la mannite en son aldéhyde, la mannose. Il faut bien entendu s'assurer que la mannite ne renferme aucune substance réductrice préexistante.

Velden (Van der) (*Acide chlorhydrique libre dans le suc gastrique*). — Le réactif est le même que celui de SUCHARD : sol. de violet de méthyle ou de tropéoline OO dans l'eau.

Venable (*Fer*). — Le R. est une sol. de nitrate de cobalt colorée par l'ac. chlorhydrique conc. en bleu. En présence de traces de sel ferreux il se colore en vert. Les sels ferriques ne donnent rien.

Van Heurck (*Milieu de montage*). — Voir HEURCK (VAN).

Ventre-Pacha (*Sucre*). — A 10 cc. de liquide à essayer filtré et clarifié, ajouter 12 gouttes d'SO^4H^2 et 5 gouttes d'une sol. alcoolique à 50 0/0 de nitrobenzène et enfin 20 gouttes de molybdate d'ammoniaque saturé. Faire bouillir. Il se développe une color. bleue d'autant plus intense que la proportion de sucre est plus grande. On peut baser sur cette réaction un procédé de dosage colorimétrique. On obtient encore une réaction appréciable avec les dilutions à 1 : 100.000 et l'auteur dit même au 1/1.000.000 (1 milligr. dans un litre). — Ne pas oublier que beaucoup de réducteurs peuvent donner la color. bleue.

Verven (*Alcaloïdes*). — Sol. à 5 0/0 d'iodure de cadmium dans l'iodure de potassium à 10 0/0. On acidule la sol. d'alcaloïde par l'ac. sulfurique et on y ajoute qq. cc. de réactif : on obtient suivant concentration un trouble ou une précipitation.

Viallanes (*Méthode à l'or*). — Les préparations sont d'abord brunies dans l'ac. osmique à 1 0/0, puis traitées à l'ac. formique à 25 0/0 pendant 10 min. On les plonge ensuite à l'obscurité dans une sol. de chlorure d'or très étendue (0,20 0/00) pendant 24 heures puis on réduit par exposition à la lumière, dans une sol. d'acide formique comme ci-dessus.

Vignal-Ranvier (*Mélange osmique*). — Mélange de parties égales d'ac. osmique à 1 0/0 dans l'eau et d'alcool à 90 0/0. Après avoir été traités dans cette sol. fixante les préparations sont lavées à l'alcool à 80 0/0, puis à l'eau et colorées pendant 2 jours au picrocarmin ou à l'hématoxyline.

Viallanes (*Color. du système nerveux central*). — On emploie une sol. aqueuse à 1 p. 0/0 de sulfate de cuivre comme mordant et une sol. d'hématoxyline à 0,25 0/0 dans l'alcool à 25 0/0.

Villavecchia-Fabri (*Huile de sésame*). — Le R. est une sol. de furfurol à 2 0/0 dans l'alcool à 90 0/0. En agitant l'huile avec ce R. pendant une minute en présence d'un excès d'HCl il se produit une color. rouge. C'est une modification à la R. de BAUDOUIN.

Villiers-Fayolle (*Aldéhydes et cétones*). — Ces corps recolorent une sol. de rouge magenta *exactement* décolorée par un courant passant bulle à bulle d'SO².

Villiers-Fayolles (*Chlorures, chlore, ac. chlorhydrique*). — Le réactif est une sol. renfermant 400 cc. d'eau d'aniline saturée et 100 cc. d'ac. acétique glacial. Même en présence seulement de trace de chlore libre, il donne un ppté brunâtre ou noir. Pour appliquer cette réaction aux composés chlorurés il faut mettre en liberté l'halogène. Une sol. d'aniline renfermant de l'orthotoluidine et de l'ac. acétique glacial donne dans les mêmes conditions à froid une col. bleue, à chaud violet-rougeâtre.

Vincent (*α-Naphtol et β-Naphtol*). — Une sol. aqueuse d'ac. iodhydrique donne avec l'α-naphtol un ppté floconneux blanc jaunâtre, se colorant rapidement en violet ; le β naphtol donne un ppté qui se colore peu à peu en rouge et en rouge-brun, tandis que le liquide devient jaune.

Vincent (*Microbes dans le sang*). — L'hémoglobine fixe énergiquement les mat. colorantes, ce qui rend difficile la recherche des microbes dans le sang. Pour éliminer l'hémoglobine on emploie le R. suivant : sol. aqueuse à 5 0/0 d'ac. phénique, 6 cc. ; sol. aqueuse saturée de NaCl, 30 cc.; glycérine, 30 cc. — On commence par étendre une mince couche de sang sur une lamelle, on sèche, puis on traite pendant 2 min. par le Réactif. On lave à l'eau puis on colore par les méthodes habituelles.

Violette (*Glucose*). — C'est une modification à formule du R. de FEHLING. Les deux sol. sont conservées à part et mélangées au moment de l'emploi.

Vitali (*Alcaloïdes*). — On obtient des réactions colorées en évaporant à sec avec de l'ac. nitrique fumant puis alcalinisant par la potasse alcoolique, de même qu'en traitant par l'ac. sulfurique, avec ou sans chlorate de potasse puis ajoutant ensuite un sulfure alcalin.

Vitali (*Cocaïne*). — On chauffe l'alcaloïde avec de l'ac. sulfurique concentrée puis on y ajoute un petit fragment d'iodate de potasse : color. verte, puis bleue, puis violette.

Vitali (*Chloroforme*). — On acidule par SO^4H^2 le liquide à essayer, on y ajoute qq. parcelles de zinc et on enflamme à la pointe effilée d'un tube l'hydrogène qui se dégage : un fil de cuivre ployé dans la flamme colore celle-ci en vert bleuâtre en présence de chloroforme.

Vitali (*Aldéhyde formique*). — Le formol donne avec les sels de phényl-hydrazine un trouble blanc devenant peu à peu jaune puis jaune-rougeâtre. Ce ppté n'apparait qu'au bout de 2 ou 3 h. dans le cas d'une dilution au 1/100.000.

Vitali (*Bile*). — 1° On agite le liquide avec du sulfure de plomb fraîchement ppté ou avec de l'alumine hydratée ; ces réactifs entrainent les pigments biliaires que l'on peut ensuite extraire par l'alcool et caractériser par la réaction de GMELIN. L'alumine se colore déjà directement en vert ce qui est une première indication ; 2° on mélange l'urine avec de l'ac. sulfurique et du nitrate de soude ; color. verte devenant rapidement jaune, puis rouge, puis bleue.

Vitali (*Alcool*). — On mélange le liquide avec du sulfure de carbone, de la potasse caustique et du molybdate d'ammoniaque, puis on ajoute un excès d'ac. sulfurique : en présence d'alcool éthylique il se forme du xanthogénate de molybdène qui possède une color. rouge.

Vitali (*Iodoforme*). — En fondant l'iodoforme avec un mélange de potasse et de thymol, on obtient une masse colorée en violet soluble avec la même coloration dans l'alcool. Si on ajoute de l'ac. sulfurique la teinte vire au rouge écarlate.

Vitali (*Acide phénique*). — Traité par l'ac. sulfurique concentré et le chlorate de potasse, le phénol à l'état de traces donne une col. verte devenant peu à peu bleue.

Vitali (*Sang*). — Modification à la R. de VAN DEEN. Afin d'éviter toute cause d'erreur provenant de la présence d'un oxydant quelconque VITALI chauffe l'extrait de la tache d'abord à 50° C. avec de la teinture de gaïac ; s'il ne se produit pas d'oxydation directe on conclut à l'absence des oxydants et on peut alors ajouter de l'essence de térébenthine pour rechercher le sang par la coloration bleue du gaïac.

Vitali (*Chlorates, bromates, iodates*). — 1° Le sulfate manganeux acidifié par SO^4H^2 se colore en brun violet par les bromates ; les chlorates et iodates ne donnent pas cette coloration. 2° L'hydroxylamine réduit à froid les iodates, à chaud les bromates, et n'agit pas sur les chlorates. 3° Le sulfate de phénylhydrazine donne un ppté rouge par les iodates à froid, un ppté de même nature par les bromates à chaud, les chlorates ne donnent rien. 4° L'acide hyphophosphoreux réduit les iodates à froid, les bromates à chaud, n'agit pas sur les chlorates. 5° Lorsque ces trois sels ou deux seulement sont mélangés il faut les séparer en pptant d'abord par l'NO^3Ag qui donne de l'iodate et du bromate d'argent ; ce ppté est traité par H²S et filtré : on recherche l'iode et le brome par les méthodes habituelles dans le liquide filtré ; la sol. renfermant le chlorate est également pptée par H²S et caractérisée ensuite.

Vitali (*Réaction dite de la Talléochine*) — On obtient une color. verte en broyant ensemble un sel de quinine, du chlorate de potasse et qq. gouttes d'ac. sulfurique puis ajoutant un excès d'ammoniaque. Cette réaction s'applique à la recherche de quinine dans tous les cas.

Vitali (*Thymol*). — Distiller le liquide suspect de renfermer du thymol et faire barbotter les vapeurs dans un mélange de potasse et de chloroforme : on obtient une color. rouge.

Vitali-Arnold (*Alcaloïdes*). — Voir le R. d'ARNOLD-VITALI.

Vitali-Stroppa (*Coniine*). — 1° Le R. est une sol. à 0,5 0/0 de permanganate dans l'ac. sulfurique conc. Il donne avec la coniine une col. violette ; 2° en évaporant une trace d'alcaloïde avec de l'ac. nitrique et traitant le résidu jaune foncé par la potasse on obtient un produit huileux rouge-brun d'odeur caractéristique ; 3° La sol. de coniine ppte par l'acide trichloracétique ; le ppté est sol. dans un excès de réactif ; si l'on évapore doucement à sec on obtient de petites aiguilles microscopiques.

Vogel (*Farine*). — Le R. est une sol. d'ac. chlorhydrique à 5 0/0 dans l'alcool à 70 0/0. On chauffe la farine avec ce réactif à l'ébullition et on laisse reposer. La farine pure donne un liquide clair incolore.

Vogel (*Alcool dans le chloroforme*). — Les alcalis caustiques sont insol. dans le chloroforme pur. En présence d'alcool il s'en dissout une petite partie. Si l'on ajoute alors un peu d'ac. pyrogallique à la liqueur filtrée on obtient à l'air une color. allant du jaune au brun.

Vogel (*Semences de chenopodium dans la farine*). — En traitant la farine par de l'ac. chlorhydrique faible dissous dans l'alcool à 70 0/0 il se produit une color. jaune.

Vogel (*Farines altérées*). — Le Réact. est une sol. de violet d'aniline. Les grains d'amidon d'une farine de bonne qualité (au point de vue de la conservation) ne sont pas colorés ou presque pas tandis que dans les farines altérées ils se colorent, et d'autant plus qu'ils sont plus altérés. On examine la farine au microscope.

Vogel (*Quinine*). — Modification à la réaction de l'eau de chlore sur la quinine : On traite par l'eau de chlore en excès, on ajoute une goutte de ferricyanure conc. puis un excès d'ammoniaque : color. rouge. En remplaçant le chlore par l'eau de brome on obtient également une color. rouge.

Vogtherr *(Succédané de l'hydrogène sulfuré)*. — L'auteur a proposé une solution de sulfocarbonate d'ammoniaque pour remplacer l'hydrogène sulfuré en analyse minérale.

Von Koch *(Méthode d'inclusion au copal)*. — C'est une méthode qui donne de bons résultats pour l'étude des substances dans lesquelles des parties dures et des parties tendres sont intimement combinées. Les coupes étant colorées dans la masse et déshydratées à l'alcool sont ensuite plongées dans une sol. de copal dans le chloroforme. On chauffe douce- ment et lorsque l'évaporation a concentré la sol. au point qu'elle se prenne en masse par refroidissement on enlève les coupes et on les laisse sécher quelques jours. On peut ensuite les passer au microtome.

Von Rath *(Solutions picriques)*. — 1º Sol. d'ac. picrique saturée, 200 cc. ; ac. osmique à 2 0/0, 12 cc. ; ac. acétique crist., 2 cc. ; 2º sol. sat. d'ac. pricrique, 200 cc. ; 1 gr. de chlorure de platine dissous dans 10 cc. d'eau ; 2 cc. d'acide acétique glacial ; 3º Solution nº 2 (précédente) additionnée de 25 cc. d'ac. osmique à 2 0/0. L'auteur a aussi indiqué d'autres formules renfermant en outre du sublimé.

Von Marchi *(Coloration des nerfs)*. — Durcir dans la liqueur de Mueller pendant 8 jours, puis dans un mélange de cette liqueur et de sol. à 1 0/0 d'ac. osmique. On obtient de cette façon une image positive des éléments dégénérés tandis que la méthode de Weigert donne seule- ment une image négative.

Vortmann *(Acide cyanhydrique)*. — On mélange le liquide à essayer avec qq. gouttes de nitrite de potassium, on ajoute 2 gouttes de chlorure de fer puis de l'ac. sulfurique et l'on chauffe à l'ébullition ; on ajoute un excès d'ammoniaque, on filtre et on ajoute au filtrat incolore 2 gouttes de sulfure ammonique incolore ; en présence d'ac. cyanhydrique on obtient une color. violette, puis bleue, puis verte et enfin jaune. Réaction extrêmement sensible.

Vosseler *(Solution pour le montage)*. — On dissout de la térébenthine de Venise dans son vol. d'alcool à 95 0/0 et après un long repos on décante. Ce milieu de montage peut s'employer avec les préparations sans clarifi- cation préalable de celle-ci. Son indice de réfraction plus faible que celui du baume de Canada ou du dammar est très approprié à l'observation des détails délicats.

Vournasos (*Acide lactique dans le suc gastrique*). — Le R. est une sol. de 2 gr. d'iode, 1 gr. de KI et 5 gr. de méthylamine dans 100 cc. d'eau. On rend alcalin le liquide à essayer, on chauffe à l'ébullition et on ajoute 3 à 4 cc. de Réactif : formation d'iodoforme et d'isonitrile.

Vreven (*Matières grasses*). — Les graisses et les huiles donnent avec l'ac. sulfurique et le sucre de canne des color. variant du jaune au brun qui passent ensuite au rose et au lilas.

Vrij (de) (*Alcaloïdes*). — Voir de R. De Vrij.

Vulpian (*Solution fixante*). — Solution de perchlorure de fer à 3 0/0 environ.

Vulpius (*Sulfonal*). — Le sulfonal chauffé avec du cyanure de potassium dégage une odeur caractéristique de mercaptan. La masse résiduaire renferme du sulfocyanure de potassium.

Vulpius (*Eucaïne dans la cocaïne*). — On dissout 0 gr. 10 de chlorhydrate de cocaïne à essayer dans 50 cc. d'eau, on ajoute 2 gouttes d'ammoniaque et on agite. L'eucaïne s'il y en a au moins 2 0/0 donne un trouble laiteux qui disparaît en ajoutant 10 cc. d'eau.

Vulpius (*Albumine*). — La paralbumine ou globuline *en solution étendue* ppte par un courant d'ac. carbonique prolongé.

W

Waage (*Macis de Bombay*) . — Le bichromate à 5 0/0 colore le macis de Bombay en brun rougeâtre. On peut observer cette color. soit sur l'extrait alcoolique, soit au microscope sur des coupes plongées dans le bichromate.

Wachhausen (*Iode*). — Le paraldéhyde met en liberté l'iode des iodures alcalins ou métalliques. L'action est plus sûre que celle du chlore notamment qui peut en se combinant à l'iode si on en met un excès, ou s'il y a très peu d'iode, fausser la réaction.

Waddington (*Solution de gomme arabique pour montage*). — On purifie la gomme en la dissolvant dans l'eau distillée, la pptant par un excès d'alcool et lavant le ppté avec de l'alcool. On sèche et on obtient une poudre blanche que l'on dissout pour l'emploi dans l'eau distillée. L'auteur appelle cette poudre *arabine*.

Wade (*Acide borique*). — Repose sur l'action de l'ac. borique sur le curcuma ; mais au lieu d'agir directement l'auteur transforme l'ac. borique en son éther méthylique en faisant bouillir la subst. avec de l'ac. chlorhydrique (ou sulfurique) et de l'alcool méthylique dans un tube. La vapeur qui se dégage est reçue sur un papier au curcuma : color. rouge bien connue s'il y a de l'ac. borique.

Wagner (*Alcaloïdes*). — Solution décinormale d'iode dans l'iodure de potass.

Waldeyer (*Solution décalcifiante*). — Acide chlorhydrique à 10 0/0 renfermant 0,1 0/0 de chlorure de palladium.

Walz (*Huiles dans les huiles essentielles*). — On obtient des réact. colorées par le chlorure d'antimoine.

Wangerin (*Narcéine*). — Une trace de narcéine broyée avec un peu de résorcine et qq. gouttes d'ac. sulfurique et chauffée au B. M. donne une color. rouge cerise. Broyée dans les mêmes conditions avec du tanin au lieu de résorcine on obtient une col. verte, qui en chauffant plus longtemps devient bleu-vert, bleu, puis vert sale. Cette dernière réact. est également fournie par l'hydrastine et la narcotine.

Wangerin (*Pilocarpine et apomorphine*). — La pilocarpine donne la même réaction que l'apomorphine avec cette différence que la color. violette de HELCH nécessite avec la pilocarpine la présence simultanée du bichromate et de l'eau oxygénée, tandis qu'avec l'apomorphine cette dernière est inutile. Les différents dissolvants extraient cette color. violette et si l'on traite les dissolutions par le protochlorure d'étain on constate les réactions suivantes qui permettent de différencier les deux alcaloïdes.

	Apomorphine		Pilocarpine
Éther acétique :	la solution	devient verte	incolore
Benzine :	—	reste violette	—
Toluène :	—	—	—
Sulfure de carbone :	—	—	—
Tetrachlorure de carbone :	—	—	—
Alcool amylique :	—	est bleue et devient verte	—

Wanklyn (*Solution de savon titrée*). — On emploie du savon blanc très pur à 60 0/0 d'ac. oléique. On en dissout 10 gr. dans l'alcool à 35 0/0 et on titre par une sol. de 1 gr. 11 de $CaCl^2$ pur fondu dans 1 litre d'eau. Ces sol. doivent se correspondre volume à volume.

Warington (*Acide citrique. Dosage dans le jus de citron*). — Saturer exactement par de la soude faible 20 cc. de jus de citron ; diluer à 50 cc. et bouillir en ajoutant un petit excès de $CaCl^2$. Laisser l'ébullition se prolonger pendant 1/2 h., filtrer le ppté, laver à l'eau chaude très légèrement ammoniacale. Sécher le filtre, le calciner et titrer avec de l'acide décinormal, à l'ébullition en présence de phénol-phtaléine. 1 cc. d'acide N/10 = 0,007 gr. d'acide citrique.

Wartha (*Anthraquinone*). — Chauffé avec un peu de potasse alcoolique il donne une col. pourpre ou bleuâtre.

Wartha (*Soufre dans le gaz d'éclairage*). — Faire une perle de soude et la maintenir au bout d'un fil de platine dans la flamme du gaz pendant quelque temps. La dissoudre et ajouter une goutte de nitroprussiate de soude : en présence de soufre coloration rouge.

Wassilief-Bogomolow (*Albumines et Peptones*). — Voir R. DE BOGOMOLOW.

Watson (*Acide tanique, acide pyrogallique et acide gallique*). — En ajoutant de l'ammoniaque, puis de l'HCl, coloration rouge. L'acide pyrogallique donne par l'ammoniaque seule une color. jaune. Le tanin donne du rouge par l'HCl et l'NO³H.

Wassermann-Schütze (*Sang humain*). — La recherche est basée sur l'emploi des sérums précipitants ; voir la R. DE UHLENHUTH basée sur le même principe.

Wauters (*Saccharine*). — En présence de phloroglucine et d'ac. sulfurique, à chaud, la saccharine donne une coloration violette. R. très sensible se produisant même avec 1/10 de milligr. de saccharine. La présence d'autres mat. organiques peut masquer la réaction par suite de la carbonisation par l'acide sulfurique.

Cette réaction exige conséquemment de la saccharine assez pure. Elle est incertaine avec un résidu d'extraction impur.

Weber (*Sang*). — Voir la R. d'ALMEN et de SCHŒNBEIN. WEBER extrait le liquide par l'éther et fait la réaction du gaïac et de la térébentine sur cet extrait.

Weber (*Indican*). — Chauffer à l'ébullition part. égales d'urine et d'ac. chlorhydrique, laisser refroidir et agiter avec de l'éther qui se colore en rouge. Voir la R. de MAC MUNN.

Wedl (*Coloration à l'orseille*). — Dissoudre dans 20 cc. d'alcool absolu, 5 cc. d'ac. acétique et 40 cc. d'eau, une suffisante quant. d'orseille pour donner une color. rouge foncée.

Weichselbaum (*Coloration de tubercules*). — Colorer dans la sol. de ZIEHL-NEELSEN, rincer à l'eau et plonger dans une sol. alcoolique conc. de bleu de méthylène. Rincer à l'eau, déshydrater et monter.

Weider (*Bases xanthiques*). — Traitées par l'eau de chlore en excès, évaporées à sec, puis soumises à des vapeurs d'NH³ elles donnent (*xanthine*, paraxanthine, etc.), une coloration variant du rose au rouge qui devient violette par addition de potasse.

Weigert (*Violet gentiane ammoniacal*). — **2** gr. de violet dans 100 cc. d'alcool à 10 0/0 et 0 cc. **5** d'ammoniaque conc.

Weigert (*Clarification des coupes à la celloïdine*). — On emploie un mélange de **3** parties de xylène avec **1** part. d'ac. phénique anhydre. Ce liquide décolore les couleurs d'aniline basiques ; si ces couleurs ont été employées, supprimer l'ac. phénique et employer du xylol pur.

Weigert (*Régénération des sol. de picro-carmin*). — Les sol. de picrocarmin mal préparées, ou impropres, ou usées sont réunies, et traitées par un peu d'ac. acétique jusqu'à formation d'un léger ppté ; après 24 h. de repos filtrer et ajouter graduellement de l'ammoniaque goutte à goutte jusqu'à sol. absolument claire. On l'amène à bonne teinte en ajoutant soit de l'acide acétique si elle est trop jaune, soit de l'ammoniaque si elle est trop colorée.

Weigert (*Coloration de la fibrine*). — Colorer les coupes dans une sol. saturée de violet gentiane ou de violet méthyle dans l'eau d'aniline, enlever l'excès de couleur à l'aide d'un papier filtre et plonger dans la sol. de Lugol. Enlever l'excès de sol. avec un papier filtre, verser sur la préparation une ou deux gouttes d'aniline et clarifier de cette façon à plusieurs reprises ; puis laver au xylol et monter au baume.

Weigert (*Modification à la méthode de* Gram). — L'auteur, dans le but d'éviter le lavage prolongé à l'alcool a substitué l'aniline à ce dissolvant. Le procédé s'effectue sur lamelles.

Weigert (*Méthode à l'hématoxyline*). — L'auteur a indiqué deux solutions ; l'une se prépare en dissolvant **1** gr. d'hématoxyline crist. dans 10 gr. d'alcool absolu, ajoutant **1** cc. de sol. saturée de carbonate de lithine et 89 cc. d'eau. Le lavage des préparations colorées par cette solution doit se faire dans une sol. de ferricyanure boraté : borax, **2** ; ferricyanure de K, **2** ; eau, 100.

Weigert (*Coloration des coupes de cerveau*). — On durcit les fragments de cerveau ou de cordon spinal dans une sol. de bichromate, puis dans l'alcool ; puis on imprègne de celloïdine ou de gomme. Si l'on use de la celloïdine, on les plonge ensuite dans l'alcool puis pendant **2** jours dans une sol. 1/2 saturée aqueuse d'acétate de cuivre à 40° C. environ. Au bout de ce temps on en fait des coupes ou on les conserve dans l'alcool à 80 0/0 jusqu'au moment de les couper. On peut aussi faire les coupes d'abord, puis le plonger dans l'acétate de cuivre. On colore dans la sol. d'hématoxyline de Weigert (ci-dessus) de quelques heures à quelques jours suivant l'intensité désirée. Faire dégorger ensuite entièrement dans l'eau distillée, décolorer dans la solution de ferricyanure boratée ci-dessus (Voir *hématoxyline*). Laver, déshydrater, clarifier et monter.

Weigert (*Méthode de coloration, Actinomycose*). — Plonger les coupes une heure dans la solution d'orseille de WEDL, rincer à l'alcool, et faire une contre-coloration au violet de gentiane. Si l'on veut colorer le mycélium également employer la méthode de GRAM modifiée par WEIGERT.

Weil (*Baume du Canada pour imprégnation*). — Chauffer longuement du baume du Canada, jusqu'à ce que, par refroidissement il se prenne en masse fragile ; puis le dissoudre dans le chloroforme. Ce mélange convient surtout pour les os et les dents que l'on y plonge et qu'on chauffe au B. M. jusqu'à imprégnation complète.

Weil-Gilbert (*Indican dans l'urine*). — Méthode ordinaire connue au chloroforme et à l'HCl ; l'auteur emploie en outre soit le perchlorure de fer, soit mieux le persulfate d'ammoniaque.

Weingaertner (*Distinction entre les couleurs acides et les couleurs basiques*). — La solution suivante ppte les couleurs basiques mais ne ppte pas les couleurs acides : tanin, 25 gr. ; acétate, de soude, 25 gr. ; eau 250 gr.

Weiske (*Indicateur*). — Une solution aqueuse d'acide salicylique additionnée de qq. gouttes de perchlorure de fer est exactement neutralisée par de la soude très étendue. On obtient ainsi une sol. jaunâtre qui devient violette par la plus faible trace d'acide ; réciproquement la teinte violette sensible passe au jaune rougeâtre par les alcalis très étendus.

Wellcome (*Morphine*). — Le chlorure de chaux étendu colore en rouge les solut. de morphine.

Weller (*Titanium*). — L'ac. titanique en présence d'ac. sulfurique conc. et d'eau oxygénée donne une col. orangé rouge pouvant aller au jaune. Même R. que JACKSON.

Weller (*Quinine*). — L'eau de brome donne avec la quinine en sol. chlorhydrique une col. rouge, surtout en sol concentrées.

Welmann (*Graisses végétales dans les graisses*). — Le Réactif nitromolybdique tel qu'on l'emploie pour la recherche de l'ac. phosphorique est réduit par certains principes contenus dans les graisses végétales et qu'on ne rencontre pas dans les autres graisses animales et donne une color. verte que l'ammoniaque fait passer au bleu. Il vaut mieux employer le R. indiqué par l'auteur ; 5 gr. de molybdate de soude dissous dans l'eau ; ajouter de l'ac. nitrique conc. jusqu'à redissol. du ppté et diluer à 100 cc. On dissout 1 gr. de graisse à essayer dans 5 cc. de chloroforme et on agite avec 2 cc. de réactif : color. verte, devenant bleue par l'ammoniaque. Le beurre de coco cependant fait exception aux graisses végétales.

Welmann (*Solution d'iode*). — C'est une modification à la liqueur d'iode de HUEBL pour le dosage de l'indice d'iode. On dissout dans 500 cc. d'ac. acétique 30 gr. de bichlorure de mercure et 30 gr. d'iode pur : on complète le volume de 1 litre avec de l'éther acétique.

Wellmanns (*Vanilline*). — La vanilline pure fond à 82°C. Elle doit être sol. dans SO^4H^2 en donnant une col. jaune citron. La sol. additionnée d'α-naphtol donne une teinte violet-rouge ; avec le β-naphtol la col. est vert émeraude, passant ensuite au jaune-rouge.

Welzel (*Oxyde de carbone dans le sang*). — 1° On ajoute à 10 cc. de sang 15 cc. de ferrocyanure à 20 0/0 et 2 cc. d'ac. acétique à 30 0/0. Le sang normal devient brun noir ; le sang oxycarboné, rouge clair. 2° En ajoutant quelques gouttes de sol. alcoolique de phénylhydrazine à 40 0/0 au sang très dilué on obtient un mélange rouge foncé, noir par réflexion avec le sang normal. En présence de CO la colorat. est rouge clair. 3° On dilue le sang au quart on y ajoute un excès de tanin à 1 0/0 : le sang oxycarboné donne du rouge cramoisi, qui persiste très longtemps tandis que le sang normal donne un ppté rouge qui brunit en 2 heures et passe au gris en 24 heures (*Merk's Reagentien Verzeichnis*, p. 155).

Weltzien (*Eau oxygénée*). — En présence d'eau oxygénée le ferricyanure de potassium ppte en bleu le perchlorure de fer.

Wender (*Sucrol ; dulcine*). — Attaquer un petit cristal par l'ac. nitrique fumant à chaud : l'attaque est très vive et donne un résidu jaune orangé soluble dans l'alcool, l'éther et le chloroforme. Par 2 gouttes de phénol et 4 gouttes SO^4H^2 conc. on obtient une color. rouge sang très belle.

Wenzel (*Alcaloïdes ; Vératrine*). — Une sol. de 1 gr. de permanganate de potasse dans 200 cc. d'ac. sulfurique donne des color. caractéristiques avec quelques alcaloïdes ; La vératrine notamment donne une belle color. rouge clair et, si la conc. est suffisante un ppté orangé.

Weppen (*Morphine*). — En broyant l'alcaloïde avec du sucre et de l'ac. sulfurique, puis ajoutant de l'eau de brome, on a une col. rouge.

Weppen (*Vératrine*). — Avec un excès de sucre et qq. gouttes SO^4H^2 conc. color. jaune, devenant verte, puis bleue.

Wermel (*Coloration des bactéries*). — Cet auteur a indiqué l'emploi de sol. d'éosine, de violet gentiane et de bleu de méthylene dans l'eau additionnée de formol, avec ou sans alcool. Ces sol. sont à la fois fixantes et colorantes (*Merck's Réagentien Verzeichnis*, p. 155).

Werber (*Nitro-glycérine*). — Extraire la mat. par l'éther ou le chloroforme, ajouter 2 gouttes d'aniline, évaporer et ajouter qq. gouttes d'ac. sulfurique : color. rouge pourpre ou vert foncé.

Werner (*Alcool amylique*). — Par oxydation au moyen de l'ac. sulfurique et du bichromate de potasse on obtient de l'ac. valérianique d'odeur caractéristique.

Werner-Schmidt (*Dosage du beurre dans le lait*). — L'auteur avant d'extraire par l'éther libère entièrement la matière grasse en chauffant le lait avec son vol. d'HCl $= D = 1.100$ au B. M. jusqu'à ce que le lait se colore fortement.

Werther (*Vanadates*). — Agités avec de l'eau oxygénée ils donnent une color. rouge qui ne passe pas dans l'éther.

Weselsky (*Indicateur*). — La résazurine se colore en bleu par les alcalis et en rouge par les acides. Voir le R. de CRISMER pour la préparation. On peut en préparer un bon papier.

Wetzel (*Oxyde de carbone dans le sang*). — Le R. est une sol. à 1 0/0 de tannin. Il colore le sang normal en grisâtre, tandis que le sang oxycarboné reste rouge. Opérer sur du sang étendu d'eau.

Weyl (*Créatine et créatinine*). — Ajouter à l'urine qq. gouttes de nitro-prussiate de soude, puis de la soude : s'il y a d 1 créatinine, color. rouge passant bientôt au jaune.

Wharton (*Acides minéraux*). — Ajouter au liquide un peu de sucre et du chlorate de potasse : dégagement de chlore.

Wheeler-Tollens (*Pentoses*). — Les pentoses chauffées avec de l'ac. chlorhydrique et de la phloroglucine donnent une coloration rouge cerise. C'est la même réaction indiquée par IHL en 1887.

Wickersheimer (*Solution antiseptique*). — Se prépare avec 100 gr. d'alun, 25 gr. de NaCl, 12 gr. de NO^3K, 60 gr. de CO^3K^2 et 20 gr. d'ac. arsénieux ; le tout dans 3 litres d'eau.

Wiederholt (*Distinction des huiles de résine des huiles minérales*). — Les huiles minérales sont à peu près insolubles dans l'acétone, tandis que les huiles de résine y sont solubles en toutes proportions.

Wiesner (*Fibre de bois*). — Une sol. acide de sulfate d'aniline colore en jaune d'or les fibres de bois ; la cellulose pure n'est pas colorée par ce réactif.

Wijs (*Indice d'iode*). — La sol. employée dans ce dosage se prépare en dissolvant 13 gr. d'iode dans 1 litre d'ac. acétique à 95 0/0 et faisant passer un courant de gaz chlore dans la solution. Cette solution est dite de meilleure conservation que celle d'iode.

Wiley (*Acide chlorochromique*). — Se colore en bleu violet fugace en ajoutant un petit cristal de strychnine.

Wilmans (*Santonine*). — En présence d'ac. sulfurique conc. et d'alcool et à chaud, le perchlorure de fer donne une color. rouge sang devenant rouge-violet et persistant ensuite.

Willen (*Acétone*). — On distille l'urine et on essaye l'action du permanganate sur le distillatum. La présence de l'acétone provoque la réduction de ce sel.

William (**Mac**) (*Albumine*). — Une sol. saturée d'acide sulfosalicylique donne un ppté blanc avec l'albumine dans l'urine ; ne ppte pas les urates, phosphates, alcaloïdes ; les peptones pptent à froid et redissolvent à chaud. L'ac. sulfosalicylique s'obtient facilement en faisant cristalliser le produit de l'action de l'ac. sulfurique conc. et chaud sur l'ac. salicylique.

Winckler (*Réactif absorbant l'oxygène*). — On dissout 5 gr. d'ac. pyrogallique dans 100 cc. de potasse caustique D = 1, 2. Ce réactif absorbe énergiquement l'oxygène dans les mélanges gazeux.

Windisch (*Ac. lactique*). — On opère sur le distillatum obtenu en traitant la matière par l'ac. sulfurique et le bichromate de potassium. Le distillatum donne un ppté avec le réactif de NESSLER.

Windisch (*Aldéhyde*). — Le R. est une sol. aqueuse fraîchement préparée de chlorhydrate de métaphénylenediamine, on superpose une couche d'alcool à essayer ; la présence d'aldehyde se manifeste par une zone jaune détruite par les alcalis, restaurée par les acides. Sensibilité 5 milligr. dans un litre.

Windisch (*Recherche du sirop de cerises dans le sirop de framboises*). — Basée sur la présence de l'ac. cyanhydrique dans les cerises ; on distille

20 à 30 cc. de sirop ; aux 2 premiers cc. recueillis on ajoute une gtte de teinture de gaïac et une gtte de sulfate de cuivre étendu, coloration bleu fugace.

Woerner (*Potasse*). — Une solution aqueuse à 10 0/0 d'acide phosphotungstique donne avec les sels neûtres ou acides de potassium un ppté blanc. Ce ppté est grenu. en sol. acides ; excessivement fin au contraire en sol. neutre. L'ammoniaque ppte également.

Wolff (*Alcool méthylique*). — Voir la R. de TRILLAT.

Wolff (*Acide tartrique*). — Chauffé avec un mélange d'ac. sulfurique et de résorcine, l'ac. tartrique donne une color. rouge intense.

Cette R. colorée permet de distinguer l'ac. tartrique des autres acides organiques : dans une pet. capsule de porcelaine on chauffe doucement de la résorcine et de l'SO⁴H² conc. jusqu'à émission de fumées puis on projette dans le liquide une parcelle d'ac. tartrique ou d'un tartrate : color. lie de vin très intense qui disparait par dilution. Les oxalates, citrates ne donnent rien.

Wolff (*Benzidine et Toluidine*). — On traite un peu de matière par 1 cc. d'ac. acétique glacial et on agite ; on dilue puis on ajoute un peu de bioxyde de plomb : color. bleue magnifique disparaissant par la chaleur et par l'ammoniaque. Le brome donne aussi une color. bleue puis, par addition d'un excès, un ppté à reflets mordorés.

Woltering (*Alcaloïdes*). — C'est une sol. de furfurol aqueuse à 2 0/0 On dissout une trace d'alcaloïde dans 1 cc. de R. et on superpose à une couche d'ac. sulfurique conc. On obtient des zones de réaction caractéristiques ; la morphine donne du rose ou du violet ; la codéine du violet ou du rouge cerise devenant bleu par dilution, etc.

Worner (*Sels de potassium*). — Le R. est une solution d'ac. phosphotunystique à 10 0/0 dans l'eau ; en sol. acide le ppté est cristallin grenu, et en sol. neutre, très fin. Les sels ammoniacaux pptent également.

Wright (*Aconitine*). — En présence de saccharose et d'ac. sulfurique conc. il se produit une zone rose ou rouge qui passe rapidement au violet puis au brun. Réaction sensible en présence de 1 millig. d'alcaloïdes.

Wurster (*Papier réactif pour l'ozone et l'eau oxygénée*) — C'est un papier saturé de tetraméthyle paraphenylenediamine. Des traces d'ozone ou d'eau oxygénée en sol. neutres ou lég^t acidifiées par l'ac. acétique donnent une coloration bleue intense qui disparait à chaud en présence d'alcool.

Wurster (*Essai de la tyrosine*). — Dissoudre dans l'eau bouillante et ajouter un peu de quinone : coloration rouge rubis devenant brune au bout de 24 heures.

Wynther-Blyth (*Alun dans la farine ou le pain*). — Faire macérer la mat. avec un peu d'eau puis plonger dans le liquide de petites bandes de gélatine pendant 12 heures. Au bout de ce temps on les retire, on les lave et on les plonge dans une infusion de bois de campêche : en présence d'alun, elles se colorent en bleu.

Y

Yvon (*α-naphtol et β-naphtol*). — On obtient des colorations différentiel-les en traitant les naphtols en sol. alcoolique : 1° par l'ac. nitrique et le nitrate de mercure : 2° par l'ac. sulfurique et le bichromate de potasse.

Yvon (*Eau dans l'alcool*). — La réaction s'appuie sur la formation d'acétylène en agitant l'alcool avec du carbure de calcium. On reconnaît l'acétylène à son odeur caractéristique.

Z

Zacharias (*Carmin acétique*). — Cette liqueur ne diffère de celle de Schneider, que par l'addition de 1 0/0 environ d'ac. acétique.

Zacharias (*Alcool acétique*). — Alcool fort renfermant 20 0/0 d'acide acétique et un peu d'ac. osmique.

Zacharias (*Carmin au fer*). — Colorer longuement dans la sol. de carmin acétique, laver à l'eau acidulée par l'ac. acétique, puis dans une sol. de citrate de fer ammoniacal où on laisse séjourner pendant plusieurs heures, jusqu'à pénétration complète. Laver, déshydrater monter au baume.

Zaleski (Von) (*Acide carbonique dans le sang*). — Le sulfate de cuivre conc. ajouté au sang donne normalement un ppté brun-verdâtre ; avec le sang chargé d'ac. carbonique, le ppté est rouge-brique.

Zaloziecki (*Indicateur*). — L'alphanaphtolbenzéine se colore en vert par les alcalis et en jaune rougeâtre par les acides.

Zanker (*Liquide fixant*). — Ajouter à la sol. de Mueller, 5 0/0 de bichlorure de mercure et un peu d'acide acétique glacial. On fixe les préparations dans cette solution pendant plusieurs heures, on rince et on plonge dans l'eau légèrement iodée.

Zega (*Farines*). — 1 gr. de farine à examiner est traité par 10 cc. d'eau et 1 cc. du réactif suivant : 200 cc. d'eau, 3 cc. de sol. alcoolique conc. de fuchsine ; faire passer un courant d'ac. sulfureux jusqu'à décoloration exacte et diluer de 10 volumes d'eau. Au bout de 2 ou 3 min. après le mélange on observe la color. prise par la farine : la farine de bonne qualité reste incolore ; les autres qualités se colorent d'autant plus en rose ou rouge qu'elles sont plus inférieures. Le Réactif ci-dessus n'est autre chose que celui de GAYON-MOLHER pour les aldéhydes.

Zeise (*Sulfure de carbone*). — Le CS^2 forme avec la potasse un sulfo-carbonate qui ppte le sulfate de cuivre en jaune, en présence d'alcool.

Zeisel (*Colchicine*). — Qq. gttes d'HCl fumant et de perchlorure de fer dans une sol. étendue de colchicine donnent une col. jaune, puis vert olive, puis vert foncé en faisant bouillir pendant 2 min. En agitant cette sol avec du chloroforme celui-ci se colore en rouge-rubis tandis que la sol. demeure vert-olive.

Zeller (*Mélanine dans l'urine*). — La mélanine dans l'urine ppte en jaune, devenant brun puis noir par le repos, en ajoutant de l'eau de brome.

Zenker (*Solution fixante*). — Sol. de bichromate de potasse à 2 ou 2,5 0/0, 100 cc. ; sol. saturée de sublimé, 100 cc. ; ac. acétique crist., 5 cc.

Zernich (*Héroïne*). — En traitant l'alcaloïde par qq. gttes d'ac. nitrique on obtient une color. jaune qui devient bleu verdâtre au bout de quelques heures à froid et immédiatement à chaud, pour revenir finalement au jaune. Permet de différencier l'héroïne de la morphine. Voir la R. de GOLDMANN. En outre l'héroïne qui est l'éther diacétique de la morphine ne donne pas de color. bleue par le perchlorure de fer ce qui tient à ce que la fonction phénolique de la morphine est éthérifiée.

Zettnow (*Acide tungstique*). — Les tunsgtates donnent avec le ferro-cyanure de potassium une color. variant du jaune verdâtre au jaune orange foncé, le chlorure d'étain donne un ppte blanc ; le zinc en présence d'acide libre donne une color. bleue par réduction.

Zeynek (*Bile*). — En ajoutant à une sol. renfermant de la bile du chlorure de zinc et un excès d'ammoniaque on obtient une liqueur colo-rée en vert. Examinée au spectroscope on observe une bande d'absorption caractéristique dans le rouge.

Ziegler (*Essai de l'acide chlorhydrique*). — Les acides arsénieux et sul-fureux sont décelés dans l'HCl en attaquant celui-ci dans un flacon avec du zinc et faisant barbotter le gaz dans une sol. de chlorure de cuivre ammoniacal puis dans du nitrate d'argent très dilué. (Cet essai paraît peu pratique ; oxyder SO^3H^2 en SO^4H^2 par un peu d'AzO^3H et ppter par $BaCl^2$, d'une part ; ppter par H^2S d'autre part, après avoir concentré à un petit vol. pour chasser l'excès d'HCl, d'autre part, paraissent des réactions beaucoup plus recommandables).

Zichen (*Coloration à l'or et au sublimé*). — C'est une méthode fort longue puisqu'il faut abandonner les objets à colorer pendant 4 à 16 semaines dans une sol. de bichlorure de mercure 1 0/0 et de chlorure d'or 1 0/0.

Lorsque la color. est devenue rouge brun métallique préparer des coupes, laver dans la sol. de LUGOL étendue fortement, ou avec de la teinture d'iode très diluée également, puis rincer, déshydrater et monter au baume.

Zienik (*Sang humain*). — Méthode des sérums précipitants ; voir la R. d'UHLENHUTH.

Ziehl-Neelsen (*Méthode de coloration des bacilles*). — Plonger dans la fuchsine au phénol ci-dessus, pendant 1/4 d'h. puis dans un acide fort, sulfurique ou azotique au 1/4 ; rincer à l'alcool à 60 0/0 puis abondamment dans l'eau jusqu'à neûtralité. Le bacille de KOCH et celui de la lèpre sont les seuls micro-organismes qui aient la propriété de conserver leur color. après ce traitement énergique à l'acide. Il est indipensable que l'ac. nitrique employé soit exempt de vapeurs nitreuses lesquelles exercent une action décolorante particulière. On peut détruire cet acide gênant en ajoutant un peu de sol. saturée d'acide sulfanilique. On peut faire une contre coloration avec une sol. à 0.5 0/0 de vert de méthyle dans l'alcool à 20 0/0.

Zimmermann (*Colorant pour la lignine*). — Solution alcoolique de bleu de quinoline dans l'alcool à 50 0/0 additionnée de glycérine.

Zopfe (*Calycine*). — Une solution chloroformique de calycine se colore en rouge par la soude ou la potasse.

Zouchlos (*Albumine*) — Une sol. de sulfocyanure de potassium à 10 0/0 dans l'ac. acétique à 20 0/0 ppte l'albumine en blanc. — Sensibilité 70 milligr. dans un litre.

Zulkowsky (*Solution d'amidon*). — S'obtient en chauffant à 180° C. de l'amidon dans la glycérine, ppttant par l'alcool, lavant et dissolvant dans l'eau le ppté.

Zune (*Bouillon de culture*). — Fondre 2.5 gr. d'Agar-Agar et 50 gr. de gélatine dans 700 gr. de bouillon de viande filtré ; ajouter un blanc d'œuf, coaguler par l'ébullition, filtrer et stériliser à 105-110° C.

TABLE DES MATIÈRES

Raoul Roche

Schiff; Rosenberg.
Urobiline. — Roman-Delluc ; Jolles.
Urotropine. — Schering.

Valérianique (*acide*). — Finzelberg.
Vanadate. — Werther.
Vanadique (*acide*). — Matignon ; Mitchell.
Vanilline. — Bonnema ; Mœrck ; Wellmanns.
Veratrine. — Beckmann ; Law ; Luchini ; Robin ; Schumpelitz ; Trapp ;
  Weppen ; Thomson : Wenzel.
Viande de cheval. — Borgeaud ; Brautigam ; Niebel ; Ruppin.
Vin. — Arata.

Xanthine. — Hoppe-Seyler ; Kerner ; Weider.

Yttrium Erbium. — Pozzi-Escot.

Zinc. — Rinnmann.

LAVAL. — IMPRIMERIE L. BARNÉOUD ET Cie.